高等学校软件工程专业系列教材
江苏高校优势学科建设工程项目资助

江苏省高等学校重点教材
编号2021-1-062

形式化方法导论

第2版

张广泉 ◎ 编著

清华大学出版社
北京

内容简介

形式化方法是指有严格数学基础的软件和系统开发方法，支持软件与系统的规约、设计、验证与演化等活动。随着软件可信需求的不断增长，形式化方法的重要性和关注度日益提高。

本书共12章，第1章概述形式化方法，第2章介绍形式化方法发展早期的经典内容，其余部分共分3篇：上篇（第3～5章）为系统建模篇，着重介绍迁移系统、有穷自动机、Petri网等基本计算模型；中篇（第6和第7章）为形式规约篇，着重讨论时序逻辑及其在并发系统属性描述的应用；下篇（第8～12章）为形式验证篇，着重介绍定理证明方法和并发、实时及混成系统的各种模型检测方法及相关验证工具。全书提供了大量应用实例，每章后均附有习题。

本书适合作为高等院校计算机、软件工程、人工智能、网络工程、信息安全、自动化等专业高年级本科生、研究生的教材，同时可供相关领域的研究人员和技术开发人员参考。

图书在版编目（CIP）数据

形式化方法导论/张广泉编著. —2版. —北京：清华大学出版社，2023.2
高等学校软件工程专业系列教材
ISBN 978-7-302-62660-2

Ⅰ. ①形… Ⅱ. ①张… Ⅲ. ①形式语言－高等学校－教材 Ⅳ. ①TP301.2

中国国家版本馆CIP数据核字（2023）第019968号

责任编辑：安　妮
封面设计：刘　键
责任校对：李建庄
责任印制：杨　艳

出版发行：清华大学出版社
网　　址：http://www.tup.com.cn，http://www.wqbook.com
地　　址：北京清华大学学研大厦A座　　**邮　　编**：100084
社 总 机：010-83470000　　**邮　　购**：010-62786544
投稿与读者服务：010-62776969，c-service@tup.tsinghua.edu.cn
质量反馈：010-62772015，zhiliang@tup.tsinghua.edu.cn
课件下载：http://www.tup.com.cn，010-83470236
印 装 者：小森印刷霸州有限公司
经　　销：全国新华书店
开　　本：185mm×260mm　　**印　　张**：18.75　　**字　　数**：458千字
版　　次：2015年12月第1版　2023年3月第2版　　**印　　次**：2023年3月第1次印刷
印　　数：1～1500
定　　价：69.00元

产品编号：098681-01

第2版前言

近年来，形式化方法的一个重要内容——基于定理证明的形式验证方法取得了较大进展和突破。一方面，随着自动证明理论的发展和计算机处理器能力的大幅增强，基于自动定理证明器的自动验证能力大幅提升，如微软公司开发的SMT求解器Z3已成为目前使用最广泛的自动定理证明器；另一方面，基于人机交互的半自动证明在可验证的系统软件上取得显著突破，如分别在交互式定理证明器Coq和Isabelle/HOL的支持下，INRIA对C语言编译器CompCert的验证及NICTA对操作系统微内核seL4的验证等。

本次修订除更正第1版的一些文字及印刷错误和叙述不当之处外，主要修订第8章及与之关联的部分章节内容，重点阐述了一些典型的定理证明方法、工具和应用。此外，还补充介绍了我国科学家在形式化方法领域的部分开创性研究工作。

本书修订工作得到江苏省高等学校重点教材立项建设、江苏高校优势学科建设工程项目资助和江苏省计算机学会立项资助，以及苏州大学教务处和计算机科学与技术学院的关心和支持，中国科学院软件研究所晏荣杰副研究员对本书修订提出了宝贵的建议，清华大学出版社安妮编辑为本书再版做了大量工作，在此一并表示诚挚的感谢。

张广泉

2023年1月于苏州大学天赐庄校区

第1版前言

软件产业是信息产业的核心，是国家信息化的基础和支撑。软件是工业 4.0 和中国制造 2025 的使能和驱动。为推进产业结构优化升级，加快培养软件人才的步伐，近年来教育部大力发展高校软件工程教育，软件工程已从最初的计算机科学与技术的一个学科方向调整为包括软件工程理论与方法、软件工程技术、软件服务工程和领域软件工程等学科方向的、独立的一级学科。软件工程理论与方法是软件工程一级学科的基础，作为其核心内容之一，形式化方法是指有严格数学基础的软件和系统开发方法，支持软件与系统的规约、设计、验证与演化等活动。随着软件可信需求的不断增长，形式化方法的重要性和关注度日益提高。

形式化方法相关的教学工作已经得到欧美国家高等学校的重视和推广，知识体系和课程教学内容日趋完善。而目前国内高校关于形式化方法教育还相对薄弱，主要因素之一是缺乏比较全面、系统介绍形式化理论、方法和应用的教材。

本书是在学习、总结形式化方法领域国内外相关文献的基础上，结合作者多年从事形式化方法教学和科研的实践撰写而成的，本书具有以下几个特点：

(1) 通过详细分析和梳理，提炼出形式化方法核心、本质的原理、方法和技术，其中自动机和时序逻辑是贯穿全书内容的两大重要基础。

(2) 重点阐述以模型检测为主要内容的形式化验证方法，使学生在有限的学时范围内，能有效地掌握形式化方法自动化部分的核心内容。

(3) 注重实践与应用，详细介绍 SPIN、UPPAAL 和 PRISM 等典型的形式化验证工具的使用方法，结合实例分析，达到理论学习与实际应用的有机结合。

全书共 12 章。其中第 1 章概述形式化方法的发展历程和基本内容，第 2 章介绍形式化方法发展早期的经典内容，即串行程序的正确性证明。其余部分针对并发系统，分为上、中、下三篇阐述形式化建模、规约和验证方法。其中：

上篇(第 3～5 章)为系统建模篇，主要介绍三个典型的并发系统计算模型。第 3 章介绍基于状态迁移的计算模型——迁移系统，第 4 章介绍描述有穷状态系统的计算模型——有穷自动机，它也是计算机科学中最基本的数学模型，第 5 章介绍最早的并发计算模型——Petri 网。

中篇(第 6 和第 7 章)为形式规约篇，着重讨论并发系统属性的主要规约方法及应用。第 6 章介绍真假值依赖时间而变化的非经典逻辑——时序逻辑，它是描述并发系统属性的重要工具，第 7 章重点阐述并发系统最基本的两类属性——安全性和活性，及其时序逻辑描述方法。

下篇(第 8～12 章)为形式验证篇，着重介绍主要的形式验证方法及相关验证工具。第

8章介绍基于时序逻辑的演绎证明方法及验证工具STeP,第9～12章重点阐述模型检测方法、工具及其在并发、实时及混成系统中的应用,这是形式化方法自动化的核心内容,也是本书的重点。其中第9章介绍经典的模型检测算法、验证工具SPIN及应用,第10章介绍基于二叉判定图(BDD)的符号模型检测方法、验证工具SMV及应用,第11章介绍模型检测与概率分析方法相结合的概率模型检测方法、验证工具PRISM及应用,第12章介绍实时与混成系统的模型检测方法、验证工具UPPAAL及应用。

全书提供了大量应用实例,每章后均附有习题。

本书由张广泉担任主编,负责全书内容的组稿、统稿和修改工作。顾玉磊、宋相君、宋振华、项周坤、沈兴勤、郑林峰、张红美等参与了书稿整理、文字录入和校对工作,祝义副教授、孙庆英老师、魏慧老师等参与了部分书稿的校对工作,在此对他们的辛勤劳动表示感谢。此外,在本书的编写过程中,参考了大量国内外相关文献,在此对本书所引用文献的作者深表感谢。

本书编写工作得到江苏省"十二五"高等学校重点教材立项建设和苏州大学教材培育项目的资助,以及江苏省自然科学基金(BK2011281)、中国科学院软件研究所计算机科学国家重点实验室开放课题(SYSKF0908、SYSKF1201)、南京大学计算机软件新技术国家重点实验室开放课题(KFKT2012B15)的支持和帮助。中国科学院软件研究所焦莉研究员、李广元副研究员、朱雪阳博士、晏荣杰博士仔细阅读了本书初稿,提出了许多重要的修改意见与建议,在此表示衷心感谢。本书的编写还得到中国科学院软件研究所周巢尘院士、林惠民院士、沈一栋研究员、张健研究员、张文辉研究员、詹乃军研究员、南京大学李宣东教授、上海大学缪淮扣教授、南京航空航天大学黄志球教授、东南大学李必信教授等及苏州大学教务部和计算机科学与技术学院的关心和支持,清华大学出版社黄芝和薛阳编辑为本书出版做了大量工作,在此一并表示诚挚的感谢。

由于编者水平有限,书中难免有不当之处,敬请读者批评指正。

张广泉

2015年10月于苏州大学天赐庄校区

目录

中篇 形式规约

下篇 形式验证

第1章 绪论

本章学习目标

(1) 掌握形式化方法的基本概念。

(2) 了解形式化方法的发展历程。

(3) 了解形式化方法的基本内容。

软件是否可信已成为一个国家的经济与国防等系统能否正常运转的关键因素之一，在一些诸如核反应堆控制、航空航天及铁路调度等重要领域更是如此。这类系统要求绝对安全可靠，不容半点疏漏，否则将导致灾难性后果。例如，1996年6月4日，耗资80亿美元的欧洲航天局阿丽亚娜501火箭发射升空37s后爆炸。原因是主发动机点火37s后制导和姿态信息完全遗失，而信息遗失是由于惯性制导系统的软件出现规约和设计错误造成的。又如，2000年10月，诺基亚软件中的一个错误造成德国一家移动电话公司的通信服务被中断三个多小时。类似的报道屡见不鲜，这样的问题如果发生在战争环境下，后果不堪设想。因此，如何保障这些系统的安全性和可靠性成为计算机科学与控制论领域共同关注的一个焦点问题。

软件可靠性主要取决于两方面，一是软件开发的方法与过程；二是软件产品的测试与验证。在目前大多数的工程实践中，软件产品的设计与开发仍缺乏坚实的科学基础和成熟的方法学，软件产品质量主要还是通过测试和模拟等方法来保障的。由于测试用例的覆盖率难以达到百分之百，加之系统的运行通常与外部环境有关(如反应式并发系统)，其执行往往具有不确定性，测试极为困难。不但测试代价很大，而且无法保证发现所有潜在的错误。为了从根本上保证软件系统的可靠、安全，包括图灵奖得主A. Pnueli在内的许多计算机科学家都认为，采用形式化方法(formal method)对系统进行验证和分析，是构造安全可信软件的一个重要途径。

1.1 形式化方法的发展历程

形式化方法是指有严格数学基础的软件和系统开发方法，支持计算机系统及软件的规约、设计、验证与演化等活动。随着高可信软件的兴起，形式化方法作为构造相关软件的重要途径，关注度日益提高。

形式化方法最早可追溯到20世纪50年代后期关于程序设计语言编译技术的研究。当时J. Backus提出BNF描述ALGOL 60语言的语法，涌现了各种语法分析程序自动生成器及语法制导的编译方法，使编译系统的开发从“手工艺制作方式”发展成具有牢固理论基础的系统方法。

形式化方法的研究高潮是从20世纪60年代后期开始的,针对当时所谓的"软件危机",人们提出种种解决方法,归纳起来有两类:一是采用工程方法组织、管理软件的开发过程;二是深入探讨程序和程序开发过程的规律,建立严密的数学理论基础,以期能用来指导软件开发实践。前者导致"软件工程"的出现和发展,后者则推动了形式化方法的深入研究,先后出现了一批有重要影响的工作。迄今为止,已有十多位学者因为或者部分因为形式化方法领域的研究工作而获得图灵奖,如表1-1所示。

表1-1 部分图灵奖获得者在形式化方法领域的研究

获奖年份	获 奖 人	研究工作
1971	J. McCarthy	计算的理论、LISP
1972	E. W. Dijkstra	最弱前置条件方法
1974	D. E. Knuth	LR Parser
1976	M. O. Rabin 和 D. S. Scott	不确定自动机、指称语义
1977	J. Backus	BNF
1978	R. W. Floyd	公理语义、程序验证
1980	C. A. R. Hoare	公理语义、CSP
1984	N. Wirth	程序设计语言的形式描述
1986	J. E. Hopcroft	形式语言
1991	R. Milner	LCF、CCS、ML
1996	A. Pnueli	时序逻辑与验证
2005	P. Naur	BNF
2007	E. M. Clarke, E. A. Emerson 和 J. Sifakis	模型检测
2008	B. Liskov	Larch、抽象数据类型
2013	L. Lamport	TLA

由于传统的测试方法只能发现程序的错误,而不能证明程序没有错误,早期的形式化方法(20世纪70年代前后)主要研究如何使用数学(逻辑)方法,进行(串行)程序正确性证明(第2章),比较著名的证明方法有Floyd前后断言法、Hoare公理化方法(也称Floyd-Hoare逻辑)和Dijkstra最弱前置条件方法等。在上述方法的基础上,许多计算机科学家相继提出了不同的串行程序正确性证明方法,如Manna的子目标断言法、不动点方法和计算归纳法等,以及Ashcroft方法和Burstall间歇断言方法等。这一时期的程序正确性证明方法主要是以逻辑推理为基础的演绎证明方法。

20世纪70年代中期开始,并发程序设计逐渐成为程序理论的主要研究课题之一。不同任务之间的同步、信息交换及死锁等是并发程序不同于串行程序的主要动态特性。1976年,S. Owicki和D. Gries对Floyd-Hoare逻辑进行扩充,使之含有并发性的推理规则。在此前后,人们认识到经典一阶逻辑和Floyd-Hoare逻辑等在描述和验证并发程序方面的不足,模态逻辑(modal logic)和时序逻辑(temporal logic)逐渐被引入并发程序领域。1974年,R. Burstall首先建议使用模态逻辑进行程序推理。1977年,以色列科学家A. Pnueli首次提出了用时序逻辑对并发程序性质进行形式描述并验证的思想,开创了并发程序验证的新途径,并于1996年获得图灵奖。1982年,Z. Manna和A. Pnueli提出了基于时序逻辑的并发程序演绎证明方法并研制了相关证明工具STeP。该方法通过在程序中插入时序断言，采用与前后断言法类似的方法来证明一个并发程序满足某时序逻辑公式。

早期的演绎验证主要靠人工进行证明，费时费力，效率低。后来研究者意识到可以利用计算机完全或部分代替人工进行证明，克服了纯人工证明方法易出错、证明复杂等缺点，已成功应用于数学定理的证明及处理器、安全协议和程序验证中。目前演绎式的定理证明(theorem proving)主要有自动定理证明和交互式定理证明两类方法。自动定理证明虽然能够使用计算机完全代替人工进行自动推理，但是表达能力较弱，适用范围有限；交互式定理证明表达能力强，灵活性高，能够自动地证明琐碎的细节，但是这类人机交互的半自动化验证工作往往需要大量的手工劳动构造证明，同时证明辅助工具的操作也比较烦琐，使用门槛较高。

20 世纪 80 年代以来，随着超大规模集成电路技术的日趋成熟，并行和分布式系统得到迅速发展，鉴于演绎验证的局限性，自动化验证技术开始引起了人们的关注。图灵奖获得者 E. M. Clarke、E. A. Emerson 和 J. Sifakis 等人于 1981 年提出的模型检测(model checking)方法是一种基于状态空间搜索算法的自动验证方法，最初的模型检测算法是采用分支时序逻辑(CTL)描述系统的规约，故称为 CTL 模型检测。稍后，又出现了线性时序逻辑(LTL)模型检测。但是，LTL 模型检测算法时间一般是 PSPACE 完全的，而 CTL 模型检测算法时间一般是线性或多项式的。模型检测在硬件设计和通信协议的形式验证上取得了巨大成功，著名的模型检测工具有 SMV 和 SPIN 等，其中 G. Holzmann 研发的 SPIN 获 2001 年 ACM 软件系统奖。

模型检测应用面临的主要问题是状态空间爆炸。由于系统的有穷状态模型的状态数量往往随其模型的并发分量的增加呈指数增长，对复杂系统建模时，其可达的状态空间常常难以在计算机存储器中全部构建，也就无法进行模型检测了。20 世纪 80 年代后期以来研究人员提出了许多缓解状态空间爆炸问题的方法，这些方法大致可分为基于简化全局状态空间和基于检测局部状态空间两大类，主要有符号模型检测、有界模型检验、对称模型检测、偏序模型检测、On-the-fly 模型检测及抽象与组合方法等。此外，为了分析系统的概率属性，近年来还提出了概率模型检测技术及相关的分析与验证工具(如 PRISM 等)。

20 世纪 90 年代以来，随着实时系统(real-time system)与混成系统(hybrid system)在工业及国防等领域的应用越来越广泛，如何保障这些系统的可靠性成为人们关心的焦点。其中，实时系统模型检测的研究已经取得重大进展，主要表现在以下三个方面。

(1) 出现了用于表示实时系统的各种数学模型，如时间 Petri 网、时间自动机及各种进程代数的时间扩充。其中，时间自动机的影响和应用最为广泛。

(2) 提出了能描述实时系统的模态/时序逻辑。

(3) 针对这些实时系统的数学模型和逻辑，设计了各种模型检测的算法，并实现了相应的分析与验证工具，如 UPPAAL、KRONOS 和 HyTech 等。

进入 21 世纪以来，随着云计算、物联网、大数据的兴起，如何保障动态、开放、多变的网络环境下软件的可信性引起了国内外学术界和政府部门越来越多的关注。"高可信软件"先后被美国、欧盟列为优先资助的研究方向，国内也开展了可信软件国家重大基础研究计划，从而进一步推动了形式化方法的研究和应用。

经过几十年的研究和应用，人们在形式化方法这一领域取得了大量、重要的成果，从早期最简单的形式化方法——一阶谓词演算方法，到现在应用于不同领域、不同阶段的基于逻辑、自动机、网络、进程代数、代数等众多形式化方法。形式化方法能在系统开发早期发现系统中的不一致、歧义、不完全和错误,已被证明是一种行之有效的减少设计错误、提高软件系统可信性的重要途径。目前的发展趋势是将其逐渐融入软件开发过程的各个阶段。

1.2 形式化方法的基本内容

形式化方法的主要内容包括:

(1) 系统建模(system modeling)。通过构造系统 S 的模型 M 描述系统及其行为模式。

(2) 形式规约(formal specification)。通过刻画系统 S 必须满足的一些属性 φ,如安全性、活性等描述系统约束。

(3) 形式验证(formal verification)。证明描述系统 S 行为的模型 M 确实满足系统的形式规约 φ(即验证 $M\models\varphi$)。

1.2.1 系统建模

计算机系统可分为串行和并发两大类,分别有不同的建模方法。串行系统(也称顺序系统)是一种较常规形式的系统,其在计算终止后产生一个最终结果。因而,通常将串行系统看作从初始状态到终止状态(或终止结果)的一个函数,因此,一个串行系统可以通过其输入输出关系来描述,即连接可能的初始状态到可能的计算结果之间的条件,这类系统可通过Z、VDM、B等方法进行建模①。

计算机界的并发现象始于20世纪60年代,其中并发的概念由C. A. Petri于1962年首先提出。若一个系统内部发生的两个事件之间没有因果关系或可以按任意次序发生,则称这两个事件是并发的,存在并发事件的系统称为并发系统。例如,操作系统就是一个典型的并发系统,人类社会也可看作一个并发系统。较串行系统而言,并发系统要复杂得多,这是由于并发执行的程序在执行过程中各程序交替点的不确定性,引起了各程序走停点及交替过程的不确定性。这使它丧失了串行程序的全部特征:顺序性、封闭性、可再现性;也带来了新的特性:不确定性和并发性。

人们对并发系统的这种新特性缺乏认识和理解,常常产生困惑甚至混乱。如何为实际的并发系统设计和分析提供坚实的理论基础、提高其可信性,是今后几十年计算机科学和软件工程面临的重大挑战。笔者认为首先需要建立能够描述并发系统行为的计算模型,即并发模型。一方面,为了适合验证需要,模型应能捕捉到系统与正确性有关的行为特征;另一方面,为了简化和缩减被检测的系统,不使验证过于复杂,模型抽象时应该去掉一些不影响验证属性正确性的细节。例如,为数字电路建模时,通常按照门和布尔值进行推理,而不是实际的电压层;同样,在分析通信协议时,集中于消息的交换,而忽略实际的消息内容。合理抽象后的计算模型,可以帮助人们深入认识并发系统的本质特性,并为并发系统的形式规约和验证打下基础。

迄今为止,并发系统的计算模型已有许多种,如迁移系统、自动机、Petri网及基于进程

① 限于篇幅,本书不介绍串行系统建模相关的内容,有兴趣的读者可参阅有关文献。

代数的 CSP、CCS 等。其中进程代数是关于通信并发系统的代数理论的统称①。20 世纪 70 年代后期,英国学者 R. Milner 和 C. A. R. Hoare 分别提出了通信系统演算(CCS)和通信顺序进程(CSP),开创了用进程代数方法研究通信并发系统的先河。为了将进程代数理论成果应用于解决实际问题,中国科学院软件研究所林惠民院士设计并实现了世界上第一个通用的进程代数验证工具。

迁移系统(第 3 章)是一种基于状态迁移的基本计算模型,即通过系统(程序)的状态集合及对应状态间变迁的迁移(也称操作)集合刻画系统行为的模型。基于迁移系统,人们提出多种并发模型,如进程代数 CSP 模型、CCS 模型等;通过对基本迁移系统进行扩展,如将公平性引入迁移系统,可得到公平迁移系统;将时间约束引入迁移系统,可得到时间迁移系统等。

自动机(第 4 章)是计算机科学中最基本的一类抽象计算模型。其中有穷自动机是自动机理论的基础,它是一种描述有穷状态系统的抽象数学模型,许多并发模型都是在有穷自动机的基础上建立的。

需要说明的是,迁移系统和有穷自动机本质上都是交错并发模型,即系统进程间的并发执行并不是真并发,而是通过各个原子迁移以不确定的顺序交错执行来表示的,其计算行为表现为状态迁移序列。

Petri 网(第 5 章)是最早的并发计算模型,它是一种系统的既有数学分析又有图形描述的工具,既可以通过直观的图形刻画系统的结构,又可以引入数学方法对其性质进行分析,特别适合描述系统中进程间的顺序、并发、互斥、冲突及同步等关系。与迁移系统、自动机不同的是,Petri 网描述的并发是“真并发”,在 Petri 网中系统不存在统一的时钟,除因果关系外没有其他信息可以用来判定两个事件的依赖关系。

1.2.2 形式规约

软件开发首先需要确定“做什么”(what to do),而非“怎么做”(how to do),这个阶段称为软件需求。需求规约就是以一种清晰、简明、一致且无歧义的方式,刻画客户或用户所需系统中所有重要方面的一组陈述,这是软件开发最重要和最困难的阶段。一方面,规约是客户或用户与软件开发人员之间的接口界面,可看作他们之间的一种契约合同;另一方面,规约也是设计和编制程序的出发点和验证程序是否正确的依据。事实上,判断最终所开发出的系统(程序)是否正确,就是通过验证它是否满足其需求规约来进行的。

按形式化的程度,需求规约的描述可采用非形式化、半形式化和形式化三类方式。非形式化方式是指采用自然语言描述系统需求。尽管它易为用户理解,但可能存在矛盾、二义性、含糊性、不完整陈述以及抽象层次的混杂等问题,因而常导致需求描述错误,从而引起用户或客户对交付的系统不满意。此外非形式化方式也难以提供自动化支持。形式规约(也称形式规范或形式化描述)是用具有精确语义的形式化语言描述系统需求(性质),对形式规约通常要讨论其一致性(自身无矛盾)和完备性(是否完全、无遗漏地刻画所要描述的对象)等性质。

与系统建模类似,形式规约也可以分为面向串行程序的与面向并发程序的。对于串行

① 限于篇幅,本书不介绍进程代数相关的内容,有兴趣的读者可参阅有关文献。

程序而言,可看作从初始状态到终止状态的一个函数,这种初始状态和终止状态之间的关系特性是静态的而非动态的,可采用前后断言法、Hoare 逻辑等一阶逻辑及代数方法(OBJ、Clear、ASL、ACT-One/Two…)对其进行规约①。

由于并发程序比串行程序表现出更为复杂的行为,其状态随着时间的推移不断改变,且可能不断影响外部环境,这种持续不终止的动态行为是经典一阶逻辑和 Hoare 逻辑所不能描述的。时序逻辑(第 6 章)是关于随着时间变化而不断改变其值的动态变元(也称时序变元)的一种模态逻辑。它除了含有经典逻辑的逻辑联结词和量词外,还包含一些时序算子。时序逻辑具有很强的表达能力,一些重要的并发系统属性(第 7 章),如安全性(指"坏的"事件永远不会发生,如部分正确性、互斥性、无死锁性等)、活性(指"好的"事件终将发生,如终止性、完全正确性、响应性等)都可以用时序逻辑公式表达。时序逻辑作为研究并发程序尤其是持续不终止的反应式程序(如操作系统、网络通信协议等)的强有力的形式化工具,目前已被广泛应用于并发系统(包括实时及混成系统)的规约和验证。

1.2.3 形式验证

形式验证与形式规约之间具有紧密的联系,形式验证就是证明系统的模型 M 是否满足其规约 φ(即 $M \vDash \varphi$),它也是形式化方法要解决的核心问题。

形式验证方法主要分为演绎式的定理证明和算法式的模型检测两类。

早期的 Floyd-Hoare 逻辑是一种经典的串行程序演绎验证方法(第 2 章)。它通过一组和程序语言语句对应的公理和规则,将对程序的验证转化为一组数学命题(称为验证条件)的正确性证明。针对 Floyd-Hoare 逻辑缺少对带指针和内存数据结构的程序规约机制、缺少并发程序的规约机制等不足,后期有大量工作对 Floyd-Hoare 逻辑进行扩展,形成了新的程序逻辑、规约和验证方法,如分离逻辑、动态逻辑、模态逻辑、时序逻辑等。其中,基于时序逻辑的并发程序演绎验证方法将在第 8 章介绍。按照证明方式和自动化程度的不同,定理证明又可分为基于自动定理证明器的自动验证和基于人机交互的半自动验证两类。自动定理证明器能够使用计算机完全代替人工进行自动推理,目前常见的自动定理证明器有 Z3、CVC4、Yices2 等;人机交互的半自动验证通过用户和计算机相互协助完成一个形式化证明,目前常见的证明辅助工具有 ACL2、Isabelle/HOL、Coq 和 PVS 等。

模型检测(第 9 章)是一种通过搜索待验证(软件或硬件)系统模型的有穷状态空间检验该系统的行为是否具备预期属性的自动验证技术。模型检测算法的输入包括两部分,分别是待验证系统的模型 M 和系统待检测的属性规约 ψ,如系统模型 M 满足属性规约 ψ,则算法输出 true;否则给出反例说明 M 为何不满足 ψ。早期的模型检测侧重于硬件设计的验证,随着研究的进展,模型检测的应用范围逐步扩大,涵盖了通信协议、安全协议、控制系统和部分软件。电子线路设计验证的例子包括先进先出存储器的验证,验证的属性包括输入和输出的关系;浮点运算部件的验证,验证的属性包括计算过程所需满足的不变式。

如何有效缓解状态空间爆炸是模型检测能否被广泛使用的一个关键问题。在这方面已有一些重要的方法被相继提出,这些方法大致可分为基于简化全局状态空间和基于检测局部状态空间两大类,主要有符号模型检测、有界模型检测、对称模型检测、偏序模型检测、

① 限于篇幅,本书不介绍代数规约相关的内容,有兴趣的读者可参阅有关文献。

On-the-fly 模型检测及抽象与组合方法等。

符号模型检测(第 10 章)是 KL. McMillan 于 1993 年提出的一种基于 RE. Bryant 的二叉判定图(binary decision diagram,BDD)表示状态空间的模型检测技术。采用这种符号算法使可验证系统的状态数增加若干数量级,如用最初 Clarke 和 Emerson 提出的 CTL 模型检测算法,采用直接穷举方式表示状态空间只能验证至多 10^8 个可达状态的系统,而基于 BDDs 表示可验证状态数超过 10^{20} 的硬件系统。目前,符号模型检测技术取得了突破性进展,已能处理状态数多达 10^{200} 的系统。作为符号模型检测的补充方法,有界模型检测(Bounded Model Checking,BMC)技术近年来被提出并得到了广泛应用。它的基本思想是在模型状态空间规模超过经典模型检验方法可检验范围的情况下,通过限定被检验状态空间范围的方法,高效发现限定范围内的系统问题。

概率并发系统的定量验证是传统模型检测方法和理论的一个重要扩展,也是热门前沿的基础研究领域之一,其涉及系统的很多定量特性,如随机性、损耗、时间和安全性的量度。这些特性是分析网络系统、嵌入式系统、生物系统和能源系统的关键。

概率模型检测(第 11 章)将模型检测与概率分析方法(如马尔可夫链等)相结合,使用该方法不仅可以知道一个系统是否有可能出错,还能得到错误发生的概率。通过对系统行为的概率分析,可以忽略发生概率非常小的错误,还可用来评估一个系统发生错误的平均时间。基于概率模型检验的工具越来越受到重视,其中影响最大的是由英国伯明翰大学 M. Kwiatkowska 带领开发的 PRISM 工具,它支持高级建模及多种概率并发模型。

实时系统是一类对来自环境的事件(请求、输入等),在限定的时间内做出响应的系统。这些系统的正确性不仅依赖于计算的逻辑结果,还依赖于结果产生的时间。许多安全关键的系统都具有实时性,如核反应堆控制系统、飞行控制系统和铁路调度系统等。混成系统是一种将离散构件和连续构件融合在一起的实时系统,其特点是既随时间等连续变量而变化,又受离散突发事件的驱动。其典型例子有数控系统、机器人等一些与其外部连续变化的物理环境不断交互的嵌入式系统。

实时与混成系统验证(第 12 章)通常采用时间自动机和混成自动机等作为计算模型,刻画系统与时间有关的行为特征;采用扩充了时间表达能力的时序逻辑——各种实时逻辑(如时间计算树逻辑(TCTL)、度量区间时序逻辑(MITL)、时段演算(DC)等)和微分动态逻辑等作为规约语言,描述系统的各种属性;目前已有一些实时与混成系统的自动验证工具如 UPPAAL、KRONOS、HyTech 等。

随着计算机和网络通信技术的迅速发展,实时与混成系统的应用范围更加广泛和普及,在实际中越来越重要,如近年来的信息-物理融合系统(cyber physical system,CPS)和人机物融合系统(human-cyber-physical system,HCPS)的概念就是在嵌入式混成系统的基础上演化产生的。由于 CPS/HCPS 的安全性和可靠性要求很高,因而采用形式化方法分析和验证 CPS/HCPS 已成为目前的一个研究热点。

1.3 本章小结

在形式化方法的早期研究中,尽管与其相关的程序理论有了长足的进展,但在实际应用中影响有限,只能应用于较小的系统。20 世纪 90 年代以来,形式化方法及其应用出现了转机，正如 A. Pnueli 在其图灵奖演说中指出“验证工程”正在形成，其主要表现是：

(1) 对并发、实时与混成系统的计算模型和语义理论的研究进一步深化，相应的形式规约和验证方法被相继提出。

(2) 模型检测的理论与技术取得了突破性的进展。目前已能处理状态数达 10^{200} 的系统，使形式化方法应用于实际应用系统的验证成为可能。

(3) 出现了高效、用户界面友好的分析和验证工具，在很多复杂的实例研究中发挥了关键性的作用。

上述方面的突破使形式化方法获得了广泛的应用，包括航空、航天、网络协议、安全协议、嵌入式系统等。例如，空中防撞系统(traffic collision avoidance system，TCAS)Ⅱ是保障飞行安全的重要系统，该系统的规约是用形式规约语言(RSML)刻画的。最初，人们曾试图用英语书写规约，然而，TCAS 的复杂性使人们放弃了该努力，而采纳 RSML 描述 TCAS 的规约，至今官方的 TCAS 的规约仍采用 RSML。在此基础上，TCAS Ⅱ规约的一致性和完备性也得到了形式化验证。又如 CMU 研究人员使用形式化验证工具 SMV 发现了 IEEE Futurebus^{+}标准 896.1—1991 中 cache 一致性协议的一些过去未发现的潜在错误。NASA/WVU 软件研究实验室利用 SPIN 验证了一个航天容错控制软件。其软件模型约 10^{5} 个状态，形式验证发现了三个异常，包括进程优先规则和互斥规则冲突。该问题与导致 Mars Lander 通信丢失的 Mars Pathfinder 问题类似。美国宇航局(NASA)拥有一支庞大的形式化方法研究团队，他们在保证美国航天器控制软件的正确性方面发挥了巨大作用。在美国研发“好奇号”火星探测器时，为了提高控制软件的可靠性和生产率，广泛使用了形式化方法。Microsoft、华为、Synopsis、Facebook、Amazon 等公司聘用形式化方法的专家从事形式验证技术研究及工具开发工作，以期提高其商业软件的可靠性。国际上已经出现了一批以形式化方法为核心竞争力的高科技公司，如 Galois、Praxis 等。

形式化方法的工业应用需求和教学过程实践的经验积累，已越来越体现出形式化方法教育的必要性和可行性。从 20 世纪 90 年代开始，形式化方法教育就引起了欧美教育界的高度重视和关注。英国、德国、法国、意大利、荷兰和西班牙等国家高校相继为研究生开设形式化方法的课程，并推广至本科生教育。从 20 世纪 90 年代中期开始，美国高校也开展了形式化方法教育研究，并在美国顶尖的 35 所大学的软件工程学科实施研究生和本科生的形式化方法教育实践。

在国内，国家科技部和国家自然科学基金委员会在 2007 年分别设立“可信软件”重点项目和重大研究计划，大大推动了国内高校和科研机构在相关领域的研究工作，在高校开展形式化方法教育也逐步得到应有的重视。

习　题　1

1. 什么叫形式化方法？为什么需要形式化方法？
2. 形式化方法的基本内容是什么？早期的形式化方法有哪些？

第2章 程序正确性证明

本章学习目标

(1) 掌握程序部分正确性、终止性和完全正确性的基本概念。

(2) 掌握 Floyd 前后断言法及应用。

(3) 掌握 Hoare 公理化方法及应用。

(4) 掌握 Dijkstra 最弱前置条件方法及应用。

早期的形式化方法(20 世纪六七十年代)主要研究如何使用数学方法,严格证明串行程序的正确性(也称程序验证)。对一个串行程序来说,传统的测试方法,即对程序输入数据的某一子集,用人工复算的简单过程进行验证,然而这最多只是验证了程序正确的必要条件而不是充分条件。正如荷兰计算机科学家 E. W. Dijkstra(1930—2002,1972 年图灵奖获得者)所言,"测试只能表明程序中存在错误,而不能表明程序中没有错误"。

美籍匈牙利科学家 J. Von Neumann(冯·诺依曼,1903—1957)早在 1947 年发表的论文 *Planing and Coding Problems for an Electronic Computer Instrument* 中就提到程序正确性证明,英国科学家 A. M. Turing(阿兰·图灵,1912—1954)在 1949 年发表的 *Checking a Large Routine* 一文中也做了这方面的早期工作,美国计算机科学家 J. McCarthy(1927—2011,1971 年图灵奖获得者)于 1963 年发表的论文 *A Basis for Mathematical Theory of Computation* 中系统地论述了程序设计语言形式化的重要性,以及它与程序正确性、语言的正确实现等问题的关系,提出用递归函数作为程序的模型,开创了程序逻辑(logics of programs)研究的先河。20 世纪 60 年代后期,软件工程的 NATO 会议上"软件危机"的提出,推动了程序验证的深入研究,美国计算机科学家 R. W. Floyd (1936—2001,1978 年图灵奖获得者)于 1967 年提出了验证流程图程序正确性的归纳断言方法(也称前后断言法),这是程序验证方面的开创性工作,引起了计算机科学界研究程序验证的热潮。1969 年,英国计算机科学家 C. A. R. Hoare(1934—,1980 年图灵奖获得者)将 Floyd 归纳断言法形式化,首次提出程序验证的公理系统,称为 Hoare 逻辑公理化方法。该方法建立了程序语言的公理语义学,奠定了程序正确性研究的理论基础。20 世纪 70 年代以来出现了各种基于谓词(断言)逻辑演算的程序证明方法,如 E. W. Dijkstra 于 1975 年在前后断言法的基础上提出的最弱前置条件方法等。限于篇幅,本章主要对串行程序正确性证明的具有代表性的三个方法:Floyd 前后断言法、Hoare 公理化方法和 Dijkstra 最弱前置条件方法做初步介绍。

2.1 Floyd 前后断言法

Floyd 前后断言法(也称归纳断言法)是指在语句 S 前后分别加上前提条件 P(即前断言)和结果断言 Q(即后断言),用程序逻辑 $\{P\}S\{Q\}$ 证明程序正确性的方法。该方法是由

R. W. Floyd 于 1967 年在美国数学会 AMS 举行的应用数学讨论会上发表的论文 *Assigning Meanings to Programs* 中提出的。在该文中他首次提出一种基于流程图的表达程序逻辑的方法。该方法的主要特点是在流程图的每一条弧线上放置一个“标记”(即逻辑断言),并且保证当控制经过这条弧线时该断言一定成立。该方法是最早的形式规约方法,后经 C. A. R. Hoare 发展为程序逻辑的主要部分。

2.1.1 基本概念

本节简要介绍程序正确性的基本概念及 Floyd 前后断言法的两种主要形式。

定义 2.1 在程序语句间插入刻画程序状态(即程序变量的取值)的一阶谓词公式,称为断言。

在 Floyd 前后断言法中,前断言 P 指明执行语句之前程序变量应具有的性质,可看作程序正确执行的前提;后断言 Q 刻画了语句执行结束时的程序状态空间,可看作程序 S 应实现的任务的描述。一对前后断言(P,Q)也称为程序 S 的规约(specification)。

定义 2.2 若 S 开始执行时,P 为真,且 S 的执行必终止,终止时 Q 为真,则称程序 S 关于规约(P,Q)具有部分正确性(partial correctness)。

定义 2.3 若 S 开始执行时,P 为真,则 S 的执行必终止,那么称程序 S 关于规约(P,Q)是终止的(termination)。

定义 2.4 若 S 开始执行时,P 为真,则 S 的执行必终止且终止时 Q 为真,那么称程序 S 关于规约(P,Q)具有完全正确性(total correctness)。

Floyd 前后断言法的主要形式有两种:

(1) 采用 $P\{S\}Q$ 刻画语句 S 的部分正确性,其含义是:若前提条件 P 满足,且 S 执行终止,则 S 终止时结果断言 Q 成立。

(2) 采用$\{P\}S\{Q\}$刻画语句 S 的完全正确性,其含义是:若前提条件 P 满足,则 S 执行终止,且 S 终止时结果断言 Q 成立。

将 $P\{S\}Q$ 或$\{P\}S\{Q\}$的整体作为一个谓词公式,若该公式永真,则 S 相对于前提条件 P 和结果断言 Q 分别是部分正确或完全正确的。

2.1.2 证明方法

由 2.1.1 节可知,证明程序的完全正确性需要同时证明程序的部分正确性和终止性,本节给出证明部分正确性的 Floyd 前后断言法及证明终止性的 Floyd 良序集法的基本思想。

1. 部分正确性证明

采用前后断言法证明程序部分正确性的基本思想是将前断言逐步(逐条语句)向后断言推导,只要不遇到循环语句,这种推导就是显而易见的;当遇到循环语句时,则需要找一个断言,使这个断言在执行循环时成立,在退出循环时仍然成立(该断言称为不变式断言或不变式),然后,继续将不变式推导到输出语句即完成证明。前后断言法的具体步骤如下。

(1) 建立断言。将程序的开始处和终结处分别看作一个断点,分别为其建立断言。如果程序中存在循环,则在循环中选取一个断点并在断点处建立不变式断言。

(2) 建立检验条件。将程序分解为不同的通路，为每一条通路建立检验条件。验证程序的正确性，就是证明对任一条通路，只要起点的断言成立，则终止的断言也成立。其中每条通路都连接两个断点，设通路 α 连接断点 i 和 j，则检验条件为

$$q_i(x,y) \wedge R_\alpha(x,y) \Rightarrow q_j(x, r_\alpha(x,y))$$

其含义是指：若在通路 α 的入口点 i 处有断言 $q_i(x,y)$ 成立，通过通路 α 的条件为 $R_\alpha(x,y)$ 并且通过通路 α 后 y 的值变为 $r_\alpha(x,y)$，则通过通路 α 到达 j 点时有 $q_j(x,r_\alpha(x,y))$ 成立。

(3) 证明检验条件。对步骤(2)中得到的所有检验条件进行证明，如果每一条通路的检验条件都为真，则程序是部分正确的。

2. 终止性证明

Floyd 基于良序集的概念于 1967 年提出了一种证明程序终止性的基本方法，该方法称为良序集法。

定义 2.5 设 W 是一个非空集合，如果 W 上的一个二元关系 $\prec$ 满足自反性、反对称性和传递性，则称 W 为具有偏序关系的偏序集，记为 $\langle W, \prec \rangle$。

定义 2.6 设 $\langle W, \prec \rangle$ 是一个偏序集，若 W 的每一非空子集关于 $\prec$ 均存在最小元素，则称 $\langle W, \prec \rangle$ 为良序集。

例如，$(\mathbf{Z}^+, <)$ 是一个良序集，$\mathbf{Z}^+$ 表示正整数集。因为对 $\mathbf{Z}^+$ 中任何元素 a，都有有限递减序列：$a > a-1 > a-2 > \cdots > 2 > 1$。而 $(R, <)$ 则不是良序集，R 表示实数集。

设程序 S 的前断言为 $P(x)$，用良序集法证明程序 S 终止性的证明步骤如下：

(1) 选取一个点集合截断程序的各个循环部分，在每一个断点 i 处建立一个断言 $q_i(x,y)$。这样程序就被划分为若干条通路，每条通路都连接两个断点。

(2) 选取一个良序集 $\langle W, \prec \rangle$，并且在每一断点 i 处定义一个终止表达式 $E_i(x,y)$。

(3) 证明所选取的断言都是“良断言”。即对于每一个从程序入口到断点 j 的通路 α 有

$$P(x) \wedge R_\alpha(x,y) \Rightarrow q_j(x, r_\alpha(x,y))$$

而对于每一个由断点 i 到断点 j 的通路 α 有

$$q_i(x,y) \wedge R_\alpha(x,y) \Rightarrow q_j(x, r_\alpha(x,y))$$

这里，R_α、r_α 分别表示通过通路 α 的条件及通过通路 α 后变量 y 的值。另外这两个蕴含式省略了全称量词 $\forall x \forall y$，下面两步也是如此，不再赘述。

(4) 证明终止表达式是“良函数”。即对每个断点 i，有

$$q_i(x,y) \Rightarrow E_i(x,y) \in W$$

(5) 证明终止条件成立。即对于每一条从断点 i 到断点 j，且是某个循环一部分的通路 α 有

$$q_i(x,y) \wedge R_\alpha(x,y) \Rightarrow [E_j(x, r_\alpha(x,y) \prec E_i(x,y))]$$

上述步骤中，步骤(3)证明了对于任何使 $P(x)$ 为真的 x，在每个断点 j 处建立的断言 $q_j(x,y)$ 均为真；步骤(4)证明了对于每个断点 i，如果断言 $q_i(x,y)$ 为真，则终止表达式 $E_i(x,y)$ 必定包含在良序集 $\langle W, \prec \rangle$ 中；步骤(5)证明了当程序每次通过与循环有关的通路时，相应的 $E_i(x,y)$ 的值均在规定的关系 $\prec$ 下“递减”。从而证明了循环过程必然会结束，即程序必将终止。

2.1.3 应用举例

本节通过两个简单的例子分别说明前后断言法和良序集法的具体应用。

例 2.1 以程序 x mod y 为例,其中 $z1$ 存放商、$z2$ 存放余数,证明其部分正确性。

程序 S 如下:

```
z1 := 0;
z2 := x;
while(z2≥y) do
  z2 := z2 - y;
  z1 := z1 + 1;
end
```

对于这个程序,为了证明其正确性,需将断言插入程序中间的某些位置上,逐句加以验证。对此,画出相应的流程图 2-1。

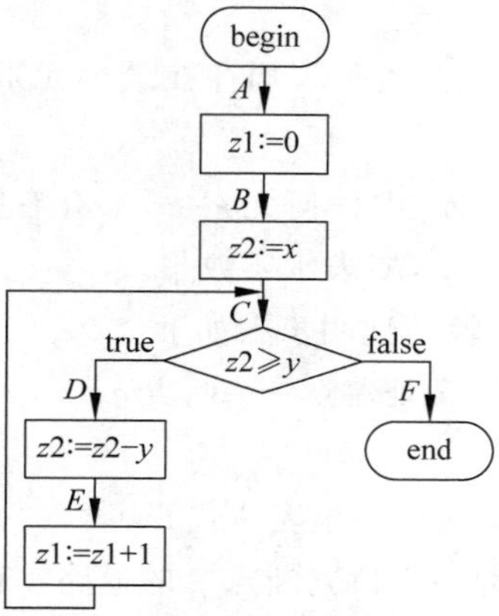

图 2-1 x mod y 的程序流程图

1. 建立断言

程序是整数求余,商在 $z1$ 中,结果在 $z2$ 中。因此,在断点 A 和 F 处分别建立前、后断言为

$q(A)=x\geqslant 0\wedge y>0$ (前断言)

$q(F)=(x=z1*y+z2)\wedge 0\leqslant z2<y$ (后断言)

在位置 C 处,从 $z2$ 中减去 y 的次数为 $z1$。总的来说,共从 x 中减去 $z1*y$。也就是说,在位置 C 有以下表达式:

$$q(C)=(x=z1*y+z2)\wedge z2\geqslant 0$$

2. 建立检验条件

x mod y 程序的所有可能的流程都是由图 2-1 中的三条通路组合而成的:$A\to B\to C$,$C\to D\to E\to C$,$C\to F$。

对于通路 $A\to B\to C$,其检验条件为

$$x\geqslant 0\wedge y>0\Rightarrow(x=0*y+x)\wedge x\geqslant 0$$

第二条通路是一条环路。要证明下列命题:若程序执行到环路起点 C 时,断言 $q(C)$ 成立,则程序执行一周再到达 C 点时,断言 $q(C)$ 仍然成立。此通路检验条件为

$$(x=z1*y+z2)\wedge z2\geqslant 0\wedge z2\geqslant y\Rightarrow x=(z1+1)*y+(z2-y)\wedge(z2-y)\geqslant 0$$

对于通路 $C\to F$,其检验条件为

$$(x=z1*y+z2)\wedge z2\geqslant 0\wedge z2<y\Rightarrow x=z1*y+z2\wedge 0\leqslant z2<y$$

3. 证明检验条件

对于通路 $A\to B\to C$,其检验条件化简为

$$x\geqslant 0\wedge y>0\Rightarrow x=x\wedge x\geqslant 0$$

显然成立。

对于通路 $C\to D\to E\to C$,已知 $y>0\wedge z2\geqslant 0\wedge z2\geqslant y$ 成立,从而 $z2-y\geqslant 0$ 成立。所以检验条件成立。

对于通路 $C\to F$,由前断言知 $y>0$ 成立,其检验条件也显然成立。

综上所述,程序的部分正确性得到证明。

例 2.2 对给定的自然数 x，证明 $z=\sqrt{x}$ 程序的终止性(前断言为 $P(x):x\geqslant 0$)，其流程图如图 2-2 所示。这个程序采用的算法基于以下的事实，即对于任何 $n\geqslant 0$，有

$$1+3+5+\cdots+(2n+1)=(n+1)^2$$

在这个程序中数 n，$1+3+5+\cdots+(2n+1)$ 及奇数 $2n+1$ 分别用变量 $y1$、$y2$、$y3$ 表示。

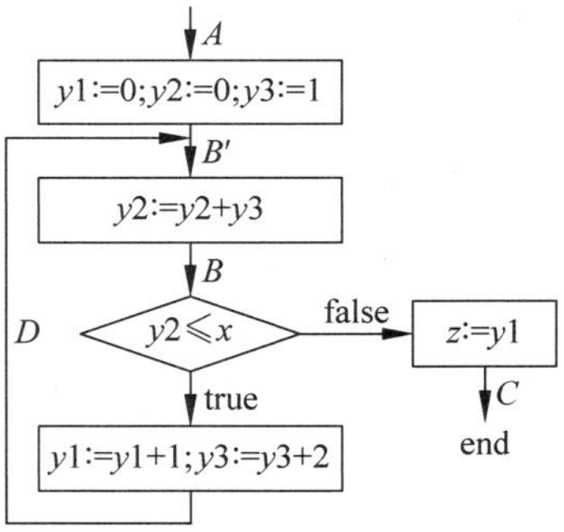

证明按以下步骤进行：

(1) 这个程序只有一个循环，在 B' 处断开，并在 B' 点建立断言，有

$$q(x,y):y2\leqslant x \wedge y3>0$$

(2) 取良序集为 $<N,<>$，即具有小于关系的自然数集合。并在 B' 点定义终止表达式：

$$E(x,y):x-y2$$

A
y1:=0;y2:=0;y3:=1
B'
y2:=y2+y3
B
D
y2≤x
false
z:=y1
C
end
true
y1:=y1+1;y3:=y3+2

图 2-2 $z=\sqrt{x}$ 程序流程图

(3) 证明 $q(x,y)$ 是良断言，即证明：

① 对程序开始点到截断点 B' 的通路有 $P(x)\Rightarrow q(x,0,0,1)$，即 $x\geqslant 0\Rightarrow 0\leqslant x \wedge 1>0$，显然成立。

② 从断点 B' 到 B' 的通路 $B'\to D\to B'$，有 $q(x,y)\wedge y2+y3\leqslant x\Rightarrow q(x,y1+1,y2+y3,y3+2)$，即 $y2\leqslant x\wedge y3>0\wedge y2+y3\leqslant x\Rightarrow y2+y3\leqslant x\wedge y3+2>0$，这是显然成立的。

(4) 证明 $E(x,y)$ 是良函数。由于这里只有一个断点 B'，因而只要证明：

$$q(x,y)\Rightarrow E(x,y)\in \mathbf{N}$$

由于在讨论中，变量 x、y 均为整数，所以这一关系，$y2\leqslant x\wedge y3>0\Rightarrow x-y2\geqslant 0$，即 $(x-y2)\in\mathbf{N}$，仍然是显然成立的。

(5) 证明终止条件成立。由于这里与循环有关的通路只有 $B'\to D\to B'$，因而只需证明：

$$q(x,y)\wedge y2+y3\leqslant x\Rightarrow E(x,y1+1,y2+y3,y3+2)<E(x,y1,y2,y3)$$

即 $y2\leqslant x\wedge y3>0\wedge y2+y3\leqslant x\Rightarrow x-(y2+y3)<x-y2$。当蕴含式前项成立时，$x\geqslant y2$，$x\geqslant y2+y3$。同时 $y3>0$，所以 $x-y2>x-(y2+y3)$，即终止条件成立。

综上所述，该程序具有终止性。

从上面的例子可看出，利用良序集法证明程序的终止性时，关键是断言 $q_i(x,y)$ 的选取和终止表达式 $E_i(x,y)$ 的确定，这也是应用该方法时的难点所在。

Floyd 前后断言法的局限性是其结构性较差，如果一个语句由多条语句复合而成，人们希望有一种方法能直接从各分量的正确性推导出整个复合语句的正确性，进而推导出整个复合程序的正确性，而该方法很难做到这一点。于是在归纳断言法的基础上，出现了许多改进的程序验证方法，其中最具影响的是 Hoare 提出的公理化方法。

2.2 Hoare 公理化方法

1969 年，C. A. R. Hoare 在 *An axiomatic basis for computer programming* 一文中对 Floyd 的前后断言法形式化，首次提出了程序验证的公理系统，也称为 Hoare 公理化方法(简称 Floyd-Hoare 逻辑或公理化方法)，该方法采用程序逻辑建立了程序语言的公理语义

学,奠定了程序正确性研究的理论基础。

2.2.1 基本概念

程序逻辑是描述和论证程序行为的逻辑。程序和逻辑有着本质的联系,如果把程序看成一个执行过程,程序逻辑的基本方法是先给出建立程序和逻辑间联系的形式化方法,然后建立程序逻辑系统,并在此系统中研究程序的各种性质。

程序逻辑的基本形式为 $P\{S\}Q$。其中 S 是程序,P 和 Q 是有关程序变元的逻辑表达式,P 称为 S 的前置条件,Q 称为 S 的后置条件。

$P\{S\}Q$ 的含义如下:如果程序 S 执行前程序变量的值满足前置条件 P,且程序终止,则程序 S 执行完成时,程序变量的值满足后置条件 Q。可以建立一套关于这类公式的推理规则,得到一个描述程序行为的逻辑系统,这就是著名的 Hoare 公理化方法。

Hoare 公理化方法的中心特征是形如 $P\{S\}Q$ 的 Hoare 三元组①,其中程序 S 的语法用 BNF 给出:

$$S::=x:=e \mid \text{skip} \mid S_1;S_2 \mid$$
$$\text{if } b \text{ then } S_1 \text{ else } S_2 \text{ } fi \mid \text{while } b \text{ do } S \text{ end}$$

其中 x 是变量;e 是一阶表达式;b 是非量化的一阶断言。

例如,用一个程序 S 去计算自然数的阶乘,这个程序中的变量 x 在程序开始执行时,存放用户输入的自然数值 k;而在程序执行终止时存放要输出的结果。用户关心的是程序 S 计算的结果值是否确实是输入值的阶乘。在 Hoare 公理化方法中,使用公式 $x:=k\{S\}x:=k!$ 表示程序 S 的这一部分含义:若 S 执行前 x 的值等于 k,则 S 执行完毕后 x 的值等于 $k!$。程序执行前的条件$\{x:=k\}$就称为 S 的前置条件,执行后的条件$\{x:=k!\}$称为 S 的后置条件。

2.2.2 证明方法

Hoare 公理化方法包括一些公理和规则,这些公理和规则与程序的证明方法密切相关。下面给出 Hoare 逻辑公理系统的一些公理或规则。

1. 赋值公理

$$P[e/x]\{x:=e\}P$$

执行赋值语句$\{x:=e\}$的结果是将程序变量 x 的值变为执行语句前表达式 e 的值。因此,若表达式 e 在语句$\{x:=e\}$执行前满足条件 P,那么程序变量 x 在语句$\{x:=e\}$执行完毕后也应满足条件 P,故命题 $P[e/x]\{x:=e\}P$ 应该永远成立。其中,$P[e/x]$成立表示将 P 中的 x 代为 e 后,P 成立,即 e 满足 P。

2. 空语句公理

$$P\{\text{skip}\}P$$

执行一条空语句指令不会改变任何程序变量的值,其中 skip 表示空语句。这反映在公理中取相同的公式作为前置条件和后置条件。

---

① 也有一些文献采用$\{P\}S\{Q\}$的形式表示 Hoare 三元组,以突出前置条件 P 和后置条件 Q。

3. 左强化规则

$$\frac{P \to P',\ P'\{S\}Q}{P\{S\}Q}$$

左强化规则用于强化前置条件，即 $P'\{S\}Q$ 已经被证明，想要将前置条件 P' 强化为 P。因为 $P'\{S\}Q$，如果 S 始于满足 P' 的状态且会终止，那么它完成时 Q 成立。但根据蕴含式 $P \to P'$，任何满足 P 的状态也满足 P'，因此 $P\{S\}Q$。

该规则经常和赋值公理一起使用，如果想证明 $P\{x := e\}Q$，可以首先获得弱于 P 的前置条件 $Q[e/x]$，然后用左强化规则证明 $P \to Q[e/x]$ 强化前置条件，即

$$\frac{P \to Q\,[e/x],\ Q\,[e/x]\{x := e\}Q}{P\{x := e\}Q}$$

4. 右弱化规则

$$\frac{P\{S\}Q',\ Q' \to Q}{P\{S\}Q}$$

右弱化规则用于弱化后置条件，即 $P\{S\}Q'$ 已被证明，想要将后置条件 Q' 弱化为 Q。因为 $P\{S\}Q'$，如果 S 始于满足 P 的状态且会终止，那么它完成时 Q' 成立。但根据蕴含式 $Q' \to Q$，任何满足 Q' 的状态也满足 Q，因此 $P\{S\}Q$。

5. 顺序规则

$$\frac{P\{S_1\}R,\ R\{S_2\}Q}{P\{S_1;S_2\}Q}$$

在证明一个顺序组合语句的时候，可以先证明两个子语句 S_1、S_2 的性质，然后将其合并得到整个组合语句的性质，通过分别为 S_1、S_2 设置一个后置条件和前置条件 R 完成。

假设 S_1 的后置条件和 S_2 的前置条件不相同，如 $P\{S_1\}R_1$、$R_2\{S_2\}Q$ 都已被证明，当 $R_1 \to R_2$ 时仍可证明 $P\{S_1;S_2\}Q$。实现的方法可以是使用左强化规则（或右弱化规则）强化 S_2 的前置条件，使其从 R_2 强化为 R_1；也可以是导出一条额外的证明规则：

$$\frac{P\{S_1\}R_1,\ R_1 \to R_2,\ R_2\{S_2\}Q}{P\{S_1;S_2\}Q}$$

6. 条件规则

$$\frac{b \wedge P\{S_1\}Q,\ \neg b \wedge P\{S_2\}Q}{P\{\text{if } b \text{ then } S_1 \text{ else } S_2 \text{ fi}\}Q}$$

为证明 $P\{\text{if } b \text{ then } S_1 \text{ else } S_2\}Q$，考虑以下两种情况。

（1）b 成立：在执行 S_1 之前 $b \wedge P$ 成立，这可被作为一个前提条件。

（2）$\neg b$ 成立：在执行 S_2 之前 $\neg b \wedge P$ 成立，这可被作为一个前提条件。

该规则的前提是当 if-then-else 结构结束时在两种情况下 P 都成立。

7. 循环规则

$$\frac{b \wedge P\{S\}P}{P\{\text{while } b \text{ do } S \text{ end}\}\neg b \wedge P}$$

其含义为：P 作为前置条件，满足条件 b 的情况下，语句 S 的执行不会对它产生影响，则在循环语句执行结束之后，P 必为真，称 P 为循环不变式。为了使用循环规则，必须找出循环

不变式,使之每次进入和最终离开循环都为真。循环不变式不要求甚至也不太可能在循环体中每一点都为真,因此最好把循环作为一个“不可分割”语法单元的动作。

采用 Hoare 公理化方法证明程序正确性的步骤如下:

(1) 描述程序 S 所需的语义性质,即 P 和 Q。

(2) 编写程序 S。

(3) 重复地对程序 S 中的语句单元应用演绎系统的推理规则,导出规则,直到推出公理 $P\{S\}Q$ 为止。

(4) 如果不能证明该程序,则需要将有关程序段重写,或者证明过程中有错误。

给出证明的过程可以是“正向”的,也可以是“反向”的。正向过程是先从某些公理出发,经使用规则,直到最后得到结果;反向过程是先使用规则,把总目标分成若干目标,最后归根于公理。确切地说,反向过程开始于寻找一条适当规则,把证明目标 w 分为子目标 w_1, $w_2, w_3, \cdots, w_n$,然后把每个子目标 w_i 用同样的方法再细分,直至最后的子目标寻根于公理或问底于论域的定理。

2.2.3 应用举例

本小节通过两个典型的例子进一步说明 Hoare 公理化方法的具体应用。

例 2.3 设有计算 n 的阶乘 $n!$ 的以下程序 S:

```
x := 1;
while y > 0 do
    x := y * x;
    y := y - 1;
end
```

通过下列 Hoare 公理化方法可以证明上述程序是正确的,因为这些断言都是真的,而且在 Hoare 的公理系统中是可以被证明的,而最后一个断言正是人们所要寻求的结论,因此它们形成对上述阶乘程序正确性的说明。

该程序采用 Hoare 逻辑三元组描述如下:

$$y \geqslant 0 \land y = n\{S\}x = n! \tag{2-1}$$

根据式(2-1)的定义,可得程序所需的语义性质,如下所示:

$$P: y \geqslant 0 \land y = n$$

$$Q: x = n!$$

首先,

$$y > 0 \land x \times y! = n! \rightarrow y > 0 \land (y \times x) \times (y-1)! = n! \tag{2-2}$$

根据赋值公理,x 代替 $y \times x$ 可得到以下表达式:

$$y > 0 \land (y \times x) \times (y-1)! = n! \{x := y \times x\} y > 0 \land x \times (y-1)! = n! \tag{2-3}$$

由式(2-2)和式(2-3)并利用左强化规则可得

$$y > 0 \land x \times y! = n! \{x := y \times x\} y > 0 \land x \times (y-1)! = n! \tag{2-4}$$

同理,由赋值公理可得

$$y > 0 \land x \times (y-1)! = n! \{y := y-1\} y \geqslant 0 \land x \times y! = n! \tag{2-5}$$

由式(2-4)和式(2-5)并利用顺序规则可得

$$y>0 \land x\times y!=n! \quad \{x:=y\times x; y:=y-1\} y\geqslant 0 \land x\times y!=n! \tag{2-6}$$

根据式(2-6),利用循环规则中 $P=y>0\land x\times y!=n!$,$b=y>0$,可得

$$y\geqslant 0 \land x\times y!=n! \ \{\text{while } y>0 \text{ do } x:=y\times x; y:=y-1\} y\geqslant 0 \land x\times y!=n! \land y\leqslant 0 \tag{2-7}$$

因为

$$y=n \land x=1 \rightarrow x\times y!=n! \tag{2-8}$$

由式(2-7)和式(2-8)并利用左强化规则可得

$$y\geqslant 0 \land y=n \land x=1\{\text{while } y>0 \text{ do } x:=y\times x; y:=y-1\} y\geqslant 0 \land x\times y!=n! \land y\leqslant 0 \tag{2-9}$$

又因为 $0!=1$,所以

$$y\geqslant 0 \land x\times y!=n! \land y\leqslant 0 \rightarrow y=0 \land x\times y!=n! \rightarrow x=n! \tag{2-10}$$

由式(2-9)和式(2-10)并利用右弱化规则可得

$$y\geqslant 0 \land y=n \land x=1\{\text{while } y>0 \text{ do } x:=y\times x; y:=y-1\} x=n! \tag{2-11}$$

根据赋值公理可得

$$y\geqslant 0 \land y=n\{x:=1\} y\geqslant 0 \land y=n \land x=1 \tag{2-12}$$

最后根据顺序规则,由式(2-12)和式(2-11)可得式(2-1)成立。

例 2.4 利用公理化方法证明 x 除以 y 的整数除法程序的部分正确性。

设计程序 S:

```
a := 0;
b := x;
while b≥y do
    b := b - y;
    a := a + 1;
end
```

程序流程图如图 2-3 所示。

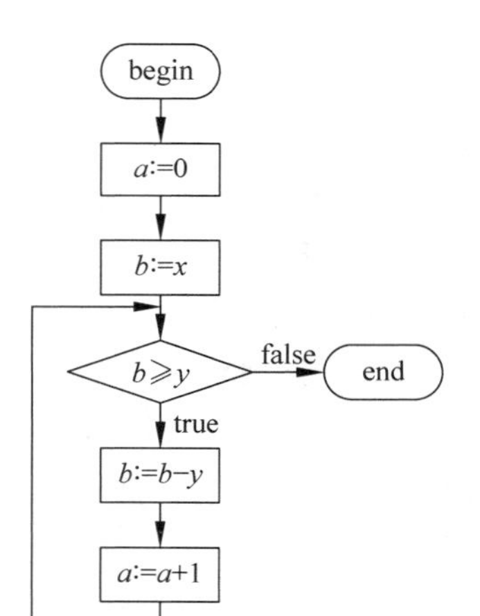

图 2-3 整数除法的程序流程图

该程序采用 Hoare 逻辑三元组描述如下:

$$x\geqslant 0 \land y>0\{S\}a\times y+b=x \land 0\leqslant b<y \tag{2-13}$$

上述表达式描述若 x,y 是两个非负的整数且 y 不为 0,并且 S 执行终止,则 a 是 x 除以 y 的整数商,b 是余数。

根据式(2-13)的定义,可得程序所需的语义性质,如下所示:

$$P: x\geqslant 0 \land y>0$$

$$Q: a\times y+b=x \land 0\leqslant b<y$$

根据赋值公理,可以得到以下表达式:

$$x\geqslant 0 \land 0\times y+x=x\{a:=0\}a\times y+x=x \land x\geqslant 0 \tag{2-14}$$

$$a\times y+x=x \land x\geqslant 0\{b:=x\}a\times y+b=x \land b\geqslant 0 \tag{2-15}$$

根据顺序规则,由式(2-14)和式(2-15)可得

$$x\geqslant 0 \land 0\times y+x=x\{a:=0; b:=x\}a\times y+b=x \land b\geqslant 0 \tag{2-16}$$

又因为

$$x \geqslant 0 \land y > 0 \rightarrow x \geqslant 0 \land 0 \times y + x = x \tag{2-17}$$

为真,由式(2-16)和式(2-17)并利用左强化规则可得

$$x \geqslant 0 \land y > 0\{a := 0; b := x\}a \times y + b = x \land b \geqslant 0 \tag{2-18}$$

另外,根据赋值公理,有

$$(a+1) \times y + b - y = x \land b - y \geqslant 0\{b := b - y\}(a+1) \times y + b = x \land b \geqslant 0 \tag{2-19}$$

和

$$(a+1) \times y + b = x \land b \geqslant 0\{a := a + 1\}a \times y + b = x \land b \geqslant 0 \tag{2-20}$$

再根据顺序规则,由式(2-19)和式(2-20)得

$$(a+1) \times y + b - y = x \land b - y \geqslant 0\{b := b - y; a := a + 1\}a \times y + b = x \land b \geqslant 0 \tag{2-21}$$

并且

$$a \times y + b = x \land b \geqslant 0 \land b \geqslant y \rightarrow (a+1) \times y + b - y = x \land b - y \geqslant 0 \tag{2-22}$$

显然为真,由式(2-21)和式(2-22)并利用左强化规则可得

$$a \times y + b = x \land b \geqslant 0 \land b \geqslant y\{b := b - y; a := a + 1\}a \times y + b = x \land b \geqslant 0 \tag{2-23}$$

根据循环规则,由式(2-23)得

$$\begin{aligned} a \times y + b = x \land b \geqslant 0\{&\text{while } b \geqslant y \\ &\text{do } b := b - y; a := a + 1 \\ &\text{end}\}a \times y + b = x \land b \geqslant 0 \land b < y \end{aligned} \tag{2-24}$$

最后根据顺序规则,由式(2-18)和式(2-24)可得式(2-13)成立。

使用Hoare公理化方法不会比使用Floyd前后断言法得出更强的结论,Hoare公理化方法的优点在于能以比较直接的方法表达语义,在考虑迭代结构时,Floyd前后断言法仍然是Hoare公理化方法的基础。Hoare公理化方法仅应用于迭代结构的局部性质,而不像Floyd前后断言法那样应用到程序整体,也就是说,Floyd前后断言法被“嵌入”处理迭代结构的推理规则中去,就这一点而论,对于现代控制结构,Hoare公理化方法比Floyd前后断言法更合适。

使用Floyd前后断言法进行证明是从分析程序S中各个单元的语义开始的,每个验证条件的证明都独立于其他验证条件,并不需要“合并”证明过程。而在公理化证明中,需要构造更大的语义块建立程序的语义,直到整个程序被赋予某种意义为止。

Hoare公理化方法的局限性主要有两点:

第一,Hoare公理化方法只能证明程序的部分正确性,而不能证明程序的终止性。因为它讨论的对象是一般高级语言描述的程序,讨论的问题是这样的程序是否具有一阶逻辑表示的程序性质,这些性质主要指部分正确性。

第二,Hoare公理化方法的基本形式$P\{S\}Q$中的P和Q实际上是作为语句S的注释使用的,不能对$P\{S\}Q$直接进行逻辑演算,如$P_1\{S_1\}Q_1 \rightarrow P_2\{S_2\}Q_2$就没有意义。

Hoare 公理化方法的规则与逻辑系统中的推理规则有着实质的区别，因而在 Hoare 逻辑系统中讨论推理规则是否正确是比较麻烦的。

2.3 Dijkstra 最弱前置条件方法

1975 年，E. W. Dijkstra 在前后断言的基础上提出了最弱前置条件（weakest precondition）的概念，以及相应的程序设计演算，使程序设计和程序验证可以同时进行。

2.3.1 基本概念

最弱前置条件是指保证一个语句执行正常结束并满足结果断言的最弱前提条件，它是一个谓词公式（也称为谓词转换函数），通常用 $\mathrm{wp}(S,Q)$ 表示，这里 Q 是语句 S 执行后所期望的结果断言（后置断言）。

一般地，当对程序进行解释时，引入谓词的概念，那么可以对任意的程序片段 S 写出：

$$\{P\}S\{Q\}$$

P、Q 均为谓词，分别代表前置条件与后置条件，S 可以是单个语句。后置谓词 Q 刻画了程序或语句执行的效果。而前置谓词 P 一般只是一个充分条件。也就是说，在满足 P 的初始状态下执行 S 能导致 Q 为真，但是不能保证 S 必然终止。

为此 Dijkstra 设计了一种谓词变换函数 $\mathrm{wp}(S,Q)$，它的值是另外一个谓词，称为最弱前置谓词，其意义在于 $\mathrm{wp}(S,Q)$ 代表了一个状态集合，从这个状态集合中任何一个状态开始执行语句 S，将保证在有穷的时间内终止于满足后置条件 Q 的状态。这里的“最弱”是指，如果存在另一个谓词 P'，P' 作为前置条件也能使 S 的执行终止并满足后置条件 Q，那么一定有 $P'\rightarrow \mathrm{wp}(S,Q)$ 为真，即 $\mathrm{wp}(S,Q)$ 是使程序 S 终止且满足后置条件 Q 的充分必要条件。特别地，$\mathrm{wp}(S,\mathrm{true})$ 表示 S 的执行一定终止的最弱前置条件。

下面给出谓词转换函数 wp 的某些性质。

假定 S 是任意的语句，Q_1 与 Q_2 是两个后置条件。对于一切状态有下列性质：

（1）$\mathrm{wp}(S,\mathrm{false})=\mathrm{false}$（排奇律）。

$\mathrm{wp}(S,\mathrm{false})$ 描述了这样一个状态集合，从其中任何一个状态开始执行 S 将保证终止于满足 false 的一个状态。但 false 代表一个空集，因为没有一个状态会使 false 为真。例如 $\mathrm{wp}(S,2\neq 2)$，后置条件 Q：$2\neq 2$ 恒为假，所以不可能存在一个状态并且从此状态下执行 S 保证终止于满足 Q：$2\neq 2$ 的状态。

（2）假定 $Q_1\rightarrow Q_2$，则 $\mathrm{wp}(S,Q_1)\rightarrow \mathrm{wp}(S,Q_2)$（单调律）。

（3）$\mathrm{wp}(S,Q_1)\wedge \mathrm{wp}(S,Q_2)=\mathrm{wp}(S,Q_1\wedge Q_2)$（合取分配律）。

（4）$\mathrm{wp}(S,Q_1)\vee \mathrm{wp}(S,Q_2)=\mathrm{wp}(S,Q_1\vee Q_2)$（析取分配律）。

将 $\{P\}S\{Q\}$ 定义为程序 S 的功能描述，是因为后置条件描述了程序 S 执行后的预期效果，即在初始条件下程序的执行应完成什么工作，换言之，定义了程序 S 的语义。类似地对某个程序设计语言的每个控制成分可以用这种形式定义其语义。然而这时有一个假定，即 S 是要终止的，在前置条件下 S 执行终止时后置条件成立。因此引进了不产生错误结果的充分前置条件。而最弱前置条件的引进保证了产生正确结果的充分必要条件。下面利用最弱前置条件定义程序设计语言控制成分。

1. 空语句

为了使空语句有具体形式,这里使用关键字 skip 表示。skip 语句的执行不做任何事情,对于 skip 语句明显有定义:

$$\mathrm{wp}(\mathrm{skip},Q)=Q$$

2. 赋值语句

对于形如 $x:=e$ 的简单赋值语句,有 $\mathrm{wp}(x:=e,Q)=Q[e/x]$。

其中 $Q[e/x]$表示把谓词 Q 中 x 的所有自由出现都用 e 替换,并把所有约束变量改成与 e 不同的名字。例如:

$\mathrm{wp}(x:=1,x=1)=(1=1)=\mathrm{true}$;

$\mathrm{wp}(x:=1,x\neq 1)=(1\neq 1)=\mathrm{false}$;

$\mathrm{wp}(x:=x+1,x\geqslant 0)=(x+1\geqslant 0)=(x\geqslant -1)$;

$\mathrm{wp}(x:=y+1,\exists y(y<x))=\mathrm{wp}(x:=y+1,\exists z(z<x))=\exists z(z<y+1)$。

多重赋值是对简单赋值的扩充,当有多个赋值语句 $x_i:=e_i(i=1,2,\cdots,n)$时,可以缩写为 $\bar{x}=\bar{e}$ 或者 $x_1,x_2,\cdots,x_n:=e_1,e_2,\cdots,e_n$。

3. 顺序语句

$$S_1;S_2;\cdots;S_n$$

表示各语句之间是先后执行的顺序关系。对于最基本的序列语句 $S_1;S_2$,有

$$\mathrm{wp}(S_1;S_2,Q)=\mathrm{wp}(S_1,\mathrm{wp}(S_2,Q))$$

相应地,可以推出多个语句构成序列时的情况。例如,已知序列为

$$t:=x;x:=y;y:=t$$

后置条件 Q 为 $x=Y\wedge y=X$,则

$$\begin{aligned}
&\mathrm{wp}(\text{"}t:=x;x:=y;y:=t\text{"},x=Y\wedge y=X)\\
&=\mathrm{wp}(\text{"}t:=x;x:=y\text{"},\mathrm{wp}(y:=t,x=Y\wedge y=X))\\
&=\mathrm{wp}(\text{"}t:=x;x:=y\text{"},x=Y\wedge t=X)\\
&=\mathrm{wp}(t:=x,\mathrm{wp}(x:=y,x=Y\wedge t=X))\\
&=\mathrm{wp}(t:=x,y=Y\wedge t=X)\\
&=(y=Y\wedge x=X)
\end{aligned}$$

4. 条件语句

条件语句的一般形式为

$$\begin{aligned}
&\mathrm{if}\quad B_1\rightarrow S_1;\\
&\square\quad B_2\rightarrow S_2;\\
&\qquad\quad\vdots\\
&\square\quad B_n\rightarrow S_n;\\
&\mathrm{fi}
\end{aligned}$$

表示任选一个其监督条件 B_i 为真的语句 S_i 执行,并在执行完毕后离开条件语句;如果所有的监督条件都不成立,则认为出现了错误情况。令 if 代表上述条件语句,BB 表示 $B_1\vee B_2\vee\cdots\vee B_n$,则有

$$\mathrm{wp}(\mathrm{IF},Q)=\mathrm{BB}\wedge\ \forall i:1\leqslant i\leqslant n:B_i\rightarrow\mathrm{wp}(S_i,Q)$$

考虑下面这个例子中的 if 语句是否正确。

$$\begin{array}{l} \text{if} \quad x \geqslant 0 \rightarrow a := x \\ \square \quad x < 0 \rightarrow a := -x \\ \text{fi} \end{array}$$

后置条件 Q 为 $a=\text{abs}(x)$，则

$$\begin{aligned} \text{wp}(\text{IF},Q) &= (x \geqslant 0 \lor x < 0) \land (x \geqslant 0 \rightarrow \text{wp}(a := x, a = \text{abs}(x))) \land \\ &\quad (x < 0 \rightarrow \text{wp}(a := -x, a = \text{abs}(x))) \\ &= \text{true} \land (x \geqslant 0 \rightarrow x = \text{abs}(x)) \land (x < 0 \rightarrow -x = \text{abs}(x)) \\ &= \text{true} \end{aligned}$$

这指对于一切初始状态，该 if 语句的执行结果总是置 a 为 x 的绝对值。

5. 循环语句

循环语句的一般形式为

$$\begin{array}{l} \text{do} \quad B_1 \rightarrow S_1 \\ \square \quad B_2 \rightarrow S_2 \\ \quad\quad \vdots \\ \square \quad B_n \rightarrow S_n \\ \text{od} \end{array}$$

这表示任选其中一个监督条件 B_i 为真的语句 S_i 执行，执行完毕后重复上述过程，直到所有监督条件都不成立时才离开循环语句，用 BB 表示 $B_1 \lor B_2 \lor \cdots \lor B_n$，因此等价于：

$$\begin{array}{l} \text{do BB} \rightarrow \text{if} \quad B_1 \rightarrow S_1 \\ \qquad\qquad \square \quad B_2 \rightarrow S_2 \\ \qquad\qquad\quad\quad \vdots \\ \qquad\qquad \square \quad B_n \rightarrow S_n \\ \qquad\qquad \text{fi} \\ \text{od} \end{array}$$

令 DO 代表该循环语句，if 代表其中的条件语句，为了利用最弱前置条件对 DO 的语义进行定义，首先引入谓词 $H_0(Q)$ 如下：

$$H_0(Q) = \neg \text{BB} \land Q$$

这里，$H_0(Q)$ 表示当把谓词看作状态集合时 DO 的执行在零次循环后便使 Q 为真时终止的一切状态组成的集合。$H_0(Q)$ 为真，即初始状态下 BB 为假，否则至少执行一次循环。用 $H_k(Q)$ 表示这样的状态集合，在其中任意一个状态下，DO 语句最多执行 k 次循环后终止且满足后置条件 Q。当循环体中的语句 if 至少执行一次时，在初始条件下 BB 为真，且当 BB 依然为真时重复地执行 if，这样第 $j-1$ 次执行 if 的后置条件便将成为第 j 次执行 if 的前置条件。鉴于 IF 的执行必定在不超过 $k-1$ 次重复时终止且满足 Q，因此有

$$H_k(Q) = H_0(Q) \lor \text{wp}(\text{IF}, H_{k-1}(Q)), \quad \text{对于 } k > 0$$

这里 $H_k(Q)$ 借助于 $H_{k-1}(Q)$ 来定义，因此该定义是递归的。

在如上定义了谓词 $H_k(Q)$ 后，循环语句的谓词转换函数可表示为

$$\text{wp}(\text{DO},Q) = \exists k : k > 0 : H_k(Q)$$

2.3.2 证明方法

在采用最弱前置条件定义了程序设计语言控制成分后，可以通过求解最弱前置条件wp，再证明前置条件 P 是否蕴含wp的方法证明程序的正确性。然而在实际应用中程序或语句通常较为复杂，直接求解wp很困难，如对 $\mathrm{wp}(\mathrm{IF},Q)$ 和 $\mathrm{wp}(\mathrm{DO},Q)$ 的求解。此时可采用其他途径证明蕴含关系的成立。下面给出一些经常用到的定理。

定理 2.1 对于条件语句IF，如果谓词 P 满足：

(1) $\forall i:1\leqslant i\leqslant n:P\wedge B_i\rightarrow \mathrm{wp}(S_i,Q)$。

(2) $P\rightarrow \mathrm{BB}$。

则 $P\rightarrow \mathrm{wp}(\mathrm{IF},Q)$。

证明：首先将 P 从假定(1)中的全称量词的作用域中提出，有

$$\begin{aligned}&\forall i:1\leqslant i\leqslant n:P\wedge B_i\rightarrow \mathrm{wp}(S_i,Q)\\&=\forall i:1\leqslant i\leqslant n:\neg(P\wedge B_i)\vee \mathrm{wp}(S_i,Q)\\&=\forall i:1\leqslant i\leqslant n:\neg P\vee\neg B_i\vee \mathrm{wp}(S_i,Q)\\&=\neg P\vee(\forall i:1\leqslant i\leqslant n:\neg B_i\vee \mathrm{wp}(S_i,Q))\\&=P\rightarrow(\forall i:1\leqslant i\leqslant n:B_i\rightarrow \mathrm{wp}(S_i,Q))\end{aligned}$$

因此结合假设(2)，则有

$$\begin{aligned}&(P\rightarrow \mathrm{BB})\wedge(P\rightarrow(\forall i:1\leqslant i\leqslant n:B_i\rightarrow \mathrm{wp}(S_i,Q)))\\&=P\rightarrow(\mathrm{BB}\wedge\forall i:1\leqslant i\leqslant n:B_i\rightarrow \mathrm{wp}(S_i,Q))\\&=P\rightarrow \mathrm{wp}(\mathrm{IF},Q)\end{aligned}$$

引理 2.1 对于循环语句DO，如果谓词 P 满足

$$\forall i:1\leqslant i\leqslant n:P\wedge B_i\rightarrow \mathrm{wp}(S_i,P)$$

则 $P\wedge \mathrm{wp}(\mathrm{DO},\mathrm{true})\rightarrow \mathrm{wp}(\mathrm{DO},P\wedge\neg \mathrm{BB})$。

证明：根据BB的定义显然有 $P\wedge \mathrm{BB}\wedge B_i=P\wedge B_i$。又因为 $\forall i:1\leqslant i\leqslant n:P\wedge B_i\rightarrow \mathrm{wp}(S_i,P)$，所以 $\forall i:1\leqslant i\leqslant n:P\wedge \mathrm{BB}\wedge B_i\rightarrow \mathrm{wp}(S_i,P)$，并且 $P\wedge \mathrm{BB}\rightarrow \mathrm{BB}$。根据定理2.1，则有 $(P\wedge \mathrm{BB})\rightarrow \mathrm{wp}(\mathrm{IF},P)$。由 $H_k(Q)$ 的定义有

$$\begin{aligned}&H_0(\mathrm{true})=\neg \mathrm{BB}\\&H_k(\mathrm{true})=\neg \mathrm{BB}\vee \mathrm{wp}(\mathrm{IF},H_{k-1}(\mathrm{true}))\end{aligned}$$

以及

$$\begin{aligned}&H_0(P\wedge\neg \mathrm{BB})=P\wedge\neg \mathrm{BB}\\&H_k(P\wedge\neg \mathrm{BB})=(P\wedge\neg \mathrm{BB})\vee \mathrm{wp}(\mathrm{IF},H_{k-1}(P\wedge\neg \mathrm{BB}))\end{aligned}$$

下面采用数学归纳法，对 k 进行归纳，以证明以下蕴含式：

$$P\wedge H_k(\mathrm{true})\rightarrow H_k(P\wedge\neg \mathrm{BB})\quad(k\geqslant 0)$$

(1) 当 $k=0$ 时，$P\wedge H_0(\mathrm{true})\rightarrow H_0(P\wedge\neg \mathrm{BB})$ 显然成立。

(2) 归纳假设 $P\wedge H_{k-1}(\mathrm{true})\rightarrow H_{k-1}(P\wedge\neg \mathrm{BB})$ 成立，则

$$\begin{aligned}P\wedge H_k(\mathrm{true})&=P\wedge(\neg \mathrm{BB}\vee \mathrm{wp}(\mathrm{IF},H_{k-1}(\mathrm{true})))\\&=P\wedge(\neg \mathrm{BB}\vee(\mathrm{BB}\wedge \mathrm{wp}(\mathrm{IF},H_{k-1}(\mathrm{true}))))\end{aligned}$$

(此处对“$\vee$”运用分配律可证得)

$$=(P \wedge \neg BB) \vee (P \wedge BB \wedge wp(IF, H_{k-1}(true)))$$

$$\rightarrow (P \wedge \neg BB) \vee (wp(IF, P) \wedge wp(IF, H_{k-1}(true)))$$

$$=(P \wedge \neg BB) \vee wp(IF, P \wedge H_{k-1}(true))$$

$$\rightarrow (P \wedge \neg BB) \vee wp(IF, H_{k-1}(P \wedge \neg BB))$$

$$=H_k(P \wedge \neg BB)$$

从而，$\forall k:k \geqslant 0: P \wedge H_k(true) \rightarrow H_k(P \wedge \neg BB)$成立。

所以，$P \wedge wp(DO,true) = \exists k:k \geqslant 0: P \wedge H_k(true)$

$$\rightarrow \exists k:k \geqslant 0: H_k(P \wedge \neg BB)$$

$$=wp(DO, P \wedge \neg BB)$$

证毕。

引理 2.1 表明 P 为关于循环 DO 的一个循环不变式，如果初始时 P 成立，则循环体的每次执行都不会破坏该不变式关系。因此，如果循环能执行终止，则必然有 $P \wedge \neg BB$。

引理 2.2 设 t 是依赖程序变量的一个整型函数，满足：

(1) $P \wedge BB \rightarrow t>0$。

(2) 对满足 $P \wedge B_i \wedge t \leqslant t_0+1$ 的任意常量值 t_0，有

$$P \wedge B_i \wedge t \leqslant t_0+1 \rightarrow wp(S_i, P \wedge t \leqslant t_0) \quad (1 \leqslant i \leqslant n)$$

则 $P \rightarrow wp(DO,true)$。

引理 2.2 的证明与引理 2.1 的证明类似，可以关于 k 使用数学归纳法。此处不再证明，读者可以自行证明。需要说明的是，这里的整型函数 t 可以理解为循环的界函数。它对循环次数进行计数，并保证循环一定终止。

定理 2.2 对于循环语句 DO，假定存在谓词 P 和依赖程序变量的一个整型函数 t 满足：

(1) $\forall i:1 \leqslant i \leqslant n: P \wedge B_i \rightarrow wp(S_i, P)$。

(2) $P \wedge BB \rightarrow t>0$。

(3) $\forall i:1 \leqslant i \leqslant n: P \wedge B_i \rightarrow wp("t_0=t;S_i", t<t_0)$。

则 $P \rightarrow wp(DO, P \wedge \neg BB)$。

证明：根据条件(1)及引理 2.1 有 $P \wedge wp(DO,true) \rightarrow wp(DO, P \wedge \neg BB)$。又因为 $P \wedge B_i \wedge t \leqslant t_0+1 \rightarrow P \wedge B_i$，所以 $P \wedge B_i \wedge t \leqslant t_0+1 \rightarrow wp(S_i, P)$。结合条件(3)，$P \wedge B_i \wedge t \leqslant t_0+1 \rightarrow wp(S_i, P \wedge t \leqslant t_0)$。再结合条件(2)，根据引理 2.2 可得 $P \rightarrow wp(DO,true)$，也就有 $P \wedge P \rightarrow P \wedge wp(DO,true)$，那么 $P \rightarrow wp(DO, P \wedge \neg BB)$成立。证毕。

根据定理 2.2 可以得出证明一个程序完全正确性的方法，即通过依次验证下列条件成立证明一个程序的完全正确性：

(1) 该程序的不变式 P 在循环开始执行前为真。

(2) 在每次循环后，不变式 P 总是保持为真，因此 P 的确是循环不变式。

(3) $P \wedge \neg BB \rightarrow Q$，即循环结束时，该程序的后置条件 Q 总是满足。

(4) $P \wedge BB \rightarrow (t>0)$，因此只要循环尚未终止，$t$ 总是有下界的。

(5) 每次循环界函数 t 都在减少。这里可以利用构造谓词转换函数：wp(“$t_0:=t;S$”，$t<t_0$)，并证明其为真来表明界函数 t 在减少。

前三点保证了程序的部分正确性,而后两点则保证了程序必定终止,从而证明了程序的完全正确性。

2.3.3 应用举例

本节通过一个典型的例子进一步说明 Dijkstra 最弱前置条件方法的具体应用。

例 2.5 采用最弱前置条件法证明下列计算斐波那契数 $f_n(n>0)$ 的迭代程序的完全正确性。

```
i,a,b := 1,0,1;
do
    i < n → i,a,b = i+1,b,a+b;
od
```

证明:根据该程序和程序的目的可以写出该程序的循环不变式 P、后置条件 Q,界函数 t、监督条件 BB 等,具体如下:

$$P:(1\leqslant i\leqslant n)\wedge(a=f_{i-1})\wedge(b=f_i)$$

$$Q:b=f_n$$

$$t:n-i$$

$$\text{BB}:i<n$$

(1) 在进入循环前 P 为真。

$$\begin{aligned}\text{wp}&=(\text{"}i,a,b:=1,0,1\text{"},(1\leqslant i\leqslant n)\wedge(a=f_{i-1})\wedge(b=f_i))\\&=(1\leqslant i\leqslant n)\wedge(0=f_0)\wedge(b=f_1)\\&=\text{true}\end{aligned}$$

(2) 证明 P 的确是循环不变式。

$$\begin{aligned}\text{wp}(S,P)&=\text{wp}(\text{"}i,a,b:=i+1,b,a+b\text{"},(1\leqslant i\leqslant n)\wedge(a=f_{i-1})\wedge(b=f_i))\\&=(0\leqslant i<n)\wedge(b=f_i)\wedge(a+b=f_{i+1})\\&=(0\leqslant i<n)\wedge(b=f_i)\wedge(a=f_{i+1}-f_i)\\&=(0\leqslant i<n)\wedge(b=f_i)\wedge(a=f_{i-1})\end{aligned}$$

它为 $P\wedge(i<n)$ 所蕴含。

(3) 证明循环终止时后置条件 Q 为真。

$$\begin{aligned}P\wedge\neg\text{BB}&=(1\leqslant i\leqslant n)\wedge(a=f_{i-1})\wedge(b=f_i)\wedge(i\geqslant n)\\&=(i=n)\wedge(a=f_{i-1})\wedge(b=f_i)\\&\rightarrow b=f_n\end{aligned}$$

(4) 证明界函数 t 在循环终止前总是有下界的。

$$P\wedge\text{BB}\rightarrow(1\leqslant i\leqslant n)\wedge(i<n)\rightarrow(n-i>0)$$

即 $P\wedge\text{BB}\rightarrow(t>0)$(若 BB 为真,即代表监督条件 BB 仍为真,此时循环未结束)。

(5) 证明每次循环迭代,界函数 t 减少。可以构造以下的谓词转换函数:

$$\begin{aligned}&\text{wp}(\text{"}t_0:=t;S\text{"},t<t_0)\\&=\text{wp}(\text{"}t_0:=n-i;i,a,b:=i+1,b,a+b\text{"},n-i<t_0)\end{aligned}$$

$$=\mathrm{wp}(t_0 := n-i, n-(i+1) < t_0)$$
$$= n-(i+1) < n-i$$
$$= \mathrm{true}$$

综上所述,该程序的完全正确性得到了证明。

2.4 本章小结

程序正确性证明是早期形式化方法要解决的核心问题。本章在简要介绍串行程序正确性证明发展历史的基础上,基于经典一阶逻辑和 Floyd-Hoare 逻辑,针对 20 世纪六七十年代有关串行程序正确性证明的三个代表性方法(Floyd 前后断言法、Hoare 公理化方法和 Dijkstra 最弱前置条件方法)的基本思想、证明方法及应用做了初步介绍。

然而,这些早期的奠基性工作有很多不足之处,如缺少对带指针和内存数据结构的程序规约机制、缺少并发程序的规约机制等。后期有大量工作对 Floyd-Hoare 逻辑进行扩展,形成了新的程序逻辑、规约和验证方法,如动态逻辑、模态逻辑、时序逻辑等。其中,2000 年左右提出的分离逻辑(separation logic)成为近年来程序逻辑与演绎推理的一个研究热点。例如 Facebook 将基于分离逻辑的验证工具 Infer 广泛用于其 Android 应用的开发过程中。

习 题 2

1. 采用 Floyd 前后断言法证明例 2.2 程序的部分正确性。

2. 设 x、y 是正整数,画出求它们的最大公约数 $z=\gcd(x,y)$ 的流程图并证明其部分正确性。

3. 写一个求 x 的平方根的程序,并利用 Hoare 公理化方法证明它的部分正确性。

4. 写一个求最大公约数的程序,并利用 Hoare 公理化方法证明它的部分正确性。

5. 对数组 $b[0..10]$求和的程序算法如下,证明其完全正确性:

```
i := 1; s := b[0];
do
    i < 11 → s := s + b[i]; i := i + 1;
od
```

6. 设计一个用来将数 x 插入按递增顺序排列的数组中的程序(假设数组足够大,且在第 n 个元素之后是无意义的元素),并用 Dijkstra 最弱前置条件法证明该程序的完全正确性。

上篇　系统建模

第3章 迁移系统

本章学习目标

（1）掌握迁移系统的基本概念及其应用。

（2）掌握迁移系统到迁移图的转换。

使用形式化方法，通常需要首先对被检测的（并发）系统进行形式化建模。由于并发系统比串行系统表现出更为复杂的并发行为，其形式化模型必须能很好地表达并发性。根据并发行为的方式，并发系统的计算模型可分为交错[①]（interleaving，也称交替）模型和非交错（non-interleaving）/独立（independent）模型两大类。其中交错模型是通过各个原子迁移以不确定的顺序交错执行来表示并发行为的，其计算行为表现为状态迁移序列，不允许两个并行进程在相同的时间点上执行它们各自的语句，要求其中一个进程执行时，其余进程处于非激活状态，不允许干扰（interference）情形出现。

迁移系统（transition system）是 R. M. Keller 最初于 1976 年提出的一种基于交错并发执行方式的计算模型，也是描述计算机软硬件系统行为的基本抽象模型。迁移系统可以对处于不同情况下的并发系统建模，如可以是在进程完全自动运行的简单情况下，也可以是在进程间以某种方式通信的更现实的环境中。本章主要介绍迁移系统及相关概念，简要阐述迁移图的概念和其到迁移系统的转换，并通过实例说明迁移系统的具体应用。

3.1 基本概念

在迁移系统中，一个迁移表示系统的一个原子操作，系统可以处于有限或无限数量的状态中的某一个；在每个状态上，系统可以执行一系列原子迁移中的一个，这一系列迁移就是该状态可行（使能）的迁移，其他迁移是不可行（非使能）的；在每个状态中选择一个可行的状态，将系统迁移为一个新的状态，只要至少有一个可行状态，则该过程不断继续。

3.1.1 形式定义

状态用于描述系统在某个时刻的行为信息，例如，一个交通灯的一个状态表示了灯当前的颜色。类似地，一个串行程序的一个状态表示了所有程序变量当前的值和程序计数器当前的值（该值指定了下一个将被执行的程序语句）。在一个时序电路中，一个状态表示了寄存器当前的值和输入位的值。

① “交错”一词最初由 E. W. Dijkstra 于 1971 年提出。

迁移表示系统如何从一个状态转换为另一个状态。在交通灯的例子中,迁移可以表示交通灯从一种颜色转换到另一种颜色。对串行程序来说,一个迁移对应一个语句的执行,也可以包含一些变量和程序计数器值的改变。在时序电路中,一个迁移是指寄存器值的改变和在一组新的输入下输出位的改变。

迁移系统包含迁移(状态的改变)的动作名称和状态的原子命题。动作名称将被用来描述进程间的通信机制,原子命题用来形式化在某状态下的一些特性,直观地表示了关于系统状态的一些简单的已知事实。例如,对于给定的整型变量 x,“x 等于 0”或“x 小于 200”都是原子命题。

定义 3.1 一个迁移系统 TS 是一个六元组[①]$(S,T,\rightarrow,I,\mathrm{AP},L)$,其中:

$S=\{s_0,s_1,s_2,\cdots,s_n,\cdots\}$表示状态集;

$T=\{\tau_0,\tau_1,\tau_2,\cdots\}$表示迁移动作集;

$\rightarrow\subseteq S\times T\times S$ 表示迁移关系,如$(s,\tau,s')\in\rightarrow$,也可用 $s\xrightarrow{\tau}s'$或$\rho_\tau(s,s')$表示;

$I\subseteq S$ 表示初始状态集;

$\mathrm{AP}=\{a,b,c,\cdots\}$表示原子命题集;

$L:S\rightarrow 2^{\mathrm{AP}}$ 称为标签函数。

如果 S、T 和 AP 都是有穷集,那么称 TS 是有穷迁移系统。

一个迁移系统的直观行为描述如下:系统始于一些初始状态 $s_0\in I$,通过迁移关系$\rightarrow$发生状态转变。也就是说,如果 s 是当前状态,那么源于 s 的迁移 $s\xrightarrow{\tau}s'$被不确定地选择并且执行,即执行迁移动作 τ,并且系统从状态 s 迁移到状态 s'。这个选择过程会在状态 s'重复并且终止于一个没有出迁移的状态(需要注意的是,I 可以为空,在这种情形下,迁移系统由于没有初始状态可以选择,不产生任何行为)。更重要的是,当一个状态有多个出迁移时,下一个迁移的选择完全是不确定的,也就是这个选择过程的结果是不可以推理得到的,并且也无法知道某个迁移被选择的可能性有多大。类似地,当初始状态集由多个状态组成时,起始状态的选择也是不确定的。

标签函数 L 将原子命题的一个集合 $L(s)\in 2^{\mathrm{AP}}$ 与状态 s 联系起来。2^{AP} 是 AP 的幂集。$L(s)=\{a\mid a\in\mathrm{AP}$ 且状态 s 完全满足 $a\}$,假设 φ 是一个命题逻辑公式,如果 $L(s)$使公式 φ 为真,那么可以推导 s 满足公式 φ,则可以表示为

$$s\vDash\varphi\quad\text{iff}\quad L(s)\vDash\varphi$$

定义 3.2 一个迁移系统 $\mathrm{TS}=(S,T,\rightarrow,I,\mathrm{AP},L)$,对于 $s\in S$ 和 $\tau\in T$:

(1) s 的直接 τ-后继集合定义为 $\mathrm{Post}(s,\tau)=\{s'\in S\mid s\xrightarrow{\tau}s'\}$,$\mathrm{Post}(s)=\bigcup_{\tau\in T}\mathrm{Post}(s,\tau)$,每个状态 $s'\in\mathrm{Post}(s,\tau)$被称作 s 的一个直接 τ-后继。直接后继集合的概念由以下方式扩展为 S 的子集,对于 $C\subseteq S$,有 $\mathrm{Post}(C,\tau)=\bigcup_{s\in C}\mathrm{Post}(s,\tau)$,$\mathrm{Post}(C)=\bigcup_{s\in C}\mathrm{Post}(s)$。

(2) s 的 τ-前趋集合定义为 $\mathrm{Pre}(s,\tau)=\{s'\in S\mid s'\xrightarrow{\tau}s\}$,$\mathrm{Pre}(s)=\bigcup_{\tau\in T}\mathrm{Pre}(s,\tau)$。

$\mathrm{Pre}(C,\tau)$ 和 $\mathrm{Pre}(C)$的概念以类似的方式定义:

---

① 在许多文献中,迁移系统采用 Kripke 三元组(S,R,L)表示,有关 Kripke 内容介绍见第6章。

$$\mathrm{Pre}(C,\tau)=\bigcup_{s\in C}\mathrm{Pre}(s,\tau),\quad \mathrm{Pre}(C)=\bigcup_{S\in C}\mathrm{Pre}(s)$$

定义 3.3 对于迁移动作集 T 中的一个迁移动作 τ 和状态集 S 中的一个状态 s：

(1) 如果 $\mathrm{Post}(s,\tau)\neq\varnothing$，则用 enabled($\tau$)(简记 En($\tau$))表示迁移 τ 在状态 s 是使能(能行)的，也就是说，s 有一个直接 τ-后继。

(2) 如果 $\mathrm{Post}(s,\tau)=\varnothing$，则称迁移 τ 在状态 s 是非使能的(disenabled)，也就是说，s 没有一个直接 τ-后继。

定义 3.4 对于一组迁移 $T_1\subseteq T$ 和状态集 S 中的一个状态 s：

(1) 如果 T_1 中有 τ 在 s 上是使能的，则称 T_1 在 s 是使能的。

(2) 如果 T_1 中所有 τ 在 s 上都是非使能的，则称 T_1 在 s 是非使能的。

定义 3.5 (1) 如果对每个状态 $s\in S$，都有 $\mathrm{Post}(s,\tau)=\{s\}$，则称 τ 为空迁移；除了空迁移之外的迁移都叫作勤勉(diligent)迁移。

(2) 如果 s 上仅有的能行的迁移是空迁移 τ_I，那么状态 s 是终止的。

一个迁移系统 TS 的终止状态是那些没有任何出迁移(即仅有空迁移)的状态，一旦由 TS 描述的系统到达了一个终止状态，整个系统将会停止。对于串行(顺序)程序而言，终止状态出现表示程序终止。

上面提到非确定性对于系统建模是非常重要的，但是迁移系统的"可见"行为是确定的，也常常是很有用的。一般有两种方法刻画一个迁移系统的可见行为：一种依靠动作；另一种依靠状态的标签。以动作为基础的方法从外部只看到执行的动作，以状态为基础的方法忽略了动作，并且要求约束当前状态的原子命题是可见的。从以动作为基础的方法的观点来看，迁移系统是确定的就要使每个状态都至多有一个标记动作 τ 的出迁移，然而从状态标签的观点出发，确定性意味着对于任何状态标签 $A\in 2^{\mathrm{AP}}$ 和任何状态来说，至多有一个出迁移指向一个标签为 A 的状态。在这两种情况下，都要满足至多有一个初始状态。

定义 3.6 一个迁移系统 $TS=(S,T,\rightarrow,I,\mathrm{AP},L)$。

(1) 如果对于所有状态 s 和动作 τ，$|I|\leqslant 1$ 和 $|\mathrm{Post}(s,\tau)|\leqslant 1$，则称 TS 是动作-确定的。

(2) 如果对于所有状态 s 和状态标签 $A\in 2^{\mathrm{AP}}$，$|I|\leqslant 1$ 和 $|\mathrm{Post}(s)\cap\{s'\in S\mid L(s')=A\}|\leqslant 1$，则称 TS 是 AP-确定的。

3.1.2 迁移图

迁移图是 L. Lamport 于 1983 年提出的一种表示并发程序的图形化建模方法。与流程图类似，迁移图是一个带结点和有向边的有向图。不同的是，流程图用结点表示迁移，而迁移图是用有向边表示迁移的。

设 $P_1,P_2,\cdots,P_m(m\geqslant 1)$ 是 m 个可并发执行的进程，每一进程 P_i 是带有标号(位置)结点的迁移图，勤勉迁移对应进程中出现的有标记的边。标号结点集 $L_i=\{l_0,l_1,\cdots,l_t\}$，这里 l_i 是互不相交的，引入控制变量 $\pi_1,\pi_2,\cdots,\pi_m$，其中 π_i 表明进程 P_i 控制的当前位置。

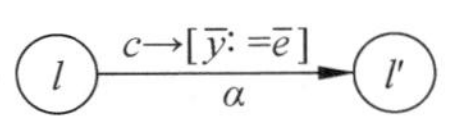

设 α 是连接进程 P_i 中位置 l 到位置 l' 的一条边，用指令 $c\rightarrow[\bar{y}:=\bar{e}]$ 标记(见图 3-1)，这里 $\bar{y}=(y_1,y_2,\cdots,y_n)$ 是各进程共享的程序变量，每个进程都可以引用或修改这些变量。则与 α 关联的迁

l —— $c\rightarrow[\bar{y}:=\bar{e}]$ / α ——> l'

图 3-1 迁移图

移 τ 定义为$(\pi_i=l)\wedge c\wedge(\pi_i'=l')\wedge(\bar{y}=\bar{e})$。如果在状态 s 下,P_i 当前的位置是 l,并且布尔表达式 c 为真,那么称迁移 τ 在状态 s 是使能的。如果对于一些属于进程 P_i 的边 α 来说,和 α 相关的迁移在状态 s 是使能的,则称进程 P_i 在状态 s 是使能的,否则称进程 P_i 在状态 s 是非使能的。

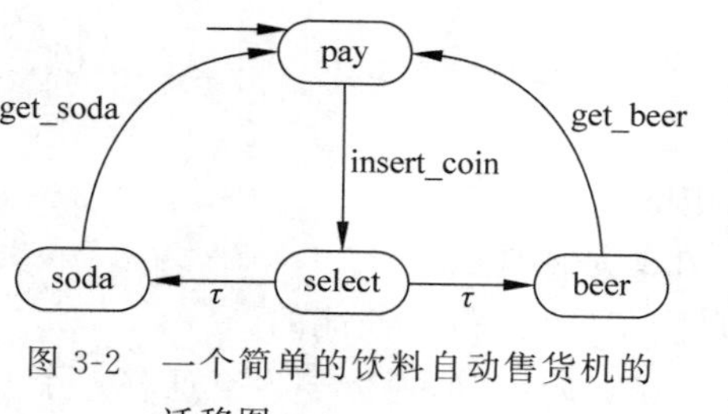

图 3-2　一个简单的饮料自动售货机的迁移图

例 3.1　图 3-2 的迁移图是对一个简单的饮料自动售货机的建模,自动售货机可以卖啤酒或苏打水。状态用圆角矩形表示,迁移用带标记的边表示,状态的名称写在圆角矩形里面,初始状态用一个没有来源的进入箭头表示。

状态集 $S=\{\text{pay},\text{select},\text{soda},\text{beer}\}$,初始状态集仅有一个状态,即 $I=\{\text{pay}\}$,对于饮料机的一些内部动作,用动作 τ 表示。动作集 $T=\{\text{insert\_coin},\text{get\_soda},\text{get\_beer},\tau\}$,如 $\text{pay}\xrightarrow{\text{insert\_coin}}\text{select}$ 和 $\text{beer}\xrightarrow{\text{get\_beer}}\text{pay}$ 就是一些迁移的例子。

需要注意的是,投了一个硬币后,自动售货机不能确定提供啤酒还是苏打水。

迁移系统中的原子命题以待考虑的属性而定,有一个简单的办法是让状态名作为原子命题,也就是对于任何状态 s,$L(s)=\{s\}$。然而,如果仅有的相关属性指的不是选择的饮料,如属性"在投了一个硬币后,自动售货机只递送一种饮料",那么它就可以使用两个元素的命题集合 $\text{AP}=\{\text{paid},\text{drink}\}$,伴随标签函数:

$$L(\text{pay})=\varnothing,\quad L(\text{soda})=L(\text{beer})=\{\text{paid},\text{drink}\},\quad L(\text{select})=\{\text{paid}\}$$

这里原子命题 paid 表示那些使用者已经付费,但还没有获得饮料。

前面的例子说明了有关原子命题和动作名称选择的任意性,即使一个迁移系统的形式化定义需要确定动作集 T 和命题集合 AP,T 和 AP 也可以在之后进行临时的处理。在许多情况下,动作名称是不相关的,例如,由于迁移代表一个内部流程活动,使用了一个特殊的标记 τ 或者在动作名称不相关的情况下,甚至可以省略动作标记。在描述迁移系统时,原子命题集合 AP 的选择通常是不确定的,如可以假定 $\text{AP}\subseteq S$ 和标签函数 $L(s)=\{s\}\cap\text{AP}$。

使用迁移系统对软硬件系统建模时,需要注意非确定性的问题,这里采用的非确定性选择是通过交错对独立活动并行的建模和对产生冲突情况的建模。例如,如果两个进程都要获取一个共享资源,那么本质上交错指的是控制并行进程的动作指令的非确定选择。除了并行性,非确定性对于抽象目标、规约不足、未知或不可预测环境接口的建模也是很重要的。饮料自动售货机(见图 3-2)是后面这种情况的例子,其中使用者需要做一个非确定的选择,也就是在 select 状态的两个 τ-迁移中选一个来获得两种饮料中的一种。"规约不足"指的是在早期设计阶段给系统提供的一个粗糙模型中,通过非确定性表示几种可能行为的选择。这个想法是由于在后面更细化的步骤中,设计者会实现非确定选择中的一个,而舍弃其他的选择。从这个意义上说,迁移系统中的非确定性可以代表实现上的自由性。

3.1.3　计算

一个迁移系统的计算(也称执行或运行)来自系统非确定性的选择,表示迁移系统的一个可能的行为。

定义 3.7 一个迁移系统 $TS=(S,T,\rightarrow,I,AP,L)$。

(1) TS 的一个有限计算片断 σ 是一个以状态为结尾的状态与动作交错的序列：

$$\sigma=s_0\tau_1s_1\tau_2\cdots\tau_ns_n,\quad \text{对所有}\quad 0\leqslant i<n, s_i\xrightarrow{\tau_{i+1}}s_{i+1}$$

其中 $n\geqslant 0$，把 n 作为计算片断 σ 的长度。

(2) TS 的一个无限计算片断 ρ 是一个无限的状态与动作的交错序列：

$$\rho=s_0\tau_1s_1\tau_2s_2\tau_3\cdots,\quad \text{对所有}\quad i\geqslant 0, s_i\xrightarrow{\tau_{i+1}}s_{i+1}$$

需要注意的是，序列 s $(\in S)$ 是一个长度 $n=0$ 的有限计算片断。一个无限计算片断的每个奇数长度的前缀都是一个有限的计算片断。计算片断 $\sigma=s_0\tau_1\cdots\tau_ns_n$ 和 $\rho=s_0\tau_1s_1\tau_2\cdots$ 分别被写成

$$\sigma=s_0\xrightarrow{\tau_1}\cdots\xrightarrow{\tau_n}s_n\quad \text{和}\quad \rho=s_0\xrightarrow{\tau_1}s_1\xrightarrow{\tau_2}\cdots$$

当一个计算片断不能再延长了，就称它是最大化的。

定义 3.8 一个最大化的计算片断要么是一个以某终止状态结尾的有限计算片断，要么是一个无限计算片断。如果一个计算片断始于某初始状态（也就是 $s_0\in I$），则称它是初始化的。

例 3.2 例 3.1 中描述的饮料自动售货机的计算片断的例子如下，为了简单起见，动作名称被简写，例如 sget 是 get_soda 的简写，coin 表示 insert_coin。

$$\rho_1=\text{pay}\xrightarrow{\text{coin}}\text{select}\xrightarrow{\tau}\text{soda}\xrightarrow{\text{sget}}\text{pay}\xrightarrow{\text{coin}}\text{select}\xrightarrow{\tau}\text{soda}\xrightarrow{\text{sget}}\cdots$$

$$\rho_2=\text{select}\xrightarrow{\tau}\text{soda}\xrightarrow{\text{sget}}\text{pay}\xrightarrow{\text{coin}}\text{select}\xrightarrow{\tau}\text{beer}\xrightarrow{\text{bget}}\cdots$$

$$\sigma=\text{pay}\xrightarrow{\text{coin}}\text{select}\xrightarrow{\tau}\text{soda}\xrightarrow{\text{sget}}\text{pay}\xrightarrow{\text{coin}}\text{select}\xrightarrow{\tau}\text{soda}$$

计算片断 ρ_1 和 σ 是初始化的，而 ρ_2 不是初始化的。σ 不是最大化的，因为它没有以一个终止状态结尾，假设 ρ_1 和 ρ_2 都是无限的，则它们是最大化的。

定义 3.9 迁移系统的一个计算是一个初始化的最大化的计算片断。

在例 3.2 中，ρ_1 是一个计算，而 ρ_2 和 σ 不是，因为 ρ_2 是最大化的却不是初始化的，σ 是初始化的却不是最大化的。

定义 3.10 一个迁移系统 $TS=(S,T,\rightarrow,I,AP,L)$，如果存在一个初始化的有限的计算片断：

$$s_0\xrightarrow{\tau_1}s_1\xrightarrow{\tau_2}\cdots\xrightarrow{\tau_n}s_n=s$$

则称状态 $s\in S$ 是可到达的，Reach(TS) 表示 TS 中所有可达状态的集合。

3.2 应用举例

本节通过对时序电路、数据依赖系统（一种简单的串行程序）和并发系统的建模来阐述迁移系统的应用。在这些例子中，状态代表可能的存储设置（即相关“变量”的值），状态改变（即迁移）代表“变量”的改变。这里的变量需要从广义理解，对计算机程序来说，一个变量可以是一个控制变量（如一个程序计数器），也可以是一个程序变量，而对电路来说，一个变量

代表一个寄存器或一个输入位。

3.2.1 时序电路

考虑一个用迁移系统对时序电路建模的简单例子。

例 3.3 在图 3-3 的时序电路的电路图中，输入变量是 x，输出变量是 y，寄存器是 r，输出变量 y 的控制函数通过表达式 $\lambda_y = \neg(x \oplus r)$ 给出，其中 $\oplus$ 代表异或(XOR)，寄存器值的改变是通过电路函数 $\delta_r = x \vee r$ 实现的。

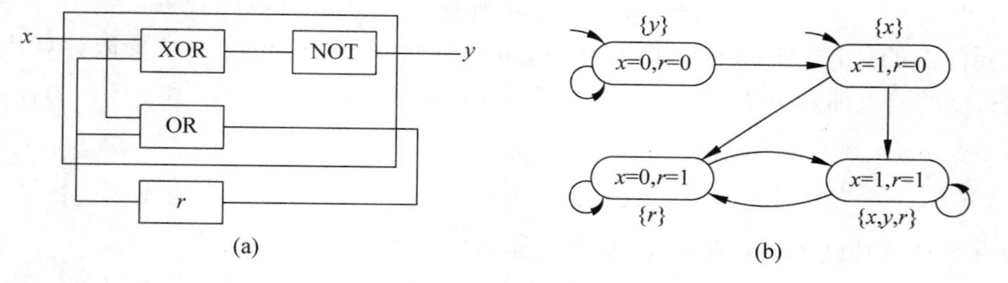

图 3-3 一个简单时序电路的迁移图

需要注意的是，一旦寄存器的值是 $[r=1]$，r 就会保持这个值不变，在寄存器初始值是 $[r=0]$ 的情况下，电路的行为可以通过状态空间为 $S=\text{Eval}(x,r)$ 的迁移系统 TS 进行建模，其中 $\text{Eval}(x,r)$ 代表输入变量 x 和寄存器变量 r 的值的集合，TS 的初始状态是 $I=\{ < x=0, r=0 >, < x=1, r=0 > \}$。注意，这里有两个初始状态，是因为没有假定输入位 x 的初始值。

动作集合在这里不相关，可省略，迁移直接来自函数 λ_y 和 δ_r。例如，如果下一个输入位等于 0，则迁移为 $< x=0, r=1 > \to < x=0, r=1 >$；如果下一个输入位等于 1，则迁移为 $< x=0, r=1 > \to < x=1, r=1 >$。

下面考虑标签 L，使用的原子命题集合 $\text{AP}=\{x,y,r\}$，那么状态 $< x=0, r=1 >$ 可以被标记为 $\{r\}$，它没有标签 y 是因为电路函数 $\neg(x \oplus r)$ 在该状态的值是 0。对于状态 $< x=1, r=1 >$，由于 λ_y 的值是 1，则标签 $L(< x=1, r=1 >)=\{x,y,r\}$，于是可以得到：$L(< x=0, r=0 >)=\{y\}$，$L(< x=1, r=0 >)=\{x\}$，该迁移系统的标签在图 3-3(b)中已经表示出来。

还可以使用命题 $\text{AP}'=\{x,y\}$，寄存器的值假定是不可见的，那么可以得到：

$$L'(< x=0, r=0 >)=\{y\} \quad L'(< x=0, r=1 >)=\varnothing$$

$$L'(< x=1, r=0 >)=\{x\} \quad L'(< x=1, r=1 >)=\{x,y\}$$

AP' 的命题足以被形式化，如属性“输出位 y 经常被设成无限的”，但是和寄存器 r 相关的属性是不可表达的。

在这个例子中使用的方法可以推广到任意的时序电路，这个电路有 n 个输入位 $x_1, x_2, \cdots, x_n$，m 个输出位 $y_1, y_2, \cdots, y_m$ 和 k 个寄存器 $r_1, r_2, \cdots, r_k$。迁移系统的状态代表这 $n+k$ 个输入位和寄存器 $x_1, x_2, \cdots, x_n, r_1, r_2, \cdots, r_k$ 的值，输出位的值通过输入位和寄存器的值得到，也可以从状态中得到。假定输入位的值(通过电路环境)是非确定得到的，另外，设寄存器的初始值是 $[r_1=c_{0,1}, \cdots, r_k=c_{0,k}]$，其中 $c_{0,i}$ 表示寄存器 i 的初始值，$0 < i \leqslant k$。对该时序电路建模的迁移系统 $\text{TS}=(S, T, \to, I, \text{AP}, L)$ 由以下组成部分，状态空间

$S=\text{Eval}(x_1,x_2,\cdots,x_n,r_1,r_2,\cdots,r_k)$，这里的 $\text{Eval}(x_1,x_2,\cdots,x_n,r_1,r_2,\cdots,r_k)$代表输入变量 x_i 和寄存器 r_i 的值的集合，并且等同于集合$\{0,1\}^{n+k}$（一个 $s\in\text{Eval}(\cdot)$的值将值 $s(x_i)\in\{0,1\}$映射到输入位 x_i 上，类似地，每个寄存器 r_j 是 $s(r_j)\in\{0,1\}$的映射。为了简化这个问题，假设每个 $s\in S$ 是一个 $n+k$ 位的元组，当且仅当 x_i 的值为1时，第 i 位才会被设置，因此第 $n+j$ 位表示 r_j 的值）。初始状态的形式是$(\cdots,c_{0,1},\cdots,c_{0,k})$，其中 k 个寄存器的值已经给出，前面的 n 位表示输入位的值，这些值是任意的，因此初始状态集是

$$I=\{(a_1,a_2,\cdots,a_n,c_{0,1},c_{0,2},\cdots,c_{0,k})\mid a_1,a_2,\cdots,a_n\in\{0,1\}\}$$

动作集合 T 是不相关的，用 $T=\{\tau\}$表示，为了简洁起见，原子命题集合设为

$$\text{AP}=\{x_1,x_2,\cdots,x_n,y_1,y_2,\cdots,y_m,r_1,r_2,\cdots,r_k\}$$

（实际上它可以定义为该AP的任意子集）因此任意寄存器、输入位和输出位都可以作为一个原子命题，标签函数设定为任意状态 $s\in\text{Eval}(x_1,x_2,\cdots,x_n,r_1,r_2,\cdots,r_k)$，这正好是在状态 s 下 x_i,r_j 赋值为1的原子命题。如果对于状态 s，输出位 y_i 的值为1，那么原子命题 y_i 也是$L(s)$的一部分。因此，有

$$L(a_1,a_2,\cdots,a_n,c_1,c_2,\cdots,c_k)=\{x_i\mid a_i=1\}\cup\{r_j\mid c_j=1\}$$
$$\cup\{y_i\mid s\vDash\lambda_{yi}(a_1,a_2,\cdots,a_n,c_1,c_2,\cdots,c_k)=1\}$$

其中$\lambda_{yi}:S\rightarrow\{0,1\}$是一个跳转函数，对应于由门电路得到的输出位 y_i。

迁移用来表示行为，用δ_{rj} 表示电路图中寄存器 r_j 的迁移函数，当且仅当 $c_j'=\delta_{rj}(a_1,a_2,\cdots,a_n,c_1,c_2,\cdots,c_k)$时，有

$$(a_1,a_2,\cdots,a_n,c_1,c_2,\cdots,c_k)\xrightarrow{\tau}(a_1',a_2',\cdots,a_n',c_1',c_2',\cdots,c_k')$$

这里假设输入位值的改变是不确定的，因此没有在 $a_1',a_2',\cdots,a_n'$上加约束。

读者可以使用这种方法自行检验图3-3(a)的电路，该电路确实可以使用图3-3(b)的迁移系统表示。

3.2.2 数据依赖系统

一个数据依赖系统的可执行动作一般来自分支条件，例如：

$$\text{if}\quad x\ \%\ 2=1\ \text{then}\ x:=x+1\ \text{else}\ x:=2\cdot x\quad\text{fi}$$

当用一个迁移系统对该程序片断进行建模时，迁移的条件可以省略并且条件分支可以通过非确定性代替，但这将导致该迁移系统只能验证较少的属性。此外还可以使用条件迁移，并将（标有条件的）结果图应用到随后要被验证的迁移系统中，以下通过示例详细介绍这个方法。

例3.4 考虑例3.1中描述的饮料自动售货机的一个扩展，该机器可以计算苏打水和啤酒瓶子的数量，当自动售货机为空时，将返回投入的硬币。为了简便起见，自动售货机由两个位置start和select表示，下面两个条件迁移是对投了一个硬币和重新加满售货机的建模：

$$\text{start}\xrightarrow{\text{true}:\text{coin}}\text{select}\qquad\text{start}\xrightarrow{\text{true}:\text{refill}}\text{start}$$

条件迁移的标记形式是 $g:\tau$，其中 g 是一个布尔表达式（叫作卫式），τ 是一个 g 成立才可能发生的动作。由于上面两个条件迁移的条件总是成立的，那么动作coin在开始位置也总是可行的，为了简洁起见，假定重新填充后，两种饮料都会装满。下面两个条件迁移是对如果饮料售货机中还有苏打水（或啤酒），那么就能获得苏打水（或啤酒）的建模：

$$\text{select} \xrightarrow{\text{nsoda}>0:\text{sget}} \text{start} \quad \text{select} \xrightarrow{\text{nbeer}>0:\text{bget}} \text{start}$$

变量 nsoda 和 nbeer 分别记录了机器中苏打水和啤酒的数量。下面这个迁移表示当机器里没有任何瓶子,返还投的硬币时,自动售货机会自动转到初始 start 位置:

$$\text{select} \xrightarrow{\text{nsoda}=0 \wedge \text{nbeer}=0:\text{ret\_coin}} \text{start}$$

设两个饮料储藏室的最大容量是 max,投硬币(通过动作 coin)不会使饮料的数量发生改变,同样返还硬币(通过动作 ret_coin)也不会使饮料的数量发生改变,其他动作的效果如下:

refill　　nsoda := max; nbeer := max

sget　　nsoda := nsoda − 1

bget　　nbeer := nbeer − 1

由位置作为结点和条件迁移作为边组成的图不是一个迁移系统,因为边当中加了条件,不过迁移系统可以由这张图演变得到。例如,图 3-4 描绘的是 max 等于 2 的扩展迁移系统,迁移系统的状态与其所处图中的位置和自动售货机中苏打水和啤酒的数量(在图中分别用白点和黑点表示)都有关系。

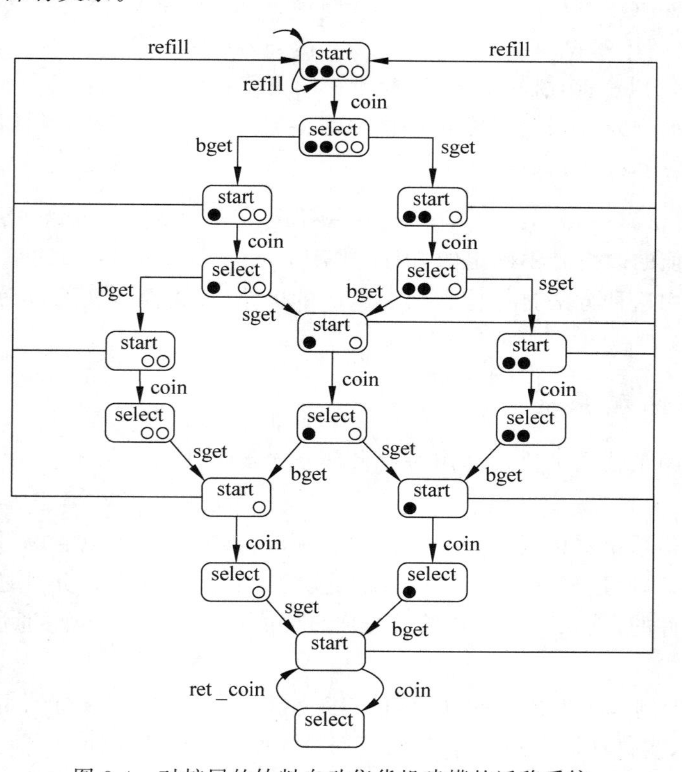

图 3-4　对扩展的饮料自动售货机建模的迁移系统

前面这个例子可以通过程序图(program graph)在一个类型变量集合 Var 上形式化,在这个例子中的变量就如 nsoda 和 nbeer。实际上,这意味着一个标准化的类型(如 boolean、integer 或 char)和每个变量都有关系,变量 x 的类型叫作 x 的论域 $\text{dom}(x)$。设 Eval(Var) 表示变量赋值后变量集合的值,Cond(Var)是 Var 上的布尔条件集合,也就是命题符号形如 $\bar{x}\in\bar{D}$ 的命题逻辑公式,其中 $\bar{x}=(x_1,x_2,\cdots,x_n)$是一个由一组在 Var 中不同变量组成的元组，$\overline{D}$ 是 $\mathrm{dom}(x_1)\times\mathrm{dom}(x_2)\times\cdots\times\mathrm{dom}(x_n)$的一个子集。例如，下面的命题是一个关于变量 x，x'和变量 y 的布尔条件：

$$(-3 < x-x' \leqslant 5)\wedge(x\leqslant 2\cdot x')\wedge(y=\mathrm{green})$$

其中 x 和 x'是整型变量，$\mathrm{dom}(y)$可以是{red，green}。

不限制论域，$\mathrm{dom}(x)$可以是一个任意的集合，元素个数也可能是无限的，然而在实际的计算机系统中，所有的论域都是有限的(例如，integer 类型只包含整数 n 的一个有限的定义域，即$-2^{16}< n < 2^{16}$)。而一个程序的逻辑和算法结构常常是建立在无限论域的基础上的，在论域上设置限制对于实现是很有用的，例如需要多少位表示整型变量会在后面的设计阶段考虑，但是这里先忽略。

一个类型变量集合上的程序图是一个边上标有变量和动作条件的有向图，动作的影响通过映射 Effect 表示：$T\times\mathrm{Eval}(\mathrm{Val})\rightarrow\mathrm{Eval}(\mathrm{Val})$。

映射 Effect 说明了在执行一个动作后，这些变量的值 η 会发生什么样的改变。例如，如果 τ 表示动作 $x:=y+5$，其中 x 和 y 都是整型变量，η 的值是 $\eta(x)=17$ 和 $\eta(y)=-2$，那么，有

$$\mathrm{Effect}(\tau,\eta)(x)=\eta(y)+5=-2+5=3,\quad \mathrm{Effect}(\tau,\eta)(y)=\eta(y)=-2$$

因此 $\mathrm{Effect}(\tau,\eta)$将 3 赋给 x，将-2 赋给 y。程序图中的结点叫作位置(location)，并且由于它们指定了哪些条件迁移是可行的而有了一种控制的功能。

定义 3.11 类型变量集合 Var 上的一个程序图是一个六元组 $\mathrm{PG}=(\mathrm{Loc},T,\mathrm{Effect},\hookrightarrow,\mathrm{Loc}_0,g_0)$，其中：

Loc 是位置集；

T 是动作集；

Effect：$T\times\mathrm{Eval}(\mathrm{Val})\rightarrow\mathrm{Eval}(\mathrm{Val})$是效应函数；

$\hookrightarrow\subseteq\mathrm{Loc}\times\mathrm{Cond}(\mathrm{Var})\times T\times\mathrm{Loc}$ 是条件迁移关系；

$\mathrm{Loc}_0\subseteq\mathrm{Loc}$ 是初始位置集；

$g_0\in\mathrm{Cond}(\mathrm{Var})$是初始条件。

标记 $l\overset{g:\tau}{\hookrightarrow}l'$是$(l,g,\tau,l')\in\hookrightarrow$的简洁写法，条件 g 也叫作条件迁移 $l\overset{g:\tau}{\hookrightarrow}l'$的卫式，如果卫式是一个重言式(如 $g=\mathrm{true}$ 或 $g=(x<1)\vee(x\geqslant 1)$)，那么可以简写成 $l\overset{\tau}{\hookrightarrow}l'$。

在位置 $l\in\mathrm{Loc}$ 上的行为依赖当前变量的值 η，在值 η 上满足条件 g(即 $\eta\vDash g$)的所有迁移 $l\overset{g:\tau}{\hookrightarrow}l'$之间会存在一个非确定的选择。根据 $\mathrm{Effect}(\tau,\cdot)$，动作 τ 的执行可以改变变量的值，接着系统迁移到位置 l'，如果没有可用的迁移，系统就会停止。

例 3.5 例 3.4 中的图是一个程序图，变量集是 Var={nsoda，nbeer}，其中变量的定义域是{0，1，…，max}，位置集是 Loc={start，select}，Loc_0={start}，并且 T={bget，sget，coin，ret_coin，refill}，动作的效应可以表述为

$$\mathrm{Effect}(\mathrm{coin},\eta)=\eta$$
$$\mathrm{Effect}(\mathrm{ret\_coin},\eta)=\eta$$
$$\mathrm{Effect}(\mathrm{sget},\eta)=\eta[\mathrm{nsoda}:=\mathrm{nsoda}-1]$$
$$\mathrm{Effect}(\mathrm{bget},\eta)=\eta[\mathrm{nbeer}:=\mathrm{nbeer}-1]$$
$$\mathrm{Effect}(\mathrm{refill},\eta)=[\mathrm{nsoda}:=\mathrm{max},\mathrm{nbeer}:=\mathrm{max}]$$

这里,$\eta[\text{nsoda}:=\text{nsoda}-1]$是对$\eta'(\text{nsoda})=\eta(\text{nsoda})-1,\eta'(x)=\eta(x)$中$\eta'$求值的简写,初始条件$g_0=(\text{nsoda}=\max\wedge\text{nbeer}=\max)$说明开始时两种饮料都已装满。

每个程序图都可以转变为一个迁移系统,迁移系统的状态可以由一个控制部分(即程序图中的一个位置l)和变量的值组成,因此状态可以用$<l,\eta>$表示,初始状态是满足初始条件g_0的初始位置。为了描述一个程序图描述的系统的属性,命题的AP集合由位置集$l\in\text{Loc}$(能够说明系统当前所在的控制位置)和变量的布尔表达式组成。例如:

$$(x\leqslant 5)\wedge(y\text{ 是偶数})\wedge(l\in\{1,2\})$$

该命题是用整型变量x、y和自然数位置描述的。状态标签形如$<l,v>$,是由l和在Var上满足η的所有条件组成的。迁移关系表示为,无论什么时候在程序图中有一个条件迁移$l\overset{g:\tau}{\hookrightarrow}l'$,并且卫式$g$使$\eta$值不变,那么都有一个迁移从状态$<l,\eta>$到状态$<l',\text{Effect}(\tau,\eta)>$,以上形式化表述为

定义3.12 程序图$\text{PG}=(\text{Loc},T,\text{Effect},\hookrightarrow,\text{Loc}_0,g_0)$中变量的Var集上的迁移系统是一个六元组$\text{TS}=(S,T,\rightarrow,I,\text{AP},L)$,其中:

$S=\text{Loc}\times\text{Eval}(\text{Var})$;

$$\rightarrow\subseteq S\times T\times S\text{ 定义为}\frac{l\xrightarrow{g:\tau}l'\wedge\eta\vDash g}{<l,\eta>\xrightarrow{\tau}<l',\text{Effect}(\tau,\eta)>};$$

$I=\{<l,\eta>\mid l\in\text{Loc}_0,\eta\vDash g_0\}$;

$\text{AP}=\text{Loc}\cup\text{Cond}(\text{Var})$;

$L(<l,\eta>)=\{l\}\cup\{g\in\text{Cond}(\text{Var})\mid\eta\vDash g\}$。

TS(PG)的定义给出了一个很大的命题集合AP,一般地,在描述系统属性时,只需要AP中的一小部分。

3.2.3 并发和交错

前面介绍了迁移系统的定义,并且阐述了如何通过迁移系统对时序电路和数据依赖系统进行有效的建模。实际上,大多数的软硬件系统不是串行的,而是并行的。当有多个迁移系统$\text{TS}_1,\text{TS}_2,\cdots,\text{TS}_n$且它们的进程行为是并行的,可以用以下方式表示:

$$\text{TS}=\text{TS}_1\parallel\text{TS}_2\parallel\cdots\parallel\text{TS}_n$$

这里的‖是连接的符号,本节通过例子的方式介绍‖的几个变式。注意,上面的组合会在TS_i中进行重用,即TS_i是由几个迁移系统组成的迁移系统:

$$\text{TS}_i=\text{TS}_{i,1}\parallel\text{TS}_{i,2}\parallel\cdots\parallel\text{TS}_{i,n}$$

通过分级的方式使用并行组合,复杂的系统可以用一种结构化的方式描述。

采用交错执行方式作为并发系统建模的基本想法最初由E. W. Dijkstra于1965年提出。并发系统由多个单独部分组成,整个系统的状态是由多个单独部分的状态构成的。系统的动作同样也会由多个单独部分的动作交织构成。因此交错可以用来表示并发,也就是在同时运行的进程之间的非确定性选择。这个观点是建立在只有一个处理器是可用的基础上的,进程的动作在其中都是相互关联的。"单处理器的观点"只是一个建模概念,也可以用在运行在不同处理器上的进程。因此不需要假设不同进程间的执行顺序,例如,如果有两个完全互不依靠的无终止的进程P和Q,那么下面的顺序都是可能的:

$$P\ Q\ P\ Q\ P\ Q\ Q\ Q\ P\cdots$$
$$P\ P\ Q\ P\ P\ Q\ P\ P\ Q\cdots$$
$$P\ Q\ P\ P\ Q\ P\ P\ P\ Q\cdots$$

其中 P 和 Q 的动作可以是关联的。

例 3.6 一个非交叉(平行)路的两个交通灯的迁移系统，假定两个交通灯的跳转是彼此之间完全独立的。例如，交通灯由过路的行人控制，每个交通灯用一个两个状态的简单迁移系统来建模，一个状态表示红灯，另一个状态表示绿灯。两个灯的并行组合如图 3-5 所示，其中 ||| 表示交错符号。原则上，交通灯之间的任何连接形式都是可行的。例如，在初始状态两个交通灯都是红色，那么在哪个灯变绿之中就需要做一个非确定性选择。注意，非确定性是可以描述出来的，只是这里没有对交通灯之间的调度问题进行建模。

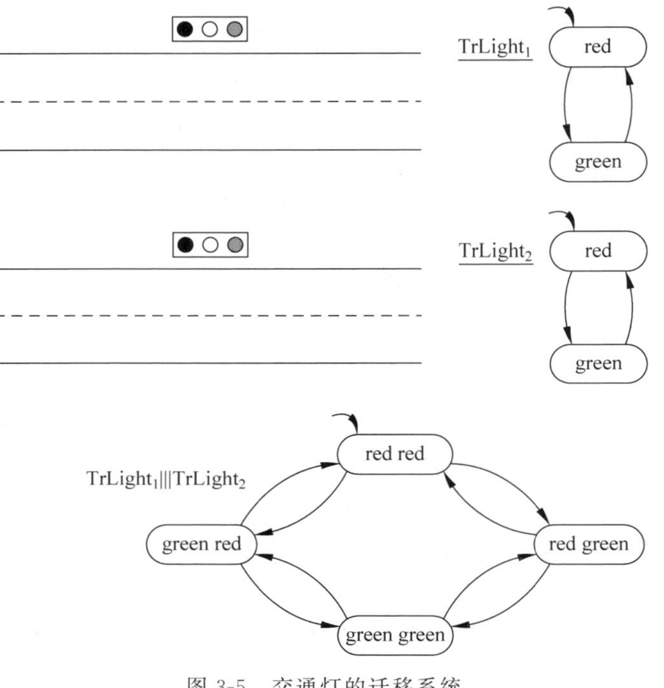

图 3-5 交通灯的迁移系统

系统中交错的重要依据是当并发运行的独立动作 α 和 β 以任意顺序成功执行时，都会产生同一个结果，这种情况可以形式化表示为

$$\text{Effect}(\alpha \mid\mid\mid \beta, \eta) = \text{Effect}((\alpha;\ \beta) + (\beta;\ \alpha), \eta)$$

其中分号(；)代表顺序执行；＋代表非确定性选择；||| 代表独立活动的并发执行。可以用两个独立的赋值简单地理解上述内容：

$$\underbrace{x := x + 1}_{=\alpha} \mid\mid\mid \underbrace{y := y - 2}_{=\beta}$$

当初始值 $x=0, y=7$ 时，无论 α 和 β 的赋值是并发执行(即同时)还是以一个任意的顺序执行的，之后 x 的值是 1，y 的值是 5。可以用如图 3-6 所示的迁移系统表示：

注意，动作之间的无关性很重要。如果动作之间是相关的，那么动作的顺序就很重要。

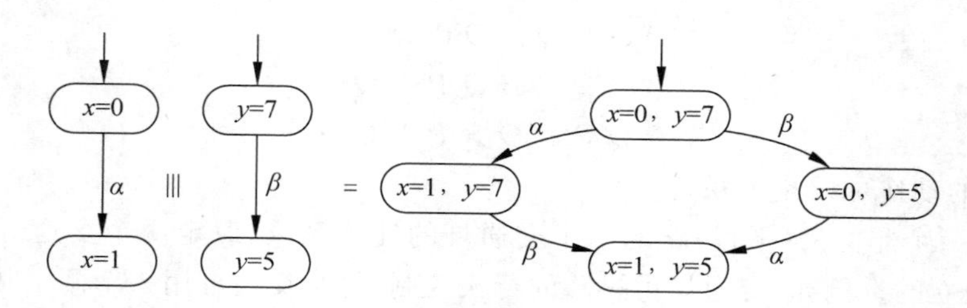

图 3-6　具有独立动作的交错

例如并行程序 $x := x+1 \,|||\, x := 2 \cdot x$(初始值是 $x=0$)，那么变量 x 的最终值就与 $x := x+1$ 和 $x := 2 \cdot x$ 的执行顺序有关。

下面给出迁移系统交错的形式化定义。迁移系统 $\mathrm{TS}_1 \,|||\, \mathrm{TS}_2$ 代表一个由 TS_1 和 TS_2 描述的交错动作的并行系统。该描述假定没有通信和共享变量，$\mathrm{TS}_1 \,|||\, \mathrm{TS}_2$ 的(全局)状态是由 TS_i 的局部状态组成的状态对 $<s_1, s_2>$，全局状态 $<s_1, s_2>$ 的出迁移也是由 s_1 和 s_2 的出迁移组成的。因此，无论什么时候系统处于状态 $<s_1, s_2>$ 时，都要在 s_1 和 s_2 的所有出迁移中做一个非确定性选择。

定义 3.13　设 $\mathrm{TS}_i = (S_i, T_i, \rightarrow_i, I_i, \mathrm{AP}_i, L_i)$ 是两个迁移系统($i=1,2$)，则迁移系统 $\mathrm{TS}_1 \,|||\, \mathrm{TS}_2$ 定义为

$$\mathrm{TS}_1 \,|||\, \mathrm{TS}_2 = (S_1 \times S_2, T_1 \cup T_2, \rightarrow, I_1 \times I_2, \mathrm{AP}_1 \cup \mathrm{AP}_2, L)$$

其中迁移关系→定义如下：

$$\frac{s_1 \xrightarrow{\tau}_1 s_1'}{<s_1, s_2> \xrightarrow{\tau} <s_1', s_2>} \qquad \frac{s_2 \xrightarrow{\tau}_2 s_2'}{<s_1, s_2> \xrightarrow{\tau} <s_1, s_2'>}$$

标签函数定义为 $L(<s_1, s_2>) = L(s_1) \cup L(s_2)$。

交错符 ||| 可以用来对异步并发建模，异步并发就是子进程间是完全独立的，即没有任何信息的传递和共享变量。但是迁移系统的交错符对于大多数并发或通信的并行系统来说过于简化。下面通过涉及共享变量的例子说明这一点。

例 3.7　考虑下面并行程序的程序图，如图 3-7 所示。

$$\underbrace{x := 2 \cdot x}_{\text{action}\alpha} \,|||\, \underbrace{x := x+1}_{\text{action}\beta}$$

其中，设定初始值 $x=3$。(为了简化图形，位置可省略)迁移图 $\mathrm{TS}(\mathrm{PG}_1) \,|||\, \mathrm{TS}(\mathrm{PG}_2)$ 包含的不一致状态 $<x=6, x=4>$ 并不能反映 α 和 β 并行的行为，有

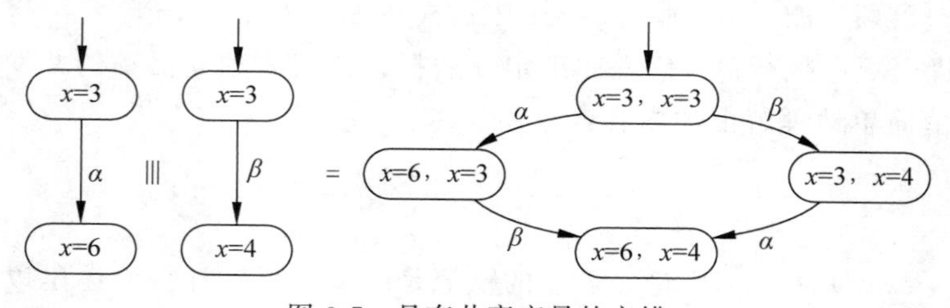

图 3-7　具有共享变量的交错

这个例子中的问题在于动作 α 和 β 使用共享变量 x，但是迁移系统的交错符没有考虑潜在的冲突，就直接构造了这些单独状态空间上的笛卡儿积。因此局部状态 $x=6$ 和 $x=4$ 不能描述互斥事件。

定义 3.14 设 $PG_i=(Loc_i, T_i, Effect_i, \hookrightarrow_i, Loc_{0,i}, g_{0,i})$，$i=1,2$，是在变量 Var_i 上的两个程序图，则在 $Var_1 \cup Var_2$ 程序图 $PG_1 \parallel\!\mid PG_2$ 定义为

$$PG_1 \parallel\!\mid PG_2=(Loc_1 \times Loc_2, T_1 \uplus T_2, Effect, \hookrightarrow, Loc_{0,1} \times Loc_{0,2}, g_{0,1} \wedge g_{0,2})$$

其中$\hookrightarrow$定义如下：

$$\frac{l_1 \overset{g:\tau}{\hookrightarrow}_1 l_1'}{<l_1, l_2> \overset{g:\tau}{\hookrightarrow} <l_1', l_2>} \qquad \frac{l_2 \overset{g:\tau}{\hookrightarrow}_2 l_2'}{<l_1, l_2> \overset{g:\tau}{\hookrightarrow} <l_1, l_2'>}$$

如果 $\tau \in T_i$，$Effect(\tau, \eta)=Effect_i(\tau, \eta)$。

程序图 PG_1 和 PG_2 有同样的变量 $Var_1 \cap Var_2$，这些变量称为共享变量（也叫全局变量），在 Var_1/Var_2 中的变量是 PG_1 的局部变量，同样地，在 Var_2/Var_1 中的变量是 PG_2 的局部变量。

例 3.8 程序图 PG_1 和 PG_2 对应的赋值分别是 $x:=x+1$ 和 $x:=2 \cdot x$，程序图 $PG_1 \parallel\!\mid PG_2$ 和它转化后的迁移系统 $TS(PG_1 \parallel\!\mid PG_2)$ 如图 3-8 所示，其中假定 x 的初始值等于 3。注意，在迁移系统初始状态中的非确定性不表示并发，这正好是解决 $x:=x+1$ 和 $x:=2 \cdot x$ 都可以修改共享变量 x 的一种方式。

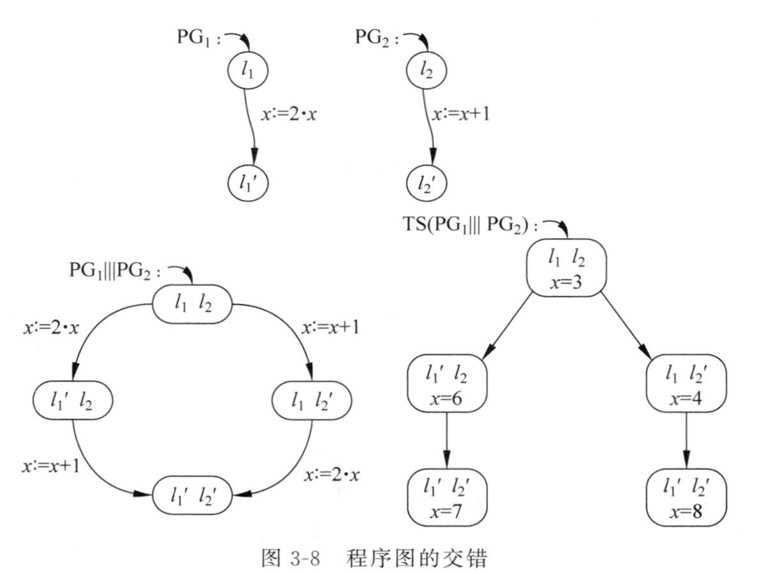

图 3-8 程序图的交错

局部变量和共享变量之间的区别对程序图 $PG_1 \parallel\!\mid PG_2$ 的动作也有影响，获取共享变量的动作被认为是"临界的"，其他的动作被认为是非临界的。临界的动作和非临界的动作之间的区别可以在表示迁移系统 $TS(PG_1 \parallel\!\mid PG_2)$ 的非确定性时清楚地看到。迁移系统一个状态的非确定性可以表示为：

（1）程序图 PG_1 或 PG_2 中的一个内部非确定性选择。

（2）PG_1 和 PG_2 的非临界动作的交错。

(3) PG_1 和 PG_2 的临界动作之间选择的解决方式(并发)。

特别地,PG_1 的非临界动作可以和 PG_2 的临界性和非临界动作并行,因为它只影响 PG_1 的局部动作,对于 PG_2 的非临界动作同样适用。但是 PG_1 和 PG_2 的临界动作不能同时执行,因为共享变量的值依赖动作的执行顺序。所以需要通过一个合适的调度策略描述 PG_1 和 PG_2 的临界动作的并发情况。

例 3.9 用迁移系统描述一个多用户终端执行程序 MUTEX(MULtiuser Terminal Executive):

$$\textbf{MUTEX}: \text{flag}: \text{array}[0..n-1] \text{of } 0..4 \text{ where flag} := 0;$$
$$P[0] \parallel P[1] \parallel \cdots \parallel P[n-1]$$

其中每一进程 P_i 为

```
l0:  loop forever do
     begin
       l1 : Non Critical
       l2 : flag[i] := 1
       l3 : wait until ∀ j:0≤j<n: (flag[j]<3)
       l4 : flag[i] := 3
       l5 : if ∃j:0≤j<n: (flag[j] = 1) then
         begin
           l6 : flag[i] := 2
           l7 : wait until ∃j: 0≤j<n (flag[j] = 4)
         end
       l8 : flag[i] := 4
       l9 : wait until ∀ j: 0≤j<i: (flag[j] < 2)
       l10 : Critical
       l11 : wait until ∀ j:i<j<n: (flag[j]<2 ∨ flag[j]>3)
       l12 : flag[i] := 0
     end
```

(1) 原子命题集 AP$=\{l_0,\cdots,l_{12},\text{flag}[0],\cdots,\text{flag}[n-1]\}$,其中 $l_0,\cdots,l_{12}\in\{0,\cdots,n-1\}$ 是控制变量,变量 flag[0],…,flag[$n-1$]表示对应的程序变量的当前值。

(2) 状态集 S 包含原子命题集 AP 在定义域上所有可能的赋值。

(3) 初始状态集 I:$(l_0\in\{0,\cdots,n-1\})\wedge(l_{1..12}=\phi)\wedge(\text{flag}[i]=0)$,即在程序的初始状态,所在进程驻留在 l_0 位置,且 flag(0),…,flag($n-1$)均为 0。

(4) 迁移关系:算法所在测试(如其中之一在语句 l_1 中)当作原子处理,即通过单一迁移完成每一次执行,相应地给出每一进程 $P[i]$及每一位置 l_k 的一个迁移 $\tau_k[i]$和对应的迁移关系 $\rho_k[i]$。例如:

状态 l_1 的迁移关系为 $\rho_1[i]$:$(i\in l_1)\wedge(\text{stay}\vee\text{move}(i,1,2))$,根据上述公式,进程 $P[i]$可以不确定地选择在 l_1 处停留或者从 l_1 移至 l_2。

状态 l_5 的迁移关系为 $\rho_5[i]$:$(i\in l_5)\wedge[(F_1\neq\phi)\wedge\text{move}(i,5,6)]\vee[(F_1=\phi)\wedge\text{move}(i,5,8)]$,当在 l_5 时,如果一些进程 $P[j]$具有 flag[j]$=1$ 和 $F_1\neq\phi$,$P[i]$可以处理 l_6;如果没有进程 flag 值等于 1 和 $F_1=\phi$,也可以处理 l_8。

其余状态对应的迁移关系可类似给出。

(5) 迁移动作集 T：略。

(6) 标签函数 L：略。

3.3 本章小结

迁移系统是一种基于状态迁移的基本计算模型,通过系统(程序)的状态集合及对应状态间的迁移(也称操作)集合描述系统的计算行为,可以从不同角度对并发系统进行建模。迁移系统本质上是一种交错并发模型,即系统进程间的并发执行并不是真并发,而是通过各个原子迁移以不确定的顺序交错执行来表示的,其计算行为表现为状态与动作交错的序列。

基于迁移系统,人们提出多种并发模型,如进程代数 CSP 模型、CCS 模型等;通过对基本迁移系统进行扩展,如将公平性引入迁移系统,可得到公平迁移系统;将时间(或时钟)引入迁移系统,可分别得到时间(时钟)迁移系统等。

习 题 3

1. 给出如图 3-9 和图 3-10 所示的时序电路的迁移系统。

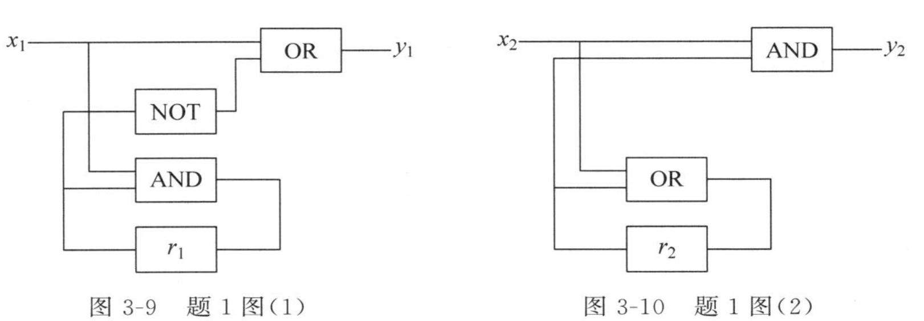

图 3-9 题 1 图(1)　　图 3-10 题 1 图(2)

2. 给出容量为 3 的栈的迁移系统(使用 top、pop、push 操作)。

3. 给定三个进程 P_1、P_2 和 P_3,共享一个整型变量 x,进程 P_i($i=1,2,3$)的程序如下:

```
for ki = 1, … ,10 do
      LOAD(x);
      INC(x);
      STORE(x);
  od
```

P_i 执行 10 次 $x:=x+1$,$x:=x+1$ 通过 LOAD(x)、INC(x)和 STORE(x)这三个动作实现,如果这三个进程是并行的,且以 $x:=0$ 开始,那么整个过程是否有一个执行以 $x=2$ 结束?

第4章 自动机

本章学习目标

(1) 掌握确定性和非确定性有穷自动机的基本概念及简单应用。

(2) 掌握 Büchi 自动机的基本概念及简单应用。

(3) 了解广义 Büchi 自动机的基本概念。

自动机是计算机科学中最基本的一类抽象计算模型，其中有穷自动机是自动机理论的基础，现已被广泛应用于计算机科学、软件工程及自动控制等领域，成为计算机软件、硬件和网络及控制等系统常见的形式化模型之一。

4.1 有穷自动机

有穷(状态)自动机(finite state automata，FSA)是 S. C. Kleene 于 1956 年在研究神经细胞网络中，提出的一种描述有穷状态系统的抽象数学模型。

4.1.1 有穷状态系统

有穷状态系统内部具有有穷个状态，系统的状态概括了对过去输入状况的处理信息，系统只需根据当前所处的状态和面临的输入就可以决定系统的后继行为，系统处理当前的输入后，系统的内部状态也将发生变化。开关网络、程控电话交换机、电梯控制装置、文本编辑程序、编译技术中的词法分析程序、计算机及人脑等都是有穷状态系统。

例 4.1 两相开关可由一个简单的有穷状态系统来描述。

这个装置处在“开”或“关”状态，用户可按下按钮，该按钮根据开关状态起不同的作用。也就是说，如果开关处于“关”状态，按下按钮就会变为“开”状态；如果开关处于“开”状态，按下按钮就会变为“关”状态。

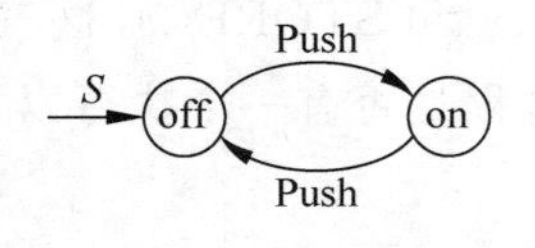

图 4-1 两相开关的状态系统

这个开关的状态系统模型如图 4-1 所示。在所有的有穷状态系统中，状态用圆圈表示。在这个例子中，命名了状态 on(开)和 off(关)。状态之间的箭头用“输入”标记，表示作用在系统上的外部影响。这里两个箭头都用 Push (按)标记，表示用户按了这个按钮。这两个箭头的含义是：无论系统处于什么状态，当收到输入 Push 时，就进入另一个状态。

将一个状态指定为“初始状态”，即系统开始所处的状态。在这个例子中，初始状态是 off，习惯上用字母 S 和一个指向这个状态的箭头说明初始状态。

在给出有穷状态系统的形式化定义之前，考虑以下例子。

例 4.2 一个人带着狼、羊和白菜在一条河的左岸。有一条船，大小恰好能装下这个人和其他三者之一。人和他的随行物都要过到河的右岸，但他每次只能将一件东西摆渡过河。若人将狼和羊留在同一岸，无人照顾，那么，狼肯定要将羊吃掉。类似地，若羊和白菜留下来无人照看，羊会吃掉白菜。是否有可能渡过河去，使羊和白菜都不被吃掉？

只要注意到有关系的信息是每次横渡后两岸的人和物，问题就可以被模型化。有 16 个由人(M)、狼(W)、羊(G)和白菜(C)组成的子集。一个状态对应于出现在左岸上的一个子集。状态可以用连字符连成的偶对来表示，例如 MG-WC，连字符左边的符号表示左岸的子集，连字符右边的符号表示右岸的子集。在这 16 个状态中，有些是致命的，如 GC-MW 等，系统绝不应进入这些状态。

对系统的“输入”是人采取的行动。他可以单独横渡(输入 m)、带着狼一起横渡(输入 w)、带着羊(输入 g)或带着白菜(输入 c)一起横渡。初始状态是 $MWGC$-$\varnothing$，终止状态是 $\varnothing$-$MWGC$。迁移图如图 4-2 所示。

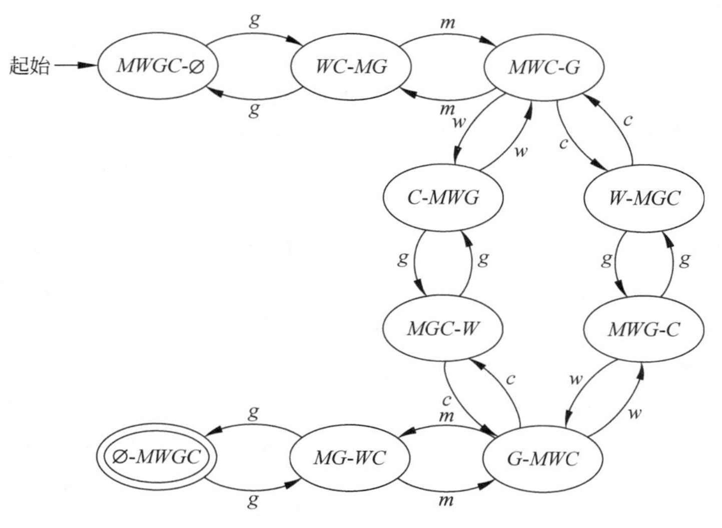

图 4-2 人、狼、羊和白菜问题的迁移图

正如在寻求从初始状态到终止状态(加双圈的状态)的路径时所看到的，问题有两个长度相等的短解。该问题有无穷多个不同的解，但除了这两个解以外，所有的解都包含无用循环。可以认为，这个有穷状态系统定义了一个无穷的语言，即由所有从初始状态到终止状态的路径上的标记所组成的字符串集合。

在继续讨论之前，注意到例 4.2 不是典型的有穷状态系统。第一，它只有一个终止状态，一般可能有多个。第二，对于每个迁移，它都正好有一个在相同输入字符上的逆迁移，这也不是一般的情况。还要注意，“终止状态”这个术语虽是传统名词，但并不是说明到达该状态时，计算必须停止，可以继续做出迁移，例如，上例可以继续迁移到状态 MG-WC。

有穷状态系统具有以下 5 个主要特点。

(1) 系统具有有限个状态，不同的状态代表不同的意义。按照实际的需要，系统可以在不同的状态下完成规定的任务。

(2) 将输入字符串中出现的字符汇集在一起构成一个字母表。系统处理的所有字符串都是由字母表上的字符组成的字符串。

(3) 系统在任何一个状态下,从输入字符串中读入一个字符,根据当前状态和读入的这个字符转到新的状态。

(4) 系统中包含一个初始状态。

(5) 系统中还有一些状态表示它到目前为止所读入的字符构成的字符串是语言的一个句子。

4.1.2 形式定义

有穷自动机作为有穷状态系统的一种抽象数学模型,其形式定义如下：

定义 4.1 有穷自动机是一个五元组 $M=(Q,\Sigma,\delta,q_0,F)$,其中：

$Q=\{q_0,q_1,q_2,\cdots,q_n\}$是非空有穷状态集,每个 $q\in Q$ 称为 M 的一个状态；

$\Sigma=\{a,b,c,\cdots\}$是输入字母表；

δ：$Q\times\Sigma\rightarrow Q$ 称为状态迁移函数(transition function),有时候又称为状态转换函数或者移动函数。对 $\forall(q,a)\in Q\times\Sigma,\delta(q,a)=p$ 表示：M 在状态 q 读入字符 a,将状态变成 p,并将读头向右移动一个"带方格"而指向输入字符串的下一个字符；

$q_0\in Q$ 是 M 的初始状态(initial state),也称开始状态或者启动状态；

$F\subseteq Q$ 是 M 的终止状态集。$\forall q\in F$,q 称为 M 的终止状态,又称为接受状态(accept state)。

有穷自动机的物理模型如图 4-3 所示。首先,它有一个输入带。该输入带上有一系列的带方格,每个带方格可以存放一个字符。为了不让输入带的存储容量影响对主要问题的考虑,约定：输入串从输入带左端点开始存放,输入带的右端是无穷的。也就是说,从左端点的第一个带方格开始,输入带可以存放任意长度的输入字符串。其次,系统有一个有穷状态控制器(finite state controller,FSC),该控制器的状态只有有穷多个。FSC 控制一个读头,用来从输入带上读入字符。每读入一个字符,就将读头指向下一个待读入的字符。

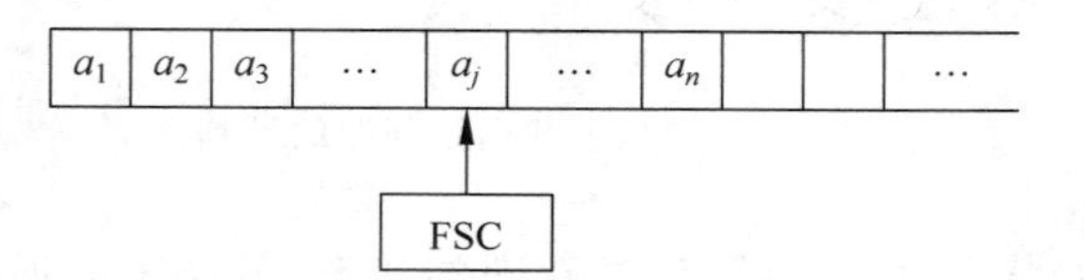

图 4-3 有穷自动机的物理模型

系统的每一个动作由 3 个步骤构成：读入读头指向的字符；根据当前状态和读入的字符改变有穷状态控制器的状态；将读头向右移动一格。

例 4.3 (1) 有穷自动机 $M_1=(\{q_0,q_1,q_2\},\{0\},\delta_1,q_0,\{q_2\})$,其中,$\delta_1(q_0,0)=q_1$,$\delta_1(q_1,0)=q_2$,$\delta_1(q_2,0)=q_1$,用表 4-1 表示 δ_1。

(2) 有穷自动机 $M_2=(\{q_0,q_1,q_2,q_3\},\{0,1,2\},\delta_2,q_0,\{q_2\})$,其中,$\delta_2(q_0,0)=q_1$,$\delta_2(q_1,0)=q_2$,$\delta_2(q_2,0)=q_1$,$\delta_2(q_3,0)=q_3$,$\delta_2(q_0,1)=q_3$,$\delta_2(q_1,1)=q_3$,$\delta_2(q_2,1)=q_3$,$\delta_2(q_3,1)=q_3$,$\delta_2(q_0,2)=q_3$,$\delta_2(q_1,2)=q_3$,$\delta_2(q_2,2)=q_3$,$\delta_2(q_3,2)=q_3$,用表 4-2 表示 δ_2。

表 4-1　δ_1 迁移函数

状态说明	状态	输入字符
		0
开始状态	q_0	q_1
	q_1	q_2
终止状态	q_2	q_1

表 4-2　δ_2 迁移函数

状态说明	状态	输入字符		
		0	1	2
开始状态	q_0	q_1	q_3	q_3
	q_1	q_2	q_3	q_3
终止状态	q_2	q_1	q_3	q_3
	q_3	q_3	q_3	q_3

对一个有穷自动机(FSA)，按下述方式，可得到其对应的有向图，此图称为状态迁移图。图的顶点对应 FSA 的状态，若在输入 a 上有一个从状态 q 到状态 p 的迁移，那么在迁移图中，就有一条标以 a 的弧线从状态 q 到状态 p。若对应字符串 x 的迁移序列从初始状态导致一个接受状态，则 FSA 接受字符串 x。

例 4.4　图 4-4 给出了一个 FSA 的状态迁移图。标记 S 的箭头指向初始状态 q_0。在这个例子中的一个终止状态仍是 q_0，它由双圈标示。FSA 接受所有由 0 和 1 组成的、0 和 1 的个数都是偶数的字符串。

为了形式地描述一个 FSA 在一个字符串上的动作，必须对迁移函数进行扩展，使之能应用到一个状态和一个字符串上，而不仅仅是一个状态和一个字符上。因此，需要将定义域从 $Q\times\Sigma$ 扩充到 $Q\times\Sigma^*$ 上。对一个给定的输入字符串，M 从开始状态读入该串的第一个字符，每处理完一个字符，就进入下一个状态，并在此新状态下读入下一个字符。重复这个过程，直到整个字符串被处理完。因此，按照下列定义，将 δ 扩充为 δ': $Q\times\Sigma^*\rightarrow Q$。

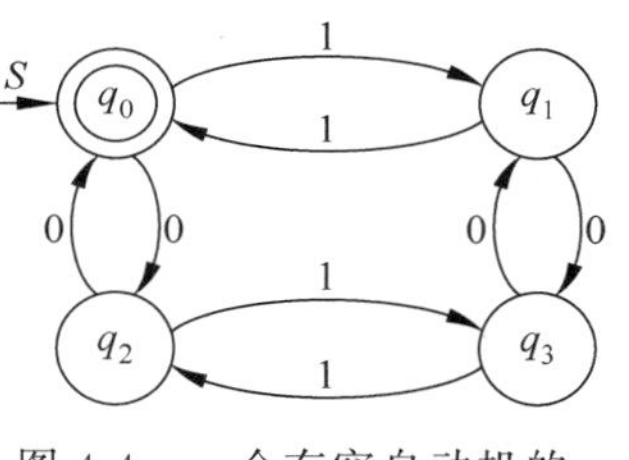

图 4-4　一个有穷自动机的状态迁移图

对任意的 $q\in Q,\omega\in\Sigma^*,a\in\Sigma$，定义：

(1) $\delta'(q,\varepsilon)=q$。

(2) $\delta'(q,\omega a)=\delta(\delta'(q,\omega),a)$。

其中，(1)说明不读入任何输入字符，FSA 不能改变状态。(2)说明在读入一个非空输入字符串 ωa 以后，如何找出新的状态。也就是说，在读入 ω 后，找出状态 $p=\delta'(q,\omega)$，然后再计算状态 $\delta(p,a)$。因为，

$$\begin{aligned}\delta'(q,a)&=\delta'(q,\varepsilon a) && \varepsilon\text{ 是单位元素}\\&=\delta(\delta'(q,\varepsilon),a) && \text{根据定义的第(2)条}\\&=\delta(q,a) && \text{根据定义的第(1)条}\end{aligned}$$

所以，当两者都有定义时，δ 和 δ' 的值就没有区别。因此，以后可用 δ 代替 δ'。

另外，由于对于任意的 $q \in Q, a \in \Sigma, \delta(q,a)$ 均有确定的值，所以，又将这种 FSA 称为确定性有穷自动机(deterministic finite automaton,DFA)。至此，可以给出 FSA 接受的语言定义。

定义 4.2 设 $M=(Q,\Sigma,\delta,q_0,F)$ 是一个 FSA。对于 $\forall x \in \Sigma^*$，如果 $\delta(q_0,x) \in F$，则称 x 被 M 接受；如果 $\delta(q_0,x) \notin F$，则称 M 不接受 x。

$L(M)=\{x \mid x \in \Sigma^* 且 \delta(q_0,x) \in F\}$ 称为由 M 接受(识别)的语言[①]。

定义 4.3 设 M_1、M_2 为 FSA。如果 $L(M_1)=L(M_2)$，则称 M_1 与 M_2 等价。

例 4.5 再考虑图 4-4 中的状态迁移图。在形式记号中，这个 FSA 被记作 $M=(Q,\Sigma,\delta,q_0,F)$，其中 $Q=\{q_0,q_1,q_2,q_3\}$，$\Sigma=\{0,1\}$，$F=\{q_0\}$，δ 如表 4-3 所示。

表 4-3 δ 迁移函数

状态说明	状态	输入字符	
		0	1
开始/终止状态	q_0	q_2	q_1
	q_1	q_3	q_0
	q_2	q_0	q_3
	q_3	q_1	q_2

假定 110101 是对 M 的输入，$\delta(q_0,1)=q_1$，$\delta(q_1,1)=q_0$，因此：

$$\delta(q_0,11)=\delta(\delta(q_0,1),1)=\delta(q_1,1)=q_0$$

这样一来，11 就包含在 $L(M)$ 中。但兴趣在于 110101，继续并注意到 $\delta(q_0,0)=q_2$，因此，

$$\delta(q_0,110)=\delta(\delta(q_0,11),0)=\delta(q_0,0)=q_2$$

按这种方式继续下去，发现：

$$\delta(q_0,1101)=q_3, \quad \delta(q_0,11010)=q_1$$

最后，

$$\delta(q_0,110101)=q_0$$

因此，整个状态序列为

$$q_0^1 q_1^1 q_0^0 q_2^1 q_3^0 q_1^1 q_0$$

其中，上标表示读入的字符。由此可知 110101 包含在 $L(M)$ 中。正如例 4.4 提到的，$L(M)$ 是具有偶数个 0 和偶数个 1 的字符串的集合。

例 4.6 构造一个 DFA，它接受的语言为 $\{x000y \mid x,y \in \{0,1\}^*\}$。

设 $L=\{x000y \mid x,y \in \{0,1\}^*\}$。不难看出，这个语言的特点是“每个字符串都含有 3 个连续的 0”。显然，对任意的一个输入 $x \in \{0,1\}^*$，构造 DFA 的主要任务是检查输入字符串中是否含有子串 000，一旦发现它含有这样的子串，就表示它是一个合法的字符串。所以，在确认它含有 000 后，就应该逐一地读入该输入字符串的剩余后缀，并接受该串。下面的问题是如何发现子串 000。由于字符是逐一被读入的，当从输入串中读入一个 0 时，它可能是子串 000 的第一个 0，因此需要记住这个 0；如果紧接着读入的是 1，则刚才读入的 0 并不是子串 000 的第一个 0，此时需要重新寻找子串 000 的第一个 0；如果紧接着读入的是 0，

① 有穷自动机接受的语言称为正则语言或正则表达式。

则这个0可能是子串000的第二个0,此时也需要记住这个0,且目前已发现了连续的两个0。DFA继续读入字符,如果再次读到0,则表明已发现子串000;如果读到1,则又需要重新开始寻找子串000。按照分析,识别此语言的DFA M 至少需要以下4个状态。

(1) q_0:M 的初始状态。

(2) q_1:M 读到了一个0,这个0可能是子串000的第1个0。

(3) q_2:M 在 q_1 后紧接着又读到了一个0,这个0可能是子串000的第2个0。

(4) q_3:M 在 q_2 后紧接着又读到了一个0,发现输入字符串含有子串000。因此这个状态应该是终止状态。

如果在状态 q_0、q_1、q_2 读到的是1,则需要返回状态 q_0,重新检查输入字符串中是否含有子串000。在 q_3 状态,M 找到了子串000,只需读入该串的剩余部分。所以,接受语言 $\{x000y \mid x,y\in\{0,1\}^*\}$ 的DFA的状态迁移图如图4-5所示。

以下4点值得注意。

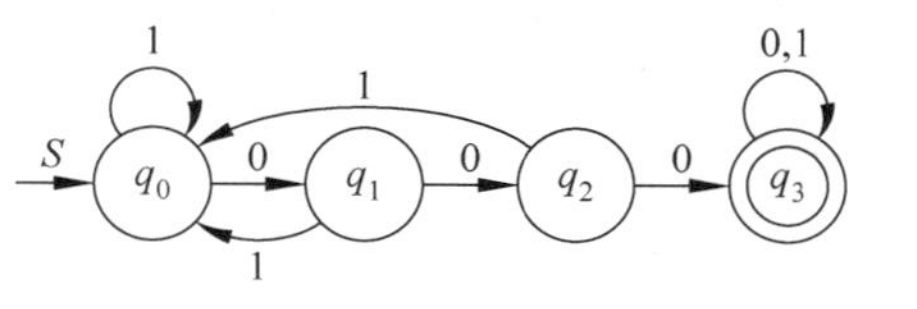

图4-5　M 的状态迁移图

(1) 图4-5给出了接受语言 $\{x000y \mid x,y\in\{0,1\}^*\}$ 的DFA。定义FSA时,通常给出FSA相应的状态迁移图即可。

(2) 对于DFA来说,并行的弧按其上标记字符的个数计算。对于每个顶点来说,它的出度恰好等于输入字母表中所含字符的个数。

(3) 不难看出,字符串 x 被FSA M 接受的充分必要条件是,在 M 的状态迁移图中存在一条从开始状态到某一个终止状态的有向路径,该有向路径上从第一条边到最后一条边的标记依次连接而构成字符串 x,简称此路径的标记为 x。

(4) 一个FSA可以有多个终止状态。

定义4.4　非确定性有穷自动机(non-deterministic finite automaton,NFA)是一个五元组 $M=(Q,\Sigma,\delta,q_0,F)$,其中:

Q、Σ、q_0、F 的意义同DFA;

δ: $Q\times\Sigma\rightarrow 2^Q$,对 $\forall(q,a)\in Q\times\Sigma$,$\delta(q,a)=\{p_1,p_2,\cdots,p_m\}$ 表示 M 在状态 q 读入字符 a,可以有选择地将状态变成 $p_1,p_2,\cdots$,或者 p_m,并将读头向右移动一个带方格而指向输入字符串的下一个字符。

在NFA中,同样需将 δ 扩充为 δ': $Q\times\Sigma^*\rightarrow 2^Q$。对任意的 $q\in Q$,$w\in\Sigma^*$,$a\in\Sigma$:

(1) $\delta'(q,\varepsilon)=\{q\}$。

(2) $\delta'(q,\omega a)=\{p \mid \exists r\in\delta'(q,\omega)$,使得 $p\in\delta(r,a)\}$。

条件(1)不允许没有输入的状态改变。条件(2)表明从状态 q 出发,读入字符串 ω,然后再读入输入字符 a,自动机会进入状态 p,当且仅当在读入 ω 之后,自动机可能进入的一个状态是 r,且字符 a 可以从 r 到达 p。事实上,对于任意的 $q\in Q$,$a\in\Sigma$,有

$$
\begin{aligned}
\delta'(q,a)&=\delta'(q,\varepsilon a) && \varepsilon\text{ 是单位元素}\\
&=\{p \mid \exists r\in\delta'(q,\varepsilon),\text{使得 } p\in\delta(r,a)\} && \text{根据定义的第(2)条}\\
&=\{p \mid \exists r\in\{q\},\text{使得 } p\in\delta(r,a)\} && \text{根据定义的第(1)条}\\
&=\{p \mid p\in\delta(q,a)\} && q\text{ 是 } r\text{ 的唯一值}\\
&=\delta(q,a) && \text{集合的不同描述}
\end{aligned}
$$

因此,可以再次用 δ 代替 δ'。

由于对于 $\forall(q,\omega)\in Q\times\Sigma^*$,$\delta(q,\omega)$是一个集合,因此,为了叙述方便,进一步扩充 δ 的定义域,δ: $2^Q\times\Sigma^*\rightarrow 2^Q$。对任意的 $P\subseteq Q,\omega\in\Sigma^*$,有

$$\delta(P,\omega)=\bigcup_{q\in P}\delta(q,\omega)$$

由于,对 $\forall(q,\omega)\in Q\times\Sigma^*$,有

$$\delta(\{q\},\omega)=\bigcup_{q\in\{q\}}\delta(q,\omega)=\delta(q,\omega)$$

所以,并不一定严格地区分 δ 的第一个分量是一个状态还是含有一个元素的集合。这样,对任意的 $q\in Q,\omega\in\Sigma^*,a\in\Sigma$,有

$$\delta(q,\omega a)=\delta(\delta(q,\omega),a)$$

定义 4.5 设 $M=(Q,\Sigma,\delta,q_0,F)$是一个 NFA。对于 $\forall x\in\Sigma^*$,如果 $\delta(q_0,x)\cap F\neq\varnothing$,则称 x 被 M 接受;如果 $\delta(q_0,x)\cap F=\varnothing$,则称 M 不接受 x。

$$L(M)=\{x\mid x\in\Sigma^* \text{ 且 } \delta(q_0,x)\cap F\neq\varnothing\}$$

称为由 M 接受(识别)的语言。

关于 FSA 的等价定义 4.3 也适用于 NFA。

与 DFA 一样,NFA 也有一个有穷的状态集合、一个有穷的输入字符集合、一个初始状态和一个接受状态集合及一个通常称为 δ 的迁移函数。由状态迁移图可以看出,DFA 是 NFA 的特例。NFA 与 DFA 的区别在于:

(1) 并不是对于所有的$(q,a)\in Q\times\Sigma$,$\delta(q,a)$都有一个状态与它对应。

(2) 并不是对于所有的$(q,a)\in Q\times\Sigma$,$\delta(q,a)$只对应一个状态。

定理 4.1 对任意一个 NFA,都存在一个 DFA 与之等价。

证明:设 NFA:$M_1=(Q,\Sigma,\delta_1,q_0,F_1)$

(1) 构造与 M_1 等价的 DFA M_2。

取 DFA

$$M_2=(Q_2,\Sigma,\delta_2,[q_0],F_2)$$

其中:$Q_2=2^Q$;

$F_2=\{[p_1,p_2,\cdots,p_m]\mid\{p_1,p_2,\cdots,p_m\}\subseteq Q$ 且 $\{p_1,p_2,\cdots,p_m\}\cap F_1\neq\varnothing\}$;

对 $\forall\{q_1,q_2,\cdots,q_n\}\subseteq Q,a\in\Sigma,\delta_2([q_1,q_2,\cdots,q_n],a)=[p_1,p_2,\cdots,p_m]\Leftrightarrow\delta_1(\{q_1,q_2,\cdots,q_n\},a)=\{p_1,p_2,\cdots,p_m\}$。

(2) 证明 $\delta_1(q_0,x)=\{p_1,p_2,\cdots,p_m\}\Leftrightarrow\delta_2([q_0],x)=[p_1,p_2,\cdots,p_m]$。

设 $x\in\Sigma^*$,施归纳于$|x|$:

当 $x=\varepsilon$ 时,有 $\delta_1(q_0,\varepsilon)=\{q_0\}$,$\delta_2([q_0],\varepsilon)=[q_0]$同时成立。所以,结论对$|x|=0$成立。

假设当$|x|=n$ 时结论成立。下面证明当$|x|=n+1$ 时结论也成立。不妨设 $x=\omega a$,$|\omega|=n,a\in\Sigma$。

由 NFA 的有关定义,有

$$\begin{aligned}\delta_1(q_0,\omega a)&=\delta_1(\delta_1(q_0,\omega),a)\\&=\delta_1(\{q_1,q_2,\cdots,q_n\},a)\\&=\{p_1,p_2,\cdots,p_m\}\end{aligned}$$

由归纳假设，得

$$\delta_1(q_0,\omega)=\{q_1,q_2,\cdots,q_n\}\Leftrightarrow\delta_2([q_0],\omega)=[q_1,q_2,\cdots,q_n]$$

根据 δ_2 的定义，得

$$\delta_2([q_1,q_2,\cdots,q_n],a)=[p_1,p_2,\cdots,p_m]\Leftrightarrow\delta_1(\{q_1,q_2,\cdots,q_n\},a)=\{p_1,p_2,\cdots,p_m\}$$

所以，

$$\begin{aligned}\delta_2([q_0],\omega a)&=\delta_2(\delta_2([q_0],\omega),a)\\&=\delta_2([q_1,q_2,\cdots,q_n],a)\\&=[p_1,p_2,\cdots,p_m]\end{aligned}$$

故，如果 $\delta_1(q_0,\omega a)=\{p_1,p_2,\cdots,p_m\}$，则必有 $\delta_2([q_0],\omega a)=[p_1,p_2,\cdots,p_m]$。由上述推导可知，反向的推导也成立。也就是说，结论对 $|x|=n+1$ 也成立。

由归纳法原理，结论对 $\forall x\in\Sigma^*$ 成立。

(3) 证明 $L(M_1)=L(M_2)$。

设 $x\in L(M_1)$，且 $\delta_1(q_0,x)=\{p_1,p_2,\cdots,p_m\}$，从而 $\delta_1(q_0,x)\cap F_1\neq\varnothing$，也就是说，$\{p_1,p_2,\cdots,p_m\}\cap F_1\neq\varnothing$，由 F_2 的定义，$[p_1,p_2,\cdots,p_m]\in F_2$。再由(2)知，

$$\delta_2([q_0],x)=[p_1,p_2,\cdots,p_m]$$

所以，$x\in L(M_2)$，故 $L(M_1)\subseteq L(M_2)$。

反过来推，可得 $L(M_2)\subseteq L(M_1)$。

从而 $L(M_1)=L(M_2)$ 得证。

综上所述，定理成立。

例 4.7 将如图 4-6 所示的 NFA M 改写成 DFA。

构造给定 NFA 等价的 DFA 策略如下：

先只把开始状态$[q_0]$填入表的状态列中，如果表中所列的状态列有未处理的，则任选一个未处理的状态$[q_1,q_2,\cdots,q_n]$，对 Σ 中的每个字符 a，计算 $\delta([q_1,q_2,\cdots,q_n],a)$，并填入相应的表项中。如果 $\delta([q_1,q_2,\cdots,q_n],a)$ 在表的状态列未出现过，则将它填入表的状态列。如此重复下去，直到表的状态列中不存在未处理的状态。

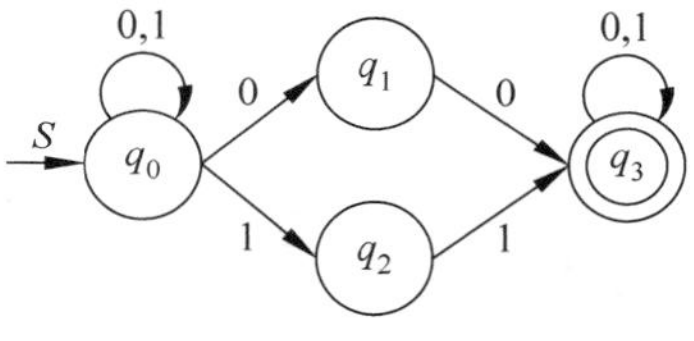

图 4-6　非确定性有穷自动机 M

由该策略可以列出该 NFA 对应的 DFA 的状态迁移函数，如表 4-4 所示。

表 4-4　M 对应的 DFA 状态迁移函数

状态说明		状　　态	输入字符	
			0	1
开始状态	√	$[q_0]$	$[q_0,q_1]$	$[q_0,q_2]$
		$[q_1]$	$[q_3]$	$[\varnothing]$
		$[q_2]$	$[\varnothing]$	$[q_3]$
终止状态		$[q_3]$	$[q_3]$	$[q_3]$
	√	$[q_0,q_1]$	$[q_0,q_1,q_3]$	$[q_0,q_2]$
	√	$[q_0,q_2]$	$[q_0,q_1]$	$[q_0,q_2,q_3]$
终止状态		$[q_0,q_3]$	$[q_0,q_1,q_3]$	$[q_0,q_2,q_3]$
		$[q_1,q_2]$	$[q_3]$	$[q_3]$

续表

状态说明		状态	输入字符	
			0	1
终止状态		$[q_1,q_3]$	$[q_3]$	$[q_3]$
终止状态		$[q_2,q_3]$	$[q_3]$	$[q_3]$
		$[q_0,q_1,q_2]$	$[q_0,q_1,q_3]$	$[q_0,q_2,q_3]$
终止状态	√	$[q_0,q_1,q_3]$	$[q_0,q_1,q_3]$	$[q_0,q_2,q_3]$
终止状态	√	$[q_0,q_2,q_3]$	$[q_0,q_1,q_3]$	$[q_0,q_2,q_3]$
终止状态		$[q_1,q_2,q_3]$	$[q_3]$	$[q_3]$
终止状态		$[q_0,q_1,q_2,q_3]$	$[q_0,q_1,q_3]$	$[q_0,q_2,q_3]$
		$[\varnothing]$	$[\varnothing]$	$[\varnothing]$

不可达状态(inaccessible state)：不存在从$[q_0]$对应的顶点出发，到达该状态对应的顶点的路径，则称此状态从开始状态是不可达的。

表4-4中，所有标记√的状态是从开始状态可达的，其他是不可达的——无用的。由该表的状态迁移函数，可以得到DFA的状态迁移图，如图4-7所示。

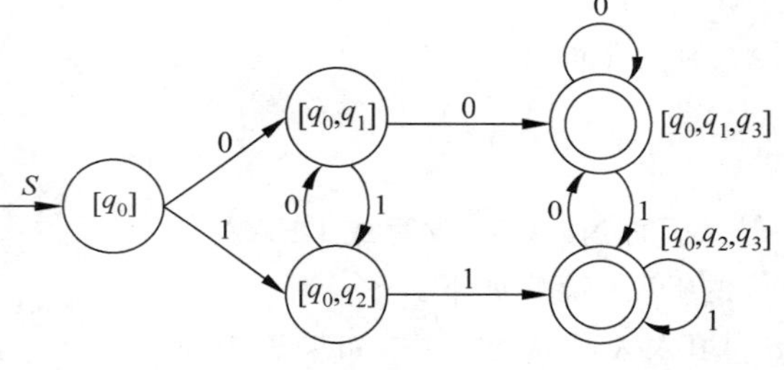

图4-7　与M等价的DFA

4.1.3　判定算法

有穷自动机关于空性、有穷性、无穷性和等价性的一些判定算法可以在本节介绍的定理4.2的基础上得到。

定理4.2　具有n个状态的有穷自动机$M=(Q,\Sigma,\delta,q_0,F)$，具有以下性质：

(1) $L=L(M)$是非空的充分必要条件是M接受一个长度小于n的字。

(2) $L=L(M)$是无穷的充分必要条件是M接受某些长度为l的字，这里$n\leqslant l<2n$。

(3) 存在判定两个有穷自动机是否等价的算法。

证明：(1) 充分性显然。

再证必要性。DFA $M=(Q,\Sigma,\delta,q_0,F)$，$L=L(M)$非空。因此，$M$的状态转移图中必存在一条从开始状态$q_0$到某一个终止状态$q_f$的路径，该路径中不存在重复的状态。因此，此路中的状态数小于或等于n。由图论相关知识，此路的标记x的长度$|x|\leqslant n-1$，而$\delta(q_0,x)\in F$，即x是$L=L(M)$的长度小于n的字。

(2)～(3)证明(略)。

定理4.2表明，有穷自动机识别的语言是否为空、是否是无穷的问题是容易判定的。读者可以设计出各种不同的算法，解决一个有穷自动机识别的语言是否为空、是否为无穷，两个 DFA 是否等价等问题。例如，关于 $L(M)$是否为空的问题可以通过对 M 的状态迁移图进行以下处理来解决：删除 M 中所有的不可达状态，如果图中仍然存在终止状态，则 $L(M)$非空。同样地，进一步删除 M 中的那些不能到达终止状态的非终止状态，显然，如果图中仍然存在有回路，则 $L(M)$是无穷的。

4.2 Büchi 自动机

4.1 节介绍的有穷自动机主要讨论有穷状态系统的输入是有限长度字符串的情形。而反应式系统，如操作系统、航空交通控制系统等，这些系统的运行往往是不终止的，需要讨论系统的无穷行为属性。由于传统的有穷自动机不能接受无穷个输入字符串，因此，需要进一步讨论无穷串(字、序列)上的有穷自动机。

4.2.1 ω-有穷自动机简介

建模后的系统能够呈现无穷和有穷行为。为了统一处理这两种行为，可以通过使用一个迁移将有穷行为转化为无穷行为。该迁移不改变系统的状态并且仅当其他迁移不可执行的时候才可执行。因此，仅需关注无穷字符串上的有穷自动机。设 Σ 是有穷字母表，由 Σ 中的字母组成的无穷序列，称为 Σ 上的 ω-串。用 Σ^{ω} 表示 Σ 上的所有 ω-串组成的集合。Σ^{ω} 的任意子集称为 Σ 上的 ω-语言。

作为一种 ω-语言的识别模型，ω-有穷自动机最早是 J. R. Büchi 于 1960 年提出的，是一种在无穷串上执行的有穷自动机。与有穷自动机不同，ω-有穷自动机的输入是一个无穷字符序列。

应该考虑到 ω-有穷自动机并不是真正意义上实际地识别执行，由于执行是无穷的，甚至识别其中一个都无法终止。然而，ω-有穷自动机提供了一个有穷的方式表示无穷的执行，并且拥有一个有穷的结构。这样的有穷性使设计自动验证算法成为可能。

ω-有穷自动机接受的语言称为 ω-正则语言(或 ω-正则表达式)。

4.2.2 Büchi 自动机

Büchi 自动机是最简单的一类 ω-有穷自动机，它是有穷自动机在输入状态无限时的一种扩充。

1. 基本概念

定义 4.6 一个 Büchi 自动机(Büchi Automaton，BA) 是一个五元组 $M=(Q,\Sigma,\Delta,S,F)$，其中：

Q：状态的非空有穷集合；

Σ：为有穷字母表；

$\Delta\subseteq Q\times\Sigma\times Q$，是状态迁移关系；

$S\subseteq Q$ 是初始状态集合；

$F\subseteq Q$ 是接受状态集合。

Büchi 自动机包括确定性 Büchi 自动机(deterministic Büchi automaton，DBA)和非确定性 Büchi 自动机(non-deterministic Büchi automaton，NBA)。在确定性 Büchi 自动机中

初始状态集 $S=\{q_0\}$，即 M 有唯一初态，并且 Δ 是由 $(Q\times\Sigma)$ 到 Q 的函数定义迁移关系。如图 4-8 所示，在 Büchi 自动机的图表示中，用未连接其他任何结点的进入箭头标记一个初始状态，使用双圆标记接受状态。其中，图 4-8(a)是一个 DBA，图 4-8(b)是一个 NBA。

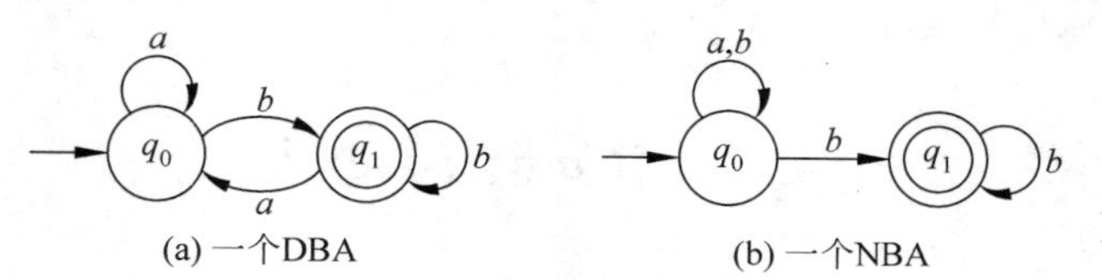

(a) 一个DBA (b) 一个NBA

图 4-8 Büchi 自动机

一个 Büchi 自动机 M 在输入 $\sigma=a_1a_2\cdots a_n\cdots(a_i\in\Sigma,i=1,2,\cdots)$ 上的一个执行对应自动机图中从初始状态开始的一个无穷路径。σ 是自动机的一个输入，或者说 M 读取了 σ。从形式化的角度，令 σ 是 Σ^ω 上的一个字(字符串、序列)，M 在 σ 上的一个执行 r 是无穷序列 $r=q_0q_1q_2\cdots\in Q^\omega$，其中：

(1) $q_0\in S$，第一个状态是初始状态。

(2) 对于 $i\geqslant 0$，$(q_i,a_{i+1},q_{i+1})\in\Delta$。

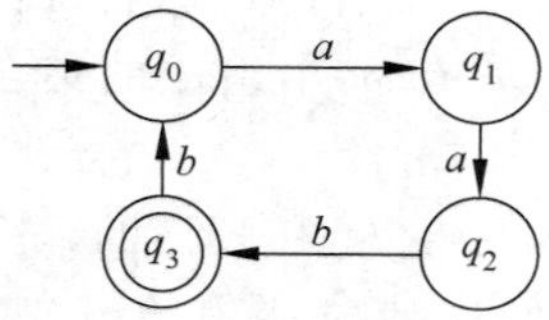

图 4-9 Büchi 自动机 M

在如图 4-9 所示的 Büchi 自动机 M 中，$\Sigma=\{a,b\}$，$Q=\{q_0,q_1,q_2,q_3\}$，初始状态集 $S=\{q_0\}$，接受状态集 $F=\{q_3\}$。对字符串 $\sigma=aabbaabb\cdots$，自动机 M 在 σ 上的执行存在唯一的无穷序列 r，$r=q_0q_1q_2q_3q_0q_1q_2q_3\cdots$。

令 $I(r)$ 表示执行序列 r(将执行看作一个无穷路径)中出现无穷多次的状态集合。注意，$I(r)$ 是一个有穷集合。当 $I(r)\cap F\neq\varnothing$ 时，也就是当某个接受状态在执行序列 r 中出现无穷多次时，Büchi 自动机 M 在无穷字上的执行 r 是可接受的。

至此，可以给出 Büchi 自动机 M 所接受语言的定义，即

$$L(M)=\{\sigma\in\Sigma^\omega \mid M \text{ 在字符串 } \sigma \text{ 上存在一个可接受的执行}\}$$

定义 4.7 设 M_1、M_2 为 Büchi 自动机，如果 $L(M_1)=L(M_2)$，则称 M_1 与 M_2 等价。

在如图 4-10 所示的 Büchi 自动机的例子中，字母表 $\Sigma=\{a,b\}$，状态集合 $Q=\{q_0,q_1\}$，初始状态集 $S=\{q_0\}$，接受状态集 $F=\{q_0\}$。

Büchi 自动机 M 上的语言 $L(M)\subseteq\Sigma^\omega$ 由所有 M 接受的字组成。对如图 4-10 所示的 Büchi 自动机，考虑仅含 a 的无穷字 a^ω。在这个字上的自动机 M 的一个执行由状态 q_0 开始，然后继续执行，永远通过 q_0。字 a^ω 是可被自动机 M 接受的，并且 $a^\omega\in L(M)$。这是因为 q_0 是接受状态并且无穷执行。

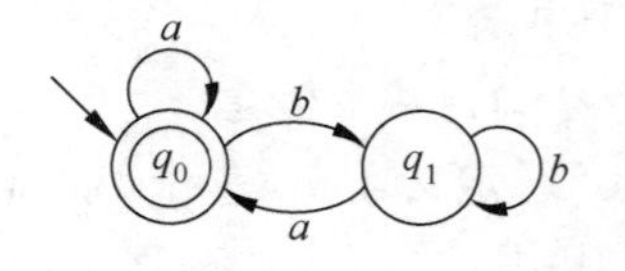

图 4-10 一个 Büchi 自动机 M

考虑 b^ω，这个字由无穷多个 b 组成。在这个字上 Büchi 自动机的执行开始于 q_0 并且保持在状态 q_1，这不是 M 可接受的字，因为没有出现无穷多次的接受状态。因此，$b^\omega\notin L(M)$。

最后，考虑包含 a 和 b 之间交替的字，记作 $(ab)^\omega$。其对应的执行从 q_0 出发并且在 q_0 和 q_1 之间永远交替下去。既然 q_0 是一个可接受状态并且出现无穷多次，所以这个字在 $L(M)$ 中。

如图 4-10 所示的 Büchi 自动机接受的语言是 ω-正则表达式$(b^{*}a)^{\omega}$，表示字符串“一个有穷(可能为空)b 序列跟随一个 a”的无穷重复。因此，当一个在 $\Sigma=\{a,b\}$上的无穷字包含无穷多次 a 时，它就能被这个自动机接受。如上所示的$(ab)^{\omega}$，即一个由 a 开始的在 a 和 b 之间无穷交替的字符串是被接受的。Büchi 自动机 M 同样接受字 a^{ω} 和 $bab^{2}ab^{3}a\cdots$。

当从 Σ 给定下一输入字母，对下一状态存在选择时，Büchi 自动机是非确定的。也就是说，在当前状态 q 下，对输入字母 a，存在两个不同的迁移，即$(q,a,p)\in\Delta$，$(q,a,p')\in\Delta$，而 $p\neq p'$。因此，对字符串 σ，非确定性 Büchi 自动机 M 对给定输入可能存在多个执行。注意，如果对 σ 存在一个接受执行，那么 σ 被 M 的语言 $L(M)$所包含。

在有穷串上的非确定性有穷自动机可以转化为与之等价的确定性有穷自动机，而在无穷串上的 Büchi 自动机，存在非确定性 Büchi 自动机，没有与之等价的确定性 Büchi 自动机。如果某个字母表 Σ 上的语言 $L(M)$能被一个确定性 Büchi 自动机 M 接受，那么它需要满足下列条件：

对于每个在 Σ 的无穷字 σ，σ 在 $L(M)$中当且仅当 σ 中存在无穷多的有穷前缀，并且这些前缀可以对应一个在 M 中可到达接受状态的执行。

这是因为在确定性 Büchi 自动机中，每个字及对应字的每个前缀最多存在一个对应的执行。

考虑在 $\Sigma=\{a,b\}$上 a 出现有穷多次的无穷串的语言。它能够被如图 4-11 所示的非确定性 Büchi 自动机 M 接受，$L(M)$可表示为 $\Sigma^{*}b^{\omega}$。对一个输入字符串 σ，自动机 M 保持在 q_0 状态一直自循环，直到某个点当它“猜测”不再出现字符 a 时。然后它将跳转到状态 q_1。由于自动机是非确定的，因此，必然存在一个正确的猜测从而接受 σ。

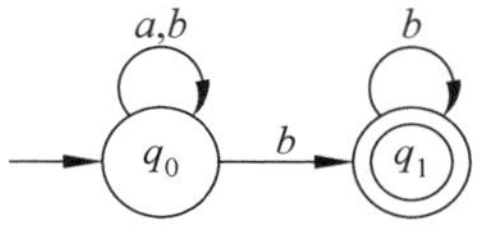

图 4-11　Büchi 自动机 M

下面将说明不存在一个确定性 Büchi 自动机能够接受这个语言。假设存在一个确定性 Büchi 自动机能够接受这个语言，那么它必须在读取一个有穷字符串 $b^{n_1}(n_1\geqslant 0)$之后到达某个接受状态，否则字 b^{ω} 将不能被接受。从这个状态继续，确定性 Büchi 自动机接受 $L(M)$，那么它接受无穷串 $b^{n_1}ab^{\omega}$，则确定性 Büchi 自动机必须在对某个 $b^{n_1}ab^{n_2}(n_2\geqslant 0)$处理之后到达一个接受状态。因此，确定性 Büchi 自动机将会接受一个包含无穷多个 a 的形如 $b^{n_1}ab^{n_2}ab^{n_3}\cdots$的字，这就会形成矛盾。

2. Büchi 自动机的封闭性

Büchi 自动机在交、并和补运算下是封闭的，即存在一个 Büchi 自动机接受两个给定 Büchi 自动机的语言的交集或并集，存在一个 Büchi 自动机接受给定 Büchi 自动机的语言的补集。

给定 Büchi 自动机 $M_1=(Q_1,\Sigma,\Delta_1,S_1,F_1)$和 $M_2=(Q_2,\Sigma,\Delta_2,S_2,F_2)$，$M_1$ 和 M_2基于共同的字母表 Σ。如果 $S_1\cap S_2=\varnothing$，那么可以构造 $M_1\cup M_2$(如果 $S_1\cap S_2\neq\varnothing$，则可以对状态重命名)。$M_1\cup M_2$ 的语言是各个 Büchi 自动机的语言的并集，即 $L(M_1\cup M_2)=L(M_1)\cup L(M_2)$。因此，$M_1\cup M_2$ 又称为并集自动机，可构建 $M_1\cup M_2$ 为

$$M_1\cup M_2=(Q_1\cup Q_2,\Sigma,\Delta_1\cup\Delta_2,S_1\cup S_2,F_1\cup F_2)$$

并集自动机是根据 M_1 还是根据 M_2 执行是不确定的。从 S_1 或者 S_2 中选择一个初始

状态,之后依据适当的自动机做出相应的执行。类似地,n 个自动机的并集定义可按上述方法扩展而来。

构造两个 Büchi 自动机 M_1 和 M_2 的交集自动机:$M_1 \cap M_2=(Q,\Sigma,\Delta,S,F)$,其中:

Q:$Q_1 \times Q_2 \times \{1,2\}$;

Δ:$((p,q,x),a,(p',q',y)) \in \Delta$ 当且仅当$(p,a,p') \in \Delta_1$ 且$(q,a,q') \in \Delta_2$,以及第三分量(x 或 y)的值在1~2变化。若 $x=1$ 且 $p \in F_1$,则 $y=2$。若 $x=2$ 且 $q \in F_2$,则 $y=1$。否则 $y=x$;

S:$S_1 \times S_2 \times \{1\}$;

F:$F_1 \times Q_2 \times \{1\}$。

直观上,构造出的交集自动机有两条"轨迹",并且为了记住每个轨迹的状态,交集自动机有个指针指向轨迹之一(1或2)。当轨迹经过一个接受状态时,指针移到另一条轨迹。由于交集自动机的接受状态为 $F=F_1 \times Q_2 \times \{1\}$,如果交集自动机的一个执行是可接受的,那么它无限次经过 F,根据迁移关系,这个执行的两条轨迹也就无穷次地经过 M_1 和 M_2 的接受状态。

若 $L(M)=L(M_1) \cap L(M_2)$,$r'=(q_1^0,q_2^0,t^0)(q_1^1,q_2^1,t^1)\cdots$是 M 在输入 σ 上的一个执行,当且仅当 $r_1=q_1^0 q_1^1\cdots$是 M_1 在 σ 上的一个执行,$r_2=q_2^0 q_2^1\cdots$是 M_2 在 σ 上的一个执行。r'是可接受的执行当且仅当 r_1、r_2 均是可接受的执行。

若 M_1 或 M_2 中存在一个自动机,所有状态均为接受状态。那么可以构造一个相对简单的交集自动机。假设 M_1 中所有状态都是接受状态,M_2 的接受状态为 F_2,则有

$$M_1 \cap M_2=(Q_1 \times Q_2,\Sigma,\Delta,S_1 \times S_2,S_1 \times F_2)$$

其中,$((p,q),a,(p',q')) \in \Delta$,当且仅当$(p,a,p') \in \Delta_1$ 且$(q,a,q') \in \Delta_2$。因此,其接受状态是第二个 Büchi 自动机 M_2 可被接受的状态集合。然而,交集自动机更适用于对附加了公平性约束的系统建模。在这种情况下,并不需要自动机系统中所有状态都必须可被接受。

如果 L 是 Büchi 自动机接受的语言,则 $\neg L$ 也是 Büchi 自动机接受的语言。由于 Büchi 自动机补集的计算方法非常复杂,限于篇幅,本书从略。

3. 广义 Büchi 自动机简介

定义 4.8 一个广义 Büchi 自动机(generalized Büchi automaton,GBA)是一个五元组 $M=(Q,\Sigma,\Delta,S,F)$,其中:

Q、Σ、Δ、S 定义同 Büchi 自动机;

$F=\{F_1,F_2,\cdots,F_m\}$,每个 $F_i(1 \leqslant i \leqslant m)$都是 Q 的子集。

不同于 Büchi 自动机只有一个接受集,广义 Büchi 自动机允许有多个接受集合。广义 Büchi 自动机的一个可接受的执行 r 必须无限多次地通过 F 中的每一个集合,即对任意 $F_i \in F$,有 $I(r) \cap F_i \neq \varnothing$,那么广义 Büchi 自动机中的执行 r 是可接受的。显然,Büchi 自动机是广义 Büchi 自动机的特例。

定理 4.3 对每个广义 Büchi 自动机 M,存在与之等价的 Büchi 自动机 M',即 $L(M')=L(M)$。

给定一个广义 Büchi 自动机 $M=(Q,\Sigma,\Delta,S,\{F_1,F_2,\cdots,F_m\})$,构造与之等价的 Büchi 自动机为$(Q \times \{1,2,\cdots,m\},\Sigma,\Delta',S \times \{1\},F_1 \times \{1\})$,其中,$((q,i),a,(q',j)) \in \Delta'$,当且仅当$(q,a,q') \in \Delta$,以及 $q \in F_i$ 且 $j=i \oplus_m 1$ 或 $q \notin F_i$ 且 $j=i$。

考虑 M，如果接受集合的数目 $|F|$ 是 m，构建 m 个状态集合 Q 的副本(copies)，即 $\bigcup_{i=1,m} Q_i$，其中 $Q_i=Q\times\{i\}(1\leqslant i\leqslant m)$。因此，$Q_i$ 中的状态记为 (q,i)。定义加运算 $\oplus_m$ 为 $i\oplus_m 1=i+1$，其中 $1\leqslant i<m$；$i=m$ 时，$i\oplus_m 1=1$。运算符 $\oplus_m$ 允许在 $1\sim m$ 之间循环计数。在构造的 Büchi 自动机的一个执行中，当访问 Q_i 中的状态时，如果出现 F_i 中状态的副本，跳转至 $Q_{i\oplus_m 1}$ 中相应的后继状态；否则，跳转至 Q_i 中相应的后继状态。因此，以增序访问 F 中所有集合的接受状态，使 Büchi 自动机循环经过 m 个副本。

需要选出无限多次经过从 $Q_1\sim Q_m$ 每一个副本的接受状态。由于从一个集合到下一个集合的跳转与某个 F_i 中接受状态的出现一致，这保证了每个接受集合都将出现无穷多次。不能选择 Q_i 集合中的一个元素作为 Büchi 自动机的接受状态，因为这样可能会接受一个永远停留在 S_i 而从不出现 F_i 中任何状态的执行。但可以对任意 $1\leqslant i\leqslant m$ 选择笛卡儿积 $F_i\times\{i\}$，这保证了经过 $F_i\times\{i\}$ 中的一个状态并可到达 $Q_i\oplus_m 1$ 中的一个状态。为了重新访问 $F_i\times\{i\}$ 中的状态，需要再一次循环遍历所有其他的副本。当广义 Büchi 自动机的接受集合为空时(即 $m=0$)，定义转换结果为 (Q,Σ,Δ,S,Q)，即 Büchi 自动机的所有状态都是接受状态。

对不同集合中接受状态的出现附加了先后顺序，这并不意味着 F 中不同集合的接受状态按照这样的顺序出现在输入序列中。它只说明按照这样的顺序考虑。例如，如果有状态 $(q,2)\in Q_2$，其中 $q\in F_2$，跳转至某一状态 $(r,3)\in Q_3$。如果有状态 $(s,3)\in Q_3$ 出现，其中 $s\in F_2$ 或 $s\in F_1$，将继续停留在 Q_3。需要注意的是，如果有无穷多个状态的第一个分量属于各个接受集合 F_i，将不利用所有这些状态以在不同副本间跳转，这并不会带来问题。如果在某一时刻，没有更多属于 F_i 的状态，那么自然也就不会接受相应的输入。

4.2.3 应用举例

本节通过几个简单的例子说明如何采用 Büchi 自动机对系统建模。

例 4.8 假设要建模的系统中可能发生 5 种事件，分别用 a、b、c、d、e 表示。因系统对事件的发生次数及事件之间的先后顺序都有相应要求，因此，可令 $\Sigma=\{a,b,c,d,e\}$，将不同事件转化为不同的输入字符。并在此基础上，构造满足系统要求的 Büchi 自动机。

首先考虑事件 e 至少发生一次的情形，如图 4-12(a)所示。该 Büchi 自动机接受并且只接受 Σ^ω 中满足 e 至少出现一次的字符串。

现在，假设要求在某一时刻之后事件 e 一直发生，满足要求的 Büchi 自动机如图 4-12(b)所示。

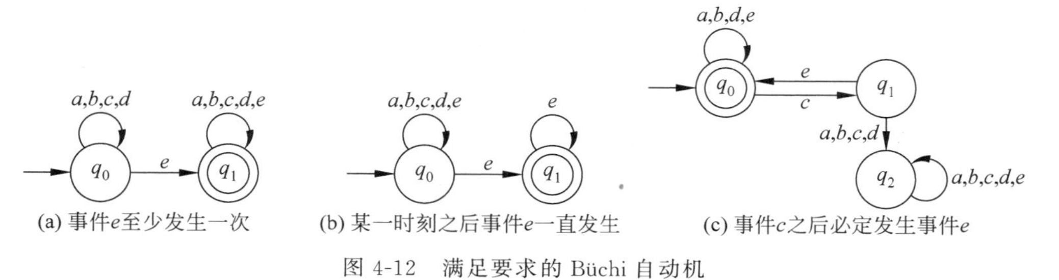

图 4-12 满足要求的 Büchi 自动机

最后,假设要求事件 c 之后事件 e 一定发生。对如图 4-12(c)所示的 Büchi 自动机,从初始状态 q_0 出发,在读入字符 c 之后进入状态 q_1。在 q_1 状态,自动机可选择进入 q_0 或 q_2 状态,若选择进入 q_2,则无法再次回到接受状态 q_0。由于 q_0 没有出现无穷多次,因此该字符串不被该 Büchi 自动机接受,故在 q_1 状态将回到 q_0,即读入字符 e。也就是在事件 c 之后事件 e 一定发生。

例 4.9 一个并发系统中两个进程具有互斥性,试对该系统进行建模。

并发系统中两个进程具有互斥性,即两个进程不能同时进入各自的临界区。对复杂系统建模较直接的方法是让输入字符对应于布尔表达式,捕获所要的属性。因此,为了捕获互斥属性,首先引入两个布尔谓词 CR_0 和 CR_1,前者在 $process_0$ 处于临界区时为真,后者在 $process_1$ 处于临界区时为真。然后系统输入可以由三个布尔表达式描述$\{(CR_0 \wedge CR_1), \neg(CR_0 \wedge CR_1), true\}$。如图 4-13 所示的 Büchi 自动机只接受符合不发生$(CR_0 \wedge CR_1)$属性的字符串。

例 4.10 对基于共同字母表 $\Sigma=\{a,b\}$ 的 Büchi 自动机 $M_1=(Q_1,\Sigma,\Delta_1,S_1,F_1)$ 和 $M_2=(Q_2,\Sigma,\Delta_2,S_2,F_2)$,其中 M_1 接受包含无穷个 a 的字符串,M_2 接受包含无穷个 b 的字符串,如图 4-14 所示。试构造 M_1、M_2 的交集自动机。

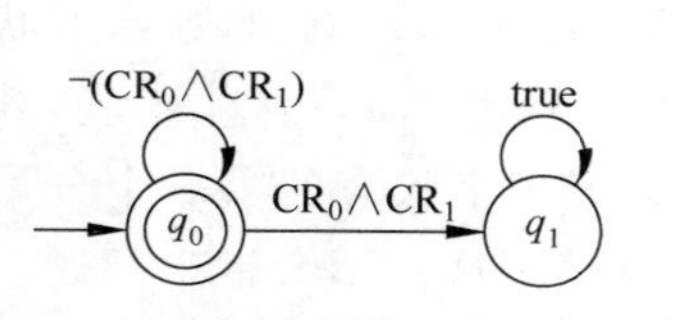

图 4-13 满足互斥的 Büchi 自动机

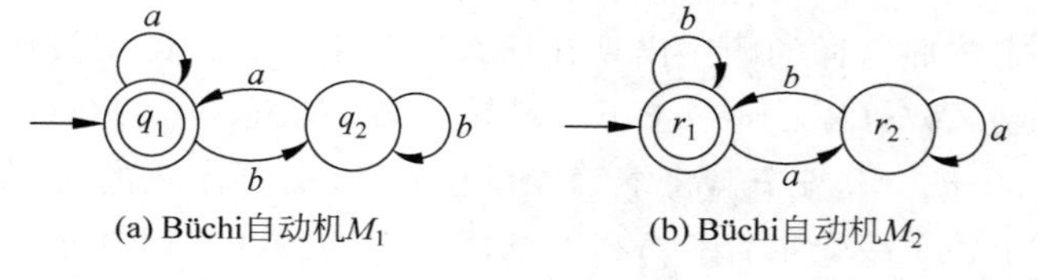

图 4-14 两个 Büchi 自动机

分析:令构造的交集自动机为 $M=(Q,\Sigma,\Delta,S,F)$,根据 4.2.2 节构造交集自动机的方法可知,M 的初始状态为$(q_1,r_1,1)$,由于$(q_1,a,q_1)\in\Delta_1$,$(r_1,a,r_2)\in\Delta_2$,又 q_1 为接受状态,因此,有$((q_1,r_1,1),a,(q_1,r_2,2))\in\Delta$。类似地,有$((q_1,r_1,1),b,(q_2,r_1,2))\in\Delta$,$((q_1,r_2,2),a,(q_1,r_2,2))\in\Delta$,$((q_1,r_2,2),b,(q_2,r_1,2))\in\Delta$,$((q_2,r_1,2),a,(q_1,r_2,1))\in\Delta$,$((q_2,r_1,2),b,(q_2,r_1,1))\in\Delta$,$((q_1,r_2,1),a,(q_1,r_2,2))\in\Delta$,$((q_1,r_2,1),b,(q_2,r_1,2))\in\Delta$,$((q_2,r_1,1),a,(q_1,r_2,1))\in\Delta$,$((q_2,r_1,1),b,(q_2,r_1,1))\in\Delta$。对此,有 M_1、M_2 的交集,如图 4-15 所示。

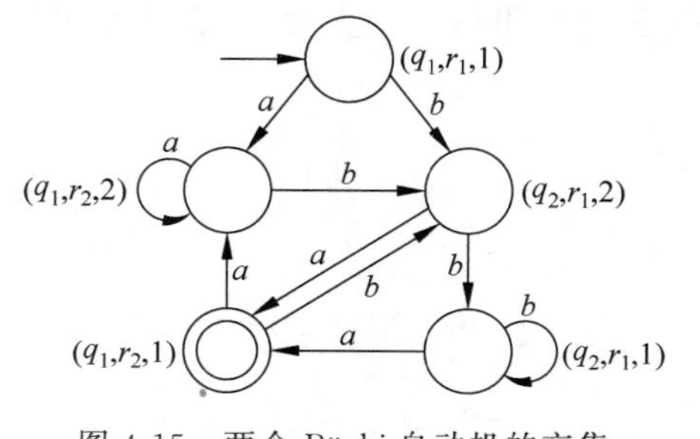

图 4-15 两个 Büchi 自动机的交集

4.3 本章小结

有穷自动机是并发系统的一种基本抽象模型，在软件、硬件和网络及控制等领域的形式化建模与验证方面有广泛的应用，许多并发模型都是在有穷自动机的基础上建立的。通过对传统的有穷自动机进行改进和扩充，可得到各种扩展的有穷自动机。例如，时间自动机在ω-有穷自动机的基础上加入了时间约束机制，使ω-有穷自动机具有表达时间的能力，可用于实时系统建模；而混成自动机将有穷自动机的状态看作在一组微分方程控制下的一组连续变量的连续变化过程，将状态的迁移作为事件的驱动，可用来描述具有连续和离散变量的混成系统的行为。

传统的有穷自动机要求输入串长有限，难以对不终止的反应式系统的无穷行为进行建模。Büchi 自动机是有穷自动机在输入状态无限时的一种扩充，因而适合描述系统的无穷行为属性。Büchi 自动机不仅可以建立系统模型，也能描述系统属性（即规约），而且可以通过判断两个 Büchi 自动机的交集是否为空说明系统模型是否满足系统规约。

习 题 4

1. 设 $\Sigma=\{0,1\}$，试构造一个 DFA，接受包含 011 的串集合。
2. 给出接受语言$\{0^n1^m2^k \mid n,m,k\geqslant 1\}$的 NFA。
3. 构造与习题 2 的 NFA 等价的 DFA。
4. 构造接受语言$(\alpha^*\beta)^\omega$的 Büchi 自动机。
5. 如图 4-16 所示，对一个 Büchi 自动机 M，试写出 M 在字符串 $\sigma=ba^\omega$ 上的一个执行序列 r。
6. 构造一个 Büchi 自动机，接受下列无穷长度字符串语言：

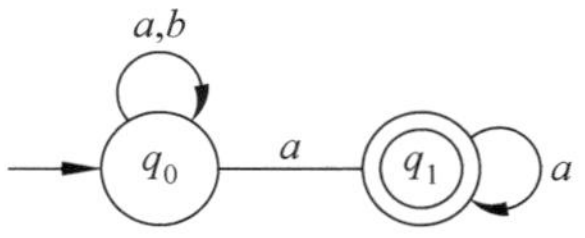

（1）$\{\sigma\in\{a,b,c\}^\omega \mid$ 出现 a 之后，最终会出现 $b\}$。

（2）$\{\sigma\in\{a,b,c\}^\omega \mid$ 在两个连续 a 之间有奇数个 $b\}$。

图 4-16 Büchi 自动机

第5章 Petri 网

本章学习目标

（1）掌握库所/变迁 Petri 网的基本概念、基本性质。

（2）掌握库所/变迁 Petri 网的可达标识图、关联矩阵和状态方程等相关分析方法。

（3）掌握库所/变迁 Petri 网的基本应用。

（4）掌握谓词/变迁 Petri 网和着色 Petri 网的基本概念。

Petri 网是德国著名学者 C. A Petri (1926—2010)于 1962 年在其博士论文 *Kommunikation mit Automaton*（《用自动机通信》）中首次提出的，它是一种以物理学为基础，用计算机科学语言提出的系统模型。Petri 网作为一种集图形化与数学化于一体的建模工具，既可以通过直观的图形刻画系统的结构，又可以引入数学方法对其性质进行分析。作为最早的通用并发模型，Petri 网在计算机、自动化等领域得到了广泛的研究和应用，是并发系统建模和分析的一种重要工具。

Petri 网可分为库所/变迁 Petri 网和高级 Petri 网两类。高级 Petri 网包括谓词/变迁 Petri 网、着色 Petri 网、随机 Petri 网、时间 Petri 网及混成 Petri 网等。限于篇幅，本章主要讨论库所/变迁 Petri 网的基本定义、性质及分析方法，并对谓词/变迁 Petri 网及着色 Petri 网进行简要介绍。

5.1 库所/变迁 Petri 网

库所/变迁 Petri 网又称 P/T_网，它是一类以描述资源在系统中的流动为特征的网系统。物质流、数据流和信息流均为网系统中的“资源流”。资源在库所中的分布称为网的标识，网结构加上初始标识就是网系统。标识决定变迁能否发生，变迁的规则则决定标识的变化。规定标识和变迁之间依存关系的法则称为变迁规则。网结构和标识给出了网系统的静态结构，变迁规则给出了网系统的动态行为。

5.1.1 基本概念

定义 5.1 Petri 网结构是一个由库所集 P，变迁集 T 和流关系 F 构成的有向网 $N=(P,T;F)$，其中：

（1）$P=\{p_1,p_2,\cdots,p_m\}$为有限库所集合。

（2）$T=\{t_1,t_2,\cdots,t_n\}$为有限变迁集合（$P\cup T\neq\varnothing,P\cap T=\varnothing$）。

（3）$F\subseteq(P\times T)\cup(T\times P)$为流关系。

(4) $\mathrm{dom}(F) \cup \mathrm{cod}(F) = P \cup T$（无孤立元素）。其中，

$$\mathrm{dom}(F) = \{x \in P \cup T \mid \exists y \in P \cup T : (x, y) \in F\}$$

$$\mathrm{cod}(F) = \{y \in P \cup T \mid \exists x \in P \cup T : (x, y) \in F\}$$

$\mathrm{dom}(F)$代表 F 的定义域；$\mathrm{cod}(F)$代表 F 的值域。

库所集和变迁集是网的基本成分，流关系是在它们的基础上构造出来的，所以在 P、T 和 F 之间使用分号（;）隔开。库所和变迁是两类不同的元素，所以 $P \cap T = \varnothing$，而 $P \cup T \neq \varnothing$ 表示网中至少有一个元素。库所中存放资源，资源的流动由流关系规定，所以变迁只能与库所有直接的流关系 $F \subseteq (P \times T) \cup (T \times P)$，不参与任何变迁的库所表现为孤立的 P 元素，不引起资源流动的变迁表现为孤立的 T 元素，$\mathrm{dom}(F) \cup \mathrm{cod}(F) = P \cup T$ 规定网中不能有孤立元素。

定义 5.2 设 $N = (P, T; F)$ 为一个网，$x \in P \cup T$：

(1) ${}^{\bullet}x = \{y \mid y \in P \cup T \wedge (y, x) \in F\}$称为 x 的前集(pre-set)。

(2) $x^{\bullet} = \{y \mid y \in P \cup T \wedge (x, y) \in F\}$称为 x 的后集(post-set)。

(3) ${}^{\bullet}x \cup x^{\bullet}$ 称为元素 x 的外延。

若是有库所 $p \in P$ 和变迁 $t \in T$ 满足 $p \in {}^{\bullet}t \cap t^{\bullet}$，那么在变迁 t 发生时库所 p 既会失去令牌又会得到令牌。把没有这种结构的网称为单纯网(pure net)，简称纯网。若是 $\exists x, y \in P \cup T, x \neq y$ 但 ${}^{\bullet}x = {}^{\bullet}y \wedge x^{\bullet} = y^{\bullet}$，那么无论从网结构上还是从行为上，$x$ 和 y 都无法被区分，把不包含这种元素的网称为简单网。

定义 5.3 对于一个 Petri 网结构，其中 $X = P \cup T$：

(1) 若 $\forall x \in X : {}^{\bullet}x \cap x^{\bullet} = \varnothing$，则 N 为单纯网。

(2) 若 $\forall x, y \in X : {}^{\bullet}x = {}^{\bullet}y \wedge x^{\bullet} = y^{\bullet} \Rightarrow x = y$，则 N 为简单网。

(3) 通常用$|D|$表示集合 D 的元素个数，若 D 为无限集合，则$|D| = \infty$。

网结构是系统的结构框架，活动在框架上的是系统中流动的资源。从网到网系统的过程必须指明资源的初始分布，规定框架的活动规则，即库所的容量与资源的数量关系。

定义 5.4(Petri 网系统的定义)　库所/变迁 Petri 网系统，简称 Petri 网系统，可定义为一个六元组 $\mathrm{PN} = (P, T; F, \boldsymbol{K}, \boldsymbol{W}, \boldsymbol{M}_0)$，其中：

(1) $N = (P, T; F)$为 Petri 网结构。

(2) $\boldsymbol{K}: P \to \mathbf{Z}^{+} \cup \{\infty\}$为库所的容量函数，规定了库所的容量。对于任意库所 $p \in P$，$\boldsymbol{K}(p)$表示标识向量 $\boldsymbol{K}$ 中库所 p 对应的分量，若 $\boldsymbol{K}(p) = \infty$表示库所 p 的容量没有限制。

(3) $\boldsymbol{W}: F \to \mathbf{Z}^{+}$（正整数集合）称为 PN 上的权函数，对于 $f = (x, y) \in F$，$\boldsymbol{W}(f)$为弧的权，规定了令牌传递中的加权系数。

(4) $\boldsymbol{M}_0: P \to \mathbf{Z}$（非负整数集合）是库所集合上的初始标识(marking)向量。对于任一库所 $p \in P$，$\boldsymbol{M}_0(p)$表示标识向量 $\boldsymbol{M}_0$ 中库所 p 对应的分量，称为库所 p 上的标识或者令牌数目，并且必须满足 $\boldsymbol{M}_0(p) \leqslant \boldsymbol{K}(p)$，$\boldsymbol{M}_0$ 为初始标识向量。

在 Petri 网的图形表示中，对于 $f \in F$，如果 $\boldsymbol{W}(f) > 1$ 时，则需要将 $\boldsymbol{W}(f)$标注在弧上，否则可以省略 $\boldsymbol{W}(f)$的标注；当一个库所的容量 $\boldsymbol{K}(p)$为无穷时，可以省略库所容量的标注，否则需要将库所的容量 $\boldsymbol{K}(p)$标注在库所旁。令牌使用黑点表示，同一个库所中的多个标记代表同一类完全等价的个体。标识向量表示了令牌在库所中的分布。

例 5.1 在如图 5-1 所示的 Petri 网系统中，$W(t_2, P_3) = W(t_3, P_5) = W(P_5, t_4) =$

$W(t_4,P_6)=3,W(t_1,P_4)=W(P_3,t_4)=2$,未被标注的弧的权值都默认为 1;$\boldsymbol{K}(P_2)=5$,$\boldsymbol{K}(P_5)=4$,其余未被标注的库所的容量都默认为无穷。

例 5.2 如图 5-2 所示的四季变迁系统 Petri 网系统模型,其中库所 P_1、P_2、P_3、P_4 分别表示当前处于春季、夏季、秋季、冬季,当库所中存在令牌则表示处于该库所对应的季节,例如初始标识为 $\boldsymbol{M}_0=(1,0,0,0)$,表示当前处于春季。变迁 t_1、t_2、t_3、t_4 则表示季节的变迁,如变迁 t_1 的发生表示由春天到夏天的季节变迁。

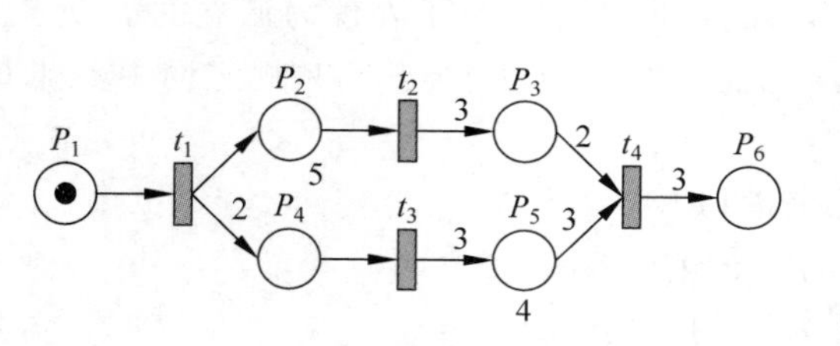

图 5-1 Petri 网系统实例

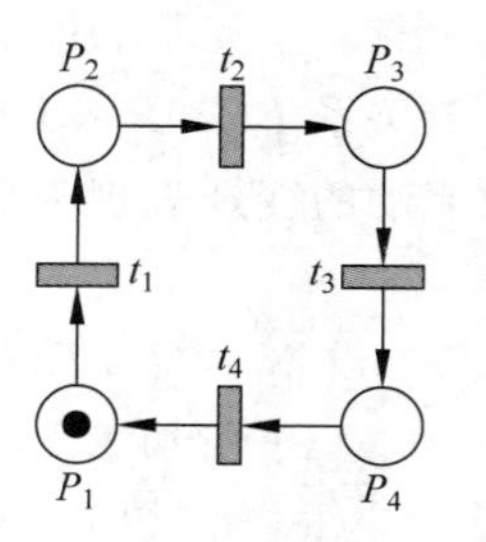

图 5-2 四季变迁系统 Petri 网系统模型

定义 5.5(变迁使能条件) 变迁 $t\in T$ 在标识 $\boldsymbol{M}$ 下的使能条件是:$\forall p\in {}^{\bullet}t:\boldsymbol{M}(p)\geqslant W(p,t)\wedge\forall p\in t^{\bullet}:\boldsymbol{M}(p)+W(t,p)\leqslant\boldsymbol{K}(p)$,$t$ 在标识 $\boldsymbol{M}$ 下的使能记作 $\boldsymbol{M}[t>$,也称 $\boldsymbol{M}$ 授权(enables)t 可发生或者 t 在 $\boldsymbol{M}$ 授权下(enabled)可发生。

定义 5.6(变迁发生规则) 若是 $\boldsymbol{M}[t>$,即 t 在 $\boldsymbol{M}$ 下可以发生,变迁 t 的发生将使库所中的令牌重新分布,从而将标识 $\boldsymbol{M}$ 变成后继标识(successor)$\boldsymbol{M}'$,$\boldsymbol{M}'$的定义是:对 $\forall p\in P$,有

$$\boldsymbol{M}'(p)=\begin{cases}\boldsymbol{M}(p)-W(p,t), & p\in {}^{\bullet}t-t^{\bullet}\\ \boldsymbol{M}(p)+W(t,p), & p\in t^{\bullet}-{}^{\bullet}t\\ \boldsymbol{M}(p)-W(p,t)+W(t,p), & p\in {}^{\bullet}t\cap t^{\bullet}\\ \boldsymbol{M}(p), & \text{其他}\end{cases}$$

${}^{\bullet}t$ 和 $t^{\bullet}$ 分别代表变迁 t 的输入库所集和输出库所集,即一个使能变迁的发生导致从它的所有输入库所中移除令牌,在它的输出库所中产生令牌。另外,变迁的发生是一个原子操作,从输入库所中移除令牌和在输出库所中产生令牌是一个不可分割的原子操作。

应当注意到,Petri 网模型的状态转换是局部的,它仅涉及一个变迁通过输入和输出弧所连接的库所的状态变化,换言之,Petri 网系统的全局状态不是变迁的控制因素,这是 Petri 网的一个关键特性,利用这个特性可以容易地描述并发系统。

例 5.3 如图 5-3 所示的 Petri 网系统实例,在初始阶段只有库所 P_2 拥有唯一的令牌,变迁 t_2 和 t_4 在初始标识 $\boldsymbol{M}_0$ 下使能,即 $\boldsymbol{M}_0[t_2>$或 $M_0[t_4>$。在这种情况下,令牌的变化就存在两种可能的情况:t_2 发生或 t_4 发生。也就是说,在给定 Petri 网的初始标识向量后,其演化过程具有不确定性。在图 5-3 的标识 $\boldsymbol{M}_0$ 下,变迁 t_2 发生得到的下一个状态如图 5-4(a)所示,变迁 t_4 发生得到的下一个状态如图 5-4(b)所示。在图 5-4(a)的状态下,变迁 t_1 具有发生权,t_1 的发生将使系统返回初始状态;在图 5-4(b)的状态下,变迁 t_3 具有发生权,t_3 的发生也将使系统返回初始状态。

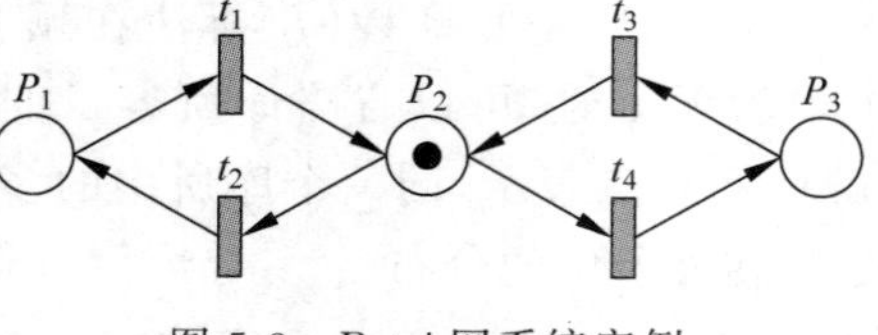

图 5-3 Petri 网系统实例

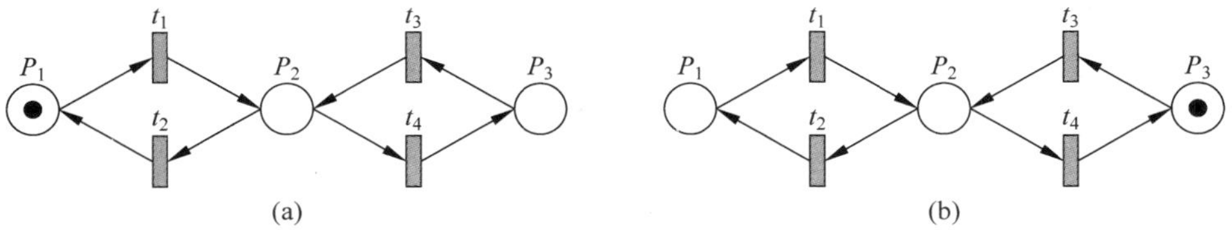

图 5-4　Petri 网系统行为演化实例

需要注意的是，一个没有任何输入库所的变迁被称为源变迁，一个源变迁是无条件具有发生权的，并且一个源变迁的发生只会产生令牌而不会消耗令牌；一个没有任何输出库所的变迁被称为阱变迁，一个阱变迁的发生只会消耗令牌而不会产生任何令牌。

Petri 网是一种直观的图形化建模工具，具有丰富的结构描述能力，下面介绍 4 种 Petri 网系统的基本结构。

（1）顺序结构。

设 $\boldsymbol{M}$ 为 Petri 网 PN 的一个标识，若存在 t_1 和 t_2 使 $\boldsymbol{M}[t_1>\boldsymbol{M}'$，且 $\neg\boldsymbol{M}[t_2>$，$\boldsymbol{M}'[t_2>$，则称 t_1 和 t_2 在 $\boldsymbol{M}$ 下有顺序关系，如图 5-5 所示。

（2）并发结构。

设 $\boldsymbol{M}$ 为 Petri 网 PN 的一个标识，若存在 t_1 和 t_2 使 $\boldsymbol{M}[t_1>$ 和 $\boldsymbol{M}[t_2>$，并满足 $\boldsymbol{M}[t_1>\boldsymbol{M}_1\Rightarrow\boldsymbol{M}_1[t_2>$，且 $\boldsymbol{M}[t_2>\boldsymbol{M}_2\Rightarrow\boldsymbol{M}_2[t_1>$，则称 t_1 和 t_2 在 $\boldsymbol{M}$ 下并发，如图 5-6 所示。

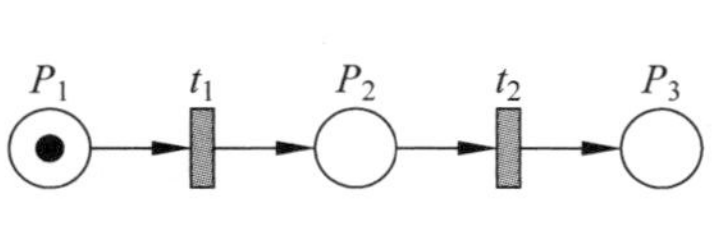

图 5-5　Petri 网系统的顺序结构

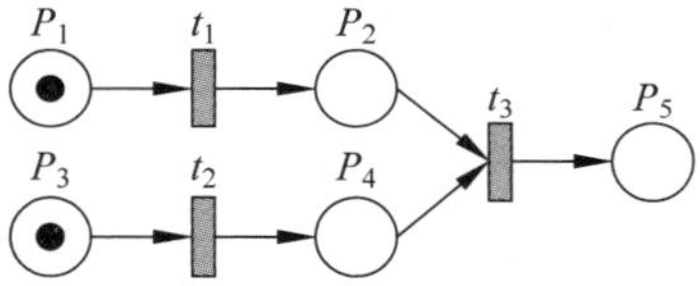

图 5-6　Petri 网系统的并发结构

（3）冲突结构。

设 $\boldsymbol{M}$ 为 Petri 网 PN 的一个标识，若存在 t_1 和 t_2，使 $\boldsymbol{M}[t_1>$ 和 $\boldsymbol{M}[t_2>$，并满足 $\boldsymbol{M}[t_1>\boldsymbol{M}_1\Rightarrow\neg\boldsymbol{M}_1[t_2>$，且 $\boldsymbol{M}[t_2>\boldsymbol{M}_2\Rightarrow\neg\boldsymbol{M}_2[t_1>$，则称 t_1 和 t_2 在 $\boldsymbol{M}$ 下冲突，如图 5-7 所示。

（4）混惑结构。

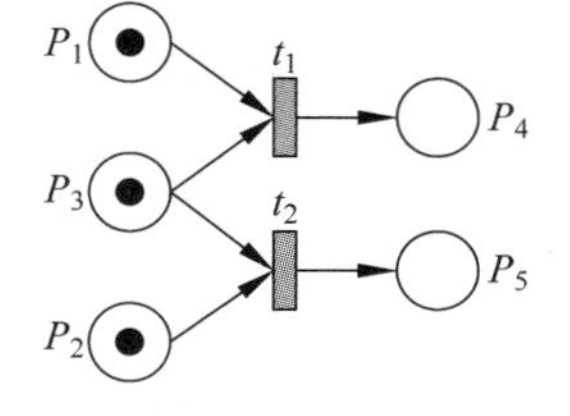

图 5-7　Petri 网系统的冲突结构

当同时存在着并发和冲突，而且并发变迁的发生会引起冲突的消失或出现，在如图 5-8 所示的 Petri 网中，变迁 t_1 和 t_3 是两个并发变迁，若是 t_3 先于 t_1 发生，则 t_2 获得发生权，而且 t_1 和 t_2 处于竞争资源的冲突状态。若 t_2 先发生，则 t_1 就失去了曾经拥有的发生权。如果在 t_1 和 t_2 的冲突中让 t_1 发生，则 P_5 获得令牌，系统达到最终状态 $\boldsymbol{M}'=(0,0,1,0,1,0)$，从初始状态 $\boldsymbol{M}_0=(1,1,0,1,0,0)$ 到达最终状态 $\boldsymbol{M}'=(0,0,1,0,1,0)$ 的另一种可能是 t_1 先发生，然后 t_3 发生，或者 t_1 和 t_3 并发也到达最终状态，后两种情况都不会出现冲突。也就是说，从初始状态 $\boldsymbol{M}_0=(1,1,0,1,0,0)$ 到达最终状态 $\boldsymbol{M}'=(0,0,1,0,1,0)$，无法判断期间是否出现过冲突，像这样并发和冲突混合在一起产生的困惑，使人无法从最终态判断是否有冲突发生，这种现象称为“混惑”,如图 5-8 所示。

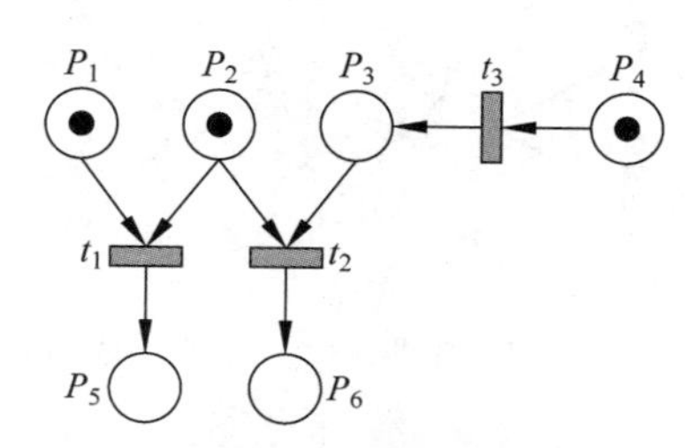

图 5-8　Petri 网系统的混惑结构

5.1.2　基本性质

Petri 网的基本性质可以分为两类：与初始标识相关的和与初始标识无关的。前者被称为标识有关性或者行为性质,后者被称为标识无关性或者结构性质。

行为性质主要包括：

(1) 可达性。

设 $PN=(P,T;F,\boldsymbol{M}_0)$为一个 Petri 网系统。如果存在 $t\in T$,使 $\boldsymbol{M}[t>\boldsymbol{M}'$,则称 $\boldsymbol{M}'$为从 $\boldsymbol{M}$ 直接可达的。如果存在变迁序列 $t_1,t_2,\cdots,t_k$ 和标识序列 $\boldsymbol{M}_1,\boldsymbol{M}_2,\cdots,\boldsymbol{M}_k$,使

$$\boldsymbol{M}[t_1>\boldsymbol{M}_1[t_2>\boldsymbol{M}_2\cdots\boldsymbol{M}_{k-1}[t_k>\boldsymbol{M}_k$$

则称 $\boldsymbol{M}_k$ 为从 $\boldsymbol{M}$ 可达的,一切从 $\boldsymbol{M}$ 可达的标识的集合记为 $R(\boldsymbol{M})$。可达性是 Petri 网最基本的动态性质,许多性质都要通过可达性来定义。

(2) 可逆性。

设 $PN=(P,T;F,\boldsymbol{M}_0)$为一个 Petri 网系统,$\boldsymbol{M}\in R(\boldsymbol{M}_0)$。如果 $\forall \boldsymbol{M}'\in R(\boldsymbol{M})$,都有 $\boldsymbol{M}\in R(\boldsymbol{M}')$,则称 $\boldsymbol{M}$ 为 PN 的一个可返回标识或一个家态。可逆性反映了系统的可回复性。

(3) 可覆盖性。

设 $PN=(P,T;F,\boldsymbol{M}_0)$为一个 Petri 网系统,$\boldsymbol{M}$ 为网的一个标识。若 $\exists \boldsymbol{M}'\in R(\boldsymbol{M}_0)$,对 $\forall p\in P$,有 $\boldsymbol{M}(p)\leqslant \boldsymbol{M}'(p)$,则称 $\boldsymbol{M}$ 为 PN 的一个可覆盖标识。

(4) 有界性与安全性。

设 $PN=(P,T;F,\boldsymbol{M}_0)$为一个 Petri 网系统,$p\in P$。若存在正整数 B,使 $\forall \boldsymbol{M}\in R(\boldsymbol{M}_0)$:$\boldsymbol{M}(p)\leqslant B$,则称库所 p 为有界的,并称满足此条件的最小正整数 B 为库所 p 的界,记为 $B(p)$,即 $B(p)=\min\{B\mid \forall \boldsymbol{M}\in R(\boldsymbol{M}_0):\boldsymbol{M}(p)\leqslant B\}$。

当 $B(p)=1$ 时,称库所 p 为安全的。若 $\forall p\in P$ 都是有界的,则称 PN 为有界 Petri 网系统。称 $B(PN)=\max\{B(p)\mid p\in P\}$为 PN 的界。当 $B(PN)=1$ 时,称 PN 为安全的。

有界性反映被模拟系统运行过程中对有关资源的容量要求。

(5) 活性。

设 $PN=(P,T;F,\boldsymbol{M}_0)$为一个 Petri 网系统,$\boldsymbol{M}_0$ 为初始标识,$t\in T$。如果任意 $\boldsymbol{M}\in R(\boldsymbol{M}_0)$,都存在 $\boldsymbol{M}'\in R(\boldsymbol{M})$,使 $\boldsymbol{M}'[t>$,则称变迁 t 为活的。如果 $\forall t\in T$ 都是活的,则称 PN 为活的 Petri 网系统。活性概念的提出是为了检测系统运行中是否会出现死锁状态。

(6) 公平性。

设 $PN=(P,T;F,\boldsymbol{M}_0)$为一个 Petri 网系统,$t_1,t_2\in T$。如果存在正整数 k,使得

$\forall \boldsymbol{M}\in R(\boldsymbol{M}_0)$和$\forall \sigma\in T^*$：$\boldsymbol{M}[\sigma>$都有

$$\#(t_i/\sigma)=0\rightarrow \#(t_j/\sigma)\leqslant k,\quad i,j\in\{1,2\}\quad 且\quad i\neq j$$

则称t_1和t_2处于公平关系。其中，$\#(t_i/\sigma)$表示在序列σ中t_i出现的次数。如果PN中任意两个变迁都处于公平关系，则称PN为公平Petri网系统。公平性主要针对某些存在无限运行序列的网系统。

(7) 持续性。

设$PN=(P,T;F,\boldsymbol{M}_0)$为一个Petri网系统。如果对任意$\boldsymbol{M}\in R(\boldsymbol{M}_0)$和任意$t_1,t_2\in T(t_1\neq t_2)$有

$$(\boldsymbol{M}[t_1>\wedge \boldsymbol{M}[t_2>\boldsymbol{M}')\rightarrow \boldsymbol{M}'[t_1>$$

则称PN为一个持续网系统。

Petri网的结构性质由网的结构(基网)确定，而与网的初始标识无关。结构性质主要包括：

(1) 结构有界性。

设$N=(P,T;F)$为一个网，如果对N赋予任意初始标识$\boldsymbol{M}_0$。网系统$(N,\boldsymbol{M}_0)$都是有界的，则称N为结构有界网。

(2) 结构守恒性。

设$N=(P,T;F)$为一个网。如果存在一个$m(m=|P|)$维正整数权向量$\boldsymbol{Y}=[y(1),y(2),\cdots,y(m)]^{\mathrm{T}}$，使对$N$的任一初始标识$\boldsymbol{M}_0$和任意$\boldsymbol{M}\in R(\boldsymbol{M}_0)$都有

$$\sum_{j=1}^{m}\boldsymbol{M}(p_j)\boldsymbol{Y}(j)=\sum_{j=1}^{m}\boldsymbol{M}_0(p_j)\boldsymbol{Y}(j)$$

则称N为守恒的。特别地，当$\boldsymbol{Y}=[1,1,\cdots,1]^{\mathrm{T}}$时，有

$$\sum_{j=1}^{m}\boldsymbol{M}(p_j)=\sum_{j=1}^{m}\boldsymbol{M}_0(p_j)$$

这时称N为严格守恒的。若N为守恒网，则必为有界网。

(3) 结构活性。

设$N=(P,T;F)$为一个网，若存在活的初始标识$\boldsymbol{M}_0$，则称N为结构活的。

(4) 结构可重复性。

设$N=(P,T;F)$为一个网。若存在N的一个初始标识$\boldsymbol{M}_0$和一个无限的变迁序列σ，使得$\boldsymbol{M}_0[\sigma>$，且$\forall t\in T$在σ中无限多次出现，则称N为可重复的。

(5) 结构公平性。

设$N=(P,T;F)$为一个网。如果对任意初始标识$\boldsymbol{M}_0$，网系统$(N,\boldsymbol{M}_0)$都是一个公平Petri网系统，则称N为一个公平网。

5.1.3 分析方法

对于一般的系统来说，可以通过观察其运行过程得到它的一些性质。然而观察运行的方法对于像Petri网一样的复杂系统并不适用，为了能够正确分析Petri网模型的性质及性能，需要一些更加完备的分析方法。Petri网问世至今，研究人员提出了许多基于Petri网的分析方法，主要有可达标识图、覆盖树、关联矩阵、状态方程等。

(1) 可达标识图。

设$PN=(P,T;F,\boldsymbol{M}_0)$为一个有界Petri网系统。PN的可达标识图定义为一个三元

组 RG(PN)=($R(M_0)$,E,RP),其中:

$$E=\{(M_i,M_j)\mid M_i,M_j\in R(M_0),\exists t_k\in T:M_i[t_k>M_j)\}$$

$$\mathrm{RP}:E\rightarrow T,\mathrm{RP}(M_i,M_j)=t_k \text{ iff} M_i[t_k>M_j$$

称$R(M_0)$为 RG(PN)的结点集,E 为 RG(PN)的弧集;若 RP(M_i,M_j)=t_k,则称 t_k 为弧(M_i,M_j)的旁标。

通过可达标识图可以分析有界 Petri 网的各种性质。

例 5.4 如图 5-9(a)所示的 Petri 网系统实例,在初始阶段只有库所 P_2 拥有唯一的令牌,变迁 t_2 或 t_4 在初始标识 $\boldsymbol{M}_0$=(0,1,0)下具有发生权,如果变迁 t_2 发生,则到了下一状态 $\boldsymbol{M}_1$=(1,0,0),在标识 $\boldsymbol{M}_1$ 下变迁 t_1 具有发生权,变迁 t_1 的发生使系统返回初始状态 $\boldsymbol{M}_0$;若在初始标识 $\boldsymbol{M}_0$ 下变迁 t_4先于变迁 t_2 发生,则系统到达另一状态 $\boldsymbol{M}_2$=(0,0,1),在标识 $\boldsymbol{M}_2$ 下变迁 t_3 具有发生权,t_3 的发生使系统返回初始状态 $\boldsymbol{M}_0$,图 5-9(a)的 Petri 网系统对应的可达标识图如图 5-9(b)所示。

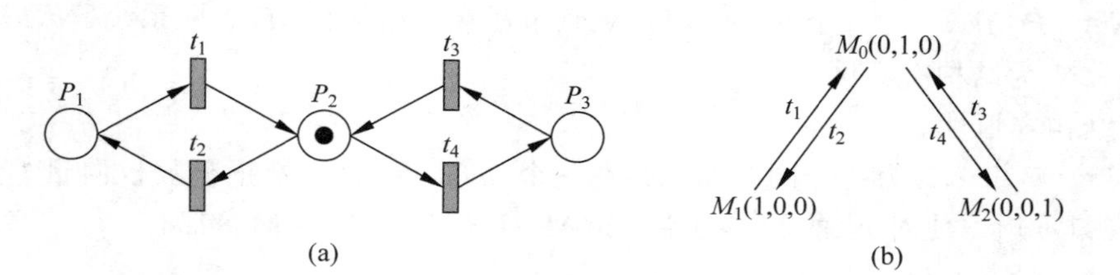

图 5-9 Petri 网实例及可达标识图

(2) 覆盖树。

Petri 网系统是否有界、是否有死变迁的问题等均可以归纳为标识覆盖问题,即给定一个标识 $\boldsymbol{M}$ 或者一组标识{$\boldsymbol{M}_i$},问是否有某个或者某些标识能够覆盖 $\boldsymbol{M}$ 或{$\boldsymbol{M}_i$}。这里先定义覆盖(coverability)的概念。

定义 5.7 设 $\boldsymbol{M}$ 和 $\boldsymbol{M}'$为 Petri 网系统的两个标识:

① 若$\forall p\in P$:$\boldsymbol{M}(p)\leqslant\boldsymbol{M}'(p)$,就说 $\boldsymbol{M}$ 被 $\boldsymbol{M}'$覆盖,记作 $\boldsymbol{M}\leqslant\boldsymbol{M}'$。

② 若 $\boldsymbol{M}\leqslant\boldsymbol{M}'$且 $\boldsymbol{M}\neq\boldsymbol{M}'$,就说 $\boldsymbol{M}$ 小于 $\boldsymbol{M}'$,记作 $\boldsymbol{M}<\boldsymbol{M}'$。

③ 若 $\boldsymbol{M}\leqslant\boldsymbol{M}'$,且 $\boldsymbol{M}(p)<\boldsymbol{M}'(p)$,就说 $\boldsymbol{M}<\boldsymbol{M}'$在库所 $p\in P$ 成立。

图 5-10(a)给出了一个 Petri 网系统,图 5-10(a)中没有标明各个库所的容量,也就是默认库所容量均为无穷;有向弧上也没有标明弧的权值,所以弧权都默认为 1。图 5-10(b)为该 Petri 网系统的可达标识及它们的后继关系所组成的一棵树,称为该 Petri 网系统的可达标识树。

在图 5-10(b)中,从 $\boldsymbol{M}_0$=(1,0,0)到"…"的路径有两种:一种只包含有限多个不同的标识,如(1,0,0)$\xrightarrow{t_1}$(1,1,0)$\xrightarrow{t_2}$(0,1,1)$\xrightarrow{t_3}$(0,1,1)$\xrightarrow{t_3}$(0,1,1)$\xrightarrow{t_3}$…。另一种是含有无穷多个不同的标识,而且前面的标识被后面的标识覆盖,如(1,0,0)$\xrightarrow{t_1}$(1,1,0)$\xrightarrow{t_1}$(1,2,0)$\xrightarrow{t_1}$(1,3,0)$\xrightarrow{t_1}$…所示。

只含有限多个不同标识的无限路径很容易处理:保留所有不同标识,以适当重复来体现无限延长的规律。例子中的这条路径可以用(1,0,0)$\xrightarrow{t_1}$(1,1,0)$\xrightarrow{t_2}$(0,1,1)$\xrightarrow{t_3}$(0,1,1)

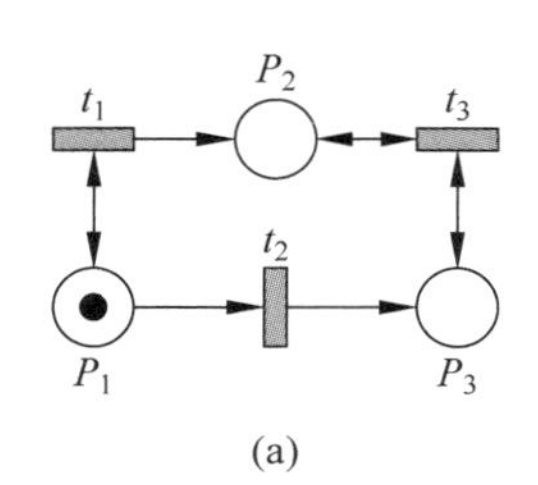

(a)

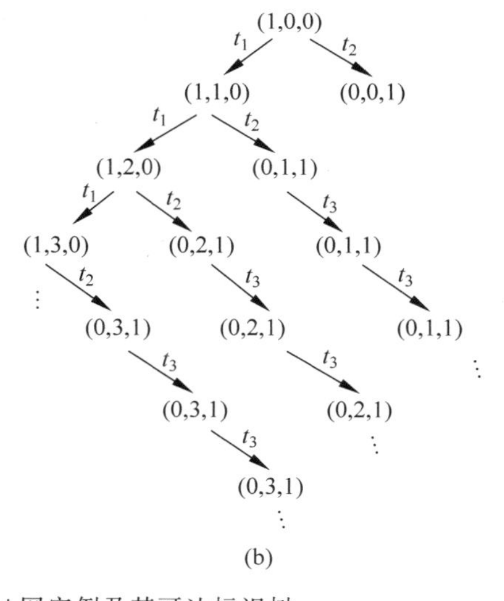

(b)

图 5-10　Petri 网实例及其可达标识树

表示，其中$(0,1,1)\xrightarrow{t_3}(0,1,1)$指出了 t_3 可以发生任意多次而不产生新标识的规律。

含无限多个不同标识的路径必须做处理才能转化为有限路径，简单地切掉一段路径会丢失可达标识。例子中的这条无限路径是$(1,0,0)\xrightarrow{t_1}(1,1,0)\xrightarrow{t_1}(1,2,0)\xrightarrow{t_1}(1,3,0)\xrightarrow{t_1}\cdots$，其无限延伸的特征体现在 P_2 中令牌数的无限增长，P_1 和 P_3 中的令牌数不变。换言之，路径上每个标识都被它的后继标识覆盖。这种规律可以用$(1,\omega,0)$概括，其中 ω 为无穷，即 $\omega=\omega+1=\omega-1=\omega+\omega$。

Petri 网覆盖树的构造算法如下。

输入：$PN=(P,T;F,\boldsymbol{M}_0)$

输出：CT(PN)

算法步骤如下。

Step 0：以 $\boldsymbol{M}_0$ 作为 CT(PN)的根结点，标记为“新”。

Step 1：While 存在标记为“新”的结点 Do

　　任选一个标记为“新”的结点，设为 $\boldsymbol{M}$。

Step 2：If 从 $\boldsymbol{M}_0$ 到 $\boldsymbol{M}$ 的有向路上有一个结点的标记$=\boldsymbol{M}$ Then

　　把 $\boldsymbol{M}$ 的标记改为“旧”，返回 Step 1。

Step 3：If $\forall t\in T:\neg \boldsymbol{M}[t>$ Then

　　把 $\boldsymbol{M}$ 的标记改为“端点”，返回 Step 1。

Step 4：For 每个满足 $\boldsymbol{M}[t>$的 $t\in T$ Do

　4.1：计算 $\boldsymbol{M}[t>\boldsymbol{M}'$中的 $\boldsymbol{M}'$。

　4.2：If 从 $\boldsymbol{M}_0$ 到 $\boldsymbol{M}'$的有向路上存在 $\boldsymbol{M}''$使 $\boldsymbol{M}''<\boldsymbol{M}'$ Then

　　找出使 $\boldsymbol{M}''(p_j)<\boldsymbol{M}'(p_j)$的分量 j，把 $\boldsymbol{M}'$的第 j 个分量改为 ω。

　4.3：在 CT(PN)中引入一个“新”的结点 $\boldsymbol{M}'$，从 $\boldsymbol{M}$ 到 $\boldsymbol{M}'$画一条有向弧，并把此弧标记为 t，擦去结点 $\boldsymbol{M}$ 的“新”标记，返回 Step 1。

Petri 网的覆盖树主要用于判定网的活性与可达性。

例 5.5 图 5-11 是经过处理的如图 5-10(a)所示的 Petri 网系统实例的可达标识树，也称为覆盖树，当 ω 不出现时，覆盖树也就是可达标识树。

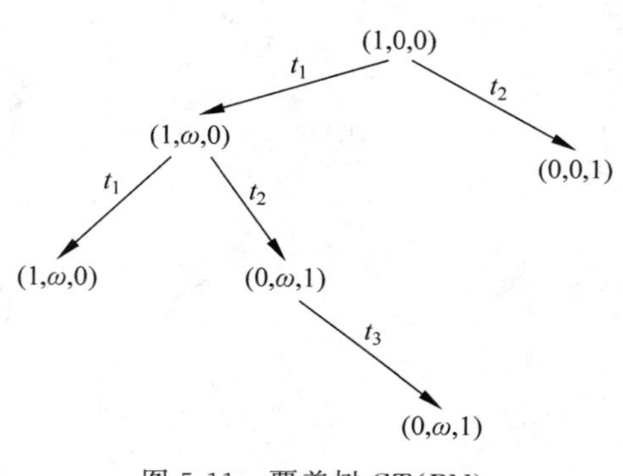

图 5-11 覆盖树 CT(PN)

(3) 关联矩阵。

设 $PN=(P,T;F,\boldsymbol{M}_0)$ 为一个 Petri 网系统，$P=\{p_1,p_2,\cdots,p_m\}$，$T=\{t_1,t_2,\cdots,t_n\}$，则 Petri 网系统 PN 的结构 $(P,T;F)$ 可以用一个 m 行 n 列矩阵表示，有

$$\boldsymbol{C}=[c_{ij}]_{m\times n}$$

其中 $c_{ij}=c_{ij}^{+}-c_{ij}^{-}$，$i\in\{1,2,\cdots,m\}$，$j\in\{1,2,\cdots,n\}$。

$$c_{ij}^{+}=\begin{cases}W(t_j,p_i), & (t_j,p_i)\in F, \\ 0, & \text{其他}\end{cases} \quad i\in\{1,2,\cdots,m\}, j\in\{1,2,\cdots,n\}$$

$$c_{ij}^{-}=\begin{cases}W(p_i,t_j), & (p_i,t_j)\in F, \\ 0, & \text{其他}\end{cases} \quad i\in\{1,2,\cdots,m\}, j\in\{1,2,\cdots,n\}$$

称 $\boldsymbol{C}$ 为 PN 的关联矩阵，被用于 Petri 网的可达性判断。

例 5.6 如图 5-12 所示的 Petri 网实例的关联矩阵如下：

$$\boldsymbol{c}^{+}=\begin{pmatrix}0&0&0&0&1\\2&0&0&0&0\\1&0&0&0&0\\0&1&0&0&0\\0&0&3&0&0\\0&0&0&1&0\end{pmatrix},\quad \boldsymbol{c}^{-}=\begin{pmatrix}1&0&0&0&0\\0&1&0&0&0\\0&0&1&0&0\\0&0&0&1&0\\0&0&0&1&0\\0&0&0&0&5\end{pmatrix},$$

$$\boldsymbol{c}=\boldsymbol{c}^{+}-\boldsymbol{c}^{-}=\begin{pmatrix}-1&0&0&0&1\\2&-1&0&0&0\\1&0&-1&0&0\\0&1&0&-1&0\\0&0&3&-1&0\\0&0&0&1&-5\end{pmatrix}$$

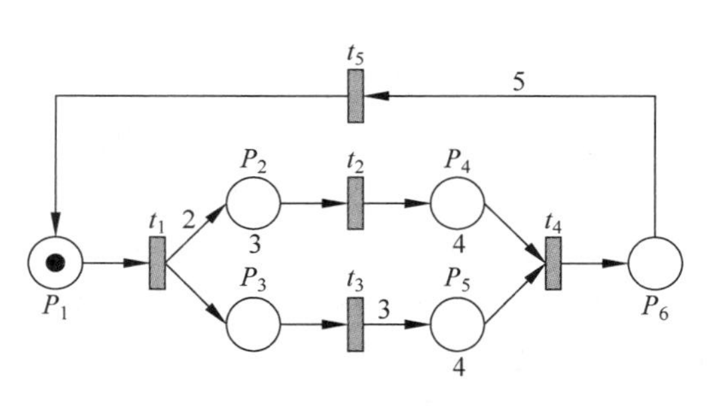

图 5-12　Petri 网系统实例

(4) 状态方程。

设 PN$=(P,T;F,\boldsymbol{M}_0)$为一个 Petri 网系统，其中 $\boldsymbol{M}_0$ 为初始标识向量；$\boldsymbol{C}$ 为 PN 的关联矩阵。若 $\boldsymbol{M}\in R(\boldsymbol{M}_0)$，则存在非负整数的 n 维向量 $\boldsymbol{X}$，使

$$\boldsymbol{M}=\boldsymbol{M}_0+\boldsymbol{CX}$$

称 $\boldsymbol{M}$ 为 PN 的状态方程，Petri 网的状态方程同关联矩阵都被应用于 Petri 网的可达性判断。

例如图 5-12 的 Petri 网实例，当变迁 t_1 的发生导致系统从初始状态 $\boldsymbol{M}_0=(1,0,0,0,0,0)$ 到达状态 $\boldsymbol{M}_1=(0,2,1,0,0,0)$，其所对应的状态方程如下所示。

$$\begin{pmatrix}0\\2\\1\\0\\0\\0\end{pmatrix}=\begin{pmatrix}1\\0\\0\\0\\0\\0\end{pmatrix}+\begin{pmatrix}-1&0&0&0&1\\2&-1&0&0&0\\1&0&-1&0&0\\0&1&0&-1&0\\0&0&3&-1&0\\0&0&0&1&-5\end{pmatrix}\times\begin{pmatrix}1\\0\\0\\0\\0\end{pmatrix}$$

5.1.4　应用举例

下面以库所/变迁 Petri 网为工具为救火系统建立模型。该救火系统由三部分组成：火场、水源和救火队。救火队队员除人手一个桶外，无其他设备可用。

救火系统中实际上流动的是三类资源：救火队员、桶和水。救火队员使用桶从水源往火场运水，再从火场往水源运桶，于是救火队员只有两种状态：运水或者运桶。桶和水依附于人，因而在系统模型中不必单独描述。三类资源的流动体现为人的状态的改变：从运水到运桶，或从运桶到运水。如果把人处于何种状态看成信息，那么系统模型中流动的就是信息：代表着物质资源的信息资源。

图 5-13 给出了一个救火队员状态改变的 Petri 网表示。图中有两个库所 P_1 及 P_2，分别表示救火队员处于运水状态和运桶状态，库所 P_1 存在令牌表示救火队员正处于运水状态。变迁 t_1 及 t_2 表示救火队员从一种状态到另一种状态的转变。

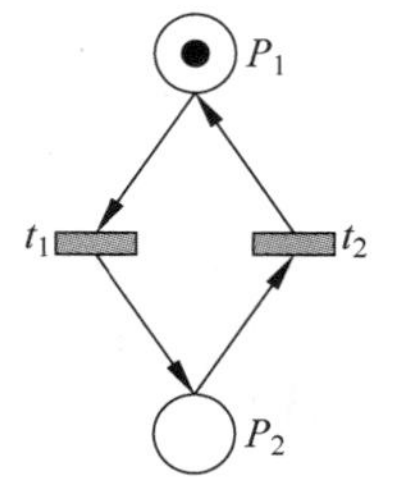

图 5-13　单个救火队员状态改变的网表示

如图 5-13 所示的系统模拟了单个救火队员在救火过程中的状态改变，那么如何把救火队员组织成救火系统呢？

如果火场近，不妨各自为战。那么几个互不相连的由如图 5-13 所示的网系统即为救火队的模型。此时变迁 t_1 及 t_2 分别表示为泼水和接水。

如果火场远、人员少,那么就需要将救火队员排成一队,接力运水,以提高救火效率。图 5-14 为 5 名救火队员接力向火场运水并向水源运桶的模型,图中的变迁 y_i $(i=1,2,3,4)$ 为相邻两人接力变迁,例如变迁 y_1 表示第 1 名救火队员的接水和第 2 名救火队员的泼水合并而成,然后双方交换水桶并同时改变状态。同变迁 y_1 一样,变迁 y_3 也可以发生:运水的第 4 名救火队员和运桶的第 3 名救火队员相遇,他们交换水桶,调转方向,实现状态改变。同样,系统中的所有变迁都是在其发生条件具备时自然发生的,没有任何形式的控制,即无须现场指挥,也没有时间限制,这是一个完全由自然规律支配的系统:体力强的救火队员可以多走点,体弱的救火队员可以少走点,何时相遇就可以交换水桶,改变状态。

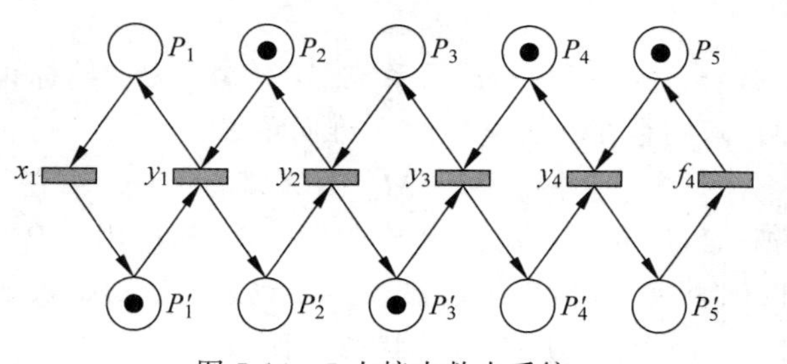

图 5-14　5 人接力救火系统

如图 5-14 所示的系统中还可以产生并发。一方面第 1、第 2 名救火队员救火或第 3、第 4 名救火队员交换水桶;另一方面第 5 名救火队员继续运水,这些动作是不相关的,是异步行为。由此可知,Petri 网模型既适合描述个体,也适合描述由个体组成的整体。

5.2　谓词/变迁 Petri 网

谓词/变迁 Petri 网(predicate/transition Petri net)由 H. J. Genrich 和 K. Lautenbach 于 1979 年提出,简写为 Pr/T_。谓词/变迁 Petri 网系统实质上是对 P/T_系统的折叠,可以严格描述顺序、并发和冲突等基本结构。类似地,分析 P/T_系统行为的方法都可以用来分析谓词/变迁 Petri 网系统。

5.2.1　基本概念

每个 Pr/T_系统都有一个个体集,通常把这样的个体集称为系统的论域,用 D 表示。

定义 5.8(谓词/变迁 Petri 网系统)　$\mathrm{PrN}=(P,T;F,D,V,A_F,\boldsymbol{M})$ 构成谓词/变迁 Petri 网系统的条件是:

(1) $(P,T;F)$ 为有向网,称为 PrN 的基网。

(2) $D=\{d_1,d_2,\cdots,d_k\}$ 为非空有限集,称为 PrN 的个体集。

(3) $V=\{v_1,v_2,\cdots,v_r\}$ 为非空有限符号集,称为定义在 D 上的变量集。

(4) $A_F:F\rightarrow f_V$,其中 f_V 为定义在变量集 V 上的线性函数,称 A_F 为谓词函数。

(5) $\boldsymbol{M}:P\rightarrow f_D$,其中 f_D 为定义在个体集 D 上的线性函数,称 $\boldsymbol{M}$ 为网系统的标识。

5.2.2 应用举例

高级网系统的构造往往可从应用问题的库所/变迁 Petri 网系统着手,经折叠完成。下面首先从一个生产流水线系统实例直观地了解库所/变迁 Petri 网系统的折叠,并给出该生产流水线系统的谓词/变迁 Petri 网系统模型。

例 5.7 图 5-15 是一个生产流水线系统对应的库所/变迁 Petri 网模型,对其中的库所及变迁可以有以下的理解:

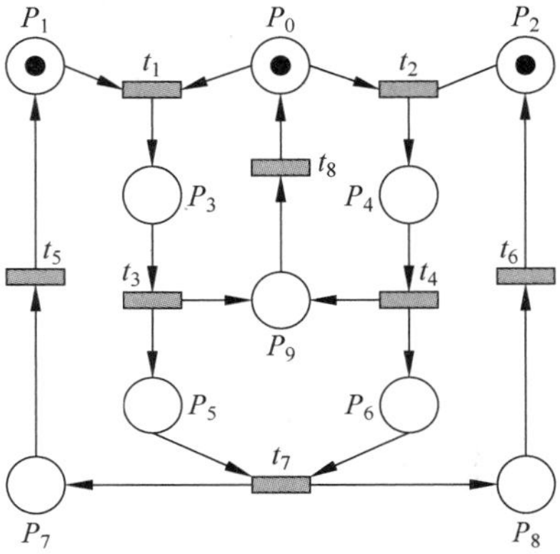

P_0——工人 w 的就绪待命状态;

P_1——机床 a 的就绪待命状态;

P_2——机床 b 的就绪待命状态;

P_3——w 在机床 a 工作;

P_4——w 在机床 b 工作;

P_5——等待组装的 a 和 a 上的部件;

P_6——等待组装的 b 和 b 上的部件;

P_7——检修状态的 a,a 在"休息";

P_8——检修状态的 b,b 在"休息";

P_9——休息中的 w;

t_1——w 开动机床 a;

t_2——w 开动机床 b;

t_3——w 结束加工 a;

t_4——w 结束加工 b;

t_5——检修机床 a,使其进入就绪状态;

t_6——检修机床 b,使其进入就绪状态;

t_7——装配机床 a 和机床 b 加工完成的工件;

t_8——w 恢复为就绪待命状态。

图 5-15 生产流水线系统的库所/变迁 Petri 网模型

由库所的解释可知,如图 5-15 所示的系统有 3 种不同类型的个体,分别为机床 a、机床 b 及工人 w。个体的状态可以分为 4 类:就绪、工作、等待和休息。工作必是 a 和 w 或 b 和 w 的结合。如果用库所表示这 4 种状态,用 w、a、b 等个体代替无个性的令牌,那么把图 5-15 的系统中代表同一状态的库所叠合在一起后,可得到如图 5-16(a)所示的网系统。

图 5-16(a)保留了图 5-15 的系统中所有有向弧和变迁。有向弧上标明了弧上流动的个体或者是由个体结合而成的序偶,如(a,w)或(b,w)。库所 P_1、P_2、P_3 和 P_4 已不再是原来意义上的库所,而是其中个体的当前状态,称为谓词。谓词中的标识也不再是一个非负整数,而是由个体组成的集合。如图 5-16(a)所示,初始标识下 P_1 中有 3 个个体,表明 a、b、w 均处于就绪态,P_2、P_3 和 P_4 在初始标识下均无个体,为空集。

观察如图 5-15 和图 5-16(a)所示的系统,系统中有 4 种不同类型的变迁:$A=\{t_1,t_2\}$,$B=\{t_3,t_4\}$,$C=\{t_7\}$,$D=\{t_5,t_6,t_8\}$。变迁集合 A、B、C、D 中所含变迁的不同都是因为参与变迁的个体不同,如集合 A 中 t_1 与 t_2,变迁 t_1 表示 w 开动机床 a 工作,变迁 t_2 表示 w 开动机床 b 进行工作。因此如果用变量取代个体名,则可以把同类的变迁合并为一个。图 5-16(b)就是合并变迁后得到的网系统,在这里已经把两个元素的多条有向弧合并为一

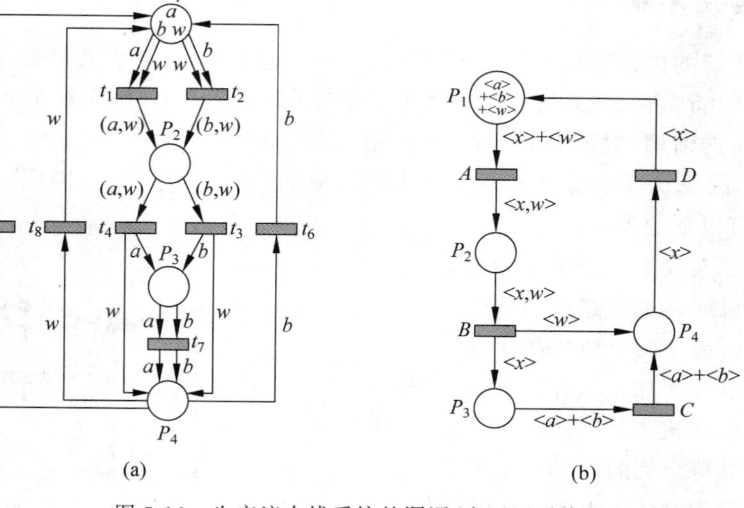

图 5-16　生产流水线系统的谓词/变迁网系统

条，弧上的标记也用+连接在了一起。例如，P_1 和 t_1、t_2 之间的弧合并为一条之后，弧上的标记是 $<x>+<w>$，x 代表 P_1 中的任何一个个体。为统一符号，(a,w) 和 (b,w) 也改写为 $<x,w>$。用 $<>$ 和+号连接在一起的表达式称为符号和，其中 $<x>+<w>$ 是两个独立的个体，而 $<x,w>$ 是两个结合在一起的个体。新变迁 A、B、C、D 分别代表图 5-15 及图 5-16(a)系统中的一类变迁。以变迁 A 为例，当从 P_1 到 A 的弧上的标记中的变量 x 取个体 a 为值时，变迁 A 的发生就是图 5-15 的系统中 t_1 的发生；当 x 以 b 为值时 A 就是 t_2 的发生。形式上，$<x>+<w>$ 中的 x 可以取 P_1 中的任何个体值，但当 x 以 w 为值时 $<x>+<w>$ 代表两个 w 个体，但 P_1 中只有一个 w，所以 x 以 w 为值时变迁 A 不能发生，或者说 x 不能以 w 为值。为体现 x 不能以 w 为值的事实，可以在变迁 A 的方框中写下公式 $x\neq w$，这样可以避免 x 取值的随意性。就本例来说，A 的方框中写不写都可以，一般的谓词/变迁 Petri 网系统中允许对变迁加标记。B、C、D 上没有标记表明相关的变量可以取谓词中的任何个体为值。

图 5-16(b)中只是用了一个变量名 x，但这些 x 并非代表同一个变量。事实上，只有同一个变迁的所有输入输出弧上的变量名相同才是同一个变量，必须取同一个个体为值。在图 5-16(b)中，若把变迁 B 的输入输出弧上的 x 改为 y，把变迁 D 输入输出弧上的 x 改为 z，得到的仍是同一个高级网系统。围绕变迁的弧就是这些弧上的变量的作用范围。

5.3　着色 Petri 网

着色 Petri 网(colored Petri net，CPN)是 K. Jensen 于 1981 年在经典 Petri 网基础上提出的一种图形化的高级 Petri 网。CPN 通过将相似状态或动作进行折叠，提供了一种以紧凑、简明的方式表示一个具有若干相似状态或动作的大系统，从而解决系统模型规模不可控制的问题。

5.3.1 基本概念

定义着色网系统需要多重集的概念，因为同类个体可能不止一个，由它们组成的已不是集合，而是多重集。

定义 5.9 一个多重集合 S'为一个定义于非空集合 S 上的函数，$S':S\to N$，N 为非负整数。

实际上，多重集合是相同元素可重复出现的集合，本文只考虑有限的多重集合。给定一多重集合 S'，设 $s\in S'$，s 元素的重复度记为$|s|$。

例如，设 $S=\{a,b,c\}$，那么 $S'=\{a,a,a,c\}$是 S 上的一多重集合，则$|a|=3$，$|b|=0$，$|c|=1$。上述 S'也可以简写为 $S'=\{3a,c\}$。

定义 5.10 着色 Petri 网系统是一个七元组 $\text{CPN}=(P,T;F,C,I_-,I_+,\boldsymbol{M}_0)$，其中：

(1) P 为库所集合。

(2) T 为变迁集合（$P\cup T\neq\varnothing$，$P\cap T=\varnothing$）。

(3) $F\subseteq(P\times T)\cup(T\times P)$为流关系。

(4) C 为颜色集。对于 $\forall p\in P$，$C(p)$为库所 p 上所有可能的令牌颜色之集合。对于 $\forall t\in T$，$C(t)$为变迁 t 上所有可能出现的颜色集合。

(5) $I_-:P\times T\to N$ 为负函数，表示变迁 t 发生时将从 $p(p\in{}^{\bullet}t)$中移走的着色令牌数。

(6) $I_+:P\times T\to N$ 为正函数，表示变迁 t 发生时将向 $p(p\in t^{\bullet})$中移入的着色令牌数。

(7) $\boldsymbol{M}_0:P\to N$ 为初始标识，$\boldsymbol{M}_0(P)$是库所 p 的令牌颜色集合上的多重集。

(8) 在标识 $\boldsymbol{M}$ 下，如果 $\forall p\in{}^{\bullet}t$ 中着色令牌的颜色均属于$C(t)$，则变迁 t 使能；使能变迁 t 发生后产生新的后继标识$\boldsymbol{M}'(p)=M(p)-I_-(p,t)+I_+(p,t)$。

5.3.2 应用举例

由 5.2 节可知，与库所/变迁 Petri 网不同，谓词/变迁 Petri 网系统中的每个个体都有区别于其他个体的名字，以备变量替换时使用，例如图 5-16(b)的系统中，机床 a 和机床 b 使用不同的名字区分。但是机床 a 和机床 b 起着同样的作用，并没有区别于彼此的个性，因此没有必要以名字对它们加以区分，只要能表明它们属于同一类即可。同类的个体染上同一种颜色，不同类的个体则使用不同的颜色区分，这就是着色网系统。这里的“染色”只是一种形象的说法，不必和生活中的染色混同。

图 5-16(b)的谓词/变迁 Petri 网中有 3 个个体：机床 a、机床 b 及工人 w，其中 a 和 b 属于同类，可以给 a 和 b 染上同一种颜色 m，工人 w 的颜色仍然使用 w 表示。因此，库所 P_1 的令牌颜色为 $C(P_1)=\{m,w\}$，库所 P_2 的令牌为$\langle a,w\rangle$或$\langle b,w\rangle$，表示工人正在操作机床进行加工，因此 $C(P_2)=\{\langle m,w\rangle\}$（$\langle m,w\rangle$可以认为是一种复合色）。库所 P_3 只有一种颜色，$C(P_3)=m$。库所 P_4 表示休息状态，$C(P_4)=\{m,w\}$。变迁 A 的发生需要两类资源，其发生色为 $C(A)=\{\langle m,w\rangle\}$，它与 B 上的出现色相同：$C(B)=\{\langle(m,w)\rangle\}$。类似地，$C(C)=\{m\}$，$C(D)=\{m,w\}$。

变迁上的出现色与谓词/变迁 Petri 网系统的可行替换类似,表明该变迁不同的发生方式。A 只有一种发生方式,即(m,w),D 有两种方式:m 或 w。I_- 和 I_+ 则是在确定了变迁的发生方式后计算资源个数的。例如,对于复合色$<m,w>$,需要计算消耗及产生 m 色的资源和 w 色的资源个数。通常使用 p_{r1}、p_{r2} 表示投影映射,即 $p_{r1}(<m,w>)=m$ 为复合色中的第一色,$p_{r2}(<m,w>)=w$ 为复合色的第二色。若是有更多单色的复合色,则可以使用 p_{r3}、p_{r4} 等获取单色名。变迁 A 的发生需要从库所 P_1 中取一个 m 色和一个 w 色资源,所以 $I_-(P_1,A)=1\times p_{r1}+1\times p_{r2}=p_{r1}+p_{r2}$,$A$ 向 P_2 输出的令牌色和 A 的出现色一致,所以 $I_+(P_2,A)=1\times p_{r1}+1\times p_{r2}=p_{r1}+p_{r2}$。类似地,可以计算出变迁 B、C、D 对应的 I_- 和 I_+。图 5-17 为生产流水线系统所对应的着色 Petri 网系统。

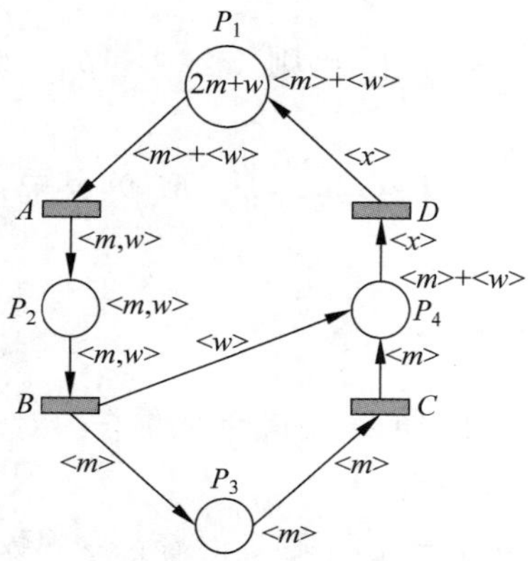

图 5-17　生产流水线系统所对应的着色 Petri 网系统

从图 5-17 可以看出,与其他网系统一样,着色网系统也可以使用图形表示。图形的基网和有向网一样。有向弧(p_i,t_j)和(t_j,p_i)上的权函数(或称权)$I_-(p_i,t_j)$、$I_+(p_i,t_j)$可以直接写在弧上。令牌色和出现色可以写在库所和变迁的旁边(如同容量函数)。初始标识及可达标识则有不同的表示方式。可以把每个库所的多重集合写在代表库所的圆圈中,如图 5-17 中库所 P_1 中的 $2m+w$。也可以使用不同颜色的令牌代表不同类的资源,例如可以使用黑色令牌代表 m(机床),使用红色令牌代表 w(工人),那么可以在库所 P_1 中画上两个黑点和一个红点表示库所 P_1 的初始标识 $\boldsymbol{M}_0(P_1)$。使用彩色点表示标识直观醒目,也有助于理解,但是与形式化定义相去较远,不利于动态行为的自动分析。

着色 Petri 网中还可以引入层次概念,对系统的建模过程可以采用自顶向下或者自底向上的方式进行,适合大型复杂系统的建模与分析。

5.4　本章小结

作为一种并发系统建模与分析的重要工具,与迁移系统、自动机不同的是 Petri 网描述的并发是“真并发”。如果两个变迁的前集和后集两两不相交,则这两个变迁对应的事件间无因果关系,当它们都处于使能状态时,它们发生的先后在时间上无法区分,在 Petri 网中系统不存在统一的时钟,除因果关系外没有其他信息可以用来判断两个事件的依赖关系,Petri 网强调的是系统所发生的事件之间的因果关系,用因果关系建立事件之间的相互依赖关系。

Petri 网对真并发的有效刻画方式及图形化的表现形式,使其能以直观方式表达系统中的并发、顺序、冲突、同步、共享等关系,可以有效构造系统模型,描述系统的物理结构;同时,Petri 网还拥有严格的理论分析工具,既可以应用线性代数分析的方法,分析网的结构性质,反映实际系统的固有特性;也可以利用基于可达性的分析手段研究网运行的动态行为,分析被模拟系统的可达性、活性、公平性、有界性等一系列性质。

习　题　5

1. 简述库所/变迁 Petri 网的变迁中使能条件及变迁引发规则。

2. 为什么 Petri 网能描述系统的并发特性?

3. Petri 网主要有哪些分析方法? 它们的原理各是什么?

4. 利用覆盖树可以分析 Petri 网系统的哪些性质?

5. 有了库所/变迁 Petri 网,为什么还要有着色 Petri 网? 着色 Petri 网在系统建模过程中有什么优势?

6. 选择一些你自己熟悉的实际应用系统,构造出相应的 Petri 网模型。

中篇　形式规约

第6章 时序逻辑

本章学习目标

(1) 掌握线性时序逻辑的语法和语义。

(2) 掌握分支时序逻辑的语法和语义。

(3) 了解区间时序逻辑的基本概念。

程序(或系统)可分为串行和并发两类。串行程序是一种较常规的程序,其在计算终止时产生一个最终结果。因而,通常将串行程序看作从初始状态到终止状态(或终止结果)的一个函数,这种初始状态和终止状态之间的关系特性是静态的而非动态的,可采用前后断言法、Floyd-Hoare 逻辑等一阶逻辑及代数方法(OBJ、Clear、ASL、ACT-One/Two…)对其进行描述。

并发程序通常与其环境保持不断交互作用,往往不能终止(如反应式程序),因而这类程序不能用初始状态和终止状态之间的关系来描述,而必须对它们不断变化的这一动态特性进行描述。对并发程序的规约和分析,需要引入一种比普通逻辑更复杂的框架——时序逻辑。时序逻辑的主要优点是通过一组特殊算子,使程序属性的表达方式更为有效和自然。

时序逻辑(又称时态逻辑)最初产生于哲学和语言学,它是由模态逻辑演变而来的,是一种广义模态逻辑。模态逻辑又称哲理逻辑,是对经典(一阶)逻辑进行扩充,引入两个模态算子□(必然)、◇(可能)的一种非经典逻辑。C. I. Lewis 最先用数理逻辑观点研究模态逻辑,提出严格蕴涵(strict implication)系统,在 *Symbolic Logic* 一书中构造了几个最初的模态逻辑公理系统 S1～S5,创立了现代模态逻辑。之后,K. Goadal、M. Alban、S. Hallden、E. J. Lemmon、von Wright、R. Carnap 等在这方面做了许多工作,构造了各种模态逻辑公理系统,如 K、D、T、S6、S7 等,其中 S. A. Kripke 的贡献最大,他为模态逻辑建立了一套严格的语义理论——可能世界语义理论(又称 Kripke 结构)。

模态逻辑的语义模型 T 是一个 Kripke 结构 $<W,R,V>$,其中,① $W=\{w_1,w_2,\cdots\}$ 是非空集,称为可能世界集;② $R\subseteq W\times W$ 是 W 上的一个二元自反关系,对每一个 $w_i\in W$,都有 w_iRw_i;③ $V: F\times W\rightarrow\{1,0\}$ 是赋值函数,其中 F 为全体模态逻辑公式组成的集合,1 表示"真"、0 表示"假",并且对任意 f、$g\in F$,w、$w'\in W$,满足下列条件:$V(f,w)=1\vee 0$ 且两者只居其一;$V(\neg f,w)=\neg V(f,w)$;$V(f\vee g,w)=V(f,w)\ \vee\ V(g,w)$;$V(f\wedge g,w)=V(f,w)\ \wedge\ V(g,w)$;$V(\Box f,w)=\forall w'(wRw'\rightarrow V(f,w'))$;$V(\Diamond f,w)=\exists w'(wRw'\rightarrow V(f,w'))$。当一个公式 f 在每一个 T 模型的每一个可能世界中都为真时,称公式 f 是 T 有效的。可以证明 f 为 T 有效的充分必要条件是 f 为 T 中的定理,即系统

T 具有可靠性和完全性。

上述仅含必然算子□和可能算子◇的模态逻辑又称为狭义模态逻辑，在实际应用中，可对□和◇作各种不同的解释，得到所谓的广义模态逻辑，时序逻辑即是其中之一。将时间因素引入模态逻辑，将□解释为"将来永远"，◇解释为"将来会"，便得到时序逻辑的极小系统，它是由 A. N. Prior 于 1955 年在 *Diodoram Modalities* 一文中首先提出的。继 Prior 之后，许多逻辑学家对时序逻辑进行过研究，并提出各种不同的时序逻辑系统，它们都是极小系统的扩展，如基本线性系统 CL、无终点线性系统 SL、稠密线性系统 PL、循环线性系统 PCr、基本分支系统 CR、Kb 系统等。

20 世纪 70 年代中期以来，并发程序设计逐渐成为程序理论的主要研究课题之一，模态逻辑和时序逻辑逐渐被引入并发程序领域。1974 年，R. Burstall 首先建议使用模态逻辑进行程序推理。1977 年，以色列科学家 A. Pnueli(1941—2009，1996 年图灵奖获得者)首次提出了用时序逻辑对并发程序属性进行描述和推理的思想，开创了并发程序验证的新途径。目前国内外计算机科学家已提出多种时序逻辑(语言)，如美国计算机科学家 Z. Manna 和 A. Pnueli 的命题线性时序逻辑 PLTL、美国计算机科学家 E. M. Clarke(1945—2020，2007 年图灵奖获得者)和 E. A. Emerson(1954—，2007 年图灵奖获得者)的计算树逻辑 CTL/CTL*、美国计算机科学家 L. Lamport(1941—，2013 年图灵奖获得者)的动作时序逻辑 TLA、英国计算机科学家 K. M. Chandy 和 J. Misrs 的 UNITY、B. C. Moszkowski 的区间时序逻辑(ITL)及我国科学家唐稚松院士(1925—2008，1989 年国家自然科学奖一等奖获得者)的可执行时序逻辑语言 XYZ/E 和周巢尘院士等人的时段演算 DC 等，它们随时间结构、时序算子的选择而异，但按照时间模型大致可分为三类：线性时序逻辑(LTL)、分支时序逻辑(CTL)和区间时序逻辑(ITL)。

6.1 线性时序逻辑

线性时序逻辑(LTL)将时间设想为一个线性序列 δ：$s_0, s_1, s_2, \cdots$，这是一个经典的时间模型，是物理学中假设的概念。PLTL、TLA、UNITY、XYZ/E 等均属线性时序逻辑，其中应用较为广泛的是 Z. Manna 和 A. Pnueli 提出的一种离散的命题线性时序逻辑(PLTL)。下面介绍的 LTL 主要是基于 PLTL 的。

6.1.1 LTL 语法

LTL 是在命题逻辑的基础上加上时序算子得来的，它以路径(状态序列)作为命题的论断对象，在状态序列上解释其真值，同一个 LTL 公式在不同的时刻(即状态序列的不同位置)可能有不同的真值，其真值随时间变化，这是时序逻辑区别于经典逻辑的重要特性。

定义 6.1 LTL 是由命题变元、逻辑常量、逻辑连接词及时序算子构成的。

(1) 命题变元：$p, q, r, \cdots$，也称为原子命题。

(2) 逻辑常量：true(T 或 1)、false(F 或 0)。

(3) 逻辑连接词：¬(否定)、∨(析取)、∧(合取)、→(蕴涵)、↔(等价)。

(4) 时序算子：分将来时序算子和过去时序算子两类。

① 将来时序算子[1]。

□p（意为“任一时刻”p）；

◇p（意为“某一时刻”p）；

○p（意为“下一时刻”p）；

$p\ U\ q$（意为 p“直到”q）；

$p\ \omega\ q$（意为 p“等待/除非”q）。

② 过去时序算子。

⊟p（意为“过去任一时刻”p）；

⬙p（意为“过去某一时刻”p）；

⊖p（意为“前一时刻”p）；

⧀p（意为“以前”p）；

$p\ S\ q$（意为 p“自从”q）；

$p\ \beta\ q$（意为 p“退回”q）。

定义 6.2 LTL 的合式公式（也称为时序公式）可归纳定义如下：

（1）命题变元 $p,q,r,\cdots$是合式公式。

（2）如果 f、g 是合式公式，则（$\neg f$）、（$f\vee g$）、（$f\wedge g$）、（$f\rightarrow g$）、（$f\leftrightarrow g$）也是合式公式。

（3）如果 f、g 是合式公式，则（□f）、（○f）、（◇f）、（$f\ U\ g$）、（$f\omega g$）、（⊟f）、（⊖f）、（⧀f）、（⬙f）、（$f\ S\ g$）、（$f\ \beta\ g$）也是合式公式。

（4）每个合式公式皆可通过有限次应用（1）、（2）、（3）得到。

说明：不含任何时序算子的公式称为状态公式。

6.1.2 LTL 语义

LTL 采用的时间结构是线性的、离散的且与自然数是同构的，因而 LTL 公式 f 的语义解释建立在一个无穷状态序列 δ：$s_0,s_1,\cdots$上，每一状态 s_j 是对出现在公式 f 中命题变元的一个赋值 $s_j[f]$；给定一个状态 s_j 和状态公式 f，用 $s_j \Vdash f$ 表示 f 在 s_j 上解释为真（即 $s_j[f]=1$）。

定义 6.3 LTL 的语义模型是 Kripke 三元组 $M_L=(S,\Delta,V)$，其中：

（1）$S=\{s_0,s_1,s_2,\cdots\}$是非空状态集。

（2）$\Delta=\{\delta_0,\delta_1,\delta_2,\cdots\}$是线性状态序列 δ_i 的集合。

（3）V：$F\times\Delta\rightarrow\{1,0\}$是赋值函数。其中 F 为全体线性时序逻辑公式 f 组成的集合，$\forall f\in F$，指派在某一给定序列 δ 中的第 j 个位置（时刻）状态 s_j 的真值，若 f 在 s_j 上解释为真（即 $V(f,\delta_{sj})=1$），则记作 $(\delta,j)\vDash f$。

例如，下面给出词汇表 $\Sigma=\{x,y\}$上的一个序列：时刻 $j=0,1,\cdots,x$ 在 s_j 的解释，y 在 s_j 的解释，以及状态公式 $x=y$ 在 s_j 的解释。

[1] 也有许多文献采用 G、F、X 分别表示□、◇、○。

j	0	1	2	3	…
x	1	2	3	4	…
y	5	4	3	2	…
$x=y$	F	F	T	F	…

由此得出结论：$x=y$ 在该序列的时刻 2 处成立，即$(\delta,2)\models(x=y)$，但在其他任何时刻均不成立。

定义 6.4 LTL 公式的语义可归纳定义如下：

(1) 对一个状态公式 f，$(\delta,j)\models f \Leftrightarrow s_j \Vdash f$（即 f 在状态 s_j 上解释为真）。

(2) $(\delta,j)\models\neg f \Leftrightarrow(\delta,j)\not\models f$。

例如，下面给出公式的一些布尔组合的值。

j	0	1	2	3	…
x	1	2	3	4	…
y	5	4	3	2	…
$x=y$	F	F	T	F	…
$\neg(x=y)$	T	T	F	T	…
$x<y$	T	T	F	F	…
$\neg(x=y)\vee x<y$	T	T	F	T	…

(3) $(\delta,j)\models f\vee g \Leftrightarrow(\delta,j)\models f\vee(\delta,j)\models g$。

因为逻辑连接词∧、→、↔可由¬、∨表示，故其相关定义很容易由(2)、(3)推出。

(4) $(\delta,j)\models\Box f \Leftrightarrow \forall k\geqslant j,(\delta,k)\models f$。

即$\Box f$ 在时刻 j 成立，当且仅当 f 在时刻 j（含 j）之后的任一时刻均成立，如图 6-1 所示。

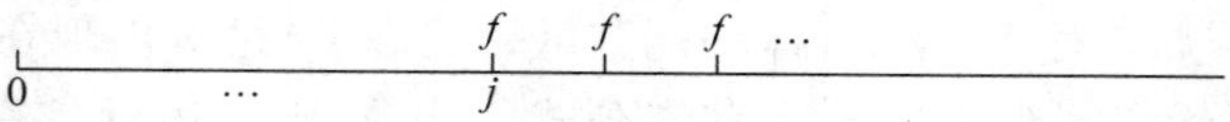

图 6-1 $\Box f$ 的状态序列示意图

例如，下面给出公式 $\Box(x>3)$的求值。

j	0	1	2	3	4	5	6	…
x	1	3	2	4	3	5	4	…
$x>3$	F	F	F	T	F	T	T	…
$\Box(x>3)$	F	F	F	F	F	T	T	…

在序列中，满足$\Box f$ 的时刻集是向上封闭的，即如果$\Box f$ 在时刻 j 成立，则它在任何时刻 $k(\geqslant j)$也成立。

(5) $(\delta,j)\models\Diamond f \Leftrightarrow \exists k\geqslant j,(\delta,k)\models f$。

即$\Diamond f$ 在时刻 j 成立，当且仅当 f 在时刻 j（含 j）之后的某一时刻成立，如图 6-2 所示。

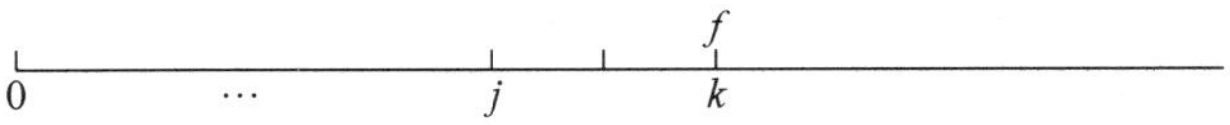

f 0 … j k

图 6-2　$\Diamond f$ 的状态序列示意图

例如,给出公式 $\Diamond(x=4)$的求值。

j	0	1	2	3	4	5	…
x	1	2	3	4	5	6	…
$x=4$	F	F	F	T	F	F	…
$\Diamond(x=4)$	T	T	T	T	F	F	

(6) $(\delta,j)\vDash\bigcirc f \Leftrightarrow(\delta,j+1)\vDash f$。

即$\bigcirc f$ 在时刻j 成立,当且仅当 f 在时刻j 的下一时刻$j+1$ 成立,如图 6-3 所示。

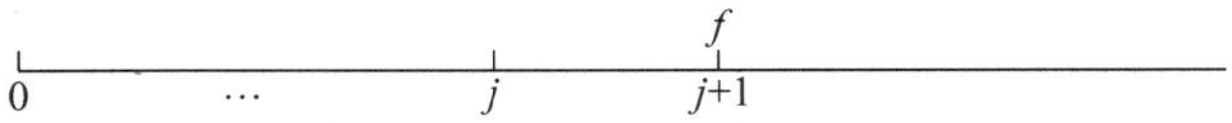

f 0 … j $j+1$

图 6-3　$\bigcirc f$ 的状态序列示意图

例如,下面阐明了公式$(x=0)\wedge\bigcirc(x=1)$的求值,它在所有这样的时刻 j 处成立:在时刻 j 处 $x=0$,且在下一时刻 $j+1$ 处 $x=1$。假定考察的序列是周期性的。

j	0	1	2	3	4	5	6	…
x	0	0	1	1	0	0	1	…
$x=0$	T	T	F	F	T	T	F	…
$x=1$	F	F	T	T	F	F	T	…
$\bigcirc(x=1)$	F	T	T	F	F	T	T	…
$(x=0)\wedge\bigcirc(x=1)$	F	T	F	F	F	T	F	…

(7) $(\delta,j)\vDash f\ U\ g \Leftrightarrow \exists k\geqslant j,(\delta,k)\vDash g\wedge\forall i,j\leqslant i<k,(\delta,i)\vDash f$。

即 fUg 在时刻j 成立,当且仅当 g 在时刻j(含 j)之后的某一时刻k 成立,而 f 在时刻 $j,\cdots,k-1$ 一直成立,如图 6-4 所示。

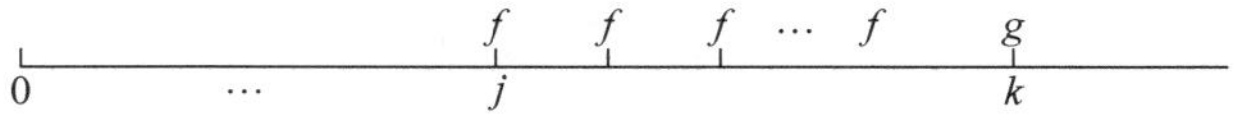

f f f … f g 0 … j k

图 6-4　fUg 的状态序列示意图

例如,下面给出公式$(3\leqslant x\leqslant5)\ U\ (x=6)$的求值。

j	0	1	2	3	4	5	6	…
x	1	2	3	4	5	6	7	…
$3\leqslant x\leqslant5$	F	F	T	T	T	F	F	…
$x=6$	F	F	F	F	F	T	F	…
$(3\leqslant x\leqslant5)U(x=6)$	F	F	T	T	T	T	F	…

(8) $(\delta,j)\vDash f\omega g \Leftrightarrow (\delta,j)\vDash fUg \vee (\delta,j)\vDash \Box f$。

例如,给出公式$[(3\leqslant x\leqslant 5)\vee(x\geqslant 8)]\omega(x=6)$的求值。

j	0	1	2	3	4	5	6	7	8	…
x	1	2	3	4	5	6	7	8	9	…
$(3\leqslant x\leqslant 5)\vee(x\geqslant 8)$	F	F	T	T	T	F	F	T	T	…
$x=6$	F	F	F	F	F	T	F	F	F	…
$[(3\leqslant x\leqslant 5)\vee(x\geqslant 8)]\omega(x=6)$	F	F	T	T	T	T	F	T	T	…

注意在区间[2,5],该公式成立是因为在时刻5时$x=6$成立。另外,该公式在无穷区间7,8,…成立是因为$x\geqslant 8$在该区间的所有时刻均成立,尽管$x=6$不再发生。

(9) $(\delta,j)\vDash \boxminus f \Leftrightarrow \forall k, 0\leqslant k\leqslant j, (\delta,k)\vDash f$。

即$\boxminus f$在时刻j成立,当且仅当f在时刻j(含j)之前的任一时刻均成立,如图6-5所示。

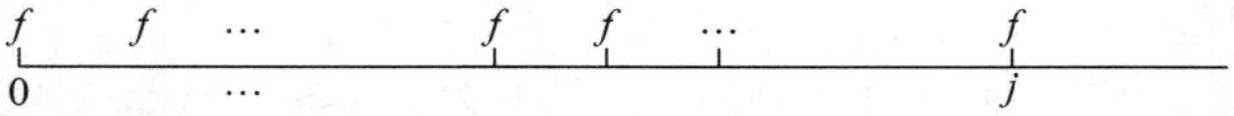

图6-5 $\boxminus f$的状态序列示意图

(10) $(\delta,j)\vDash \diamondminus f \Leftrightarrow \exists k, 0\leqslant k\leqslant j, (\delta,k)\vDash f$。

即$\diamondminus f$在时刻j成立,当且仅当f在时刻j(含j)之前的某一时刻成立,如图6-6所示。

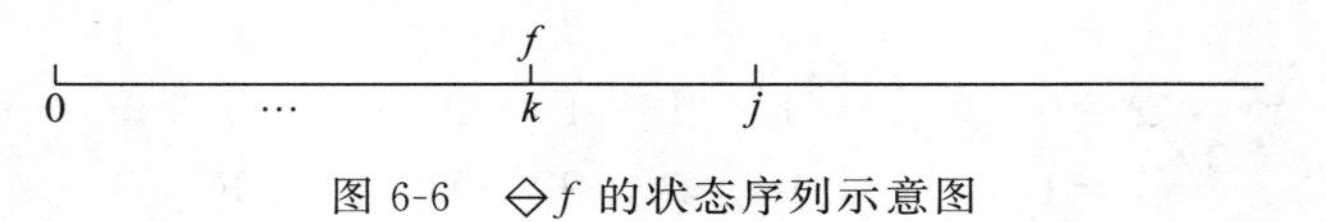

图6-6 $\diamondminus f$的状态序列示意图

(11) $(\delta,j)\vDash \ominus f \Leftrightarrow (j>0)\wedge(\delta,j-1)\vDash f$。

即$\ominus f$在时刻j成立,当且仅当j不是模型的第一时刻,且f在时刻j的前一时刻$j-1$成立,如图6-7所示。

图6-7 $\ominus f$的状态序列示意图

(12) $(\delta,j)\vDash \circleddash f \Leftrightarrow (j=0)\vee((j>0)\wedge(\delta,j-1)\vDash f)$。

即$\circleddash f$在时刻j成立,当且仅当j是模型的第一时刻,或f在时刻j的前一时刻$j-1$成立。

(13) $(\delta,j)\vDash fSg \Leftrightarrow \exists k, 0\leqslant k\leqslant j, (\delta,k)\vDash g \wedge \forall i, j\geqslant i>k, (\delta,i)\vDash f$。

即fSg在时刻j成立,当且仅当g在时刻j(含j)之前的某一时刻k成立,而f在时刻$k+1,\cdots,j$一直成立,如图6-8所示。

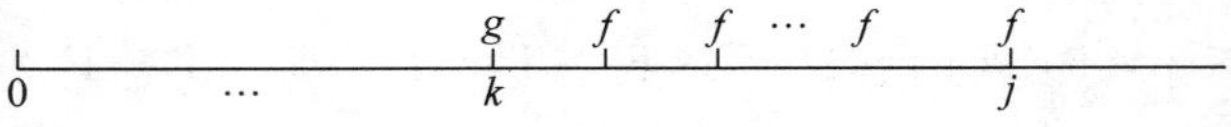

图6-8 fSg的状态序列示意图

(14) $(\delta, j) \models f\beta g \Leftrightarrow (\delta, j) \models fSg \vee (\delta, j) \models \boxminus f$。

即 $f\beta g$ 在时刻 j 成立，当且仅当 fSg 在时刻 j 成立，或者 $\boxminus f$ 在时刻 j 成立。

关于 LTL 语义有以下 5 点说明。

(1) 时序算子 $\Box$ 与 $\Diamond$ 互为对偶，即 $\Box f \Leftrightarrow \neg\Diamond\neg f$，$\Diamond f \Leftrightarrow \neg\Box\neg f$；同理，$\boxminus f \Leftrightarrow \neg\diamondminus\neg f$，$\diamondminus f \Leftrightarrow \neg\boxminus\neg f$。

(2) 时序算子 $\circleddash$ 弱于 $\ominus$，有 $\circleddash f \equiv \neg\ominus\neg f$；$\circleddash f$ 与 $\ominus f$ 两者的区别是：$\circleddash f$ 在初始时刻恒真，而 $\ominus f$ 在初始时刻恒假。

(3) 时序公式 $f\ U\ g$ 要求 g 最终一定发生，而 $f\omega g$ 允许 g 不一定发生；因而时序算子 ω 弱于 U。同理，β 弱于 S。

(4) 与一阶逻辑算子类似，上述时序算子可选取一个基本集 $\{\bigcirc, \circleddash, \omega, \beta\}$，而其余时序算子可通过基本集算子定义：

$$\Box f \equiv f\omega F,\quad \boxminus f \equiv f\beta F,\quad \diamondminus f \equiv \neg\boxminus\neg f,\quad \Diamond f \equiv \neg\Box\neg f$$

$$fUg \equiv (f\omega g) \wedge \Diamond g,\quad fSg \equiv (f\beta g) \wedge \diamondminus g,\quad \ominus f \equiv \neg\circleddash\neg f$$

(5) 补充定义：$f \Rightarrow g \equiv \Box(f \to g)$，$(f \Leftrightarrow g) \equiv \Box(f \leftrightarrow g)$。

6.1.3 应用举例

例 6.1 图 6-9 展示了一个简单的弹簧模型，能够拉弹簧然后释放。拉弹簧之后，弹簧可能失去弹性、保持伸长的状态或者恢复到原来的形状。这个系统有三个状态：s_1、s_2 和 s_3。其中 s_1 是初始状态(标记为没有与其他结点连接的进入箭头)。这个系统足够简单，相应地，每个状态被标记为集合 AP＝{extended，malfunction}中的命题。状态 s_1 没有用任何上述命题标记，因此 $s_1 \models \neg$ extended $\wedge\ \neg$ malfunction。状态 s_2 只被标记为 extended。因此，$s_2 \models$ extended $\wedge\ \neg$ malfunction。最后 s_3 被标记为 extended 和 malfunction，即 $s_3 \models$ extended $\wedge$ malfunction。

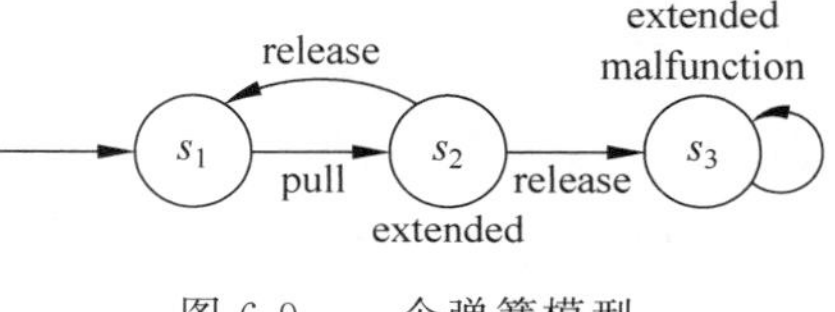

图 6-9 一个弹簧模型

这个系统拥有无穷数目的序列，例如：

$$\xi_0 = s_1 s_2 s_1 s_2 s_1 s_2 s_1 \cdots$$

$$\xi_1 = s_1 s_2 s_3 s_3 s_3 s_3 s_3 \cdots$$

$$\xi_2 = s_1 s_2 s_1 s_2 s_3 s_3 s_3 \cdots$$

作为示例，考虑序列 ξ_2 是否满足下列 LTL 公式：

(1) $\xi_2 \nvDash$ extended。公式 extended 并没有使用任何时序运算符。因此在序列 ξ_2 的第一个状态就是 s_1 上对它进行解释。这个状态没有被标记为 extended，因此公式 extended 在 ξ_2 中不成立。

(2) $\xi_2 \models \bigcirc$extended。下一时刻运算符 $\bigcirc$ 在公式中被用来断言序列中的第二个状态，也就是 s_2 满足(即被标记为)extended。

(3) $\xi_2 \nvDash \bigcirc\bigcirc$extended。在 $\bigcirc\bigcirc$extended 中使用了两次下一时刻(读作“下下个时刻会伸长”)，断言第三个状态，也就是第一个状态后继的后继，被标记为 extended。然而这个状态 s_1 没有被标记为 extended。

(4) $\xi_2 \models \Diamond$extended。公式 $\Diamond$extended 读作“终将伸长”，断言序列中存在某个状态满足

extended。确实,序列中的第二个状态被标记为 extended。

(5) $\xi_2 \nvDash \Box$extended。公式$\Box$extended 读作"总是会伸长"。断言序列中的每个状态都满足 extended(形式化地,它断言每个后缀序列的第一个状态都满足 extended)。此 LTL 公式对 ξ_2 不能成立,因为第一个和第三个状态都没有标记为 extended。

(6) $\xi_2 \vDash \Diamond\Box$extended。$\Diamond\Box$extended 读作"最终总是会伸长",断言序列中存在某个状态,其所有后续的状态都被标记为 extended。它从序列 ξ_2 的第四个状态(也就是 s_2)出现并且之后一直满足。

(7) $\xi_2 \nvDash (\neg$extended$)U$ malfunction。公式$(\neg$extended$)U$ malfunction 读作"直到失效才能伸长"。如果它要在 ξ_2 中满足,则弹簧必须直到弹性失效才能伸长。对应其语义的定义,首先,为了让公式能够成立,在 ξ_2 中必须有一个状态 malfunction。其次,所有先前的状态必须满足$\neg$extended。但是 ξ_2 中的第二个状态,也就是 s_2 不满足$\neg$extended。

以上几个时序公式的例子是在单个序列上加以解释的。现在讨论对于一个系统 P 的时序公式的例子。$P \vDash \varphi$ 成立仅当对于 P 的每一次执行 ξ 都有 $\xi \vDash \varphi$。以下是对弹簧模型 P 的执行序列进行断言的一些属性:

(1) $P \vDash \Diamond$extended。每个系统的执行都会到达弹簧伸长的状态。因为弹簧不会永远处在初始状态 s_1,所以它是成立的。注意,如果在 s_1 上添加自循环,这样的情况就可能发生改变。

(2) $P \vDash \Box(\neg$extended$\rightarrow \bigcirc$extended$)$。在 P 中每次执行的每一个状态中,如果弹簧没有伸长。那么它一定在下一状态伸长。它是成立的,因为只有在 s_1 状态有$\neg$extended。对应于弹簧模型,在 P 的任意执行序列中,每一次 s_1 发生后都立刻有 s_2 发生。

(3) $P \nvDash \Diamond\Box$extended。公式$\Diamond\Box$extended 断言最终将会达到弹簧永远保持伸长的状态。对于某个特定的序列,也就是说,之前标出的序列 ξ_0,它将不会成立。在这个序列中 extended 和$\neg$extended 永远交替下去。

(4) $P \nvDash \neg\Diamond\Box$extended。公式$\neg\Diamond\Box$extended 是上面公式的否定形式。为了表明为什么这个公式对于 P 不能成立,首先写一个等价形式的公式,能够利用$\Box$和$\Diamond$的二元性:$\neg\Diamond f = \Box\neg f$ 和 $\neg\Box f = \Diamond\neg f$。因此,可以得到$\neg\Diamond\Box$extended$=\Box\Diamond\neg$extended。这个公式断言从每一个序列中的状态(对应$\Box$),存在一些将来的状态(对应$\Diamond$),包含可能的当前状态,有$\neg$extended 成立。也就是说,存在无限多的状态使$\neg$extended 成立。虽然对于序列 ξ_0 它是成立的。但是对于 P 中的其他所有最终弹簧永远保持伸长的序列都不能满足。所以公式$\Diamond\Box$extended 和其否定形式在 P 中都不能满足。

(5) $P \nvDash \Box($extended$\rightarrow \bigcirc\neg$extended$)$。公式$\Box($extended$\rightarrow \bigcirc\neg$extended$)$断言在每一个弹簧伸长的状态后,存在一个直接的后继状态满足$\neg$extended。虽然 ξ_1 中该公式成立,但是所有其他序列中此公式均不成立,因为它们最终都一直停留在 s_3 状态。

例 6.2 假设交通信号灯有三种颜色:绿色(gr)、黄色(ye)和红色(re),交通灯的颜色按以下顺序变换:gr→ye→re→gr,假定交通灯永远变换下去。

交通灯在任意时刻仅能点亮其中一种灯,这是系统的一个不变量,并且能够用以下 LTL 表达:$\Box(\neg(gr \wedge ye) \wedge \neg(ye \wedge re) \wedge \neg(re \wedge gr) \wedge (gr \vee ye \vee re))$。当灯在绿色状态时,它将在变为黄色前一直保持绿色,这可以用 LTL 表达为$\Box(gr \rightarrow gr\ U\ ye)$。因此,正确的灯的颜色变化被描述为$\Box((gr\ U\ ye) \vee (ye\ U\ re) \vee (re\ U\ gr))$。

假设交通灯有新的规则，现在红灯和绿灯之间也添加一个黄灯(相当于给驾驶员信号“做好准备”)。由于上述规约不允许这种情况，所以要对它进行修改。

首先，尝试将规约修改为 $\Box((\mathrm{ye}\ U(\mathrm{gr} \lor \mathrm{re})) \lor ((\mathrm{gr} \lor \mathrm{re})\ U\ \mathrm{ye}))$，这个规约是不正确的。允许在变为黄灯之前红灯和绿灯多次转换。此外，这个规约还允许从绿灯变换到黄灯然后再次变为绿灯。

正确的规约应该是：

$$\Box(\mathrm{gr} \rightarrow (\mathrm{gr}\ U\ (\mathrm{ye} \land (\mathrm{ye}\ U\ \mathrm{re}))))$$
$$\land (\mathrm{re} \rightarrow (\mathrm{re}\ U\ (\mathrm{ye} \land (\mathrm{ye}\ U\ \mathrm{gr}))))$$
$$\land (\mathrm{ye} \rightarrow (\mathrm{ye}\ U\ (\mathrm{re} \lor \mathrm{gr})))$$

上式第一行允许 gr→ye→re 这样的顺序。第二行允许按 re→ye→gr 的顺序。虽然前两行的状态都有黄灯亮，但是它们仅仅处理绿灯或者红灯亮后黄灯亮的情况。它们不会提供以黄灯开始的情况下交通灯的行为信息。因此添加了第三行。

6.2 分支时序逻辑

系统的运行可以看成系统状态的变化，系统状态变化的可能性可以表示成树状结构。如一个并发系统从一个初始状态开始运行，由于行为的不确定性，它可以有多个可能的后续状态，每个这样的状态又可以有多个可能的后续状态，以此类推，可以产生一棵状态树。

计算树逻辑(computation tree logic，CTL)是 E. A. Emerson 和 E. M. Clarke 于 20 世纪 80 年代初提出的一种命题分支时序逻辑，它可以描述系统状态的前后关系和分支情况。E. A. Emerson 和 J. Y. Halpern 等人于 1986 年提出了 CTL^*，作为 CTL 的一种扩充。

6.2.1 CTL 语法

定义 6.5 CTL 由路径量词和时序公式两部分构成。路径量词 A 表示“对所有路径”，E 表示“存在一条路径”。这里时序公式仅考虑时序算子$\Box$、$\Diamond$、$\bigcirc$、U，其含义同 LTL。

定义 6.6 CTL 公式可归纳定义如下：

(1) 命题变元 p 是 CTL 公式。

(2) 如果 f、g 是 CTL 公式，则$(\neg f)$、$(f \lor g)$、$(f \land g)$也是 CTL 公式。

(3) 如果 f、g 是 CTL 公式，则 $A\Box f$、$E\Box f$、$A\Diamond f$、$E\Diamond f$、$A\bigcirc f$、$E\bigcirc f$、$A(f\ U\ g)$、$E(f\ U\ g)$也是 CTL 公式。

(4) 当且仅当有限次地使用(1)、(2)、(3)得到的公式才是 CTL 公式。

注意： 定义 6.6 (3) 强调了 CTL 公式的每个时序算子($\Box$、$\Diamond$、$\bigcirc$、U)必须在路径量词 E、A 的直接作用范围内，而 CTL^* 无此限制。

定义 6.7 CTL^* 公式由状态公式和路径公式构成，其中状态公式是满足定义 6.2(1)和(2)的公式，路径公式定义如下：

(1) 每一状态公式 f 是路径公式。

(2) 如果 f 是路径公式，那么 $E\ f$、$A\ f$ 是路径公式。

(3) 如果 f 和 g 是路径公式，那么 $\neg f$、$f \lor g$、$f \land g$ 是路径公式。

(4) 如果 f 和 g 是路径公式，那么$\bigcirc f$、$\Diamond f$、$\Box f$、fUg 是路径公式。

图6-10说明了CTL、LTL和CTL*之间的关系。

例如,公式$Ef\ U\ A(g_1\ U\ g_2)$和$Ef\ U\ E(g_1\ U\ g_2)$是CTL公式,而$Ef\ U\ (g_1\ U\ g_2)$是CTL*公式,不是CTL公式,因为$g_1\ U\ g_2$中的U不在E的直接作用范围内。再如,$E(\Box\Diamond p)$是CTL*公式,而不是LTL公式和CTL公式。$A\Box p$既是CTL公式,也是LTL公式(LTL公式默认对所有路径成立,所以可以将Af作为LTL公式的一种扩展。其中,f是LTL公式)。

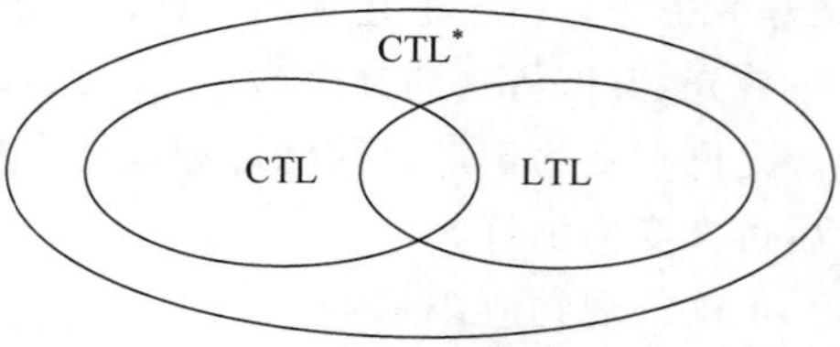

CTL*
CTL
LTL

图6-10　CTL、LTL和CTL*之间的关系

6.2.2　CTL 语义

定义6.8　CTL的语义模型是Kripke三元组$M=(S,R,L)$,其中:

(1) $S=\{s_0,s_1,\cdots\}$是非空状态集。

(2) $R\subseteq S\times S$是S上的二元关系,给出所有可能的状态间的迁移关系,即$\forall s_i\in S$,$\exists s_j\in S,(s_i,s_j)\in R$。

(3) $L:S\to 2^{AP}$是一个标签函数,该函数返回$s\in S$的所有状态中为真的原子命题集合。该集合是原子命题集合AP的一个子集。

Kripke结构的一条路径是S中状态的一个无限序列$s_0,s_1,s_2,\cdots$,其中对于每一个$i\geqslant 0$,都有$(s_i,s_{i+1})\in R$。并记该条路径为$\pi=s_0\to s_1\to s_2\to\cdots$,并以$\pi^i$表示路径从$s_i$开始的后缀,即$\pi^i=s_i\to s_{i+1}\to s_{i+2}\to\cdots$。CTL语义模型的未来时刻可能存在多种不确定的状态,即从状态路径上看,每个状态都可能分支到多个状态中。因此,可以从模型的初始状态作为根结点,把所有的路径展开,形成"树状"的拓扑结构,这也是为何称为"计算树"的直观原因。

定义6.9　设s_0是Kripke三元组M的一个状态,f和g是CTL公式,将CTL公式的语义可归纳如下:

(1) $M,s_0\models p \quad\Leftrightarrow\quad p\in L(s_0)$。

(2) $M,s_0\models\neg f \quad\Leftrightarrow\quad M,s_0\not\models f$。

(3) $M,s_0\models f\wedge g \quad\Leftrightarrow\quad (M,s_0)\models f\ \wedge\ (M,s_0)\models g$。

(4) $M,s_0\models f\vee g \quad\Leftrightarrow\quad (M,s_0)\models f\ \vee\ (M,s_0)\models g$。

(5) $M,s_0\models A\Box f \quad\Leftrightarrow\quad \forall\pi=s_0\to s_1\to s_2\to\cdots,\forall i\geqslant 0,M,s_i\models f$。

(6) $M,s_0\models E\Box f \quad\Leftrightarrow\quad \exists\pi=s_0\to s_1\to s_2\to\cdots,\forall i\geqslant 0,M,s_i\models f$。

(7) $M,s_0\models A\Diamond f \quad\Leftrightarrow\quad \forall\pi=s_0\to s_1\to s_2\to\cdots,\exists i\geqslant 0,M,s_i\models f$。

(8) $M,s_0\models E\Diamond f \quad\Leftrightarrow\quad \exists\pi=s_0\to s_1\to s_2\to\cdots,\exists i\geqslant 0,M,s_i\models f$。

(9) $M,s_0\models A\bigcirc f \quad\Leftrightarrow\quad \forall t\in S,(s,t)\in R,M,t\models f$。

(10) $M,s_0\models E\bigcirc f \quad\Leftrightarrow\quad \exists t\in S,(s,t)\in R,M,t\models f$。

(11) $M,s_0\models A(f\ U\ g)\Leftrightarrow\quad \forall\pi=s_0\to s_1\to s_2\to\cdots,\exists k\geqslant 0,M,s_k\models g\ \wedge\ \forall i,0\leqslant i<k,M,s_i\models f$。

(12) $M,s_0\models E(f\ U\ g)\Leftrightarrow\quad \exists\pi=s_0\to s_1\to s_2\to\cdots,\exists k\geqslant 0,M,s_k\models g\ \wedge\ \forall i,0\leqslant i<$

$k, M, s_i \vDash f$。

图 6-11～图 6-18 是对上述 CTL 语义的直观解释。其中，路径树的根结点为状态 s_0。

$M, s_0 \vDash A\Box f$：从 s_0 出发的所有路径上的所有结点都满足 f，如图 6-11 所示。

$M, s_0 \vDash E\Box f$：存在一条从 s_0 出发的路径，使该路径上的所有结点都满足 f，如图 6-12 所示。

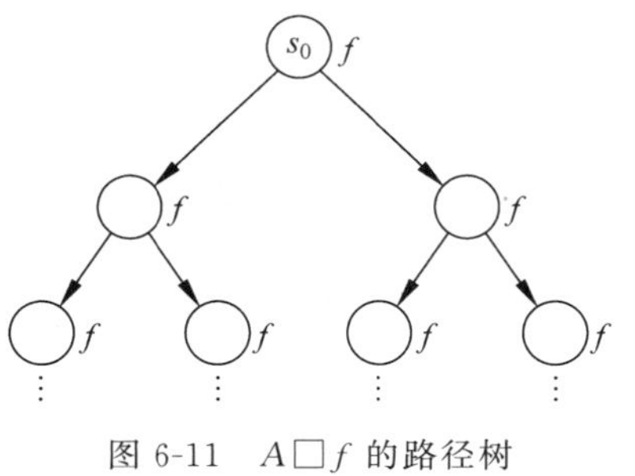

图 6-11　$A\Box f$ 的路径树

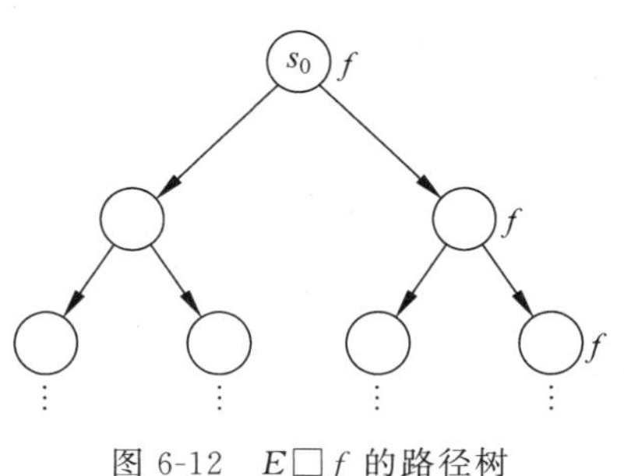

图 6-12　$E\Box f$ 的路径树

$M, s_0 \vDash A\Diamond f$：从 s_0 出发的所有路径上都最终存在一个结点满足 f，如图 6-13 所示。

$M, s_0 \vDash E\Diamond f$：存在一条从 s_0 出发的路径，并且在这条路径上最终存在一个结点满足 f，如图 6-14 所示。

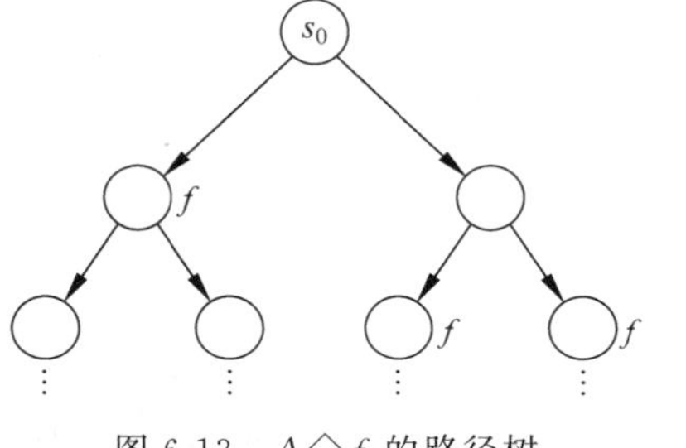

图 6-13　$A\Diamond f$ 的路径树

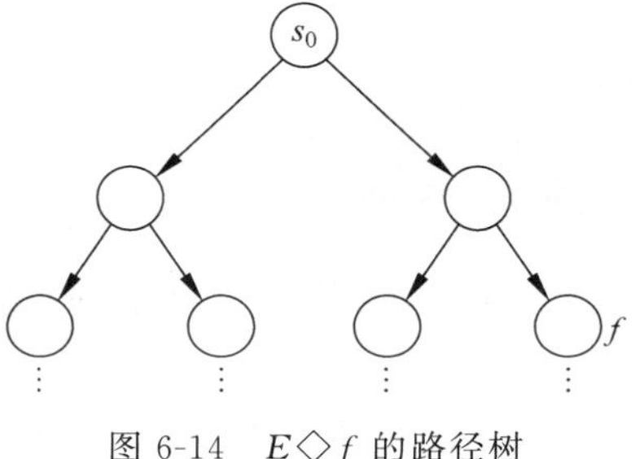

图 6-14　$E\Diamond f$ 的路径树

$M, s_0 \vDash A\bigcirc f$：从 s_0 出发的所有路径上的下一个结点都满足 f，如图 6-15 所示。

$M, s_0 \vDash E\bigcirc f$：存在一条从 s_0 出发的路径，使得其下一个结点满足 f，如图 6-16 所示。

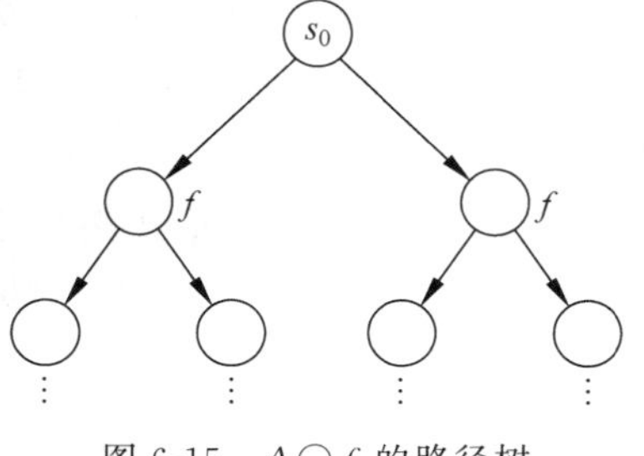

图 6-15　$A\bigcirc f$ 的路径树

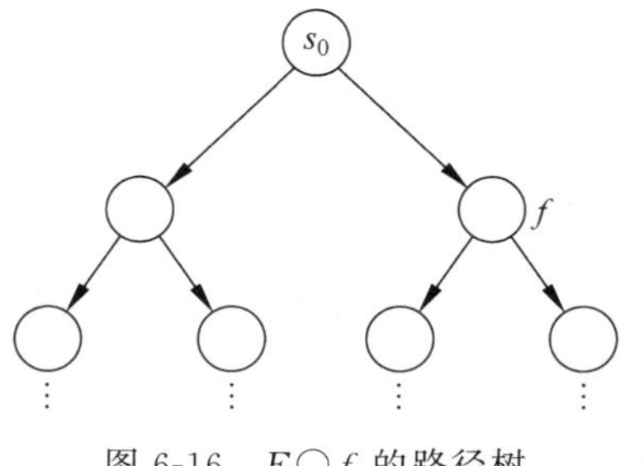

图 6-16　$E\bigcirc f$ 的路径树

$M, s_0 \vDash A(f\ U\ g)$：对于从 s_0 出发的每条路径，在其路径上都存在一个结点满足 g，并且在该结点之前所有的结点都满足 f，如图 6-17 所示。

$M, s_0 \vDash E(f\ U\ g)$：存在一条从 s_0 出发的路径，在其路径上都存在一个结点满足 g，并且在该结点之前所有的结点都满足 f,如图 6-18 所示。

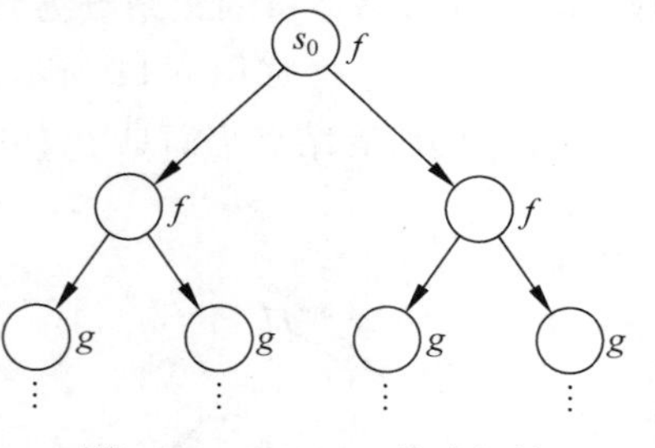

图 6-17 $A(fUg)$的路径树

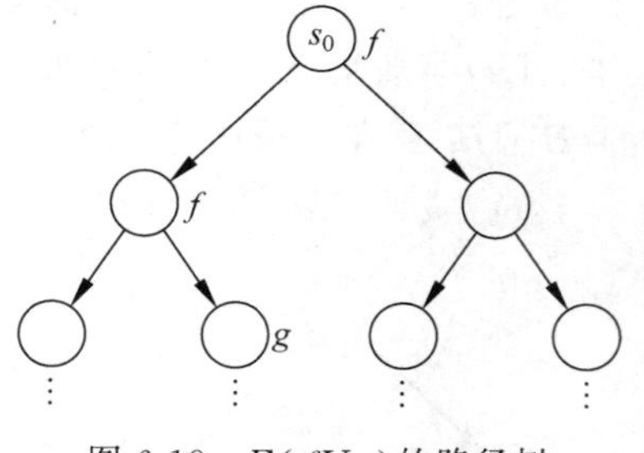

图 6-18 $E(fUg)$的路径树

CTL 的最小联结词集合可以为$\{E\bigcirc,E\Box,EU\}$,即任意 CTL 公式都可以转换为只包含这三个联结词的等价形式:

(1) $A\bigcirc f=\neg E\bigcirc(\neg f)$。

(2) $E\Diamond f=E[\mathrm{true}\ U\ f]$。

(3) $A\Box f=\neg E\Diamond(\neg f)$。

(4) $A\Diamond f=\neg E\Box(\neg f)$。

(5) $A[f\ U\ g]=\neg E[\neg g\ U\ (\neg f\wedge\neg g)]\wedge\neg E\Box\neg g$。

由此可得以下 CTL 的完备集定理:

定理 6.1 集合$\{\wedge,\neg,E\bigcirc,E\Box,EU\}$是分支时序逻辑 CTL 的完备集。

6.2.3 应用举例

例 6.3 采用 CTL 公式描述下列系统属性。

(1) $A\Box(\mathrm{req}\rightarrow A\Diamond\mathrm{ack})$:表示对所有路径,如果在当前状态发出 req 请求,那么系统总是在未来的某个时刻,到达使 ack 成立的某个状态。而 $\mathrm{req}\rightarrow A\Diamond\mathrm{ack}$ 表示,如果在初始状态有个请求 req,则在未来某个时刻,系统能进入 ack 为真的状态。

(2) $A\Box A\Diamond\mathrm{enabled}$:表示 enabled 能被无限多次满足。

(3) $A\Diamond E\Diamond\mathrm{restarted}$:表示对于任何可达状态,必然存在一条从该状态能够到达 restarted 为真的状态路径。换言之,无论在什么状态,总能进入 restarted 为真的状态。

(4) $A\Box(\mathrm{inp}\rightarrow A\bigcirc A\bigcirc\mathrm{out})$:表示在设计时序逻辑电路时,out 总是在 inp 变高的两个时钟周期后变高。

(5) $E\Diamond(a\wedge E\bigcirc(a\wedge E\bigcirc a))\rightarrow E\Diamond(b\wedge E\bigcirc E\bigcirc c)$:表示在设计时序逻辑电路时,如果 a 在连续的三个时钟周期内变高,则系统总能进入一个 b 为高,且 c 在 b 为高的两个时钟周期后变为高的状态。

例 6.4 交通管理是一个典型的分支时序逻辑的例子,当汽车处于一个路口时,它的下一个转向和动作(停或行)是不能确定的(即存在分支),如图 6-19(a)所示。

这是一个 T 字形路口,包括一条南北走向的公路及一个向右转的路口。每个方向的路口都有传感器 s,当有汽车通过该传感器时 s 为真。为了简化处理,假设南北方向行驶的车直行不转向。

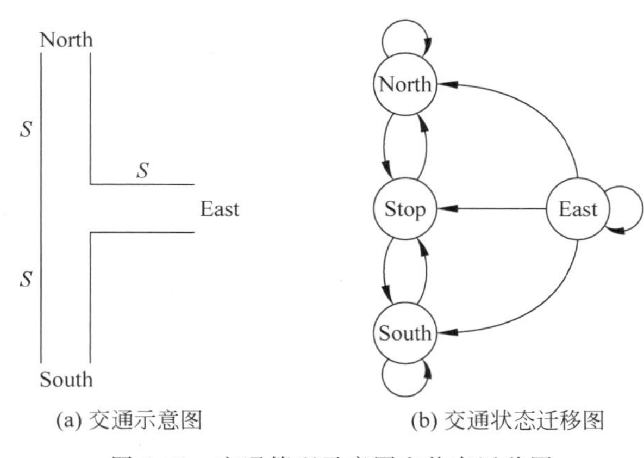

(a) 交通示意图　(b) 交通状态迁移图

图 6-19　交通管理示意图和状态迁移图

图 6-19(b)是状态迁移图,表示从东开来的车可以向北、南转向或停留原地,当遇到红灯时车辆停止行驶;从北(南)开来的车只能向南(北)行驶或停留原地。将 3 条公路上的传感器分别定义为 sN(North)、sS(South)、sE(East)。当对应公路上有汽车经过时为真,否则为假。将路口三个方向上的交通灯信号分别定义为 N-go(从北开来的汽车可以通过)、S-go(从南开来的汽车可以通过)和 E-go(从东开来的汽车可以通过)。

交通规则 1:如果交通灯指示从北开来的汽车可以通过,那么其他方向的汽车不能通过。可以描述为

$$A\Box\neg(\text{N-go}\wedge(\text{E-go}\vee\text{S-go}))$$

其语义为:对每条路径而言,不存在这种情况,即当 N-go 指示汽车可以通行时,其他两个交通指示灯也指示可以通行(注意,这里的路径不是指道路,而是指图 6-19(b)中的状态变换路径)。

交通规则 2:如果交通灯指示车辆可以通行,那么车辆不允许在路口停留。可以描述为

$$A\Box\neg(\text{N-go}\wedge s\text{N}),A\Box\neg(\text{S-go}\wedge s\text{S}),A\Box\neg(\text{E-go}\wedge s\text{E})$$

其语义为:不存在当 N-go(或 S-go、E-go)指示车辆可以通行时,sN(或 sS、sE)仍然检测到有车辆的路径。

6.3　区间时序逻辑简介

普通的线性时序逻辑公式,其语义在时刻上被解释,一个时刻表示一个状态,时刻与时刻之间的关系表示状态之间的时序关系。但是在包括硬件电路在内的一系列应用领域中,这样的时序关系甚至无法描述正则表达式表达的属性。特别在模型检测中,自动机建立模型的能力相对较强,而线性时序逻辑的描述能力相对较弱,导致一些属性无法描述和验证。1983 年,B. C. Moszkowski 等人提出了一种基于区间语义的区间时序逻辑(interval temporal logic,ITL),与基于时刻语义的 LTL 不同,ITL 公式的语义是基于一个时间连续的区间。

ITL 与线性及分支时序逻辑一样,均是一种模态逻辑。因此,都含有“必然性”算子□和“可能性”算子◇,以及一些扩充的时序算子○(下一时刻)等。不同于线性及分支时序逻辑

的是,ITL 采用区间而不是状态(序列)作为公式的论断对象。

定义 6.10 ITL 语义模型是 Kripke 三元组 $M_I=(I,R_I,L)$,其中:

(1) I 是区间的集合,每一区间 $\delta\in I$ 是一个非空状态序列 $\delta=<s_0,\cdots,s_{|\delta|}>$,其中 $|\delta|$ 是状态迁移的个数。

(2) $R_I=\{R_a,R_i,R_t\}$ 表示子区间关系的集合,具体含义见定义 6.13。

(3) L 是一个赋值函数,用来确定区间上变量的值。

变量分状态变量和静态变量两种。一个静态变量在同一区间上的值不变,是常量,但在不同区间上值可以不同。而状态变量在一个区间上的值等于它在区间第一个状态上的值。通常用大写字母表示状态变量,用小写字母表示静态变量。

定义 6.11 在区间 $\delta=<s_0,\cdots,s_{|\delta|}>$ 上,对于一个状态变量 A,有 $L_\delta[A]=s_0[A]$;对于一个静态变量 a,有 $s_i(a)=s_j(a)$,对所有 $0\leqslant i,j\leqslant|\delta|$。

ITL 区间上的真值也可由 L 函数确定。

定义 6.12 如果一个 ITL 公式 f 在区间上 δ 上解释为真,即 $L_\delta[f]=\text{true}$,则称区间 δ 满足公式 f,记为 $\delta\vDash f$;如果一个公式 f 在 I 上的每个区间都为真,则称公式 f 是有效的。

定义 6.13 三个子区间关系 R_a、R_i、R_t 分别表示“任何”“初始”和“终止”区间的概念,即 $\delta' R_a\delta\Leftrightarrow\delta'$ 是 δ 的一个子区间,$\delta' R_i\delta\Leftrightarrow\delta'$ 是 δ 的一个初始子区间,$\delta' R_t\delta\Leftrightarrow\delta'$ 是 δ 的一个终止子区间。

定义 6.14 对于一个 ITL 公式 f,有

(1) $\delta\vDash\Diamond_x f\Leftrightarrow$ 存在一个区间 δ',$\delta' R_x\delta$ 且 $\delta'\vDash f$。

(2) $\delta\vDash\Box_x f\Leftrightarrow$ 对所有区间 δ',$\delta' R_x\delta$ 且 $\delta'\vDash f$。这里 x 可以是 a、i、t。

定理 6.2 下列三个公式成立:

$$\Box_x f=\neg\Diamond_x\neg f \quad \Box_x f\rightarrow f \quad \Box_x f\rightarrow\Box_x\Box_x f$$

ITL 中还引入了分割算子(chop operator)和投影算子(projection operator)。

分割算子的作用是把一个区间分成两个子区间,如图 6-20(a)所示。$P;Q$ 为一个区间时序逻辑公式,在区间 δ 上被满足,则 δ 可被分成两部分 δ_1 和 δ_2,使 P 在 δ_1 上满足,而 Q 在 δ_2 上被满足。

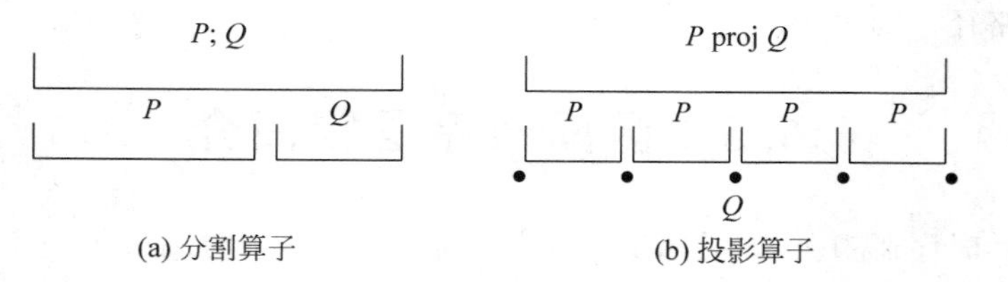

图 6-20 分割算子和投影算子的语义

投影算子 proj 具有可重复行为,P proj Q 把一个区间分成了多个子区间,如图 6-20(b)所示。在图中 Q 以一串顺序的点描述。投影算子的重要作用就是能产生重复操作的结构,可以描述 Loops 循环等,如下所示:

$$\text{for } n \text{ times do } P\equiv P \text{ proj len}(n)$$

目前,ITL 在计算机领域已得到广泛的应用,如硬件电路的描述和验证、程序设计等,也是实时系统形式规约工具——时段演算(duration calculus,DC)的基础。

6.4 本章小结

自从 Pnueli 于 1977 年开创性地将时序逻辑引入计算机科学以来，时序逻辑真假值依赖时间而变化的特性使它非常适合描述并发系统属性，如安全性、活性等。作为并发与反应式程序规约和验证的一个重要工具，目前时序逻辑已被广泛应用于并发、实时及混成系统的规约和验证。

值得指出的是，Pnueli 只将时序逻辑用于程序规约和验证，而我国科学家唐稚松院士在 Pnueli 工作的基础上，将时序逻辑用于软件开发的整个过程，包括需求定义、规约、设计、验证、代码生成和集成，并在 20 世纪 70 年代末、80 年代初设计了世界上第一个可执行时序逻辑语言 XYZ/E 和一组相应的 CASE 工具，推动了时序逻辑在计算机科学与软件工程领域的研究。

习 题 6

1. 考虑例 6.2 中的交通灯的另一种规约：

$\Box((gr \rightarrow (gr\ U\ (ye\ U\ re))) \wedge (re \rightarrow (re\ U\ (ye\ U\ gr))) \wedge (ye \rightarrow (ye\ U\ (gr \vee re))))$

请解释为什么此规约不能充分描述信号灯之间的转换顺序（提示：注意直到 U 的精确定义）。

2. 请用 LTL 描述一个电梯系统的属性，使用以下命题。

at_i：电梯在第 i 层；

go_up：电梯上升；

go_down：电梯下降；

$between_i$：电梯在第 i 层和第 $i+1$ 层之间；

stop：电梯静止；

open：电梯门是开着的；

$press\_up_i$：某个人在第 i 层按下向上按钮；

$memory\_up_i$：电梯记下在第 i 层向上按钮被按下；

$press\_down_i$：某个人在第 i 层按下向下按钮；

$memory\_down_i$：电梯记下在第 i 层向下按钮被按下；

$press_i$：某个人在电梯内按下去第 i 层的按钮；

$memory\_press_i$：电梯记下某个人在电梯内按下去第 i 层的按钮；

alarm：电梯警报响起。

规约至少应该包含下述属性：

(1) 如果第三层的按钮被按下，电梯将会到达该层。

(2) 电梯不可能同时在第一层和第二层。

(3) 如果电梯静止，门就会开着。

(4) 如果没有按钮被按下并且电梯在第四层，电梯将会在该层等待直到按钮被按下。

(5) 无论何时电梯在楼层间被卡住，警报声将会响起直到电梯恢复移动。

3. 请解释下列式子为什么不是CTL公式?

(1) $\Diamond\Box f$。

(2) $\bigcirc\bigcirc f$。

(3) $A\neg\Box\neg f$。

(4) $\Diamond[f\ U\ g]$。

(5) $E\bigcirc\bigcirc f$。

(6) $\mathrm{AEE}\ f$。

4. 下列CTL公式中哪些是等价的?对那些不等价的公式对,给出一个模型,使在这个模型中,一个公式成立,而另一个公式不成立。

(1) $E\Diamond f$ 和 $E\Box f$。

(2) $E\Diamond f\vee E\Diamond g$ 和 $E\Diamond(f\vee g)$。

(3) $A\Diamond\neg f$ 和 $\neg E\Box f$。

第7章 并发系统属性

本章学习目标

(1) 掌握并发系统属性的基本概念及描述方法。

(2) 熟练运用时序逻辑公式描述安全性和活性。

计算机界的并发现象始于20世纪60年代，其中并发的概念由C. A. Petri于1962年首创，若一个系统内部发生的两个事件之间没有因果关系或可以按任意次序发生，则称这两个事件是并发的，存在并发事件的系统称为并发系统。例如，操作系统(OS)就是一个典型的并发系统，人类社会也可看作一个并发系统。较串行系统而言，并发系统要复杂得多，这是由于并发执行的程序在执行过程中各程序交替点的不确定性，引起了各程序走停点及交替过程的不确定性。这使它丧失了串行程序的全部特征：顺序性、封闭性、可再现性，带来了新的特性：不确定性和并发性。由于并发系统比串行系统表现出更为复杂的行为，并发系统的属性较串行系统的属性也更加复杂，除了具有串行系统的不变性、终止性等属性外，并发系统还具有互斥性、无死锁性、响应性和公平性等许多特有的属性。

美国计算机科学家L. Lamport(1941—，2013年图灵奖获得者)于1977年首次将并发系统属性分为安全性和活性两大类。安全性是指“坏”的事件(行为)永远不会发生，表示了系统应该连续保持的属性，如不变性、互斥性、无死锁性等；活性是指“好”的事件(行为)终将发生，表示了系统不必一直保持但终将存在的属性，如终止性、响应性、公平性等。这一分类的优点在于：每一类属性中都包含了相同特征的属性，有利于选择合适的属性描述与证明方法。

1984年，L. Lamport首次对安全性进行了形式化的定义，随后B. Alpern和F. B. Schneider进一步给出了活性的形式化定义。本章着重阐述并发系统这两类重要属性的基本概念、形式定义及其时序逻辑描述方法。

7.1 基本概念

与串行程序不同，并发程序并不能完全由简单的输入输出关系来说明。设S为状态集合，S^{ω}表示所有无穷状态序列的集合。一个典型的并发程序的一个执行行为可看作S上的一个无穷状态序列δ：$s_0, s_1, s_2, \cdots (\delta \in S^{\omega})$，其中状态$s_0$之后的每一状态都是通过在前一状态下执行程序中的一个原子迁移得到的。

定义7.1 对任一状态$s \in S$，s^*和s^{ω}分别表示由状态s构成的有穷和无穷的状态序列。

对状态序列 δ,$|\delta|$表示状态序列的长度。如果 δ 为有穷状态序列 $s_0,s_1,s_2,\cdots,s_k$,则 $|\delta|=k+1$;如果 δ 为无穷状态序列 $s_0,s_1,s_2,\cdots$,则 $|\delta|=\omega$。

定义 7.2 一个有穷状态序列 $\delta[0\cdots k]$:$s_0,s_1,s_2,\cdots,s_k(k\geqslant 0)$称为无穷状态序列 δ 的前缀。换言之,也称 δ 为 $\delta[0\cdots k]$的一个无穷扩展。

$\delta_1\cdot\delta_2$ 表示序列 δ_1 与序列 δ_2 的合并运算,若 δ_1 为有穷序列,则 $\delta_1\cdot\delta_2$ 为 δ_1 后续 δ_2 而成的序列,如 δ_1:$s_0,s_1,s_2,\cdots,s_{k-1}$,$\delta_2$:$s_k,\cdots$,$\delta_1\cdot\delta_2=s_0,s_1,s_2,\cdots,s_{k-1},s_k,\cdots$。否则 $\delta_1\cdot\delta_2=\delta_1$。

形式上,可以在一个无穷状态序列 δ 的集合 S^ω 上定义属性 p。

定义 7.3 一个属性(property,也称性质)$p\subseteq S^\omega$ 是所有满足该属性的无穷状态序列 δ 的集合。一个无穷状态序列 δ 满足属性 p 等价于该无穷状态序列 δ 属于 p 所表示的集合,即 $\delta\vDash p\Leftrightarrow\delta\in p$。

1977 年,A. Pnueli 首次将时序逻辑用于描述并发程序的规约和推理,时序逻辑真假值依赖时间而变化的特性使之非常适合描述并发程序的一些重要属性。例如,可用$\Box\neg p$ 表示“坏”的事件 p 永远不会发生,用$\Diamond p$ 表示“好”的事件 p 最终将发生等。

例如,设状态集 $S=\{<x:n>|$为变量 x 赋值整数 $n\}$,属性 p 是这种状态序列的集合,要求随着每一状态迁移到它的后继状态,x 的值一直增加。因此有状态序列 $<x:0>$,$<x:2>$,$<x:3>$,$\cdots$ 属于 p,而状态序列$<x:0>$,$<x:2>$,$<x:1>$,$\cdots$不属于 p。故属性 p 可以由时序公式$\Box(x^+>x)$描述(x^+ 是 x 的后继值)。

定义 7.4 设 φ 是一个时序(逻辑)公式,如果 $\delta\in p$ 当且仅当 $\delta\vDash\varphi$,则称属性 p 可以由时序(逻辑)公式 φ 描述。

为了更精确地采用时序(逻辑)公式描述并发系统的属性,还需引入两类控制谓词:状态谓词和迁移谓词。其中状态谓词针对某个状态;迁移谓词针对一对状态(一个状态和其直接前趋)。

定义 7.5 设状态变量集 $\Pi=Y\cup\{\pi\}$,其中 Y 是程序变量集;π 是控制变量。

(1) 对一个标号语句 l:L,状态谓词 at_l($[l]\in\pi$)表示:若控制恰好在语句 L 的前面,则 at_l 为真。at_L 的含义同 at_l。

(2) 设 l:L:$\hat{l}$ 是一个满标号语句,状态谓词 after_L(after_l)=at_$\hat{l}$ 表示控制在语句 L 的后面。一般地,设程序 P::l_1:L_1:$\hat{l}_1\parallel\cdots\parallel l_k$:$L_k$:$\hat{l}_k$,则有 after_$P$=at_$\hat{l}_1\wedge\cdots\wedge$at_$\hat{l}_k$。

在某些情况下,要描述控制在一组位置的某处,用符号 at_$l_{i1,\cdots,ik}$ 表示析取:

$$\text{at\_}l_{i1,\cdots,ik}=\text{at\_}l_{i1}\vee\cdots\vee\text{at\_}l_{ik}$$

若 $i_1,\cdots,i_k$ 形成连续整数的区间,使用缩写的区间符号 at_$l_{i\cdots j}$ 表示:

$$\text{at\_}l_{i\cdots j}=\text{at\_}l_i\vee\text{at\_}l_{i+1}\cdots\vee\text{at\_}l_j$$

定义 7.6 给定一个迁移 τ,状态谓词 enabled(τ)(简记 En(τ))表示在给定状态下迁移 τ 是使能的;状态谓词 terminal$=\wedge_{\tau\in T}\neg$enabled(τ)(其中,T 为勤勉迁移集合,见定义 3.5)表示系统的所有勤勉迁移是非使能的。形如$\neg$first$\wedge\varphi(\Pi^-,\Pi)$的公式称为迁移公式(φ 是状态公式);迁移谓词 last_taken$=\neg$first$\wedge\rho\tau(\Pi^-,\Pi)$表示如果 last_taken 在位置 j 成立当且仅当 $j>0$ 并且 s_j 是 s_{j-1} 的 τ-后继,τ 在位置 $j-1$ 处被执行,这里 Π^- 表示 Π 的前趋集。

迁移公式表示当前位置不是第一个位置，并且状态变量的前趋值与当前值之间满足公式 φ。例如，一个迁移公式 $\neg \text{first} \wedge (x = x^{-} + 1)$ 在某个状态为真，当且仅当它有一个前趋，并且 x 的当前值等于 x 的前趋值 x^{-} 加 1。

定义 7.7 对于过去公式 p、p_i、q_i：

(1) $\Box p$ 是一个典型的安全(safety)公式。

(2) $\Diamond p$ 是一个典型的保证(guarantee)公式。

(3) $\bigwedge_{i=1}^{m}[\Box p_i \vee \Diamond q_i]$ 是一个典型的义务(obligation)公式。

(4) $\Box\Diamond p$ 是一个典型的响应(response)公式。

(5) $\Diamond\Box p$ 是一个典型的持续(persistence)公式。

(6) $\bigwedge_{i=1}^{m}[\Box\Diamond p_i \vee \Diamond\Box q_i]$ 是一个典型的反应(reactivity)公式。

定义 7.8 设 k={安全、保证、义务、响应、持续、反应}，如果一个时序公式等价于一个典型的 k-公式，则称该公式为 k-公式。能被 k-公式描述的属性称为 k-属性。

根据定义 7.7，下面给出一些 k-公式的例子。

(1) 例如一个简单的安全公式 $\Box(x \geqslant 0)$，该公式描述的是在计算的所有状态，x 的取值是非负的。

(2) 考虑一个程序 P，输入变量为 x，输出变量为 y，要求 P 通过置 $y=2$ 响应 $x=1$，此属性可通过以下公式描述：

$$\Diamond((y=2) \wedge \diamondminus(x=1))$$

该公式保证了在计算中包含一个 $y=2$ 成立的状态，并且在该状态之前有一个状态使 $x=1$ 成立。该属性也可通过等价公式 $\Diamond((x=1) \wedge \Diamond(y=2))$ 描述。由于该公式等价于一个典型的保证公式，因此，$\Diamond((x=1) \wedge \Diamond(y=2))$ 也是保证公式。

(3) 公式 $p\omega(\Diamond q)$ 等价于 $\Box p \vee \Diamond q$，因此，由定义 7.7(3)可知，$p\omega(\Diamond q)$ 是义务公式。

(4) 公式 $p \Rightarrow \Diamond q$ 等价于 $\Box\Diamond((\neg p)\beta q)$，由定义 7.7(4)可知，$p \Rightarrow \Diamond q$ 是响应公式。

(5) 公式 $p \Rightarrow \Diamond\Box q$ 等价于 $\Diamond\Box(\diamondminus p \rightarrow q)$，由定义 7.7(5)可知，$p \Rightarrow \Diamond\Box q$ 是持续公式。

(6) 公式 $\Box\Diamond p \Rightarrow \Diamond q$ 等价于 $\Box\Diamond q \vee \Diamond\Box\neg p$，由定义 7.7(6)可知，$\Box\Diamond p \Rightarrow \Diamond q$ 是反应公式。

下面将详细阐述安全性、活性的形式定义及其时序逻辑描述方法。

7.2 安　全　性

安全性在直观上来讲，是指“坏”的事情永远不会发生，如“两个进程不会同时进入临界区”或者“内存溢出不会发生”等。

7.2.1 形式定义

安全性对状态的无穷序列成立当且仅当它对该序列的每一个有穷前缀都成立。它对于一个程序成立，当且仅当它对于该程序执行的每个状态都成立。因此，贯穿于程序的执行，它都成立。

定义 7.9 φ 是一个安全性公式，当且仅当对任意不满足 φ 的 δ 序列，均包含一个有穷

前缀 $\delta[0,\cdots,k]$，而 $\delta[0,\cdots,k]$ 的所有无穷扩展均不满足 φ。

该定义也可表示为：一个属性 p 为安全性，如果 p 满足对任意序列 $\delta\in S^{\omega}$，$\delta\notin p$，则对任意序列 $\beta\in S^{\omega}$，存在整数 k 使得，$\delta[0,\cdots,k]\cdot\beta\notin p$。

由定义 7.9 可以看出，对任一不满足安全性的序列，总存在一有穷位置，在此位置上“坏事”一定出现。

由定义 7.9 可得到以下结论：

定理 7.1 如果 φ 是一个安全性公式，则 φ 必等价于形如 $\Box p$ 的公式。其中，p 是时序公式。

证明：设 δ 为一无穷状态序列：$s_0,s_1,s_2,\cdots$，若 δ 满足 φ 但不满足 $\Box p$，则必存在一个时刻 $k\geqslant 0$，使 $(\delta,k)\vDash\neg p$。显然，对有穷前缀 $\delta[0,\cdots,k]$ 的任何无穷扩展 δ'，有 $(\delta',k)\vDash\neg p$，因此，有 $(\delta',k)\nvDash\varphi$。

与定义 7.9 等价的安全性的另一形式定义为：

定义 7.10 φ 是一个安全性公式，当且仅当对一无穷序列 δ 的任意有穷前缀 $\delta[0,\cdots,k]$，若存在 $\delta[0,\cdots,k]$ 的一个无穷扩展 δ'，使 δ' 满足 φ，则称 δ 也满足 φ。

由定义 7.10 可知，如果一无穷序列 δ 的任意有穷前缀可以扩展为属性 p 中的序列，则序列 $\delta\in p$，即 δ 满足 φ。

需要注意的是，安全性并不要求某事最终一定发生，它仅仅要求无条件地阻止“坏事”的出现。一旦“坏事”发生，则一定存在某个位置，在此位置上可判别它的出现。

定义 7.11 属性 p 是哑元封闭的，是指如果序列 δ：$s_0,s_1,s_2,\cdots,s_i,s_{i+1},\cdots$ 属于 p，则序列 δ'：$s_0,s_1,s_2,\cdots,s_i,s_i,s_{i+1},\cdots$ 也属于 p。

由此可知，如果 p 是哑元封闭的，则对每一个序列 $\delta\in p$，连续重复 δ 中的任意状态有穷多次所得的序列仍属于 p。下面给出哑元封闭安全性的定义。

定义 7.12 一个属性 p 是哑元封闭安全性当且仅当下述条件成立：对任意序列 $\delta\in S^{\omega}$，$\delta\in p$，当且仅当对任意整数 $k(k\geqslant 0)$，$\delta[0,\cdots,k]\cdot S_k^{\omega}\in p$，$S_k$ 为 δ 中第 $k+1$ 个状态，S_k^{ω} 为单个状态 S_k 组成的无穷序列。

哑元封闭安全性最初由 Lamport 给出，因此也称为 L-安全性，定义 7.9 中的安全性要比 L-安全性更一般。一个属性是 L-安全性，则它是安全性。对一个哑元封闭属性，两种安全性是等价的，即属性 p 是 L-安全性当且仅当 p 是安全性。

定义 7.13 一个属性 p 是强安全性当且仅当 p 满足：(1) p 是哑元封闭安全性；(2) 对任一 p 中序列 δ：$s_0,s_1,s_2,\cdots,s_{k-1},s_k,s_{k+1},\cdots$ 及任一整数 $k>0$，序列 δ'：$s_0,s_1,s_2,\cdots,s_{k-1},s_{k+1},\cdots$ 仍属于 p。即对 p 中的序列 δ，除 δ 的初始状态 s_0 外，消去 δ 中任意状态所得到的序列仍属于 p。

由定义可知，强安全性说明，如果在某一时间没有对系统进行观察，则其后的行为仍然满足属性。显然，强安全性是最特殊的安全性。

7.2.2 形式描述

安全性表明“坏事”不会发生。通常用断言 $\Box p$ 表示。下面将给出基于时序公式的安全性的形式化描述。

1. 全局/局部不变性

所谓全局不变性，是指属性 p 与程序执行的位置无关，即不论程序执行到哪里，属性 p 保持不变。此属性可以表示为$\square p$。

所谓局部不变性，是指与程序特定位置相关的不变属性，可表示为$\square(\text{at}_l \rightarrow p)$。

例如，下面是一个计算 $x!(x \geqslant 0)$的单进程程序：

```
Program  Factorial
         y1 := x, y2 := 1
l0:  if  y1 = 0  then  goto  l0'
l1:  (y1, y2) := (y1 - 1, y1 · y2)
l2:  goto l0
l0': halt
```

对于该程序，全局不变性有

$$\square(y_1 \cdot y_2! = x!)$$

以下是打印素数的一个程序：

```
Program  PR
         y1 : = 2
l0:  print(y1)
l1:  y1 := y1 + 1
l2:  y2 = 2
l3:  if  (y2)^2 > y1  then  goto  l0
l4:  if  (y1 mod y2) = 0  then  goto  l1
l5:  y2 := y2 + 1
l6:  goto  l3
```

作为这个程序正确性证明的一部分，局部不变性有

$$\square(\text{at}\_l_0 \rightarrow \text{prime}(y_1))$$

其中，$\text{prime}(y_1)$表示 y_1 是素数。

2. 部分正确性

此性质是指一个程序 P 的执行若能终止（各进程均能到达各自的终止位置），则结果正确，可表示为

$$\square(\text{after}\_P \rightarrow q)$$

该公式表明若程序 P 到达终止位置，则终止状态满足 q。

3. 无死锁性

所谓进程死锁，是指一个以上的进程因争夺系统资源而处于无休止的等待状态，此属性可表示为$\square(\text{terminal} \rightarrow \text{after}_P)$。

4. 互斥性

所谓互斥，是指彼此竞争的进程严格按次序使用资源，即每次至多只有一个进程进入临界区。考虑一个包含两个进程 P_1、P_2 的程序 P，假设 P_1、P_2 的临界区分别为 C_1、C_2。要求两进程互斥访问临界区。此属性可表示为$\square\neg(\text{in}_C_1 \wedge \text{in}_C_2)$。$\text{in}_C_i$ 表示进程进入临界区。

5. 优先性

优先性表示一个事件永远先于另一个事件，可表示为 $p \Rightarrow q\omega r$。

7.2.3 应用举例

本节主要通过两个简单的例子来介绍安全性中的不变性、部分正确性等。

例 7.1 下面是一个求解二项式系数$\binom{n}{k}$的程序 P。

$$
\begin{array}{llll}
\text{int} & k,n & :\text{integer} & \text{where } 0\leqslant k\leqslant n \\
\text{local} & y_1,y_2,r & :\text{integer} & \text{where } y_1=n, y_2=1, r=1 \\
\text{out} & b & :\text{integer} & \text{where } b=1
\end{array}
$$

$$
P_1:: \left[\begin{array}{c}
\text{local } t_1:\text{integer} \\
l_0:\text{while } y_1>(n-k)\text{ do} \\
\left[\begin{array}{ll}
l_1: & \text{request}(r) \\
l_2: & t_1:=b\cdot y_1 \\
l_3: & b:=t_1 \\
l_4: & \text{release}(r) \\
l_5: & y_1:=y_1-1
\end{array}\right]
\end{array}\right]:\hat{l}_0 \parallel \quad P_2:: \left[\begin{array}{c}
\text{local } t_2:\text{integer} \\
m_0:\text{while } y_2\leqslant k\text{ do} \\
\left[\begin{array}{ll}
m_1: & \text{await}(y_1+y_2)\leqslant n \\
m_2: & \text{request}(r) \\
m_3: & t_2:=b \text{ div } y_2 \\
m_4: & b:=t_2 \\
m_5: & \text{release}(r) \\
m_6: & y_2:=y_2+1
\end{array}\right]
\end{array}\right]:\widehat{m_0}
$$

对该程序,可以断言以下约束范围的全局不变性。

$$\Box((n-k\leqslant y_1\leqslant n)\wedge(1\leqslant y_2\leqslant k+1))$$

该程序的部分正确性可表示为

$$\Box\left((\text{at\_}\widehat{l_0}\wedge\text{at\_}\widehat{m_0})\rightarrow\left(b=\binom{n}{k}\right)\right)$$

注意,$\text{at\_}\widehat{l_0}\wedge\text{at\_}\widehat{m_0}$ 表示控制在程序的终止位置,因此,该公式也可表示为

$$\Box\left(\text{after\_}P\rightarrow\left(b=\binom{n}{k}\right)\right)$$

并发是多道程序设计、多处理(multiprocessing)、分布式处理及操作系统设计的基础,并发进程可以按照多种方式进行交互。系统中的众多交互进程可能需要竞争使用资源,如对 I/O 设备的访问、主存中的一块空间或者一个文件等。此类交互中产生的重要问题就是互斥。通过一个简单的例子描述互斥协议的安全性。

例 7.2 一对进程 P_1 和 P_2 连接到一个共享设备,如打印机。因两者不能同时打印,需利用特殊的机制对进程 P_1、P_2 进行控制。在该机制中,每个进程必须进入一个特殊的区域,称为临界区。一个进程只有在临界区内才能打印。为防止同时打印,进程使用相应的协议实现互斥,即确保两个进程不可能同时进入临界区。作为协议的一部分,在进入临界区之前,每个进程进入一个尝试区(trying section),在这个区域表明该进程进入临界区的目的。在进入临界区之前,进程将一直在尝试区等待。

每个进程被建模为包含三个状态的模型,即

N_i: 非临界区状态。

T_i: 进程的尝试区,也就是试图进入临界区。

C_i: 进程 P_i 的临界区。

图 7-1 描述了进程 P_1,P_2 实现互斥的过程。

对此，定义的第一个属性是互斥性：在任何时间里，只有一个进程能够在它的临界区，其形式化描述可表示为

$$\square\neg(\text{in\_}C_1\wedge\text{in\_}C_2)$$

另一个是关于响应能力的属性。要求每个尝试进入临界区的进程最终都能被允许进入，其形式化描述可表示为

$$\square(\text{in\_}T_i\rightarrow\Diamond\text{in\_}C_i)\quad(i=1,2)$$

假设当 P_1 进入尝试区 T_1，P_2 处于非临界区 N_2 时，即使 P_2 请求进入临界区，P_1 仍将先于 P_2 进入临界区。这种优先性可表示为

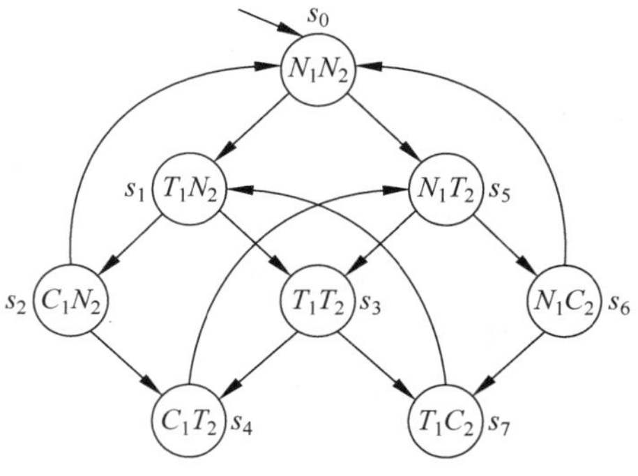

图 7-1 进程 P_1,P_2 请求进入临界区过程

$$(\text{in\_}T_1\wedge\text{in\_}N_2)\Rightarrow(\neg\text{in\_}C_2)\omega\text{in\_}C_1$$

7.3 活　　性

活性也称进展性或最终性，说明“好事”在执行过程中一定发生。活性的典型例子包括终止性、保证服务性等。

活性的一个明显特征为任何有穷序列都可以进行扩展，使它总可能在将来满足“好事”出现这一要求。这一特征显然是区别于安全性的本质特征，下面给出各种活性的形式定义。

7.3.1 形式定义

定义 7.14 φ 是一个活性公式，当且仅当任何有穷序列 $s_0,s_1,s_2,\cdots,s_k$，能被扩展为一个满足 φ 的无穷序列。

该定义也可表示为属性 p 是活性当且仅当满足对任意序列 $\alpha\in S^*$，存在序列 $\beta\in S^\omega$，使得 $\alpha\cdot\beta\in p$ 成立。

直观上，p 为活性，则每一有穷序列均可扩充为 p 中的一无穷序列。由此可以看出，活性并不要求“好事”总是发生，而只说明“好事”最终发生。

在活性定义的基础上，将分别给出一致活性、绝对活性的定义及它们之间的相互关系。

定义 7.15 属性 p 是一致活性当且仅当存在序列 $\alpha\in S^\omega$，使任何 $\beta\in S^*$，均有 $\beta\cdot\alpha\in p$ 成立。

由定义 7.15 可知，p 是一致活性当且仅当存在一无穷序列(α)，将它附加到任一有穷序列(β)上之后所得到的序列都属于 p。

定义 7.16 属性 p 是绝对活性，当且仅当 p 非空且对任意 $\alpha\in p$ 及任意 $\beta\in S^*$，均有 $\beta\cdot\alpha\in p$ 成立。

直观上，p 是绝对活性当且仅当 p 非空，且将 p 中每一序列(α)附加到任一有穷序列(β)上之后所得序列仍属于 p。

由上述三个活性定义可知，任何绝对活性是一致活性；任何一致活性是活性；即绝对活性⊆一致活性⊆活性。

7.3.2 形式描述

活性表示了系统不必一直保持但系统终将发生的需求，是指“好”的事件在执行过程中一定发生，通常用断言$\Diamond p$表示。除了包含串行程序中的终止性外，在并发程序中主要指间歇断言、活动性、响应性等。下面分别给出基于时序公式的形式描述。

1. 终止性

终止性描述的是程序中的所有计算都能正常地终止，可表示为$\Diamond \text{after_}P$。

2. 间歇断言

间歇断言表示两个事件的前因后果，可表示为$\Diamond(\text{at_}l_1 \wedge q_1) \rightarrow \Diamond(\text{at_}l_2 \wedge q_2)$。

例如，考虑打印素数程序PR，有

$$\Diamond(\text{at\_}l_0 \wedge y_1 = 2 \wedge \text{prime}(u)) \rightarrow \Diamond(\text{at\_}l_0 \wedge y_1 = u)$$

该式表明每一个素数均被打印。

3. 活动性

对于程序中的一个一般位置l(l为非终止位置)，活动性可表示为

$$\text{at\_}l \Rightarrow \Diamond \neg \text{at\_}l$$

即到达l之后必将离开l。活动性表明，一个进程永不会在l处被封锁。

4. 响应性

对于永不终止的运行程序(如操作系统、实时系统和联机数据库等)而言，部分正确性和完全正确性是没有意义的，而响应性通常是人们期望这类程序具有的一个重要性质。响应性是不终止程序具有的一条重要活性，可表示为$p \Rightarrow \Diamond q$，即在每一个满足p的状态，最终会产生一个满足q的状态。

例如，若G是一个操作系统模拟程序，负责调度一项共享资源服务于用户程序(请求者)$R_1, R_2, \cdots, R_N$之间。用户程序R_i和G通过一组布尔变量$\{r_i, g_i\}$进行通信，$i=1, 2, \cdots, N$。当R_i请求资源时置r_i为真，当G响应并分配给R_i资源时置g_i为真。系统G响应用户程序的请求(响应性)表示为

$$r_i \Rightarrow \Diamond g_i$$

类似地，当R_i释放资源(即置r_i为假)后，系统G应回收它所释放的资源(即置g_i为假)，对此可表示为

$$\neg r_i \Rightarrow \Diamond \neg g_i$$

此外，R_i对资源的占有必将释放，否则其他请求这项资源的用户程序将无法执行。于是，对R_i的要求为

$$g_i \Rightarrow \Diamond \neg r_i$$

5. 公平性

所谓公平性是指如果一个迁移(操作)是使能的，那么程序必须最终执行它。由于并发程序中进程间的交互及干扰，对它们的交互作公平性的要求是保证程序正确执行所不可或缺的。并发程序的公平性有两类：弱公平性(weak fairness)和强公平性(strong fairness)。

弱公平性是指对迁移τ，不允许一个计算，τ从某一点开始一直是能行的，但只有有穷多次被执行；在一个无穷状态序列δ：$s_0, s_1, \cdots$上，满足弱公平性的迁移τ，保证不会发生τ在δ中某一位置以后一直能行，但只有有限多次被执行，可表示为

$$\Box\Diamond(\neg \text{enabled}(\tau) \lor \text{last\_taken}(\tau))$$

强公平性是指对迁移 τ，不允许一个计算，τ 无穷多次是能行的，但只有有穷多次被执行。在一个无穷状态序列 δ：$s_0, s_1, \cdots$上，满足强公平性的迁移 τ，保证不会发生 τ 在 δ 中无穷多次能行，但只有有限多次被执行，可表示为

$$\Box\Diamond \text{enabled}(\tau) \to \Box\Diamond \text{last\_taken}(\tau)$$

公平性解决了并发进程间不公平执行的问题。弱公平性实际上是对程序中进程的一个极小的约束，使系统不要永远忽略一个在某计算位置以后一直能行的转换的执行。强公平性是对程序中进程的一个较大级别的约束，用以保证整个程序的执行。

7.3.3 应用举例

本小节主要介绍两个简单的例子。

例 7.3 队列是一种常用的抽象数据模型，它服从先进先出的规则。在某个时刻一个队列可以为空或者非空。队列状态的改变主要涉及两个基本操作：PUT 表示向队尾插入一个元素；GET 表示从队列头部取出一个元素。设所讨论的队列是共享的，这样 PUT 和 GET 操作就可能被多个进程同时执行，要求在任意时刻该队列只能发生其中的一个操作，即给定队列的当前内容，要求在该状态下只有一个进程执行 PUT 或 GET 操作。一个进程使用 GET 操作取出队头的值时，若队列为空，则该进程将等待，直到另一个进程将一个数值放进队列。

用 cur-queue 描述队列的当前状态；用 putval 和 getval 分别表示 PUT 和 GET 操作的参数：PUT 操作的前置条件为 putval≠null，后置条件为 putval′=null（对于在进行操作之后的变量值通过加“′”予以区分），GET 操作的前置条件为 getval=null，后置条件为 getval≠null；用 enter(PUT)和 enter(GET)、exit(PUT)和 exit(GET)分别表示相应操作的开始与终止。下面分别给出队列操作的安全性与活性的形式描述。

(1) 安全性。

设(enter(PUT) ∧ putval≠null)在 cur-queue 状态下成立，则如果当前队列为满，则下一状态 cur-queue′将与 cur-queue 一样；如果当前队列不为满，则有 cur-queue′=cur-queue * putval（其中，* 表示在队列末尾插入后继元素）。基于时序逻辑公式的形式化描述如下：

$$\Box(\text{enter(PUT)} \land \text{putval} \neq \text{null}) \to ((\text{length(cur-queue)} = \text{max}) \land (\text{cur-queue}' = \text{cur-queue})) \lor ((\text{length(cur-queue)} < \text{max}) \land (\text{cur-queue}' = \text{cur-queue} * \text{putval}))$$

设(enter(GET) ∧ getval=null)在 cur-queue 状态下成立，则如果当前队列为空，则下一状态 cur-queue′将与 cur-queue 一样；如果当前队列不为空，则有 cur-queue=getval * cur-queue′。基于时序逻辑公式的形式化描述如下：

$$\Box(\text{enter(GET)} \land \text{getval} = \text{null}) \to (\text{empty(cur-queue)} \land (\text{cur-queue}' = \text{cur-queue})) \lor (\neg\text{empty(cur-queue)} \land (\text{cur-queue} = \text{getval} * \text{cur-queue}'))$$

(2) 活性。

PUT 操作的活性就是要求其能够终止。只有在不引起溢出的条件下才能插入元素 putval，其形式化描述为

$$\text{enter(PUT)} \land (\text{length(cur-queue)} < \text{max}) \to \Diamond(\text{exit(PUT)} \land (\text{cur-queue}' = \text{cur-queue} * \text{putval}))$$

$$\text{enter(PUT)} \land (\text{length(cur-queue)} = \text{max}) \to \Diamond(\text{exit(PUT)} \land (\text{cur-queue}' = \text{cur-queue}))$$

GET 操作的活性是指其只有在从队列中取出一个值之后才终止。也就是说,如果队列为空,则该操作将一直等到某个值被放进队列,然后再进行 GET 操作,即

enter(GET) ∧ ¬ empty(cur-queue)→◇(exit(GET) ∧ (cur-queue=getval * cur-queue′))

enter(GET) ∧ empty(cur-queue)→enter(GET) U exit(PUT)

如果队列为空,则某些进程最终会向该队列加入一个值,即

$$\text{empty(cur-queue)} \rightarrow \Diamond \text{enter(PUT)}$$

例 7.4 对以下程序 P:

$$\text{local } x, y: \text{integer where } x=0, y=0$$

$$P_1:: \begin{bmatrix} l_0: \text{while true do} \\ l_1: x=x+1 \end{bmatrix}:\hat{l}_0 \quad \| \quad P_2:: \begin{bmatrix} m_0: \text{while true do} \\ m_1: y=y+1 \end{bmatrix}:\hat{m}_0$$

上述程序 P 中有 4 个迁移(除空迁移外)。

l_0: 从 l_0 转到 l_1;

l_1: 从 l_1 转到 l_0,同时对 x 执行加 1 操作;

m_0: 从 m_0 转到 m_1;

m_1: 从 m_1 转到 m_0,同时对 y 执行加 1 操作。

考虑下列非终止执行序列 δ:

$$<\{l_0,m_0\},0,0> \xrightarrow{l_0} <\{l_1,m_0\},0,0> \xrightarrow{l_1} <\{l_0,m_0\},1,0> \xrightarrow{l_0} <\{l_1,m_0\},1,0> \xrightarrow{l_1} \cdots\cdots$$

是否满足弱公平性。

分析:非终止执行序列 δ 仅执行进程 P_1 中的语句,而完全忽略了进程 P_2 的执行。由弱公平性的定义可知,上述执行序列显然不满足弱公平性。

由此可知,公平性能够解决并发进程间不公平执行的问题。

7.4 本章小结

安全性和活性是并发系统最基本的两类属性。安全性可由公式□p 表示,即系统的运行状态都满足属性 p(代表安全的状态)。活性可由公式◇p 表示,即系统的运行能够到达满足属性 p 的状态(代表希望进入的状态)。本章给出了并发系统属性的形式化定义及基于时序逻辑公式的形式化描述。在此基础上,通过几个简单的例子加深读者对并发系统属性的进一步理解。图 7-2 给出了基于时序公式的程序属性的分类层次图。

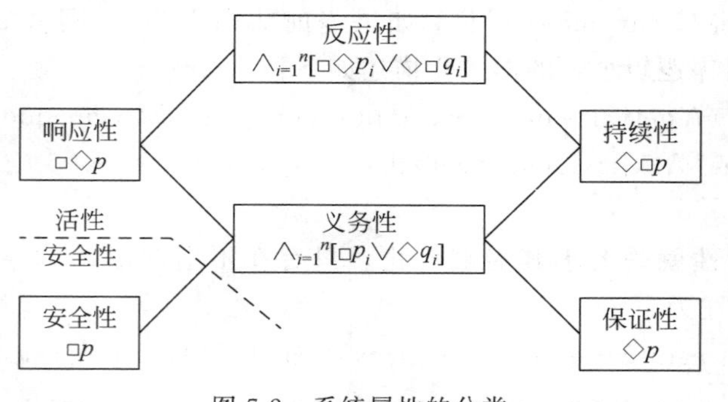

图 7-2 系统属性的分类

习 题 7

1. 试描述并发程序与串行程序的区别,解释并发程序的安全性、活性概念并举例说明。

2. 假设交通信号灯有三种颜色：绿色(gr),黄色(ye),红色(re),且按照下列次序变换颜色：绿灯亮→黄灯亮→红灯亮→绿灯亮。交通灯需满足下列要求：

(1) 在任一时刻,交通信号灯必须且只能显示上述三种颜色之一。

(2) "绿灯亮"状态一直保持到"黄灯亮"状态。

(3) 交通信号灯显示的次序总是"绿灯亮→黄灯亮→红灯亮→绿灯亮"。

试对上述不同属性要求进行分类并给出相应的形式化描述。

3. 系统对资源的分配满足安全性。采用原子命题 Req、Alloc 分别表示进程请求获得资源与系统分配资源。要求当进程提出请求资源时,系统才予以分配。从形式上看,资源分配的安全性,要求在序列集中,Alloc 状态每次发生之前有一个 Req 状态(即优先性)。试给出该安全性需求的形式化描述。

4. 试设计对迁移(操作)A 具有强公平性的迁移系统。

5. 构造一个含多项资源的管理程序 G,它负责调度 m 项共享资源,服务于 n 个进程之间。给出系统属性的时序逻辑描述。

6. 考虑以下程序：

$$\text{local } y_1, y_2: \quad \text{boolean where } y_1 = F, y_2 = F$$
$$s \quad : \quad \text{integer where } s = 1$$

$$P_1 :: \left[\begin{array}{c} l_0: \text{loop forever do} \\ \left[\begin{array}{c} l_1: \text{noncritical} \\ l_2: (y_1, s) := (T, 1) \\ l_3: \text{await}(\neg y_2) \vee (s \neq 1) \\ l_4: \text{critical} \\ l_5: y_1 := F \end{array}\right] \end{array}\right] : \widehat{l_0} \parallel P_2 :: \left[\begin{array}{c} m_0: \text{loop forever do} \\ \left[\begin{array}{c} m_1: \text{noncritical} \\ m_2: (y_2, s) := (T, 2) \\ m_3: \text{await}(\neg y_1) \vee (s \neq 2) \\ m_4: \text{critical} \\ m_5: y_2 := F \end{array}\right] \end{array}\right] : \widehat{m_0}$$

N_i, T_i, C_i 定义同例 7.2,其中 N_1 和 N_2 分别对应程序中的 $l_{1,2}$ 和 $m_{1,2}$；T_1 和 T_2 分别对应程序中的 l_3 和 m_3；C_1 和 C_2 分别对应程序中的 l_4 和 m_4。试给出该程序安全性的形式描述(提示：互斥性、优先性)。

下篇　形式验证

第8章 定理证明

本章学习目标

(1) 掌握时序逻辑演绎验证方法及应用。

(2) 掌握验证工具 STeP 的使用。

(3) 掌握 SAT 典型求解算法。

(4) 掌握 SMT 求解算法。

(5) 了解主要证明辅助工具及应用。

形式验证,即验证系统模型 M 是否满足其规约 φ 要求(即 $M \vDash \varphi$),是形式化方法要解决的核心问题。目前形式验证方法主要分为两类:基于逻辑推理的定理证明(也称演绎验证)和基于状态空间搜索的模型检测(也称算法验证)。其中,定理证明是早期程序验证中主要采用的形式化方法,其基本思想是将“系统满足其规约”这一论断作为逻辑命题,通过一组推理规则,以演绎推理的方式对该命题开展证明。

定理证明按照证明方式和自动化程度的不同,可分为自动定理证明和交互式定理证明;按照验证对象的不同,又可分为面向串行程序和面向并发程序两类证明方法。第2章主要介绍基于 Floyd-Hoare 逻辑的串行程序证明方法。8.1节主要介绍时序逻辑演译验证方法,8.2节和8.3节分别介绍自动定理证明方法和交互式定理证明方法。

8.1 时序逻辑演绎验证方法

20世纪七八十年代,并发程序验证的研究悄然兴起,1976年,S. Owicki 和 D. Gries 在 *An Axiomatic Proof Technique for Parallel Programs* 一文中对 Floyd-Hoare 提出的串行程序部分正确性证明的方法进行了扩充,使之含有并发性的推理规则。由于经典 Floyd-Hoare 逻辑在描述和验证并发程序方面的不足,模态逻辑和时序逻辑逐渐被引入并发程序验证领域。1974年,R. Burstall 首先建议使用模态逻辑进行程序推理。1977年,以色列科学家、图灵奖获得者 A. Pnueli 首次提出用时序逻辑对并发程序进行描述和推理,开创了并发程序验证的新途径。20世纪80年代初,Z. Manna 和 A. Pnueli 提出了基于命题线性时序逻辑 PLTL 的演绎验证方法及验证工具 STeP,成为最具代表性和影响力的并发程序演绎证明方法。

本节首先介绍命题线性时序逻辑系统 PLTL,并在此基础上重点介绍 Manna-Pnueli 演绎验证方法及其验证工具 STeP。

8.1.1 PLTL逻辑系统

命题线性时序逻辑系统PLTL是Z. Manna和A. Pnueli于20世纪70年代末、80年代初提出的。PLTL逻辑系统包括PLTL的语法、语义和证明系统三部分。其中PLTL语法和语义已在6.1节介绍，这里仅解释PLTL证明系统。

1. 基本概念

由于PLTL采用的时间结构是线性的、离散的且与自然数是同构的，因而PLTL公式的语义解释是建立在下列模型上的，该模型是一个无穷状态序列δ: $s_0, s_1, \cdots$，每一状态s_j是对出现在公式f中命题变元的一个赋值$s_j[f]$。

基于PLTL语义，下面给出PLTL公式可满足性、有效性、等价性和一致性的形式化定义。

定义 8.1 设f是一个状态公式，如果存在一个状态s，f在s上解释为真(即$s \Vdash f$)，则称f是状态可满足的；如果f在所有状态上都成立，则称f是状态有效的，记为$\Vdash f$。

定义 8.2 设f是一个时序公式，如果存在一个模型δ，$(\delta, 0) \vDash f$，则称f是可满足的，这时也称f在模型δ上成立，记为$\delta \vDash f$；如果f在所有模型上都成立，则称f是(时序)有效的，记为$\vDash f$。

定义 8.3 如果公式$f \leftrightarrow g$是(时序)有效的，即对所有模型δ，$\delta \vDash f \Leftrightarrow \delta \vDash g$，则称公式$f$、$g$是等价的，记为$f \sim g$。

定义 8.4 如果公式$\Box(f \leftrightarrow g)$是(时序)有效的，即对所有模型$\delta$，$(\delta, j) \vDash f \Leftrightarrow (\delta, j) \vDash g$，$(j \geqslant 0)$，则称公式$f$、$g$是一致的，记为$f \approx g$。

在演绎证明过程中，推理规则大多是基于验证条件的，即从前提的断言是状态有效的，推出结论的时序公式是有效的。

定义 8.5 对于迁移τ及状态变量集$\Pi = Y \cup \{\pi\}$(Y是程序变量集、π是控制变量)上的断言φ、ψ，若$y \in \Pi$，y'是y的后继状态，用y'替换y的每次自由出现，那么可得ψ的后继ψ'，则迁移τ对连接的两个断言φ、ψ的验证条件可表示为$\rho_\tau \wedge \varphi \rightarrow \psi'$，其中$\rho_\tau$表示$\tau$的迁移关系。验证条件可简写为$\{\varphi\}\tau\{\psi\}$。

例如，设有一个迁移τ的迁移关系ρ_τ: $x \geqslant 0 \wedge y' = x + y \wedge x' = x$，断言$\varphi$: $y = 3$，ψ: $y = x + 3$。那么φ、ψ在迁移τ下的验证条件可表示为

$$\underbrace{x \geqslant 0 \wedge y' = x + y \wedge x = x'}_{\rho_\tau} \wedge \underbrace{y = 3}_{\varphi} \rightarrow \underbrace{y' = x' + 3}_{\psi'}$$

因为$y' = x + y$，$x' = x$，并且$y = 3$，所以$y' = x' + 3$，那么验证条件显然是有效的。从中可以得出结论：任意一个状态，若满足$y = 3$，执行迁移τ后，必然满足$y = x + 3$。

定义 8.6 设T为迁移集合，$\mathcal{T}$为程序P所有的迁移集合，即$T \subseteq \mathcal{T}$。$\forall \tau \in T$，如果验证条件$\{\varphi\}\tau\{\psi\}$均成立，记为$\{\varphi\}T\{\psi\}$；$\forall \tau \in \mathcal{T}$，如果验证条件$\{\varphi\}\tau\{\psi\}$均成立，记为$\{\varphi\}\mathcal{T}\{\psi\}$。

由定义8.5和定义8.6可以得出，$\{\varphi\}\tau\{\psi\}$、$\{\varphi\}T\{\psi\}$、$\{\varphi\}\mathcal{T}\{\psi\}$分别表示一个迁移$\tau$、迁移集合$T$和程序$P$的验证条件。

PLTL证明系统(又称演绎系统或推理系统)由一组公理和若干推理规则构成。从PLTL的有效公式(模式)中选取一些公式作为PLTL的公理，再提供若干推理规则，可以推

导出其余的 PLTL 有效公式，这些(有效)公式被称为系统的“定理”。

2. PLTL 公理

按时序算子的分类，PLTL 的公理可分为将来公理、过去公理、混合公理及重言式公理。

1) 将来公理

FX0. $\Box p \to p$

FX1. $\bigcirc \neg p \Leftrightarrow \neg \bigcirc p$

FX2. $\bigcirc (p \to q) \Leftrightarrow (\bigcirc p \to \bigcirc q)$

FX3. $\Box (p \to q) \Rightarrow (\Box p \to \Box q)$

FX4. $\Box p \to \Box \bigcirc p$

FX5. $(p \Rightarrow \bigcirc p) \to (p \Rightarrow \Box p)$

FX6. $p \omega q \Leftrightarrow [q \vee (p \wedge \bigcirc (p \omega q))]$

FX7. $\Box p \Rightarrow p \omega q$

2) 过去公理

PX1. $\ominus p \Rightarrow \widetilde{\ominus} p$

PX2. $\widetilde{\ominus} (p \to q) \Leftrightarrow (\widetilde{\ominus} p \to \widetilde{\ominus} q)$

PX3. $\boxminus (p \to q) \Rightarrow (\boxminus p \to \boxminus q)$

PX4. $\Box p \to \Box \widetilde{\ominus} p$

PX5. $(p \Rightarrow \widetilde{\ominus} p) \to (p \Rightarrow \boxminus p)$

PX6. $p \beta q \Leftrightarrow [q \vee (p \wedge \widetilde{\ominus} (p \beta q))]$

PX7. $\widetilde{\ominus} F$

3) 混合公理

FX8. $p \Rightarrow \bigcirc \ominus p$

PX8. $p \Rightarrow \widetilde{\ominus} \bigcirc p$

4) 重言式公理

p 是一个状态有效公式$\Leftrightarrow \Vdash p$。

3. PLTL 推理规则

推理规则也称为演绎规则，用于描述如何形式地从一个或几个(有效)公式导出新的(有效)公式。PLTL 推理规则通常表示为 $p_1, p_2, \cdots, p_k \vdash q$ 或 $\dfrac{p_1, p_2, \cdots, p_k}{q}$，其中，$p_1, p_2, \cdots, p_k$ 是形如 $\triangleright \varphi$ 的句子(φ 是一个时序公式，P 是一个程序，$\triangleright \in \{\Vdash, P \Vdash, \vDash, P \vDash\}$，但通常将 $\triangleright$ 省略)，称为规则的“前提”，q 称为规则的“结论”。PLTL 推理规则可分为基本规则和派生规则两类：

1) 基本规则(4 条)

(1) GEN(推广)规则：对一个状态公式 p，$\dfrac{\Vdash p}{\vDash \Box p}$。

(2) SPEC(特指)规则：对一个状态公式 p，$\dfrac{\vDash \Box p}{\Vdash p}$。

(3) INST(替换)规则：对一个公式模式 p 和一个替换 α，$\dfrac{p}{p[\alpha]}$。

(4) MP(分离)规则：$\dfrac{(p_1 \wedge p_2 \wedge \cdots \wedge p_n) \to q, p_1, p_2, \cdots, p_n}{q}$。

2) 派生规则(6 条)

(1) TEMP(时序特指)规则：对一个状态公式 p，$\dfrac{\Vdash p}{\vDash p}$。

(2) PAR 规则：$\dfrac{\Box p}{p}$。

(3) PR(命题推理)规则：对命题状态公式 $p_1, p_2, \cdots, p_n, q$，若 $(p_1 \wedge p_2 \wedge \cdots \wedge p_n) \to q$ 是状态有效公式，则 $\dfrac{p_1, p_2, \cdots, p_n}{q}$。

(4) E-MP(分离)规则：$\dfrac{(p_1 \wedge p_2 \wedge \cdots \wedge p_n) \Rightarrow q, \Box p_1, \Box p_2, \cdots, \Box p_n}{\Box q}$。

(5) E-TRNS 规则：$\dfrac{p \Rightarrow q, q \Rightarrow r}{p \Rightarrow r}$。

(6) E-PR(命题推理)规则：对命题状态公式 $p_1, p_2, \cdots, p_n, q$，若 $(p_1 \wedge p_2 \wedge \cdots \wedge p_n) \to q$ 是状态有效公式，则 $\dfrac{\Box p_1, \Box p_2, \cdots, \Box p_n}{\Box q}$。

8.1.2 Manna-Pnueli 演绎规则方法

20 世纪 80 年代初，在命题线性时序逻辑系统 PLTL 的基础上，Z. Manna、A. Pnueli 提出了并发程序安全性(不变性、优先性等)、活性(响应性、反应性等)的演绎推理规则及其图形表式。

1. 不变性规则

(1) 基本不变式规则(INV-B)。

$$\frac{\begin{array}{l}\text{B1. } \Theta \to \varphi \\ \text{B2. } \{\varphi\}\, \mathcal{T}\, \{\varphi\}\end{array}}{\Box \varphi}$$

B1：Θ 是初始条件，φ 在初始状态成立。

B2：$\{\varphi\}\, \mathcal{T}\, \{\varphi\}$ 表示 φ 在执行过程中的某个状态成立，那么无论取哪个迁移，φ 在下一状态依然成立。

B1、B2 两个前提可以保证 φ 在初始状态成立，并且在 φ 成立的某个状态，执行任意迁移，它在下一状态也成立。由此可以得出 φ 在所有状态成立，即 $\Box \varphi$ 成立(这时称 φ 为不变式)。

INV-B 完全形式可表示为

$$\frac{\begin{array}{l}\text{B1}: P \Vdash \Theta \to \varphi \\ \text{B2}: P \Vdash \rho_\tau \wedge \varphi \to \varphi' \text{ for each } \tau \in \mathcal{T}\end{array}}{P \vDash \Box \varphi}$$

(2) 扩充不变式 M 规则(MON-INV)。

$$\frac{\Box p, p \to q}{\Box q}$$

其中 p、q 是断言，如果 p 是不变式，并且 $p \to q$ 是状态有效的，那么 q 也是不变式。

(3) 扩充不变式 C 规则(CON-INV)。

$$\frac{\Box p, \Box q}{\Box (p \wedge q)}$$

其中 p、q 是断言，如果 p、q 都是不变式，那么 $p \wedge q$ 也是不变式。反之也成立，即 $p \wedge q$ 是不变式，根据 MON-INV 规则和 $p \wedge q \to p$，$p \wedge q \to q$，可以得到 p、q 也是不变式。

(4) 一般不变式规则(INV-G)。

$$\frac{\begin{array}{l}\text{I1. } \varphi \to p \\ \text{I2. } \Theta \to \varphi \\ \text{I3. } \{\varphi\}\mathcal{T}\{\varphi\}\end{array}}{\Box p}$$

I1:$\varphi \to p$ 是状态有效的。

I2、I3 分别对应 INV-B 前提中的 B1、B2。

由 I2、I3 可得到 φ 是不变式,再结合 I1 并利用 MON-INV 规则可以得出 p 是不变式。

2. 优先性规则

$$\frac{\begin{array}{l}\text{N1. } p \to \bigvee_{i=0}^{r}\varphi_i \\ \text{N2. } \varphi_i \to q_i \quad \text{for } i=0,\cdots,r \\ \text{N3. } \{\varphi_i\}\mathcal{T}\{\bigvee_{j\leqslant i}\varphi_j\}\text{for } i=1,\cdots,r\end{array}}{p \Rightarrow q_r \omega q_{r-1} \cdots q_1 \omega q_0}$$

N1:如果 p 在状态 s_k 成立,那么 $\bigvee_{i=0}^{r}\varphi_i$ 在这个状态也成立,即存在 j_k 使得 φ_{j_k} 在状态 s_k 成立($0\leqslant j_k\leqslant r$)。

N2:φ_i 在某一状态或状态区间成立,那么 q_i 在这一状态或状态区间也成立,$i=0,1,\cdots,r$。

N3:如果 φ_{j_k} 在状态 s_k 成立,那么 $\varphi_{j_{k+1}}$ 在状态 s_{k+1} 成立,且 $j_k \geqslant j_{k+1} \geqslant \cdots$。

由 N1 可知 φ_{j_k} 在状态 s_k 成立,若 $j_k=0$,则可得到结论;若 $j_k>0$,则还需要考虑 s_k 的下一状态 s_{k+1},由 N3 可知 $\varphi_{j_{k+1}}$ 在状态 s_{k+1} 成立,对 s_{k+1} 不断重复这一过程。不难得出,$\varphi_r,\varphi_{r-1},\cdots,\varphi_1$ 在状态区间序列 $I_r,I_{r-1},\cdots,I_1$ 上分别成立,且它要么在一个 φ_0 成立的状态终止,要么为无限序列。结合 N2,可以得出结论。

3. 响应性规则

(1) 单步响应性 J 规则(J-RESP)。

$$\frac{\begin{array}{l}\text{J1. } p \to (q \vee \varphi) \\ \text{J2. } \{\varphi\}\mathcal{T}\{q \vee \varphi\} \\ \text{J3. } \{\varphi\}\tau\{q\} \\ \text{J4. } \varphi \to \text{En}(\tau)\end{array}}{p \Rightarrow \Diamond q}$$

其中 $\tau \in \mathcal{T}$。

J1:$p \to (q \vee \varphi)$是状态有效的。

J2:在 φ 成立的某个状态,执行任意迁移,$q \vee \varphi$ 在下一状态成立。

J3:在 φ 成立的某个状态,执行迁移 τ,q 在下一状态成立。

J4:在 φ 成立的所有状态,τ 是使能的。

不难看出,如果 p 在状态 s_i 成立($i\geqslant 0$),q 在状态 s_i 成立,则可以直接得出结论。如果假设 p 在状态 s_i 成立,但是 q 不成立,根据 J1 可知,φ 在状态 s_i 后一直成立,根据 J3 可以得出迁移 τ 在状态 s_i 后不被执行,因为在 φ 成立的某个状态,执行迁移 τ,q 在下一状态成立,与假设矛盾。然而,又根据J4,τ 一直是使能的,但在状态 s_i 后迁移 τ 没有被执行,违反了 τ 的弱公平性,因此可以得出结论。

(2) 单步响应性C规则(C-RESP)。

$$\frac{\begin{array}{l}\text{C1. } p\rightarrow(q\vee\varphi)\\ \text{C2. } \{\varphi\}\,\mathcal{T}\,\{q\vee\varphi\}\\ \text{C3. } \{\varphi\}\tau\{q\}\\ \text{C4. } \mathcal{T}\vdash\{\tau\}\vdash(\varphi\rightarrow\Diamond(q\vee \mathrm{En}(\tau)))\end{array}}{p\Rightarrow\Diamond q}$$

C1、C2、C3分别对应J-RESP规则中的前提J1、J2、J3。

C4表明迁移集合为 $\mathcal{T}-\{\tau\}$。

(3) 扩充响应性M规则(M-RESP)。

$$\frac{\begin{array}{c}p\rightarrow r,t\rightarrow q\\ r\Rightarrow\Diamond t\end{array}}{(p\Rightarrow\Diamond q)}$$

其中 $p\rightarrow r,t\rightarrow q$ 是状态有效的,$r\Rightarrow\Diamond t$,表示如果 r 在状态 s_i 成立,那么存在 t 在状态 $s_j(j\geqslant i)$ 成立。

如果 $r\Rightarrow\Diamond t$ 成立,再结合 $p\rightarrow r,t\rightarrow q$ 是状态有效的,由此可以得到 $p\Rightarrow\Diamond q$ 成立。

(4) 扩充响应性T规则(T-RESP)。

$$\frac{\begin{array}{c}p\Rightarrow\Diamond r\\ r\Rightarrow\Diamond q\end{array}}{p\Rightarrow\Diamond q}$$

其中 $p\Rightarrow\Diamond r$ 表示如果 p 在状态 s_i 成立,那么存在 r 在状态 $s_j(j\geqslant i)$ 成立。$r\Rightarrow\Diamond q$ 表示如果 r 在状态 s_i 成立,那么存在 q 在状态 $s_j(j\geqslant i)$ 成立。

根据 $p\Rightarrow\Diamond r,r\Rightarrow\Diamond q$,显然可以得到 $p\Rightarrow\Diamond q$。

(5) 链式规则(CHAIN-J)。

$$\frac{\begin{array}{l}\text{J1. } p\rightarrow\bigvee_{j=0}^{m}\varphi_j\\ \text{J2. } \{\varphi_i\}\,\mathcal{T}\,\{\bigvee_{j\leqslant i}\varphi_j\}\\ \text{J3. } \{\varphi_i\}\tau_i\{\bigvee_{j<i}\varphi_j\}\\ \text{J4. } \varphi_i\rightarrow \mathrm{En}(\tau_i)\end{array}}{p\Rightarrow\Diamond q}$$

其中 $\varphi_0\rightarrow q$,迁移 $\tau_1,\tau_2,\cdots,\tau_m\in\mathcal{T}$,J2、J3、J4中的 $i=1,2,\cdots,m$。

J1:如果 p 在某个状态成立,那么 $\bigvee_{j=0}^{m}\varphi_j$ 在这个状态成立。

J2:φ_i 成立的某个状态,执行任意迁移,φ_j 在下一状态成立,其中 $j\leqslant i$。

J3:φ_i 成立的某个状态,执行迁移 τ,φ_j 在下一状态成立,其中 $j<i$。

J4:在 φ 成立的所有状态,τ 是使能的。

假设 p 在状态 s_t 成立($t\geqslant 0$),q 在状态 $s_m(m\geqslant t)$ 后不成立。由J1可知,p 在状态 s_t 成立,φ_j 在状态 s_t 成立,且 $j>0$,因为 $\varphi_0\rightarrow q$,若 $j=0$,与假设矛盾。由J2可知,φ_j 在状态

s_t 成立，执行任意迁移 φ_k 在状态 s_{t+1} 成立，其中 $k \leqslant j$，且 $k>0$（与 $j>0$ 同理），重复此过程，假设 $j_k, j_{k+1}, \cdots$ 表示是 $\varphi_{j_k}, \varphi_{j_{k+1}}$ 的下标且 $j_k \geqslant j_{k+1} \geqslant \cdots$，由 J2 可知，即存在一些 k，$k \geqslant t$，序列不再递减。由 J2 可知 φ_{j_k} 在状态 s_k 后一直成立。由 J3 可知，因为序列是递减的，τ_{j_k} 在状态 s_k 后是不被执行的，由 J4 可知，τ_{j_k} 在状态 s_k 后是使能的，违反了 τ_{j_k} 的公平性。因此可以得到 $p \Rightarrow \Diamond q$ 成立。

4. 验证图

除了 Manna-Pnueli 演绎规则方法，1983 年，Z. Manna、A. Pnueli 首次提出并发程序演绎证明规则的图形表示——验证图（verification diagram），1994 年，Z. Manna、A. Pnueli 系统地阐述了验证各类时序属性的验证图，为并发程序演绎验证提供了一种直观、可视化的方法。

验证图是一个带标记的有向图，构造如下。

（1）结点：结点与断言绑定，表示一个验证条件。

（2）边：表示结点的迁移。

（3）终止结点：一个结束结点，没有边再从该结点引出。表示"目标断言"，该结点用粗框图表示，以区别其他结点。

验证图可分为不变（invariance）图、Wait 图、Chain 图和 Rank 图。不变性可用不变图证明，优先性可用 Wait 图证明，响应性可用 Chain 图和 Rank 图证明。为了方便描述，记验证图的结点为 $\phi_m, \cdots, \phi_0$，对应的断言为 $\text{Assert}_m, \cdots, \text{Assert}_0$，其中 $m>0$。

1）不变图

没有终止结点的验证图，可以包含循环。如图 8-1 所示的验证图即为一个不变图。

2）Wait 图

当 ϕ_0 是终止结点，并且图是非循环的，即无论何时从结点 ϕ_i 引一条边到结点 ϕ_j，则 $i \geqslant j$ 时，称该验证图为 Wait 图。如图 8-2 所示的验证图即为一个 Wait 图。

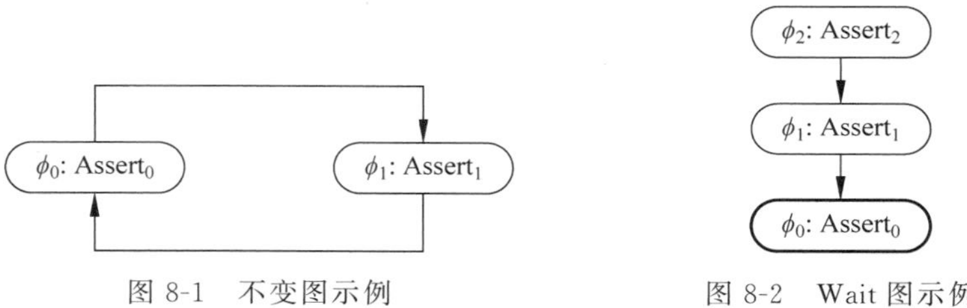

图 8-1　不变图示例　　　图 8-2　Wait 图示例

3）Chain 图

当验证图满足以下条件时，该验证图是 Chain 图：

（1）ϕ_0 是终止结点。

（2）从结点 ϕ_i 引一条单线边到结点 ϕ_j，则 $i \geqslant j$。

（3）从结点 ϕ_i 引一条双线边到结点 ϕ_j，则 $i>j$。

（4）从结点 $\phi_i(i>0)$，有一条双线边从 ϕ_i 引出，该边称为断言 ϕ_i 的"帮助"。

（5）同一变迁不允许既是单线边又是双线边。

如图 8-3 所示的验证图是一个 Chain 图。

4）Rank 图

当验证图满足以下条件时，该验证图是 Rank 图：

（1）ϕ_0 是终止结点。

（2）每个结点 $\phi_i(i>0)$，有一条双线边从 ϕ_i 引出，该边称为断言 ϕ_i 的“帮助”。

（3）同一变迁不允许既是单线边又是双线边。

注意：在 Rank 图中，当 $j>i$ 时，允许结点 ϕ_j 连接结点 ϕ_i，这一点不同于 Chain 图。如图 8-4 所示的验证图是一个 Rank 图。

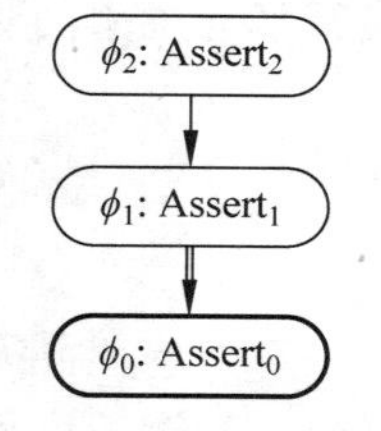

图 8-3　Chain 图示例

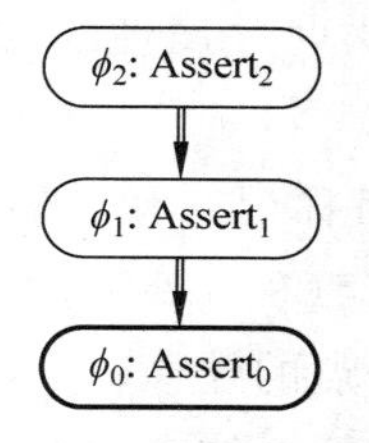

图 8-4　Rank 图示例

5. 应用举例

下面通过几个例子进一步阐述 Manna-Pnueli 证明规则和验证图的应用。其中例 8.1 介绍基本不变式规则和一般不变式规则的应用，例 8.2 介绍响应性规则和验证图的应用，例 8.3 介绍优先性规则和验证图的应用。

例 8.1　ADD-TWO 程序如图 8-5 所示，即将变量 x 加上 2。

（1）证明不变式 φ：$x\geqslant 0$。

首先利用 INV-B 规则建立两个前提条件：

```
Local x : integer where x = 0
    ℓ0 : x := x + 2
    ℓ1 :
```

图 8-5　ADD-TWO 程序

$\Theta \rightarrow \varphi$

B1：$\underbrace{\pi=\{\ell_0\} \wedge x=0}_{\Theta} \rightarrow \underbrace{x \geqslant 0}_{\varphi}$

$\{\varphi\}\ \mathcal{T}\ \{\varphi\}$

B2：$\underbrace{\cdots \wedge x'=x+2}_{\rho_{\ell_0}} \wedge \underbrace{x \geqslant 0}_{\varphi} \rightarrow \underbrace{x' \geqslant 0}_{\varphi'}$

注：不难看出，在空迁移 τ_I 下，所有断言成立，因此只考虑非空迁移 ℓ_0。

很容易得出 B1、B2 是状态有效的，利用 INV-B 规则即可证明 $\square(x\geqslant 0)$ 是成立的。

（2）证明 φ：$\text{at\_}\ell_1 \rightarrow x=2$ 是不变式。

当试图利用 INV-B 规则证明时，首先，建立以下两个前提。

B1：$\underbrace{\pi=\{\ell_0\} \wedge x=0}_{\Theta} \rightarrow \underbrace{\text{at\_}\ell_1 \rightarrow x=2}_{\varphi}$

B2：$\underbrace{\text{move}(\ell_0,\ell_1) \wedge x'=x+2}_{\rho_{\ell_0}} \wedge \underbrace{\text{at\_}\ell_1 \rightarrow x=2}_{\varphi} \rightarrow \underbrace{\text{at}'\text{\_}\ell_1 \rightarrow x'=2}_{\varphi'}$

B1 是状态有效的，因为 $\pi=\{\ell_0\} \rightarrow \neg\, \text{at\_}\ell_1$。

B2 中 $\text{move}(\ell_0,\ell_1) \rightarrow \text{at}'\text{\_}\ell_1$，B2 可简写为 $\text{at\_}\ell_0 \wedge (\text{at\_}\ell_1 \rightarrow x=2) \rightarrow (x+2=2)$，无法直

接使用 INV-B 规则证明其有效,将用一般不变式规则 INV-G 证明。

$$p:\ \text{at}\_\ell_1 \rightarrow x=2$$

$$\{p\}\ell_0\{p\}:\rho_{\ell_0} \wedge \underbrace{\text{at}\_\ell_1 \rightarrow x=2}_{p} \rightarrow \underbrace{\text{at}'\_\ell_1 \rightarrow x'=2}_{p'}$$

$$\varphi:\ (\text{at}\_\ell_1 \rightarrow x=2) \wedge (\text{at}\_\ell_0 \rightarrow x=0)$$

$$\text{I1}:\ \underbrace{(\text{at}\_\ell_1 \rightarrow x=2) \wedge (\text{at}\_\ell_0 \rightarrow x=0)}_{\varphi} \rightarrow \underbrace{\text{at}\_\ell_1 \rightarrow x=2}_{p}$$

$$\text{I2}:\ \underbrace{\pi=\{\ell_0\} \wedge x=0}_{\Theta} \rightarrow \underbrace{(\text{at}\_\ell_1 \rightarrow x=2) \wedge (\text{at}\_\ell_0 \rightarrow x=0)}_{\varphi}$$

$$\text{I3}:\ \underbrace{\text{move}(\ell_0,\ell_1) \wedge x'=x+2}_{\rho_{\ell_0}} \wedge \underbrace{(\text{at}\_\ell_1 \rightarrow x=2) \wedge (\text{at}\_\ell_0 \rightarrow x=0)}_{\varphi} \rightarrow$$

$$\underbrace{(\text{at}'\_\ell_1 \rightarrow x'=2) \wedge (\text{at}'\_\ell_0 \rightarrow x'=0)}_{\varphi'}$$

I2 中 $\Theta \rightarrow \neg \text{at}\_\ell_1 \wedge \text{at}\_\ell_0 \wedge x=0$,I3 中 $\text{move}(\ell_0,\ell_1) \rightarrow \text{at}\_\ell_0 \wedge \neg\text{at}\_\ell_1 \wedge \text{at}'\_\ell_1$,可简写为$\cdots \wedge x'=x+2 \wedge x=0 \rightarrow x'=2$,I1、I2、I3 状态有效,因此可得出结论。

例 8.2 ANY-Y 程序如图 8-6 所示,描述的是一个包含两个进程的程序,共享变量为 x,初始值为 0。进程 P_1 中只要 $x=0$,y 就增加 1。进程 P_2 只有 $x=1$ 这一条语句。很显然,一旦将 x 赋值为 1,进程 P_2 就终止,同样地,只要 $x \neq 0$,进程 P_1 也会终止。

```
local  x,y: integer  where  x=y=0

       [ℓ0:  while x=0 do ]
P1 ::  [ℓ1:     y:=y+1    ]  ‖ P2 :: [m0:  x:=1]
       [ℓ2:               ]          [m1:      ]
```

图 8-6 ANY-Y 程序

(1) 利用 J-RESP 证明 $\text{at}\_m_0 \Rightarrow \Diamond(x=1)$。

首先将 τ、p 分别表示如下。

$$\tau:\ m_0$$

$$p:\ \text{at}\_m_0$$

根据规则 J-RESP 前提表示为

$$\text{J1}:\ \underbrace{\text{at}\_m_0}_{p} \rightarrow \underbrace{\cdots}_{q} \vee \underbrace{\text{at}\_m_0}_{\varphi}$$

$$\text{J3}:\ \underbrace{\cdots x'=1}_{p_{m_0}} \rightarrow \underbrace{\cdots}_{\varphi} \rightarrow \underbrace{x'=1}_{q'}$$

$$\text{J4}:\ \underbrace{\text{at}\_m_0}_{\varphi} \rightarrow \underbrace{\text{at}\_m_0}_{\text{En}(m_0)}$$

J1 显然成立;J2 中 φ 在某一状态下成立,执行所有迁移(除了 m_0),φ 在下一状态也成立;J3 表示 φ 在某个状态成立,执行迁移 m_0,q 在这个状态下成立;J2、J3、J4 也是显然成立的,从而可得出 $\text{at}_m_0 \Rightarrow \Diamond(x=1)$是成立的。

(2) 利用 CHAIN-J 规则和验证图证明 $\Theta \Rightarrow \Diamond(\text{at}\_\ell_2 \wedge \text{at}\_m_1)$。

首先建立 4 个断言及其相应的迁移,表示如下。

$$\begin{array}{ll} \varphi_3: \text{at}\_\ell_{0,1} \wedge \text{at}\_m_0 \wedge x=0 & \tau_3: m_0 \\ \varphi_2: \text{at}\_\ell_1 \wedge \text{at}\_m_1 \wedge x=1 & \tau_2: \ell_1 \\ \varphi_1: \text{at}\_\ell_0 \wedge \text{at}\_m_1 \wedge x=1 & \tau_1: \ell_0 \\ \varphi_0: \text{at}\_\ell_2 \wedge \text{at}\_m_1 & \end{array}$$

$$\text{J}_1 \quad p \rightarrow \bigvee_{j=0}^{3} \varphi_j$$

将证明 $p \rightarrow \varphi_3$:

$$\underbrace{\text{at}\_\ell_0 \wedge \text{at}\_m_0 \wedge x=0 \wedge y=0}_{p} \rightarrow \underbrace{\text{at}\_\ell_{0,1} \wedge \text{at}\_m_0 \wedge x=0}_{\varphi_3}$$

显然成立。

J2~J4

φ_3: $\text{at}\_\ell_{0,1} \wedge \text{at}\_m_0 \wedge x=0$

$$\{\underbrace{\text{at}\_\ell_{0,1} \wedge \text{at}\_m_0 \wedge x=0}_{\varphi_3}\}\,\tau\,\{\underbrace{\text{at}\_\ell_{0,1} \wedge \text{at}\_m_0 \wedge x=0}_{\varphi_3}\} \quad \forall \tau \neq m_0$$

$$\{\underbrace{\text{at}\_\ell_{0,1} \wedge \text{at}\_m_0 \wedge x=0}_{\varphi_3}\}\,m_0 \left\{\begin{array}{l} \underbrace{\text{at}\_\ell_1 \wedge \text{at}\_m_1 \wedge x=1}_{\varphi_2} \vee \\ \underbrace{\text{at}\_\ell_0 \wedge \text{at}\_m_1 \wedge x=1}_{\varphi_1} \end{array}\right\}$$

$$\{\underbrace{\text{at}\_\ell_{0,1} \wedge \text{at}\_m_0 \wedge x=0}_{\varphi_3}\} \rightarrow \underbrace{\text{at}\_m_0}_{\text{En}(m_0)}$$

φ_2: $\text{at}\_\ell_1 \wedge \text{at}\_m_1 \wedge x=1$

$$\{\underbrace{\text{at}\_\ell_1 \wedge \text{at}\_m_1 \wedge x=1}_{\varphi_2}\}\,\tau\,\{\underbrace{\text{at}\_\ell_1 \wedge \text{at}\_m_1 \wedge x=1}_{\varphi_2}\} \quad \forall \tau \neq \ell_1$$

$$\{\underbrace{\text{at}\_\ell_1 \wedge \text{at}\_m_1 \wedge x=1}_{\varphi_2}\}\,\ell_1\,\{\underbrace{\text{at}\_\ell_0 \wedge \text{at}\_m_1 \wedge x=1}_{\varphi_1}\}$$

$$\{\underbrace{\text{at}\_\ell_1 \wedge \text{at}\_m_1 \wedge x=1}_{\varphi_2}\} \rightarrow \underbrace{\text{at}\_\ell_1}_{\text{En}(\ell_1)}$$

φ_1: $\text{at}\_\ell_0 \wedge \text{at}\_m_1 \wedge x=1$

$$\{\underbrace{\text{at}\_\ell_0 \wedge \text{at}\_m_1 \wedge x=1}_{\varphi_1}\}\,\tau\,\{\underbrace{\text{at}\_\ell_0 \wedge \text{at}\_m_1 \wedge x=1}_{\varphi_1}\} \quad \forall \tau \neq \ell_0$$

$$\{\underbrace{\text{at}\_\ell_0 \wedge \text{at}\_m_1 \wedge x=1}_{\varphi_1}\}\,\ell_0\,\{\underbrace{\text{at}\_\ell_2 \wedge \text{at}\_m_1}_{\varphi_0}\}$$

$$\underbrace{\text{at}\_\ell_0 \wedge \text{at}\_m_1 \wedge x=1}_{\varphi_1} \rightarrow \underbrace{\text{at}\_\ell_0}_{\text{En}(\ell_0)}$$

因此,可以得出结论 $\Theta \Rightarrow \Diamond(\text{at}\_\ell_2 \wedge \text{at}\_m_1)$。

Chain 验证图如图 8-7 所示。

φ_3: at_$\ell_{0,1}$ ∧ at_m_0 ∧ x=0

φ_2: at_ℓ_1 ∧ at_m_1 ∧ x=1

φ_1: at_ℓ_0 ∧ at_m_1 ∧ x=1

φ_0: at_ℓ_2 ∧ at_m_1

图 8-7 证明 $\Theta \Rightarrow \Diamond(\text{at\_}\ell_2 \wedge \text{at\_}m_1)$

例 8.3 Peterson 算法如图 8-8 所示，主要用于解决互斥问题，假设有两个进程，用 P_i 表示，$i=1,2$。算法最基本的机制是通过布尔变量 y_1、y_2 控制两个进程访问一个共享的单用户资源而不发生访问冲突，若进程试图进入临界区，则将进程相应的 y_i 设为 T，离开临界区时，将 y_i 设为 F。但两个进程可能同时处于等待状态，即分别在 ℓ_4、m_4 处，$y_1=y_2=\text{T}$，若只有 y_i 控制进程，那么将会出现死锁，因此还需变量 s，$s_i=\{1,2\}$，作为签名，当 $y_1=y_2=\text{T}$ 时，在下一个语句中，每个进程将自己的下标数字赋给 s，即 P_1 执行 $s=1$，P_2 执行 $s=2$。那么当两个进程都处于等待状态时，若 P_i 首先到达等待区，则 $s\neq i$，$i=1,2$，j 为另一进程的下标，即 $s=j$，也是最后到达等待区的进程，因此 P_i 具有优先权。

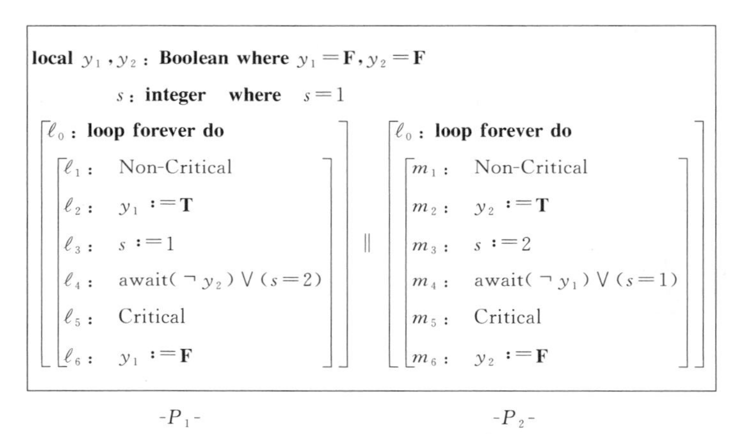

local y1, y2: Boolean where y1 = F, y2 = F
s: integer where s = 1
ℓ0: loop forever do
ℓ1: Non-Critical
ℓ2: y1 := T
ℓ3: s := 1
ℓ4: await(¬y2) ∨ (s=2)
ℓ5: Critical
ℓ6: y1 := F
m0: loop forever do
m1: Non-Critical
m2: y2 := T
m3: s := 2
m4: await(¬y1) ∨ (s=1)
m5: Critical
m6: y2 := F
-P1-
-P2-

图 8-8 Peterson 算法

Peterson 算法中可能出现对某个进程不公平的情况，如 P_2 进入临界区 10 次，P_1 才进入 1 次，为了防止这种情况的发生，将加入一些条件：

P_1 在 ℓ_4 位置，P_2 可能先于 P_1 进入临界区，但最多只能出现 1 次，这个属性可以表示为 $\text{at\_}\ell_4 \Rightarrow (\neg\text{at\_}m_{5,6})\,\omega\,(\text{at\_}m_{5,6})\,\omega\,(\neg\text{at\_}m_{5,6})\,\omega\,(\text{at\_}\ell_{5,6})$。这个公式表示的是如果 P_1 正在 ℓ_4 位置，那么有可能一段区间内 P_2 不在 $m_{5,6}$，接着一段区间 P_2 在 $m_{5,6}$，然后 P_2 又不在 $m_{5,6}$，P_1 进入 $\ell_{5,6}$，任何一个区间都可能为空，特别是 P_2 在 $m_{5,6}$ 的区间内，在 P_2 没有先到 $m_{5,6}$ 时，允许 P_1 进入 $\ell_{5,6}$。另外，任何一个区间也有可能是无限的，在这种情况下，不能保证紧接着的区间和 P_1 进入 $\ell_{5,6}$，然而这种情况是不会发生的。

(1) 利用 NWAIT-B 规则证明优先公式 $\text{at\_}\ell_4 \Rightarrow (\neg\text{at\_}m_{5,6})\,\omega\,(\text{at\_}m_{5,6})\,\omega\,(\neg\text{at\_}m_{5,6})\,\omega\,(\text{at\_}\ell_{5,6})$。

首先建立 4 个断言 φ_0、φ_1、φ_2、φ_3，需要满足一些条件：

$\text{at\_}\ell_4 \rightarrow \varphi_0 \vee \varphi_1 \vee \varphi_2 \vee \varphi_3$ 满足前提 N1。

$\varphi_0 \rightarrow \text{at\_}\ell_{5,6}$，$\varphi_1 \rightarrow \neg\text{at\_}m_{5,6}$，$\varphi_2 \rightarrow \text{at\_}m_{5,6}$，$\varphi_3 \rightarrow \neg\text{at\_}m_{5,6}$ 满足规则前提 N2。

$\varphi_1 \sim \varphi_3$ 满足规则前提 N3。

$\varphi_0, \varphi_1, \varphi_2, \varphi_3$ 表示为

$$\varphi_0: \text{at\_}\ell_{5,6}$$

$$\varphi_1: \text{at\_}\ell_4 \wedge (\text{at\_}m_{0..3} \vee (\text{at\_}m_4 \wedge s=2))$$

$$\varphi_2: \text{at\_}\ell_4 \wedge \text{at\_}m_{5,6}$$

$$\varphi_3: \text{at\_}\ell_4 \wedge \text{at\_}m_4 \wedge s=1$$

φ_0 是用 $\text{at\_}\ell_{5,6}$ 本身表示的，因为很显然它将终止等待。$\varphi_1 \rightarrow \neg\, \text{at\_}m_{5,6}$，可以将它与 $\text{at\_}\ell_4$ 合取，因为整个区间内 P_1 从位置 ℓ_4 开始，到 ℓ_5 处结束。

考虑到 φ_1 在优先公式中的作用，以及规则前提 N3，φ_1 使 $(\text{at\_}\ell_{5,6})$-状态是 $(\neg\varphi_1)$-状态唯一能到的下一个状态。φ_1 应该具有这些特点，在所有状态中，下一个进入临界区的将是 P_1，即所有状态中 P_1 比 P_2 具有绝对优先权。

$\text{at\_}\ell_4 \wedge \text{at\_}m_4 \wedge s=2$ 就是上面所说的一种情况，可以加入其他一些可以通过 P_2 移动到达状态的断言，φ_1 完整表示如上所示。

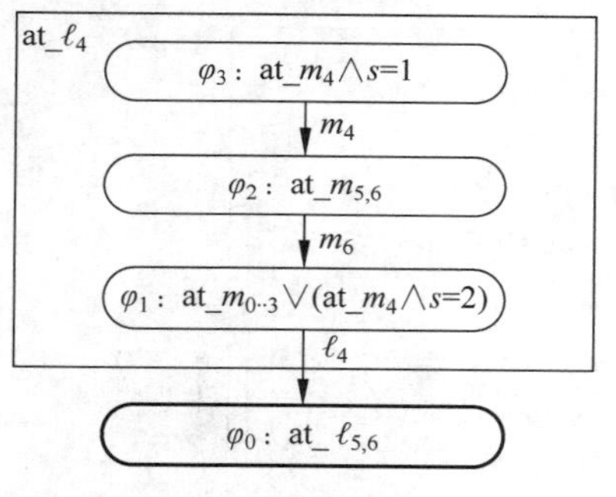

图 8-9 证明 $\text{at\_}\ell_4 \Rightarrow (\neg\, \text{at\_}m_{5,6})\,\omega\,(\text{at\_}m_{5,6})\,\omega\,(\neg\, \text{at\_}m_{5,6})\,\omega\,(\text{at\_}\ell_{5,6})$

φ_2 需要满足 $\text{at\_}\ell_4 \wedge \text{at\_}m_{5,6}$。

φ_3 应该具有这样的特点，即在所有状态中，在等待位置 ℓ_4，P_2 比 P_1 具有优先权。φ_1、φ_2、φ_3 可表示 $\text{at\_}\ell_4$ 所有的状态。

建立 $\varphi_0 \sim \varphi_3$，利用 NWAIT-B 规则，即可证明 $\text{at\_}\ell_4 \Rightarrow (\neg\, \text{at\_}m_{5,6})\,\omega\,(\text{at\_}m_{5,6})\,\omega\,(\neg\, \text{at\_}m_{5,6})\,\omega\,(\text{at\_}\ell_{5,6})$。

(2) 用验证图验证(1)中的属性。

Wait 图如图 8-9 所示。

8.1.3 验证工具 STeP 及应用

1. STeP 简介

STeP(Stanford Temporal Prover)是由斯坦福大学开发的演绎验证工具，STeP 采用了不变式自动生成方法，它通过分析程序上下文，自底向上地自动生成不变式。与规约结合后，在整个验证过程中都可以有效地获取和保存不变式。STeP 工具提供了一系列有效的方法检测一大类一阶时序表达式的正确性。这种程度的自动演绎可以处理演绎验证中的许多验证条件。

STeP 的框架如图 8-10 所示。工具的输入包括两部分，一个是交互式系统，可以是硬件和软件的描述；另一个是以时序逻辑表达式表示的规约，用于描述系统待验证的属性。STeP 工具支持模型检测和演绎验证两种验证方式。

STeP 有三个主要的界面组件：顶层证明器(top-level prover)、交互证明器(interactive prover)和验证图编辑器(verification diagram editor)。顶层证明器用于验证规约规则，交互证明器用于证明一阶时序逻辑公式的有效性，而验证图编辑器用于创建验证图。MUX-SEM 程序被加载到 STeP 工具的界面如图 8-11 所示。

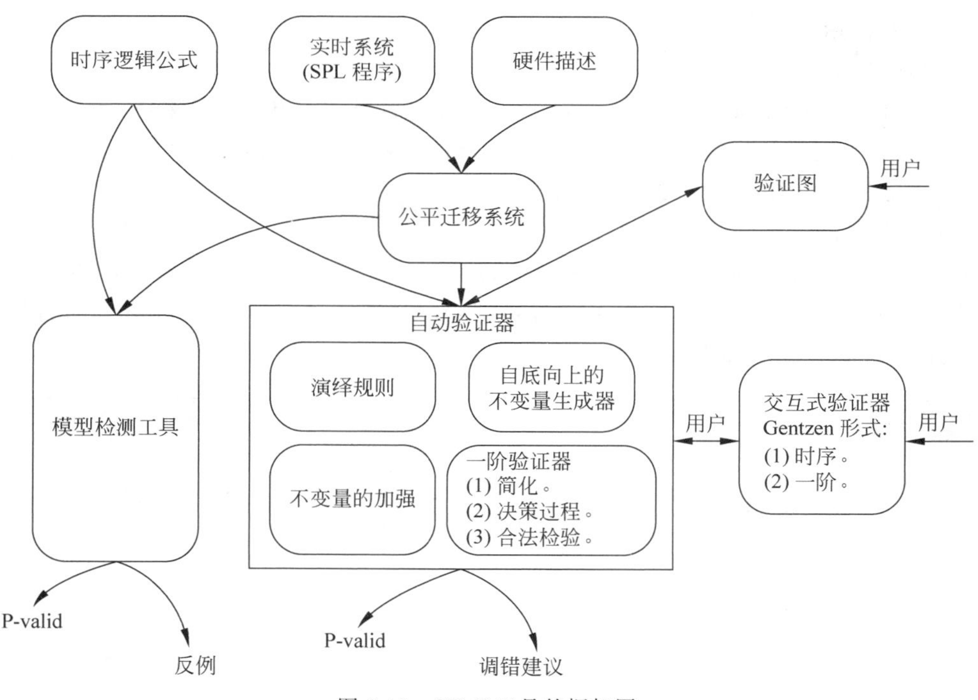

图 8-10　STeP 工具的框架图

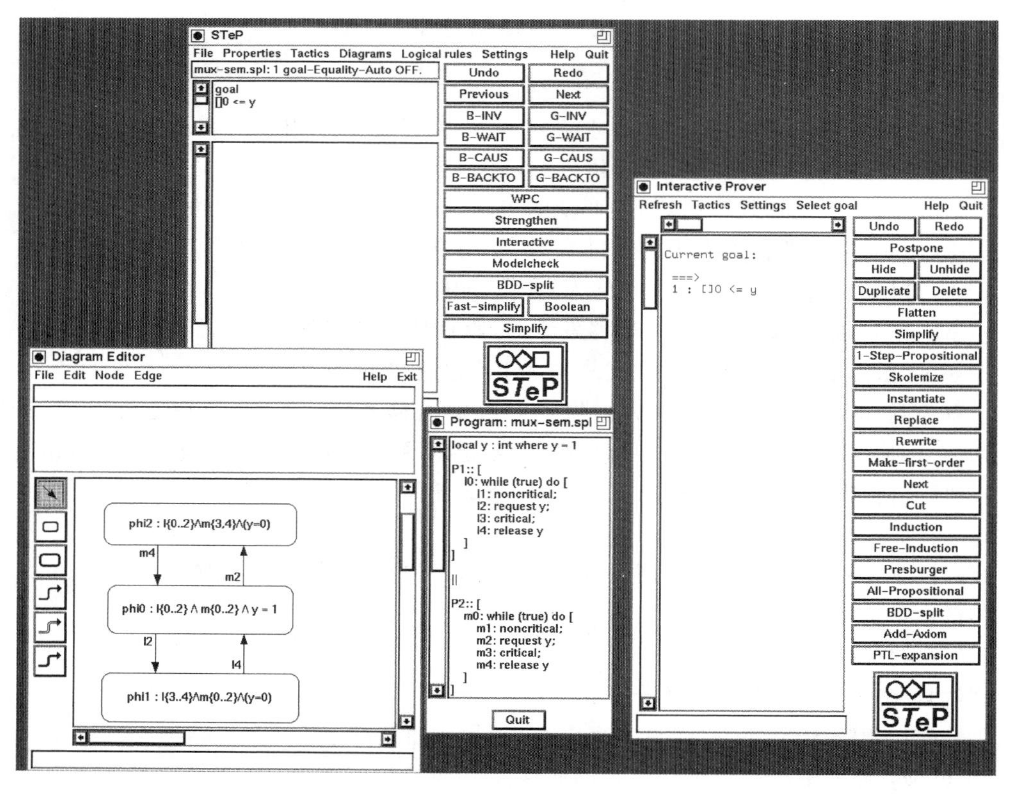

图 8-11　STeP 工具的界面示意图

2. STeP 使用

1）建模语言

STeP 可以用 SPL(simple programming language)程序的方式描述系统，也可以直接以迁移系统表示系统行为。迁移系统是工具 STeP 的基本描述语言，当用 SPL 程序作为输入时，工具会将 SPL 程序转换成迁移系统处理。

(1) SPL 程序。

SPL 程序遵循了传统命令式语言的特性，如 Pascal。除了传统命令式语言的特性，SPL 还支持不确定性，也就是说它提供了选择(selection)表达或者组件并行执行的特性。用 SPL 描述的 Euclid 算法如图 8-12 所示。

```
in a,b: int where a > 0,b > 0
local x,y: int where x = a,y = b
out gcd: int
ℓ0: [loop forever do
      [
          t1: guard x > y do x := x - y
      or
          t2: guard x < y do y := y - x
      or
          t3: guard x = y do gcd := x
      ]
    ]
```

图 8-12　Euclid 算法对应的 SPL 程序

(2) 迁移系统。

迁移系统是工具 STeP 中系统描述的基本语言，迁移系统相关内容请参见第 3 章。在工具 STeP 中可用 5 个关键字描述迁移关系，这 5 个关键字如下。

① Modvar：当迁移发生时，描述变量的更新情况，允许描述变量不确定性的改变。

② Define：定义迁移关系中的辅助变量，使用户更方便地描述系统。

③ Enable：描述使能条件，当条件为真时，迁移才允许发生。

④ Modrel：描述修改关系，当迁移发生时，默认所有变量的修改仍然成立。

⑤ Assign：可以用表达式的方式来描述下个状态变量的改变情况。

迁移系统可以由多个模块组成。除了一般的迁移系统，工具 STeP 还可以描述时钟迁移系统(clocked transition system)和混成迁移系统(hybrid transition system)。如图 8-13 所示，它描述了 Euclid 的 SPL 程序对应的迁移系统。

2）规约语言

规约用来描述系统待验证的属性，在工具 STeP 中可以用规约规则(specification rules)或者验证图的方式描述规约。

(1) 规约规则。

规约规则通常包含以下三部分。

① 声明：用于定义类型、变量、宏、重写规则、辅助变量等。

② 公理：描述整个系统默认满足的属性。

③ 属性：描述系统待验证的属性，以表达式的方式来描述。

```
Transition System
in a,b: int
local x,y: int
out gcd: int
control pi0: [0...0]
Initially a>0 ∧ b>0 ∧ x=a ∧ y=b ∧ pi0=0
Transition t1 Just:
    enable pi0 = 0 ∧ x>y
    assign x := x - y
Transition t2 Just:
    enable pi0 = 0 ∧ x<y
    assign y := y - x
Transition t3 Just:
    enable pi0 = 0 ∧ x = y
    assign gcd := x
```

图 8-13　Euclid 的 SPL 程序对应的迁移系统

工具 STeP 不保证用户所给属性的一致性，需用户自行保证，如图 8-14 所示，是带有公理和属性的规约规则。

```
SPEC ( * Greatest common divisor spec file * )
value COMMUTATIVE gcd: int * int --> int
AXIOM gcd1: []Forallm,n:int . (m! = n --> gcd(m,n) = gcd(m - n,n))
AXIOM gcd2: []Forall m:int . (m > 0 --> gcd(m.m) = m)
AXIOM gcd3: []Forall m:int . (m < 0 --> gcd(m.m) = - m)
PROPERTY aux1: [](y1 > 0)
PROPERTY aux2: [](y2 > 0)
PROPERTY aux3: [](gcd(y1,y2) = gcd(a,b))
PROPERTY partial correctness: 18 ==> g = gcd(a,b)
```

图 8-14　带有公理和属性的规约规则

(2) 验证图。

验证图用于图形化地表示待验证的规约，如图 8-15 所示。验证图的定义及类型请参阅 8.1.3 节。当且仅当验证图所有结点都被验证为真时，整个验证图才是有效的，也就是说系统满足该验证图的规约。

3. 应用举例

本节采用时钟迁移系统对实时系统建模，规约采用了规约规则和验证图两种方式表示，以验证系统满足某些属性。该实例是一个铁路穿越(generalized railroad crossing,GRC)系统，验证目标是保证控制器操纵升降杆(gate)时满足安全(safe)和效率(utility)两个属性。安全是指当列车经过临界区时，升降杆处于关闭(down)状态。效率是指当升降杆没有必要关闭的情况下，升降杆处于允许通行(up)的状态。

1) 建模

系统模型包括对列车、升降杆和控制器 3 个部分的建模。3 个部分的并行协作，构成了

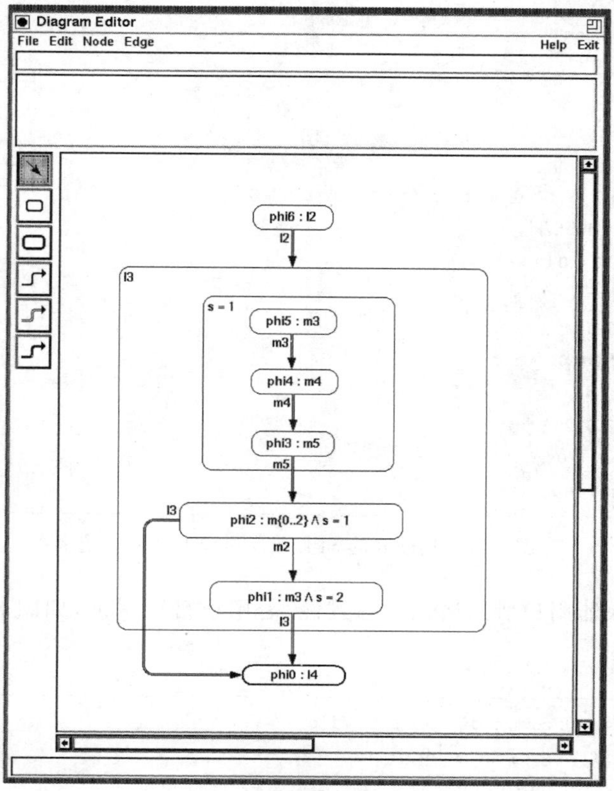

图 8-15　验证图示例

完整的铁路穿越系统。GRC 系统包含若干辆列车,列车行驶的轨道包含 3 个区域,即 I(intersection)、P(an interval preceding the intersection)和 notHere(everywhere else),如图 8-16 所示。升降杆有 4 个状态,分别是 down、up、goingDown、goingUp。

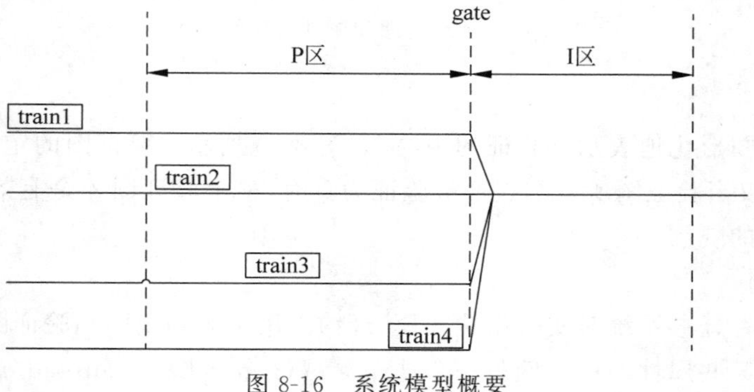

图 8-16　系统模型概要

(1) 列车建模。

列车对应的 clocked transition module 如图 8-17 所示,其图形化的迁移系统如图 8-18 所示。其中 minTimeToI 和 maxTimeToI 分别表示列车从进入 P 区到进入 I 区的最小和最大时间。minTimeToI 是迁移 enterI 的使能条件,而 maxTimeToI 是列车停留在 P 区的最大时间。

```
Clocked Transition Module Trains
in minTimeToI : real where minTimeToI > 0
in maxTimeToI: real where maxTimeToI > 0
type trainStatus = {notHere,P,I}
local trains: array[1..N] of trainStatus
                 whereForall i:[1..N].(trains[i] = notHere)
local firstEnter: array[1..N] of real
local lastEnter: array[1..N] of real
Progress
    Forall i:[1..N].(trains[i] = P --> T <= lastEnter[i]))
Transition trainEnter[i:[1..N]]:
    enable trains[i] = notHere
    assign trains[i] := P
        firstEnter[i] := T + minTimeToI,
        lastEnter[i] := T + maxTimeToI
Trainsition enterI[i:[1..N]]:
    enable trains[i] = P ∧ T >= firstEnter[i]
    assign trains[i] := I
Trainsition trainsExit[i:[1..N]]:
    enable trains[i] = I
    assign trains[i] := notHere
```

图 8-17　描述列车的时钟迁移系统

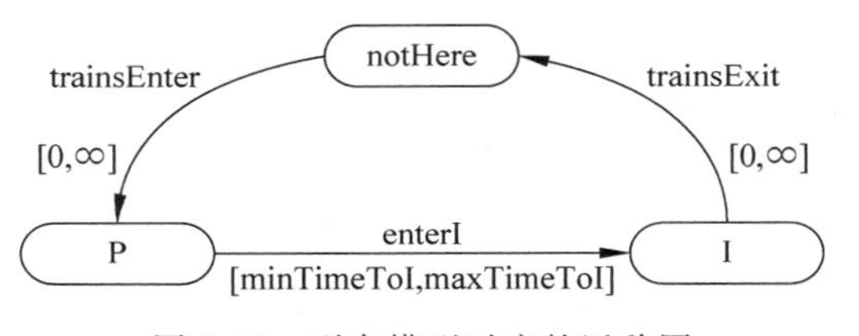

图 8-18　列车模型对应的迁移图

（2）升降杆建模。

升降杆对应的 clocked transition module 如图 8-19 所示，其图形化的迁移系统如图 8-20 所示。变量 gateRiseTime 和 gateDownTime 分别表示升降杆完全升起和降下的时间。Progress 条件表示当升降杆处于 goingUp/goingDown 状态时，迁移 isUp/isDown 最多花费的时间为 gateRiseTime/gateDownTime。

```
Clocked Transition Module Gate
in gateRiseTime: real where gateRiseTime > 0
in gateDownTime:real where gateDownTime > 0
type gateStatus = {up,down,goingUp,goingDown}
local gate: gateStatus where gate = up
local lastDown,lastUp: real
Progress ((gate = goingUp --> T <= lastUp) ∧
         (gate = goingDown --> T <= lastDown))
```

图 8-19　描述升降杆的时钟迁移系统

```
Transition lower:
    assign (gate,lastUp) :=
        if gate = down ∧ gate = goingDown
            then (goingUp,T + gateRiseTime)
            else (gate,lastUp)
Transition raise:
    assign (gate. lastDown) :=
        if gate = up ∨ gate = goingUp
            then (goingDown,T + gateDownTime)
            else (gate,lastDown)
Transition isUp:
    enable gate = goingUp
    assign gate := up
Transition isDown:
    enable gate = goingDown
    assign gate := down
```

图 8-19 （续）

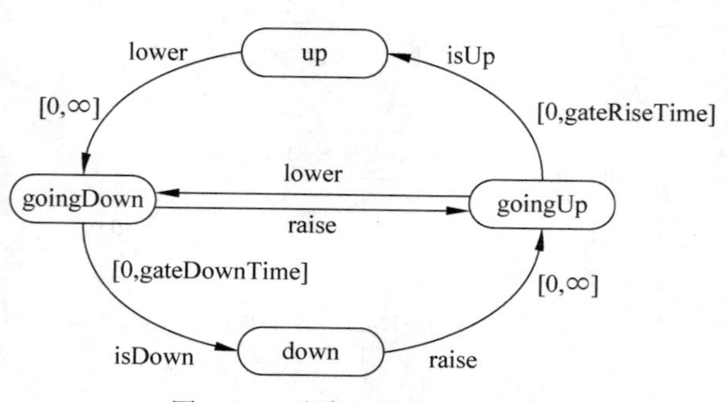

图 8-20 升降杆模型的迁移图

（3）控制器建模。

控制器对应的 clocked transition module 如图 8-21 所示，控制器的目的是根据列车的状态约束升降杆的行为，从而保证系统的安全和效率。迁移 trainsEnter 和 trainsExit 用于和列车模块同步，而迁移 lower 和 raise 用于和升降杆模块同步。

2）验证

（1）一般属性。

图 8-22 列出了待验证的一般属性。属性 GC1 表示控制器可以感知升降杆的状态。属性 GC2 表示当控制器下达 lower 命令时，升降杆必须在 gateDownTime 时间内到达 down 状态。属性 GC3 描述当有列车即将进入 I 区前，升降杆处于 down 状态。属性 TC1 描述列车状态在控制器中被正确描述。TC2 表示控制器预估的列车到达时间是保守的。

```
Clocked Transition Module Controller
in conMinI: real where conMinI > 0
in gammaDown: real where gammaDown > 0
in gammaUp: real where gammaUp > 0
in carPassingTime: real where carPassingTime > 0
in beta: real where beta > 0
type gatatus = {gUp,gDown}
local gs: gstatus where gs = gUp
local schedTime: array[1..N] of real
local trainHere: array[1..N] of bool
    where Forall i:[1..N]. !trainHere[i]
Progress (gs = gUp --> Forall i:[1..N].
    (trainHere[i] --> T < schedTime[i] - gammaDown)) ∧
(gs = gDown --> Exists i:[1..N]. trainHere[i] ∧
schedTime[i]<= T + gammaUp + carPassingTime + gammaDown))
transition trainsEnter [i:[1..N]]:
    assign schedTime[i] := T + conMinI,
        trainHere[i] := true
trainisition lower:
    enable gs = gUp ∧ Exists i:[1..N]. (trainHere[i] ∧
            schedTime[i] <= T + gammaDown + beta)
    assign gs := gDown
transition trainsExit [i:[1..N]]:
    assign trainHere[i] := false
Transition raise:
    enable gs = gDown ∧ Forall i:[1..N]. (trainHere[i] -->
T + gammaUp + carPassingTime + gammaDown < schedTime[i])
```

图 8-21　描述控制器的时钟迁移系统

```
PROPERTY G1: [Gate]| = gate = goingDown ==> T <= lastDown
PROPERTY G2: [Gate]| = gate = goingUp ==> T <= lastUp
PROPERTY T1: [Trains]| =
    Forall i:[1..N].(T < firstEnter[i] ==> trains[i]! = I)
PROPERTY T2: [Trains]| =
    Forall i:[1..N].(trains[i] = p ==>
    firstEnter[i]<= T + minTimeToI ∧
    T <= lastEnter[i] ∧
    lastEnter[i] - firstEnter[i] = maxTimeToI - minTimeToI)
PROPERTY C1:[Controller]| = gs = gUp ==>
    Forall i:[1..N]. (trainHere[i] --> T < schedTime[i] - gammaDown)
PROPERTY GC1:[Gate ‖ Controller]| =
    gs = gDown <==>(gate = goingDown ∨ gate = down)
PROPERTY GC2 [Gate ‖ Controller]| =
    gs = gDown ==> lastDown <= T + gateDownTime
PROPERTY GC3: [Gate ‖ Controller]| = gs = gDown ==>
    Forall i:[1..N]. (trainHere[i] --> lastDown < schedTime[i])
PROPERTY TC1: [Controller ‖ Trains]| =
    Forall i:[1..N]. (trainHere[i]<==> trains[i]! = notHere)
PROPERTY TC2: [Controller ‖ Trains]| =
    Forall i:[1..N]. (trainHere[i] ==> schedTime[i]< firstEnter[i])
```

图 8-22　普通验证属性

(2) 安全。

安全是指当 I 区有列车时，升降杆总是处于 down 状态，属性描述如下：

```
PROPERTY safety: [Gate ‖ Controller ‖ Trains]| =
(Exists i:[1..N].train[i] = I) ==> gate = down
```

(3) 效率。

验证效率所需的变量和公理如图 8-23 所示，公理 ASP1 表示升降杆升起时必须满足的时间约束。同样 ASP2 表示升降杆下降时必须满足的时间约束。ASP3 和 ASP4 表示 margin 的上下界。图 8-24 描述了升降杆处于 down 状态的间隔示意图。

```
value maxPre,maxPost: real
value t: real
AXIOM ASP1: maxPost > gammaUp
AXIOM ASP2: maxPre >
          gateDownTime + maxTimeToI - minTimeToI + margin
AXIOM ASP3: margin >(gammaDownw - gateDownTime)
                + (minTimeToI - conMinI) + beta
AXIOM ASP4: margin <= carPassingTime
```

图 8-23　验证效率时所需的变量和公理

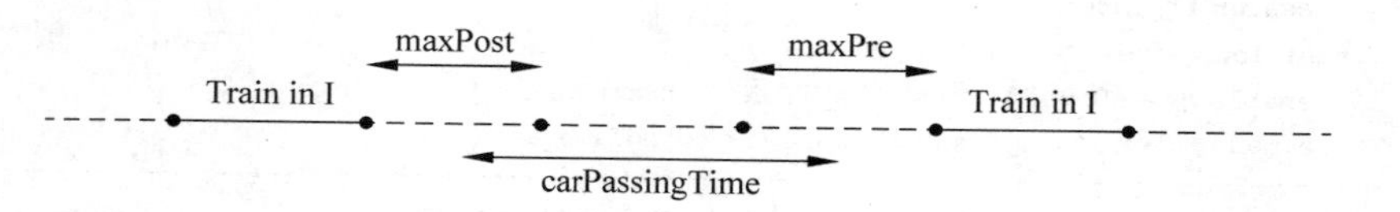

图 8-24　升降杆需要处于状态 down 的间隔

效率属性 1(utility1)描述如果升降杆在 t 时刻正在下降，那么列车将会在 maxPre 时间内进入 I 区，这保证了升降杆不会过早地下降。其规约规则和验证图描述分别如图 8-25 和图 8-26 所示。

```
PROPERTY utility1: [Gate ‖ Controller ‖ Trains]| =
gate = goingDown ∧ t = T ==>
    T <= t + maxPre Awaits Exists i:[1..N]. trains[i] = I
```

图 8-25　效率属性 1 的规约规则

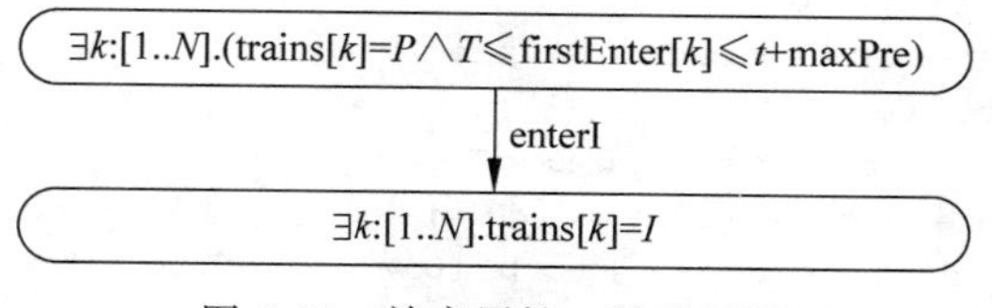

图 8-26　效率属性 1 的验证图

效率属性 2(utility2)描述如果列车在时刻 t 进入 I 区，升降杆最多在 maxPost 时间内处于 up 状态，或者当另一辆列车快到达时，升降杆最多在 maxPre + carPassingTime +

maxPost 时间内处于 up 状态，以保证升降杆在不必要的时刻一直处于 down 的状态，其规约规则和验证图描述分别如图 8-27 和图 8-28 所示。

```
PROPERTY utility2: [Gate ‖ Controller ‖ Trains]| =
T = T ∧ (Forall i:[1..N]. trains[i]! = I) ==>
    (T <= t + maxPre + carPassingTime + maxPost)
    Awaits
    (T <= t + maxPost ∧ gate = up) ∨
    (T <= t + maxPre + carPassingTime + maxPost ∧
    Exists i:[1..N]. trains[i] = I)
```

图 8-27　效率属性 2 的规约规则

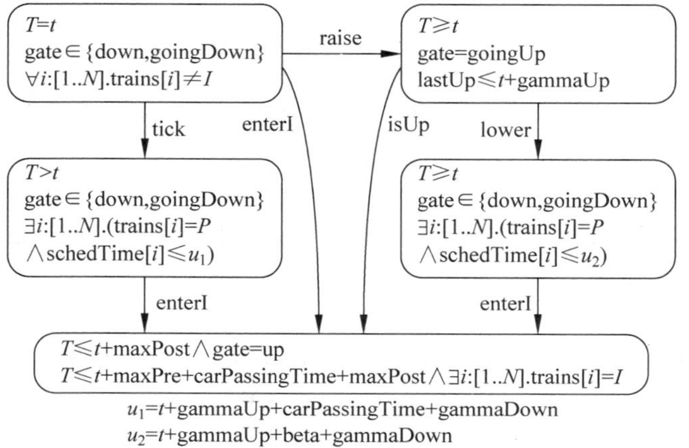

图 8-28　效率属性 2 的验证图

8.2　自动定理证明方法

定理证明的基本思想是把验证的性质表述成逻辑定理，利用逻辑中定理的推导过程得出对性质的证明。定理证明中最早得到发展的是自动定理证明(automated theorem proving，ATP)，也称定理机器证明，是指使用计算机以定理证明的方式对数学定理或计算机软、硬件系统进行形式验证，这种证明方法因为其自动化的特点而被学术界和工业界青睐。

自动定理证明起源于逻辑。早在 17 世纪，G. W. Leibniz 就提出了用机器证明数学定理的想法，然而直到 19 世纪末现代逻辑的创立和发展，以及 20 世纪 40 年代计算机的诞生，才使这一想法的实现有了现实可能性。A. Newell、J. C. Shaw 和 H. A. Simon 于 1956 年提出“逻辑理论机”(LT)机械地模仿人类在证明命题逻辑定理时所用的推导过程①，成功地证明了 B. Russell、A. N. Whitehead 的 *Principia Mathematica* 第二章中的 38 个定理，这也标志着自动定理证明的开端。1959 年，华人数学与逻辑学家王浩(1912—1995)研究出关于命题

① 该方法称为类人方法或自然演绎法，传统 ATP 还包括归结等方法。限于篇幅，本书不介绍归结、自然演绎的相关内容，有兴趣的读者可参阅有关文献。

演算和谓词演算的机械证明程序,只用几分钟计算时间,就证明了 B. Russell、A. N. Whitehead 的 *Principia Mathematica* 中的 220 个定理,开创了数学机械化的新时代。20 世纪 70 年代,我国数学家吴文俊(1919—2017)在几何定理机械化证明方面做出了开创性工作,国际上称为"吴方法"。

自动定理证明最初旨在证明数学定理。不过 J. McCarthy 指出,计算机能够检查的不仅是数学证明,还包括复杂工程系统及计算机程序是否符合它们的规约。事实正是如此,从 20 世纪 60 年代晚期开始,人们认识到许多其他问题,如程序属性、专家系统和集成电路设计相关的问题等,都可以表示为定理,而由自动定理证明工具予以解决。

自动定理证明与可满足性判定紧密相连,可将定理证明问题转换为判定逻辑公式的可满足性问题。

8.2.1 SAT 求解算法

逻辑公式的可满足性问题(satisfiability problem,SAT)是一个著名的判定问题。S. A. Cook 于 1971 年证明了可满足性问题是世界上第一个 NP 完全(NP-complete,NPC)问题,也就是说,任何非确定多项式(non-deterministic polynomial,NP)问题都可在多项式时间内规约到 SAT 进行求解,因此一个能高效地解决 SAT 问题的算法一定能解决所有的 NP 问题。在实际应用中存在着大量的 NP 问题,因此寻找高效快速的 SAT 求解算法并将其应用于工程实践,对提高生产率、促进社会的发展具有重要意义。

过去几十年中产生了大量高效且可扩展的 SAT 求解算法,目前 SAT 求解器可以高效地处理数百万变量规模的问题。然而,由于 SAT 问题本身的特性,除非 P=NP,否则不存在最坏情况下多项式阶时间复杂度的 SAT 求解算法,因此如何设计出高效快速的 SAT 求解算法至今仍是研究热点。

1. 基本概念

由于任何一个命题逻辑公式都可以在多项式时间内转化为合取范式(conjunctive normal form,CNF)形式,因此主流的 SAT 求解算法通常假设目标公式已被处理为 CNF 形式。假设 CNF 公式 $F_0(X)$ 为

$$F_0(X)=(x_1 \vee \neg x_2 \vee x_3) \wedge (\neg x_1 \vee \neg x_2 \vee x_4) \wedge (x_2 \vee \neg x_3 \vee \neg x_4)$$

下面举例并给出 SAT 问题的一般性描述。

定义 8.7(变量集合)　用符号 X 表示命题变量的集合,若 X 由 n 个变量 $x_1,x_2,\cdots,x_n$ 组成,那么对于 $X=\{x_1,x_2,\cdots,x_n\}$,用 $n=|X|$ 表示变量集合的大小,问题规模一般由变量数 n 测量。对于 $F_0(X)$,$X=\{x_1,x_2,x_3,x_4\}$,$n=4$。

定义 8.8(真值赋值)　给定一组布尔变量 $X=\{x_1,x_2,\cdots,x_n\}$,其真值赋值 $S(X)$ 是一个 n 元布尔函数:$S(X)$: $X \rightarrow \{0,1\}^n$,在 X 上存在 2^n 种不同的真值赋值。如果 $S(x_i)=1$,则称 x_i 在 $S(X)$ 赋值下取真值,否则为假值。

一个 SAT 求解器尝试求解一个问题时,会进行完全或部分真值赋值。一个完全的真值赋值(记作 α)指给 $F(X)$ 的每一个变量赋值 0 或 1。一个部分的真值赋值(记作 β)指仅给 $F(X)$ 的变量子集赋值。例如,$F_0(X)$ 的一个完全真值赋值可能是 $\alpha=\{x_1=1,x_2=1,x_3=0,x_4=0\}$,而它的一个部分赋值可能是 $\beta=\{x_1=0,x_2=1\}$。

定义 8.9(文字)　对任意变量 x_i,符号 x_i 和 $\neg x_i$ 是其文字,称 x_i 是正文字,$\neg x_i$ 是

负文字。用 L 表示文字的集合，ℓ 表示某个文字。正文字 x_i 在真值赋值 $S(X)$ 下取真值当且仅当 $S(x_i)=1$；负文字 $\neg x_i$ 在真值赋值 $S(X)$ 下取真值当且仅当 $S(x_i)=0$。例如，$F_0(X)$ 的真值赋值 $S(x_1)=0$，则 $S(\neg x_1)=1$。

定义 8.10(子句)　X 上的子句是 X 中有限个文字的析取，用 c 表示，$c=\ell_1 \vee \ell_2 \vee \ell_3 \vee \cdots \vee \ell_k$。子句 c 在真值赋值 $S(X)$ 下取真值(或称子句 c 在真值赋值 $S(X)$ 下是可满足的)，当且仅当子句包含的文字中至少有一个在真值赋值 $S(X)$ 下取真值。$k=|c|$ 表示子句 c 中的文字数，称为子句长度。一个长度为 k 的子句是一个 k-子句。当 $k=1$ 时，称为单元子句。一个子句中的文字不许重复出现，因为重复出现的文字会被子句忽略，而不会影响公式的可满足性。例如 $F_0(X)$ 由 3 个子句组成，其中子句 $c_1=x_1 \vee \neg x_2 \vee x_3$，子句长度为 3。

定义 8.11(子句集)　子句集 C 是由 X 上有限个子句组成的集合，$C=\{c_1,c_2,\cdots,c_m\}$。$m=|C|$ 表示子句集中子句的个数。以 k 为子句长度上限构成的问题称作 k-SAT。子句集 C 在真值赋值 $S(X)$ 下是可满足的，当且仅当 C 中所有的子句 c 在真值赋值 $S(X)$ 下都是取真值的。例如 $F_0(X)$ 由 3 个子句组成，子句最大长度为 3，构成了一个 3-SAT 问题。

定义 8.12(合取范式)　X 上的合取范式 $F(X)$ 是 X 上的一些子句的合取，$F(X)=c_1 \wedge c_2 \wedge \cdots \wedge c_m$。合取范式 $F(X)$ 在真值赋值 $S(X)$ 下取真值(或称 $F(X)$ 在真值赋值 $S(X)$ 下是可满足的)，当且仅当 $F(X)$ 中包含的所有子句 c 在真值赋值 $S(X)$ 下都是取真值的。CNF 公式可简单描述为

$$F(X)=\bigwedge_{i=1}^{m}\left(\bigvee_{j=0}^{k} l_{i,j}\right)$$

定义 8.13(SAT 问题)　SAT 问题的基本形式指给定一个命题变量的集合 X 和一个 X 上的合取范式 $F(X)$，判断是否存在一个关于 X 的真值赋值 $S(X)$，使 $F(X)$ 为真，如果存在则称 $F(X)$ 是可满足的，否则称 $F(X)$ 是不可满足的。例如，若有 $S_1(X)=\{0,0,1,1\}$，该真值赋值使得 $F_0(X)$ 为 0，那么 $S_1(X)$ 不是 $F_0(X)$ 的一个解；但若 $S_2(X)=\{0,0,0,1\}$，该真值赋值使得 $F_0(X)$ 为 1，那么 $S_2(X)$ 是 $F_0(X)$ 的一个解，则 $F_0(X)$ 是可满足的；若所有的真值赋值都不能使得公式真值为 1，则 $F_0(X)$ 是不可满足的。

定义 8.14(解空间)　给定一个 SAT 问题公式 $F(X)$，它的所有真值赋值称为它的解空间，其中真值赋值的个数 2^n 为解空间的大小。解空间中的两个有且仅有一位不同的真值赋值称为相邻解。使公式满足的一个真值赋值称为一个解。

定义 8.15(SAT 求解算法)　给定一个 SAT 问题公式 $F(X)$，在有限的时间内判定其是否可满足的算法称为 SAT 求解算法。在 SAT 问题可满足的情况下，算法往往会给出公式的一个解。由于问题的 NP 特性，算法可能没有判断结果。

目前典型的 SAT 求解算法包括完备算法和不完备算法两大类，近年来两大类型算法都得到了广泛关注和研究。

2. 完备算法

完备算法比不完备算法的出现时间早。由于采取穷举和回溯的思想，完备算法从理论上能保证判定给定命题公式的可满足性，在实例无解的情况下可以给出完备证明，因此也被称为系统搜索方法。该方法针对应用类实例很有效，优势明显。

1) DPLL 算法

标准完备算法 DPLL(Davis Putnam Logemann Loveland)起源于 20 世纪 60 年代初，

由于受到算法的指数级复杂度和计算机硬件性能的限制,求解效率很低,因此只能求解规模很小的SAT问题。DPLL的重要思想在于穷举、分支回溯和布尔约束传播(Boolean constraint propagation,BCP),对所有变量进行深度搜索以形成一棵完全二叉树的遍历过程,如果问题是可满足的,则给出所有解;如果问题是不可满足的,则给出完备性证明。若公式中所有变量都被赋值,且没有发现一个冲突子句,那么该布尔公式是可满足的,否则是不可满足的。

DPLL算法如图8-29所示。

```
输入:CNF公式 φ
输出:φ的可满足性
while true do
  if ! decide(φ) then
    return SATISFIABLE
  end if
  if! booleanConstrainPropagate(φ) then
    if! resolveConflict(φ) then
      return UNSATISFIABLE
    end if
  end if
end while
```

图8-29 DPLL算法

该算法的关键技术主要包括:

(1) 变量决策。DPLL算法在尚未赋值的变量中选择某个变量并赋予某个值,称为变量决策。变量决策决定了搜索树的形状。

(2) BCP。BCP过程指根据选择的变量决策,检查只包含0的文字和一个未赋值文字的单元子句,给此文字赋值1,一步步进行下去直到没有单元子句,此时返回真;若不同的单元子句要求一个变量取相反的值,则称出现了冲突,此时返回假。

(3) 回溯。当决策产生冲突时,如果最后一个被赋值的变量只尝试一个值(1或0),则翻转它的赋值(1翻转为0,0翻转为1);若仍有冲突发生,则翻转更早时候只被赋值1次的变量,取消在它之后所有的赋值操作,并返回真;如果不存在这样的变量,则说明所有搜索空间都被尝试过了,问题为不可满足的,返回假。

例如上文$F_0(X)$的变量集合$X=\{x_1,x_2,x_3,x_4\}$,其所有可能的真值赋值将形成一个搜索空间,如图8-30所示。图中的每一条通路表示一组真值赋值。DPLL对这棵二叉树进行深度优先搜索,直到找到一个可满足的解或将所有通路遍历完成而没有找到可满足的解。同时也容易看出,随着问题规模变量数n的增大,搜索空间也呈指数级增长,甚至产生组合爆炸问题。

SAT问题是一个NP问题,为了提高算法的求解效率,近年来提出了多种启发式策略。当前流行的完备求解算法大多是基于DPLL这类框架的,如SATO、BerkMin、PicoSAT等。按照Heule等人的观点,基于DPLL的SAT求解器主要发展为两种形式,即冲突驱动子句学习(conflict driven clause learning,CDCL)和前向搜索(look-ahead,LA),前者较适合大规模验证问题,后者则更适合不可满足的难解随机问题实例,二者都得到了广泛应用。

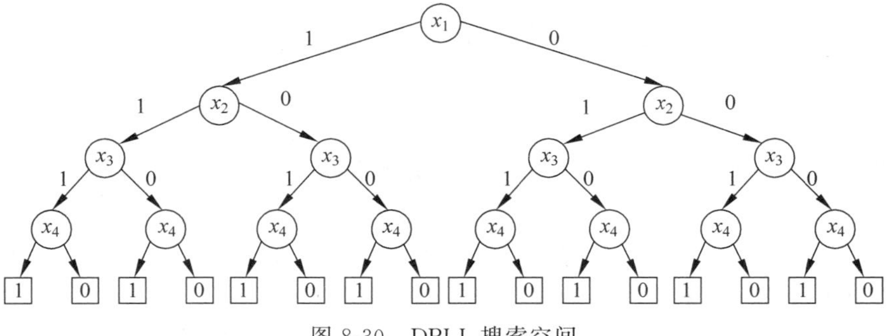

图 8-30　DPLL 搜索空间

2）CDCL 算法

CDCL 算法是目前完备算法中最重要的一类，主要框架基于 DPLL，但在预处理、分支策略、冲突分析、子句学习、非时序回溯、重启、数据结构等方面做了一系列改进。CDCL 与 DPLL 的 3 个重要区别是：搜索过程不再递归，回溯使用一个显式的赋值栈(称为 trail)；CDCL 在搜索过程中每次发现一个冲突子句时，都通过一个学习机制推导并增加新的子句，增加的子句似乎是多余的，但在剩余的整个搜索中，它们能帮助 BCP 确定文字取值；回溯不再限制返回之前的决策点，子句学习的结果是双重的，在生成一个学习子句的同时分析哪些决策导致冲突，如果最近的 k 个决策与冲突不相干，程序不仅会撤销最近的决策，也会撤销这 k 次决策及相应的 BCP 蕴涵。

CDCL 算法如图 8-31 所示。

```
输入：CNF 公式 φ
输出：φ 的可满足性
status = Preprocess( )
if (status!= UNKNOWN ) then
    return status
end if
blevel = 0
while not AllVariablesAssigned do
  Decide(φ)
  blevel = blevel + 1
  while true do
    if booleanConstraintPropagate(φ) == CONFLICT then
      blevel = AnalyzeConflict (φ)
        if blevel == 0 then
          return UNSATISFIABLE
        else
          Backtrack ( blevel)
        end if
      end if
    end while
  end while
return SATISFIABLE
```

图 8-31　CDCL 算法

该算法的关键技术主要包括：

(1) 预处理。CDCL 算法增强了预处理，即在求解之前对实例进行化简，如删除在一个子句内重复出现的文字、包含同一个变量的正文字和负文字的子句，以及一些推理消除技术。

(2) 分支策略。分支策略是为了在执行一次赋值计算后从自由变量中找到下一个计算的分支节点。好的分支策略可以快速找到决策变量，加速 BCP 过程，减少回溯次数。CDCL 算法有许多著名的分支策略，如最短子句出现次数最多的变量优先(MOM)、半动态分支决策策略(VSIDS)、最短正子句优先等。

(3) 冲突分析。最早的 DPLL 算法没有冲突分析，CDCL 算法引入了冲突分析和子句学习机制，在冲突发生时，将冲突子句加入子句集而不改变问题的可满足性，防止以后发生相同的冲突。

(4) 非时序回溯。相比早期的 DPLL 算法简单回跳到当前结点的父结点，CDCL 算法根据冲突分析和学习到的子句，回跳某一个或几个回溯层次，回溯到除蕴涵点变量之外的其他变量对应的最大决策深度，称为非时序回溯。

(5) 重启。对于规模比较大的问题，如果早期决策时给某个变量赋值出错，那么子问题是不可满足的，算法对子问题仍在不停选择决策变量赋值，遇到冲突回退，直到算法回退到早期的那个错误分支，而当决策深度较深时，算法很难回退到初始的分支高度。重启指在算法运行期间，终止算法并重新启动，而重启之前学习到的冲突子句仍然保留。重启之前学习到的信息有利于调整全局搜索顺序，从而增加算法的稳健性。

(6) lazy 数据结构。数据结构不仅直接影响内存的使用，还间接影响了计算效率。CDCL 算法使每个子句保持两个观察文字，同时监测子句的可满足性。

目前 CDCL 求解器主要有 Chaff、MiniSat、Lingeling 等。

3) LA 算法

DPLL 算法和 CDCL 算法绝大多数时间都用来尝试各种可能的情况，可以看作蛮力求解算法。LA 算法的框架基于 DPLL，但侧重于通过大量的附加推理及选择有效决策变量构建一个小巧平衡的搜索树来求解问题，在某些问题上优于前两种算法。LA 算法简化公式可以通过观察进而强制给变量指定值，也可以通过附加分解得到进一步的公式约束。LA 算法整体是在前向搜索过程和 DPLL 搜索过程之间不断转换的，其在每一步会选择一个决策变量，并递归调用 DPLL 简化公式。正如其名字所示，当一个自由变量被设置确定的布尔值时，它会执行一个决策启发式前向计算可能的消减，从而测量该变量的重要性，然后使用导向启发式测量选择该变量的真值赋值。在变量选择和真值选择过程中，该算法主要增强了决策启发、方向启发和附加推理等策略，主要目的在于通过赋值推理尽可能地降低问题的复杂性。

LA 算法如图 8-32 所示。

该算法的关键技术主要包括：

(1) 决策启发。LA 选择判定变量，包括差异启发和混合差异启发两部分，差异启发在前向搜索过程中先量化变量取值对公式的简化程度，混合差异启发则综合考虑变量的一对互补取值的前向差异值，进而选择最有效的自由变量。

```
输入：CNF 公式 φ
输出：φ 的可满足性
φ = Simplify (φ)
while true do
  if φ = NULL then
    return SATISFIABLE
  else if φ contains empty clause then
        return UNSATISFIABLE
      end if
  end if
  < φ,X_decision> = LookAhead(φ)
  B = GetDirection ( X_decision )
  if DPLL (X_decision ←B) == SATISFIABLE then
    return SATISFIABLE
end if
  return DPLL (φ(x decision← ¬ B))
end while
```

图 8-32　LA 算法

(2) 方向启发。LA 从概率的角度在 GetDirection 程序中应用了方向启发，好的方向启发可以有效地缩小搜索空间。

(3) 附加推理。LA 在搜索过程中会检查哪些文字不会导致出现冲突，只对决策变量选择有用，而附加推理中利用一些失败文字简化公式，剩余的文字也可以通过生成学习子句进一步约束公式。

Posit 首次实现了 LA 算法，其包含了当今流行 LA 求解器的主要启发式，如 DIFF 启发式、导向启发式、变量预选择启发式等；Satz 增强了在难随机 3-SAT 问题上的求解性能，进一步优化了决策启发式，并增加了 DoubleLook 过程，进一步消减搜索空间；OKsolver 增加了局部学习、自给推理、回跳等推理过程；kcnfs 与 Satz 很相似，在求解难随机 3-SAT 问题上进行了很多重要的改进，如主干搜索启发式(backbone search heuristic，BSH)、实施优化等；March 是目前最为成功的 LA 求解器之一，主要特征是将 SAT 公式预处理为 3-SAT、分别存储二元子句和非二元子句、执行 LA 之前首先移除所有的已满足子句、控制失败文字数和预先设置自由变量数为最优值等。

3. 不完备算法

除了极个别的不完备算法被用来尝试解决不可满足问题外，绝大多数不完备算法都不能判断 SAT 问题的不可满足性。尽管它是不完备的，但在处理可满足的大规模随机生成问题时，它往往比完备算法快，因此受到广泛的应用和研究。不完备算法主要基于局部搜索的思想，将不满足的子句数量看成优化目标，在解空间随机搜索，但它并非是单纯随机地搜索，而是在目标函数的引导下逐步逼近最终解。

给定公式 $F(X)$ 和一个可能解 $S(X)$，目标函数 $\mathrm{fit}(S)$ 一般定义为在 $S(X)$ 赋值下 $F(X)$ 中不可满足的子句数，如

$$\mathrm{fit}(S)=\mathrm{card}(\{C \mid \mathrm{sat}(S,C) \wedge C \in F\})$$

其中 $\mathrm{card}(A)$ 表示 A 的基数；$\mathrm{sat}(S,C)$ 表示在赋值 $S(X)$ 下子句 C 是否可满足，满足时值为 1，不满足时值为 0，表示取反操作。$\mathrm{fit}(S)$ 函数的最小值 0 表示在该 $S(X)$ 赋值下，公式

$F(X)$是可满足的，即$S(X)$为问题的一个解。

不完备算法的基本思想主要可分为3类，即随机局部搜索(SLS)、消息传送(MP)和演化计算(EA)算法。

1) SLS算法

大多数不完备算法是基于SLS的，其搜索过程为：给定一个命题公式，首先随机地生成一个真值赋值，如果该赋值使公式可满足，则搜索结束；否则选择其中一个变量翻转其真值，该过程一直重复，直到找到使公式满足的真值赋值或迭代次数达到预定上限(公式的可满足性不能确定)。尽管SLS求解器会因附加不同的启发式而使复杂性提高，但整体来说，SLS求解器都基于局部搜索非常简单的规则，同时支持运行过程中相当严谨的分析。

SLS算法如图8-33所示。

```
输入：CNF公式φ、maxTries、maxSteps
输出：使φ满足的一个解或者φ是未知的
for i = 1 to maxTries do
  s =  initAssign(φ)
  for j = 1 to maxSteps do
    if s satisfies φ then
      return s
    else
      x =  chooseVariable(φ,s)
      s = s with truth value of x flipped
    end if
  end for
end for
return no satisfying assignment found
```

图8-33　SLS算法

该算法的关键技术主要包括：

(1) 搜索方式。常用的搜索方式分为贪心策略和最速下降策略，贪心策略只要获得比当前可行解好的解就进一步向前搜索，而最速下降策略要找到邻域中下降幅度最大的点。

(2) 如何避免局部最优。如果一点的邻域中的所有点的目标函数值都比此点大，那么这个点就可以称为局部最优点。

为了避免陷入局部最优，局部搜索算法通常采取Escaping策略，通常的做法是引入一个概率p，在某些情况下，以概率p选择非最优变量来改变其赋值。

2) MP算法

MP算法是一种相对较新的启发式算法。MP起源于无序系统的统计物理领域，通过计算全局信息引导搜索过程，尽管消息传送方法并不适合每一类SAT问题，但它发展出了一种计算所有解的统计特性的有效方法。消息传送算法基于以下原则：从变量到子句和从子句到变量进行消息传送，直到消息聚集到一点为止(即它们的值不再有重大变化)，一旦如此，就开始大量地设置这些最具极性的变量，取它们的聚集值，并通过删除这些变量简化问题，然后在简化后的公式上重新开始消息传送过程，直到公式简单到易于被其他更快的方法求解，如在此处使用一个局部搜索求解器。

MP 算法如图 8-34 所示

```
输入：CNF 公式 φ、因子图、迭代次数上限 t_max、精确度参数 ε
输出：使 φ 满足的一个解或者 φ 是未知的
while true do
  BP - UPDATE()
  for each variable x_i do
    compute u_i(x_i)
    x_i = x_i * ( using maximal - probability BP decimation)
    for each variable x_i in a random order do
      if exists a constraint b such that f_b(x_b) = 0 then
        flip(x_i)
      end if
      if the total energy cost vanishes then
        return the values of all the variables as a solution
      else
        return no satisfying assignment found
      end if
    end for
  end for
end while
```

图 8-34 MP 算法(以 BP 为例)

该算法的关键技术主要包括：

(1) 空腔偏量和空腔场。从子句结点到变量结点的基本消息称为空腔变量，从变量结点到子句结点的基本消息称为空腔场。在迭代搜索过程中将二者作为基本消息不断更新。

(2) 消解。通过消息传送估计每个变量在所有解中的统计特性，在消解过程中固定尽可能多的变量，同时不去除过多的簇。

此类最著名且最成功的求解器包括可信传播(BP)、纵览传播(SP)、模拟退火算法等。基于 SP 的求解器能在可接受的时间内解决数以百万计变量的大规模随机问题。

3) EA 算法

EA 算法是近年来发展起来的一种模仿自然界生物进化过程中"物竞天择、适者生存"原理的优化方法，研究人员在 EA 算法求解 SAT 问题方面也做了许多成功尝试，开辟了解决 SAT 问题的途径。其基本思想是将 SAT 问题转化为一个求响应目标函数最小值(或最大值)的优化问题，采取一系列启发式初始化种群并不断寻优，直到达到终止条件或找到问题的解。

EA 算法如图 8-35 所示。

该算法的关键技术主要包括：

(1) 适应度函数。为了更好地体现不同解之间的差异，用真值指派能满足公式中子句的数目作为适应度函数，问题转化为能使适应度函数取最大值的优化问题。

(2) 选择算子。目的是从当前种群及新繁殖的个体中选择生命力强的若干个体形成新一代种群。一般为每个个体指定一个与其适应度函数值成比例的选择概率。

(3) 变异算子。改变个体的部分信息，产生新的个体。

(4) 交叉算子。交换父代中两个个体的部分信息，产生出新的个体。

```
输入：CNF 公式 φ、Maxflip、MaxNbCrossovers
输出：使 φ 满足的一个解或者 φ 是未知的
CreatePopulation (P)
NbCrossovers←0
while no x∈P satisfies φ and NbCrossovers < MaxNbCrossovers do
    P'←Select (P, NbInd)
    ChooseX,Y∈P'
    Z←Crossover(X, Y)
    Z←TS( Z)
    P←Replace (Z,P)
    NbCrossvers←NbCrossvers + 1
    if there exists X∈P satisfying φ then
      return X as a solution
    else return no satisfying assignment found
    end if
end while
```

图 8-35 EA 算法(以 GASAT 为例)

演化计算产生了丰富的成果,如遗传算法 GASAT、拟物拟人算法、量子免疫克隆算法、粒子群算法、模拟 DNA 算法、量子算法、人工蜂群算法、组织进化算法等,逐渐成为一个热门的研究领域。

目前很多研究人员成功尝试混合不同求解策略或并行多个求解器(称为组合算法),使其逐渐发展为一个新的研究热点。限于篇幅,这里不做介绍,有兴趣的读者可参阅有关文献。

现有的 SAT 求解算法虽然已取得巨大成功,但仍有一些问题没有得到高效解决,已经解决的问题可能还存在更好的求解算法,且一些高效的求解器忽视了算法的正确性和完备性,因此研究并实现高效率的求解算法仍是当前要解决的中心问题之一。

8.2.2 SMT 求解技术

随着研究的深入,人们发现 SAT 的表达能力和应用范围有很大的局限性。因此,SMT(satisfiability modulo theories,可满足性模理论)近年来开始引起人们的极大兴趣。SMT 的基本思想是针对多种数据类型和相应的谓词逻辑理论,提出一个一般的框架,使可以求解特定背景理论下的谓词逻辑公式的可满足性判定问题,进一步可以求解涵盖多种理论的混合逻辑公式的可满足性判定问题。

与 SAT 判断布尔公式的可满足性不同,SMT 判断的是理论组合的可满足性,其研究对象是各种领域知识的逻辑组合,经常表达为带等词的一阶逻辑公式。它的抽象层次更高,表达能力也更强。它可以看作是对 SAT 的扩展,将 SAT 中的某些布尔变量用理论谓词取代。

1. 基本概念

SMT 公式是结合了背景理论的逻辑公式,其中的命题变量可以代表理论公式。例如:

例 8.4 $x+y<3 \wedge y>2$

这是一个 SMT 公式,它的逻辑形式是 $A \wedge B$,其中命题变量 A 和 B 分别被解释为数学公式 $x+y<3$ 和 $y>2$。

给定一个 SMT 公式,在通常的逻辑解释和背景理论解释下,如果存在一个赋值使该公式为真，那么称该公式是可满足的，否则称该公式是不可满足的，这样的赋值被称为模型。在算法中，用返回值为真代表输入的公式是可满足的，用返回值为假代表它是不可满足的。例如公式 $x<3 \wedge x>4$ 是不可满足的，因为根据 $\wedge$ 的解释，要求 $x<3$ 和 $x>4$ 必须同时有解，而根据数学演算(背景理论知识)，这是不可能的。而公式 $x<5 \wedge x>1$ 是可满足的，它的一个模型是 $\{x=2\}$。

命题变量或者命题变量的否定被称为文字，由文字构成的形如 $\ell_1 \vee \ell_2 \vee \ell_3 \vee \cdots \vee \ell_k$ 的公式被称为子句(ℓ_k 是文字)。CNF 是命题公式的合取范式形式，也就是形如 $c_1 \wedge c_2 \wedge \cdots \wedge c_m$ 的公式，其中每一个 c_i 是一个子句。如果公式之间是合取关系，有时也用大括号表示，例如 $c_1 \wedge c_2 \wedge \cdots \wedge c_m$ 可以被表示为 $\{c_1, c_2, \cdots, c_m\}$。

对命题变量的赋值有时也被称为模型，通常用大括号括起来的文字表示。其中赋值成真的变量是变量本身，赋值成假的变量是它的否定，如赋值 $a=1$、$b=0$、$c=1$ 记作 $\{a, \neg b, c\}$。模型是常用的术语，此处的模型与 SMT 公式的模型的意义有所不同，根据上下文能够区分开。由于使用了背景理论，SMT 有着比 SAT 更灵活的表达方式，可以方便地表示一些工业上和学术上的问题。SMT 涉及的数据类型和数学理论主要包括：

(1) 未解释函数(uninterpreted function，UF)。它主要包含一些没有经过解释的函数符号和它们的参数，如 $f(x)$、$g(y+1,z)$ 等。通常这个理论带有等号，因此它也被称为 EUF。下面是一个 EUF 的例子。

例 8.5 $\{a=b, b=f(c), \neg(g(a)=g(f(c)))\}$

在这个例子中，大括号里的公式属于合取关系(如前文所述)。这个例子是不可满足的。因为如果将 $\neg(g(a)=g(f(c)))$ 中的 a 用 b 取代，再将 b 用 $f(c)$ 取代，即可得到 $\neg(g(f(c))=g(f(c)))$，这个公式显然是不成立的。

(2) 线性实数算术(linear real arithmetic，LRA)和线性整数算术(linear integer arithmetic，LIA)。这两类理论的公式形如：

$$a_1 x_1 + a_2 x_2 + \cdots + a_n x_n \circledcirc c$$

这里◎可以是=、<=、>=、≠，c 是一个常数，$a_1, a_2, \cdots, a_n$ 是常系数，$x_1, x_2, \cdots, x_n$ 是实数变量(在 LRA 中)或者整数变量(在 LIA 中)。举例如下。

例 8.6 $\{x-2y=3, 4y-2z<9, x-z>7\}$

这组公式可通过变量替换转化为 $\{x-2y=3, 4y-2z<9, 2y-z>4\}$，并进一步变换为 $\{x-2y=3, 8<4y-2z<9\}$。在 LRA 理论中，$8<4y-2z<9$ 是有解的，因而这个例子是可满足的。但 $8<4y-2z<9$ 没有整数解，因而在 LIA 理论中，这个例子是不可满足的。这两类理论统称为 LA。

(3) 非线性实数演算(non-linear real arithmetic，NRA)和非线性整数演算(non-linear integer arithmetic，NIA)。公式的形式为任意的数学表达式。

(4) 实数差分逻辑(difference logic over the reals，RDL)和整数差分逻辑(difference logic over the integers，IDL)。一般形式为

$$x - y \circledcirc c$$

这里◎可以是=、<=、>=、≠，c 是一个整数或者布尔值，x 和 y 可以是实数(在 RDL 中)或者整数(在 IDL 中)。这两类理论总称为 DL。下面是一个不可满足的 DL 理论的例子。

例 8.7 $\{x-y=3, y-z<5, \neg(x-z<9)\}$

此例子可通过变量替换转化为 $\{x-y=3, y-z<5, \neg(y-z<6)\}$，进一步可转化为 $\{x-y=3, y-z<5, y-z>=6\}$。$y-z<5$ 与 $y-z>=6$ 相冲突，因而无解。

(5) 数组(arrays)和位向量(bit vector,BV)。这两个理论处理计算机中的数据结构，用于处理数组和位向量操作。下面是一个 BV 例子，是不可满足的。

例 8.8 $(\boldsymbol{w}[31:0])\gg 16 != O16:\boldsymbol{w}[31:16]$

此例子的含义是一个 32 位的位向量 $\boldsymbol{w}$，向右移动 16 位后，得到的结果向量和 $\boldsymbol{w}$ 的高 16 位不同。这是错误的，该公式不可满足。

为了更好地表示应用中的问题，SMT 公式经常包含两种以上的理论。例如 UFBV 指的是包含未解释函数和位向量的公式，UFLIA 指的是包含未解释函数和线性整数演算的公式。随着 SMT 应用范围的扩展，新的理论也被不断地加入，如近年来兴起的集合理论。为了表达方便，自动推理领域使用记号 SMT(T)表示理论 T 上的 SMT 公式，例如线性实数算术理论上的 SMT 公式记为 SMT(LRA)，位向量上的 SMT 公式记为 SMT(BV)等。

2. 求解算法

SMT 的判定算法大致可分为积极(eager)算法和惰性(lazy)算法。前者是将 SMT 公式转换为可满足性等价的 SAT 公式，然后求解该 SAT 公式；后者结合了 SAT 求解和理论求解，先得出一个对命题变量的赋值，然后再判断该赋值是否理论一致。其中 SAT 求解用的是 DPLL 算法。下面简单介绍积极类算法，然后着重介绍惰性算法，包括 DPLL 算法和各种理论求解算法。

1) 积极算法

积极算法是早期的 SMT 求解器采用的算法，它是将 SMT 公式转换成一个 CNF 型的命题公式，然后用 SAT 求解器求解。这种方法的好处是它可以利用高效的 SAT 求解器，求解效率依赖于 SAT 求解器的效率。早期 SAT 求解技术取得的重大进步推动了积极算法的发展。对于不同的理论，积极算法需要用不同的转换方法和改进方法，这样有助于提高转换和求解的效率。例如，对于 EUF 通常用 per-constraint 编码，对于 DL 通常用 small-domain 编码等。

下面以 small-domain 编码为例说明积极算法。这种方式首先计算出每个数字变量的值域大小，假设为 N，然后用 N 个布尔变量或者 $\mathrm{lb}N$ 个布尔变量表示这个数字变量。前者有助于 SAT 求解器进行传播，求解速度快，不过生成的公式比较大；后者是模拟计算机硬件的数学演算，生成的公式规模不大，不过由于没有很好的结构特征，因此 SAT 求解器的求解比较困难。

积极算法的正确性依赖于编码的正确性和 SAT 求解器的正确性，而且对于一些大的例子来说，编码成 CNF 公式很容易引起组合爆炸，也就是公式的长度呈指数级增长。因此这类方法在实际应用中效果不是很好，无法解决很大的工业界例子，目前主流的 SMT 求解器大都采用惰性算法。

2) 惰性算法的基本过程

惰性算法是目前采用的主流方法，也是被研究得最多的算法。这种算法是先不考虑理论，将一个 SMT 公式看作 SAT 公式求解，然后再用理论求解器判定 SAT 公式的解表示的理论公式是否一致。目前多数大型的 SMT 求解器都采用了惰性算法。可以看出，这类算法结合了 SAT 求解和理论求解。在介绍该算法之前，首先介绍一个术语。前文介绍过 SMT 是逻辑公式和背景理论公式的结合，称一个 SMT 公式中的逻辑公式为它的命题框架，如：

例 8.9 $x<2 \wedge x+y>3 \rightarrow y>2$

这个公式的命题框架是 $A \wedge B \rightarrow C$，其中 A、B、C 分别代表理论公式 $x<2$、$x+y>3$ 和 $y>2$。对于一个 SMT 公式 F，用 $PS(F)$ 表示它的命题框架。

首先介绍判定命题公式的 DPLL 算法，如图 8-36 所示。

```
输入：一个 CNF 公式 F
输出：真、假
(1) 对 F 进行预处理，如果公式为假，则返回假
(2) 选择下一个没有被赋值的变量进行赋值
(3)     根据赋值进行推导
(4)     如果推导出公式为真，则返回真
(5)     如果推导出冲突，则
(6)         分析冲突，如果能回溯，则回溯
(7)         如果不能回溯，则返回假
(8)     如果没有推导出冲突，返回(2)
```

图 8-36　DPLL 算法

其中，(1)的预处理是检查公式的结构，查看是否存在冲突的子句，这个检查消耗的代价很小。如果在预处理阶段没有发现冲突，则按照一定的策略对公式中的变量进行赋值。(3)的推导主要指：对某个变量赋值后，某些子句中的变量就会被强迫赋值，例如子句 $a \wedge b$，如果给 a 赋值成 0(假)，那么 b 就必须被赋值成 1，这个步骤可以不断进行下去。推导的作用主要是找出这样的文字，并扩充赋值。(5)中的冲突指的是推导出不可能的赋值，例如一个公式中存在 $a \wedge b$ 和 $a \wedge \neg b$ 两个子句，如果给 a 赋值成 0，那么前一个子句要求 b 为 1，后一个子句要求 b 为 0，这时就产生了冲突。产生冲突后，用回溯算法返回前面的变量，重新进行赋值。如果没有冲突，而且公式已经被满足，这时就可以返回真，否则要对下一个变量赋值。

惰性算法通常又被称为 DPLL(T)算法，T 代表理论求解器。这个算法的一般形式如图 8-37 所示。

```
输入：一个 SMT 公式 F
输出：真、假
(1) 得到 F 的命题框架 PS(F)
(2) 如果 PS(F)是不可满足的，则返回假
(3) 否则对于 PS(F)的每一个模型 M，检查 M 所代表的理论是否一致
(4)     如果存在一个模型是理论一致的，则返回真
(5)     如果所有的模型都不是理论一致的，则返回假
```

图 8-37　DPLL(T)算法

上面算法中的模型 M 指的是 $PS(F)$ 的一个解。(2)用到的是 SAT 求解器。(3)取得模型的方法也是用 SAT 求解器，检查模型的理论一致性用相应的理论求解器。SAT 求解器一般用到 DPLL 算法。一个逻辑公式的解(模型)可以看作一组文字的合取，检查模型的

理论一致性就是检查这组文字代表的理论公式是否有解,理论一致指的是这组文字代表的理论公式有解。下面举例说明算法的执行过程。给定SMT公式:

例8.10　$F=(x>2\wedge y<5)\wedge x<1$

算法首先取得它的命题框架$PS(F)$:$(A\wedge B)\wedge C$,其中A、B、C分别代表$x>2$、$y<5$、$x<1$。然后算法发现$PS(F)$是可满足的,因此检查它的模型的一致性。首先检查模型$\{A,C\}$,也就是检查$x>2$和$x<1$是否有解,这种检查是通过理论求解器进行的,理论求解器发现模型$\{A,C\}$无解。然后检查第二个模型$\{B,C\}$,也就是$y<5$和$x<1$,这个模型有解,因此算法返回真,说明公式F是可满足的。

为了提高上面算法的效率,人们研究出很多技术,其中多数源自SAT求解技术,下面进行介绍。

3) 惰性算法用到的技术

早先的DPLL(T)算法是将SAT求解器(DPLL部分)当作黑盒,也就是说理论求解器检查模型的一致性要等到DPLL算法给出一个解之后才进行,这种方法有时也被称为offline方法,其缺点是理论求解器很少参与DPLL的求解过程。后来出现了online方法对其进行改进,使理论求解器参与DPLL,从而提高了求解效率。这些改进主要有以下4种。

(1) 理论预处理:这种改进是对SMT公式进行预处理,并对其进行简化和标准化,必要的时候可以修改模型中的理论公式。理论预处理可以和DPLL预处理相结合。

(2) 选择分支:在DPLL中选择下一个被赋值的命题变量是很重要的。在DPLL(T)中,可以使用理论求解器帮助选择下一个被赋值的命题变量。

(3) 理论推导:这种方法主要是通过理论的帮助推导出一些文字。在DPLL中,推导是一种提高效率的重要手段。理论推导可以导致3种结果:推导出一个文字,该文字和目前的部分模型冲突,这时需要回溯;推导出一个可满足的模型,这时就可以返回模型,结束求解;推导终止后,既没有得到可满足的模型,又没有发生冲突,这时需要进行下一步的赋值。

(4) 理论冲突分析:在DPLL中,冲突分析有助于回溯到早期的变量,从而提高求解效率。在DPLL(T)中这种分析是通过理论求解器进行的。

通过举例说明上面的方法是怎样工作的。

例8.11　给定一个SMT公式,它是一个CNF公式:

$$c_1\wedge c_2\wedge c_3\wedge c_4\wedge c_5\wedge c_6\wedge c_7$$

其中,c_1:$(A_1\wedge\neg B_1)$;c_2:$(\neg A_2\wedge B_2)$;c_3:$(A_2\wedge B_3)$;c_4:$(A_1\wedge B_3)$;

c_5:$(\neg A_1\wedge\neg B_4\wedge\neg B_5)$;$c_6$:$(\neg A_1\wedge B_6\wedge B_7)$;$c_7$:$(A_1\wedge A_2\wedge B_8)$;

B_1:$2x_2-x_3>2$;B_2:$x_1-x_5<=1$;B_3:$3x_1-2x_2<=3$;

B_4:$2x_3+x_4>=5$;B_5:$3x_1-x_3<=6$;B_6:$x_1-x_4<=6$;

B_7:$5-3x_4=x_5$;B_8:$3x_5+4=x_3$

A_1、A_2的具体意义无关紧要,略去。

假设现在的部分赋值,或者说部分模型为$\{\neg B_5,B_8,B_6,\neg B_1\}$。这时只凭借DPLL算法是无法推导出单元子句的(单元子句是只包含一个文字的子句),需要结合理论求解器进行理论推导。理论求解器根据上面的部分模型代表的理论公式进行推导,得出:

$$\neg(3x_1-2x_2<=3)$$

这个公式就是$\neg B_3$。这时 DPLL 推导就可以进行下去，得到部分模型：

$$\{\neg B_5, B_8, B_6, \neg B_1, \neg B_3, A_1, A_2, B_2\}$$

这个模型是理论上不一致的，因为$\neg B_5$、B_6、A_1这 3 个文字代表的公式不一致。这时算法进行理论冲突分析，然后将新学习到的子句$B_5 \wedge \neg B_8 \wedge \neg B_2$加入到原公式中并且回溯到$\{\neg B_5, B_8\}$。这时根据新加入的子句，可以推导出单元子句$\neg B_2$，然后$\neg A_2$和$B_3$也可以被推导出来。

4）惰性方法的优化

前面主要介绍了理论求解器怎么帮助 SAT 求解器提高效率，接下来介绍一些用于提高求解效率的优化技术。

（1）标准化理论公式：有些理论公式看似不同，其实是同一公式，通过标准化能够进行优化，尽量减少公式的数目。

例 8.12　$(x<y)$ 和 $(x>=y)$ 本来是两个公式，可以优化成$\neg(x>=y)$和$(x>=y)$。

例 8.13　$(x+(y+z)=1)$ 和 $((x+y)+z=1)$ 是两个公式，可以优化成一个公式$(x+y+z=1)$。

（2）静态学习技术：这种技术是对公式的结构进行简单的分析，以求检测出一些简单的冲突。例如下面的两个公式都可以通过静态学习检测出冲突。

例 8.14　$x=1, x=2$

例 8.15　$x=y, x-z<2, y-z>=2$

5）惰性方法的理论求解器

为了实现前文介绍的技术，一个好的理论求解器必须有以下功能。

（1）模型枚举：因为在求解过程中用到理论公式的模型，所以一个好的理论求解器应该能够输出模型。

（2）增量求解：前面介绍的 DPLL(T)算法，多数都是不需要等到一个命题模型完全产生后再进行理论求解的。一般来说，产生了部分模型就开始调用理论求解器，这就需要理论求解器具有增量求解的功能，在以前求解的基础上添加公式后能继续快速地求解。

（3）理论推导功能：通过理论求解，能够做一些推导，推导出理论上的单元子句，见例 8.11。

目前的理论求解器大都能满足上面的要求，下面简单介绍各类理论求解器。

（1）EUF：带等词的未解释函数理论。这个理论的判定算法基于下面的原理。

对于任何的符号 $x_1, x_2, \cdots, x_n, y_1, y_2, \cdots, y_n$ 和 f：

如果 $x_1=y_1, x_2=y_2, \cdots, y_n=x_n$，那么 $f(x_1, x_2, \cdots, x_n)=f(y_1, y_2, \cdots, y_n)$。以下是一个 EUF 的例子，该例子是可满足的。

例 8.16　$g(g(x))=x \wedge g(g(g(g(g(x)))))=x \wedge g(x) \neq x$

EUF 理论的判定算法主要是通过计算未解释符号的最小的等价闭包进行的，这样的算法一般被称为 congruence-closure 算法，多数求解器利用该算法求解 EUF。其中采用的数据结构为有向无环图(directed acyclic graph，DAG)，通过不断地对 DAG 进行操作，最后判定公式的可满足性。

（2）LA：这类理论的判定算法有很长的历史，比较有名的是高斯消元法、Fourier-Motzkin 法、单纯形法等。其中对于实数，它的求解是多项式时间可解的；对于整数，则是

NP 完全的。

对于实数来说,为了避免因为溢出而产生的错误,LRA 的理论求解器一般要依赖一些能处理无限精度实数的软件包。

(3) DL:这种理论可以看作 LA 的子类,理论上它可以采用 LA 算法求解,不过因为它具有特殊的形式,人们为它开发出新的高效判定算法。EUF 和 LA 的判定算法大都是一些有着很长历史的经典算法,而 DL 算法较新。该算法采用图论的相关知识,将公式转换成一个图,然后寻找其中的环。一般的公式形如 $x-y◎c$。这里◎可以是=、<=、>=、≠等,c 是一个常数。

算法首先要把这些公式转换成一个标准形式:

$$x-y<=a$$

方式是首先通过如下的规则消去=>、≠ :

$$x-y=a:\ x-y<=a \wedge y-x<=-a$$

$$x-y>a:\ \neg(x-y<=a)$$

$$x-y\neq a:\ \neg(x-y<=a) \wedge \neg(y-x<=-a)$$

然后消去¬:

$$\neg(x-y<=a):\ y-x<=-a-1 \quad \text{(IDL)}$$

$$\neg(x-y<=a):\ y-x<=-a-\varepsilon \quad \text{(RDL)}$$

当公式变成标准形式后,算法构造一个加权有向图,每个变量对应图的一个顶点,对于 $x-y<=a$,构造从 y 到 x 的边,该边的权重为 a。这样,公式的可满足问题就变成了图是否有权值为负数的环的问题。如果存在一个环路,所有边的权值之和为负数,那么公式就是不可满足的。判定图中是否存在这样的环路的问题,可借助 Bellman-Ford 算法。

(4) BV:该理论是位向量理论,在 SMT 中只处理固定位向量,也就是说向量的位数都是固定的。这个理论的主要用途是一些软件验证问题。它需要处理位向量的带模的加、减、乘、除,以及位移、取某些位等。位向量公式的可满足性判定是 NP 完全的,判定算法大都是将其中每一位编码成一个命题变量,然后模拟计算机对其演算,这被称为 blast 算法。此外还有一些其他算法,如将其编码成 LA 处理。

(5) Arrays:这个理论用于为数组和内存操作建模,它的可满足性判定问题是 NP 完全的。一般来说,它经由下面 3 条公理进行推理演算。

① 对所有的 a、i、e:$(\text{read}(\text{write}(a,i,e),i)=e$。

② 对所有的 a、i、j、e:如果 $i\neq j$,那么 $\text{read}(\text{write}(a,i,e),j)=\text{read}(a,j)$。

③ 对所有的 a、b:如果对所有的 i 有 $\text{read}(a,i)=\text{read}(b,i)$,那么 $a=b$。

前两个公理被称为 McCarthy 公理,第三个公理被称为扩展公理。

(6) 组合理论:很多 SMT 公式的背景理论不止一个,它们往往由多个理论构成。对于这样的公式的判定,需要用到 Nelson-Oppen 算法。组合理论的求解问题可以简化为这样的问题:给出两个理论的文字的合取 $A_1 \wedge A_2 \wedge \cdots \wedge A_n \wedge B_1 \wedge B_2 \wedge \cdots \wedge B_m$,$A_1A_2\cdots A_n$ 属于理论 TA,$B_1B_2\cdots B_m$ 属于理论 TB,寻找一个模型满足它。一般的判定方法是根据下面的事实。

对于由两个理论组合成的文字 $A_1 \wedge A_2 \wedge \cdots \wedge A_n \wedge B_1 \wedge B_2 \wedge \cdots \wedge B_m$,假设 $V=\{v_1, v_2,\cdots,v_k\}$是出现在公式中的 TA 和 TB 的共同变量。公式是可满足的当且仅当满足下列

条件：

存在一组变量对的集合 $V_{eq} \subseteq V \times V$，对于里面的变量对 $\{v_i, v_j\} \in V_{eq}$，令文字 ℓ_{ij} 为 $v_i = v_j$，另外对于所有的变量对 $\{v_i, v_j\} \in (V \times V) \backslash V_{eq}$，令文字 ℓ_{ij} 为 $v_i \neq v_j$，令 L 为这些文字的合取。$A_1 \wedge A_2 \wedge \cdots \wedge A_n \wedge L$ 和 $B_1 \wedge B_2 \wedge \cdots \wedge B_m \wedge L$ 都是可满足的。

目前几乎所有的求解器都采用 Nelson-Oppen 算法处理组合理论，也就是说，对于组合理论，当得到一个模型后，它们寻找一个满足上面条件的变量对的集合，找到就证明目前的模型是可满足的，找不到就证明目前的模型是不可满足的。

下面举例子说明这种做法，假设理论是 EUF 和 LIA 组合而成的，目前的模型是：

M(EUF)：$\neg(f(v_1) = f(v_2)) \wedge \neg(f(v_2) = f(v_4)) \wedge f(v_3) = v_5 \wedge f(v_1) = v_6$

M(LIA)：$v_1 \geqslant 0 \wedge v_1 \leqslant 1 \wedge v_5 = v_4 - 1 \wedge v_3 = 0 \wedge v_4 = 1 \wedge v_2 \geqslant v_6 \wedge v_2 \leqslant v_6 + 1$

要求解的模型是 M(EUF) ∧ M(LIA)，为了判定它的可满足性，找到一个变量对集合 $\{<v_1, v_4>, <v_3, v_5>\}$，然后发现对于这样的文字集合 L：$v_1 = v_4 \wedge v_3 = v_5 \wedge \neg(v_i = v_j)$，$i$、$j$ 不能同时为 $<1,4>$ 和 $<3,5>$，M(EUF) ∧ L 是可满足的，而且 M(LIA) ∧ L 也是可满足的，因此 M(EUF) ∧ M(LIA)是可满足的。

3. SMT 求解器

求解 SMT 公式可满足性问题的工具被称为 SMT 求解器。目前，比较有代表性的 SMT 求解器有微软公司开发的 Z3 求解器、美国斯坦福国际研究院开发的 Yices 求解器及美国纽约大学和爱荷华大学开发的 CVC3/CVC4/CVC5 求解器等。

1) Z3

Z3(https://github.com/Z3Prover/z3)是由微软公司组织开发的 SMT 求解器，是目前最好的 SMT 求解器之一，它支持多种理论，主要的用途是软件验证和软件分析。Z3 的原型工具参加了 2007 年的 SMT 竞赛，获得了 4 个理论的冠军和 7 个理论的亚军，之后在陆续参加的 SMT 竞赛中获得大多数理论的冠军。目前 Z3 已经被用于很多项目，如 Pex、HAVOC、Vigilante、Yogi 和 SLAM/SDV 等。它的体系结构如图 8-38 所示。

Z3 的简化器(simplifier)采用了一个不完全但是高效的简化策略。例如它将 $p \wedge \text{true}$ 简化成 p，将 $x = 4 \wedge f(x)$ 简化成 $f(4)$ 等。它的编译器(compiler)是将输入转换成内部的数据结构和同余闭包(congruence closure)节点。同余闭包核(congruence closure core)接收来自 SAT 求解器的赋值，然后处理 EUF 和相关组合理论，它采用的方式称作 E-匹配。SAT 求解器是对公式的命题框架进行求解，并将结果交给同余闭包核处理。理论求解器(theory solvers)主要包含 4 种：线性算术(linear arithmetic)、位向量(bit vectors)、数组(arrays)和元组(tuples)。理论求解器是建立在同余闭包算法上的，这也是目前大多数 SMT 求解器使用的方式，也就是说，同余闭包可以看作核心求解器，各个理论求解器是外围求解器。

2) Yices

Yices 是由 SRI 开发的，目前被整合在 PVS 中，后者是 SRI 开发的一个定理证明器。Yices 主要用于一些有界模型检测、定理证明和学习推理项目。Yices 的体系结构如图 8-39 所示。

Yices 的核心求解器同 Z3 一样，也是处理未解释函数的。它的理论求解器处理的理论是算术理论、位向量、数组和一些数据结构理论。Yices 中，SAT 求解器和理论求解器的结

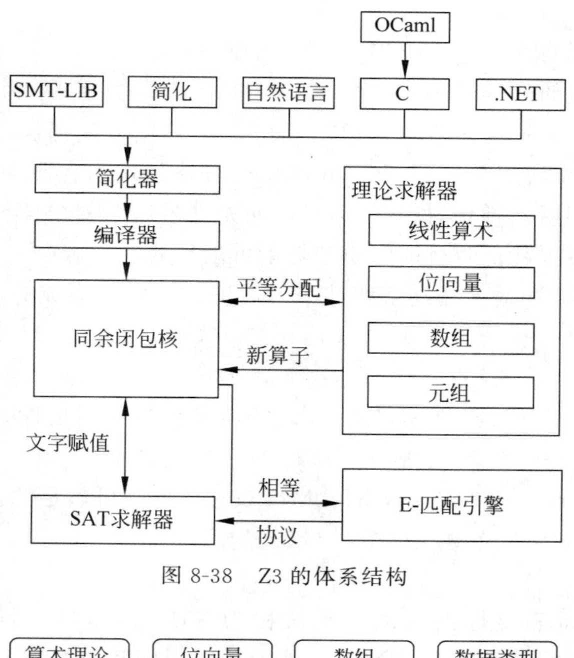

图 8-38 Z3 的体系结构

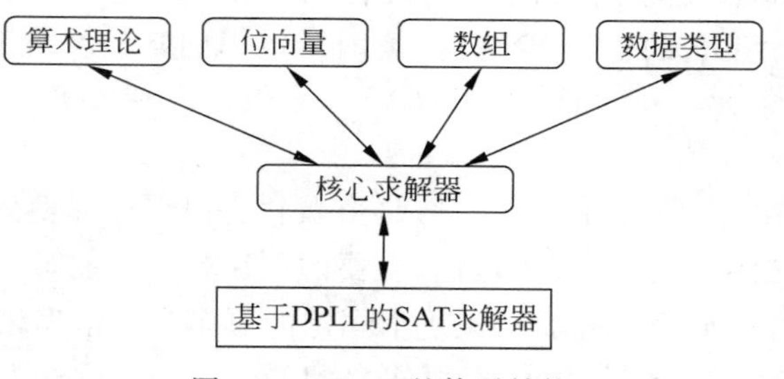

图 8-39 Yices 的体系结构

合比较密切,也比较灵活。理论求解器可以为 SAT 求解器产生子句,并帮助 SAT 求解器进行传播。Yices 的核心求解器采用了改进的同余闭包算法,算术理论采用了单纯形法,数组求解器采用 lazy instantiation 方法,位向量求解器采用爆破(blasting)方法。

Yices 有自己的输入文件格式,不过它也接收 SMTLIB 格式的输入。此外 Yices 也有自己的 API,它还包含了一个 MAX-SAT 求解器。

3) CVC3/CVC4/ CVC5

CVC3/CVC4/ CVC5 是 SVC、CVC、CVC live 的后继产品。前面几个都是斯坦福大学的产品,到了 CVC3 开发小组转为纽约大学和爱荷华大学的研究人员。CVC3 比前几个更为成熟,功能更多,它是一个成熟的 SMT 求解器,支持多种理论。CVC3 的体系结构如图 8-40 所示。

CVC3 提供多种用户接口,包括 C 和 C++。它还支持输入文件和命令行驱动。主 API 支持两类主要的操作:创建公式和可满足性问题检测。它的搜索引擎结合了 SAT 求解器和理论求解器。CVC3 的一大特点是里面使用了两个 SAT 求解器,并吸取了两者的长处。CVC3 及其前几个版本被用于 HOL、一些 C 语言的验证工具和一些编译工具。CVC4 和 CVC5 在 CVC3 的基础上对代码进行了优化,并且支持了 SMTLIB 2.0 的输入标准。

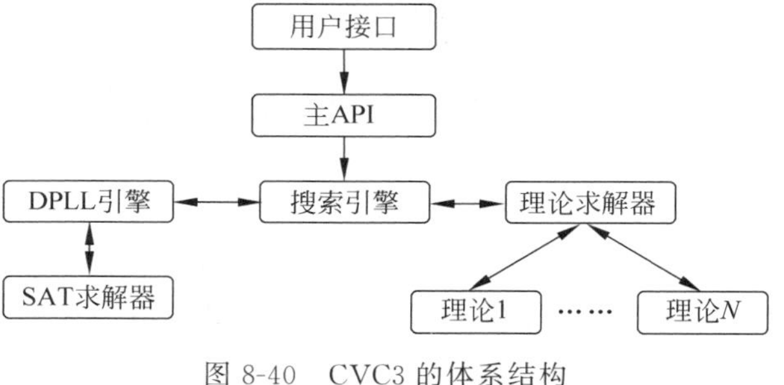

图 8-40　CVC3 的体系结构

8.2.3　ATP 方法小结

自动定理证明(ATP)主要有归结、自然演绎和判定三类方法。其中判定方法是将定理证明问题转换为逻辑公式的可满足性问题,在过去几十年中,世界各国学者在这方面做了大量研究工作。2000 年左右,命题逻辑的可满足性问题(SAT)求解取得突破,普林斯顿大学的 Sharad Malik 团队开发了 SAT 求解器 Chaff,首次实现了对大规模命题逻辑公式的求解,并且开始应用于工业界解决实际问题。几乎同时,各种特殊逻辑理论的判定算法的研究开始复兴,出现了一批早期的求解器,如斯坦福大学开发的 SVC 和 STeP 及 SRI 开发的 ICS 等。研究人员随后考虑了 SAT 和特殊理论判定算法的融合,由此提出了可满足性模理论问题(SMT)。SMT 发展的里程碑包括 2003 年开始组织每年一度的 SMT 研讨会(SMT workshop),2004 年提出了 SMT-LIB 作为 SMT 问题求解的输入格式标准,2005 年创建了 SMT 竞赛(SMT-COMP)。迄今为止,SMT 竞赛收集了超过 100000 个测试用例。2010 年之后出现了一批比较成熟的 SMT 求解器,如美国微软的 Z3、美国纽约大学和爱荷华大学的 CVC3/CVC4/ CVC5、美国斯坦福国际研究院的 Yices 等。目前,SMT 求解器已经成为软件工程、编程语言及信息安全领域的基础引擎,其应用场景多种多样。例如:

在软件分析与验证方面,软件演绎验证归结为两个逻辑公式的蕴涵问题,然后可以编码为 SMT 的可满足性问题进行求解,微软基于 Z3 求解器开发了程序演绎验证工具 Dafny 与 Boogie;软件的符号执行将路径约束编码为 SMT 公式,从而将路径可行性问题编码为 SMT 问题,如果 SMT 公式有解,则可以生成测试用例,斯坦福大学基于 SMT 求解器开发了符号执行工具 Klee,微软公司基于 Z3 求解器开发了测试用例生成工具 Pex;语法制导的程序合成问题基于程序模版生成程序,其基本思想是将程序合成问题编码为 SMT 公式,利用 SMT 求解器搜索符合要求的程序;软件模糊测试是一种近 10 年以来的非常流行的发现软件系统漏洞的技术,由于基于动态执行的黑盒模糊测试存在覆盖率较低的问题,因此研究人员提出了白盒模糊测试,即将符号执行和动态执行相结合来寻找更多的漏洞,SMT 求解器是符号执行的核心,白盒模糊测试技术广泛使用 SMT 求解器,微软公司基于 Z3 求解器开发了模糊测试工具 SAGE,发现了 Windows 应用的很多漏洞。

在定理证明方面,SMT 求解器已经集成到了很多交互式定理证明器(如 Coq 和 Isabelle)中用于提升其自动化程度。

在云计算安全性方面,亚马逊 Web 服务建立了自动推理组,基于 SMT 求解器开发了 Zelkova 工具和 sideTrail 工具,其中前者用于验证 AMS 身份和密钥管理策略及简单存储服务配置策略的安全性,后者用于验证密码算法实现关于侧信道攻击的安全性。

8.3 交互式定理证明方法

自动定理证明虽然能够使用计算机完全代替人工进行自动推理,但是表达能力较弱,适用范围有限。逻辑的描述能力和自动化推理能力是一对矛盾,需要根据验证目标进行权衡。通常大规模实际系统需要很强的逻辑能力描述,因此需要逻辑描述能力更强的交互式定理证明方法。

交互式定理证明(interactive theorem proving,ITP)的目标是通过用户和计算机相互协助来完成一个形式化证明。这里用到的交互式定理证明器通常称为证明辅助工具或证明助手(proof asistant)。目前常用的证明辅助工具有Coq、Isabelle、HOL Light、HOL4、PVS、ACL2、Lean、Mizar等。由于在证明的过程中用户可以向计算机提供各种帮助,因此这种方法可以用来验证非常复杂的定理。

8.3.1 主要证明辅助工具简介

1. Isabelle/HOL

Isabelle/HOL(http://isabelle.in.tum.de/)是当前被广泛使用的LCF(logic for computable functions,可计算函数逻辑)方法的证明助手,它是一个建立在Isabelle元逻辑(也称为Pure Isabelle)之上的目标逻辑。Paulson于1985年开始Isabelle的开发,他考虑以元逻辑开发通用的、适用于多种特定逻辑的证明助手。以Paulson的观点来看:许多特定逻辑证明助手开发的困难性都是类似的,故开发通用证明助手可以一劳永逸地解决这些难题,而将特定问题留给特定逻辑,由以元逻辑为基础的目标逻辑处理。

在以逻辑框架为设计思想的证明助手中,Isabelle是唯一得到广泛应用的证明助手,它可以视为LCF方法和逻辑框架的结合。Isabelle元逻辑的实现基础是Church的简单类型理论,是具有蕴含、全称量词和等词的高阶逻辑,推理规则不是前提结论的ML函数,而是前提蕴含结论的公理,允许目标逻辑以自然演绎风格进行构造。Isabelle/Pure并未利用类型化演算与自然演绎之间"证明即程序"的对应关系,没有显式的计算,不显式生成独立可检查的证明对象。这种方式称为LCF方法的直接后代,区别于使用了LCF方法,但以类型理论为基础而设计的证明助手。受Huet的启发,Isabelle实现了高阶合一,在高阶合一的基础上,Isabelle支持许多自动推理工具,从而具有强大的自动推理功能:高阶重写的简化器,结合了Metis证明工具的经典推理器和经典Tableau证明工具;支持使用外部自动定理证明工具,如Vampire、SPASS的Sledgehammer工具;支持反例搜索的Quickcheck和Refute。此外,Isabelle使用Locales处理参数化的理论,支持模块化的理论开发。由元逻辑Pure Isabelle可以构造许多不同种类的目标逻辑,如经典和直觉主义的一阶逻辑(Isabelle/FOL和IFOL)、Martin-Lof构造类型论(Isabelle/CTT)、ZF集合论(Isabelle/ZF)及经典的高阶逻辑Isabelle/HOL等,如图8-41所示。

Isabelle/HOL是当前使用最多的一个目标逻辑,在图8-41中以黑体标识,它主要由Nipkow于2002年完成。从用户的观点看,该目标逻辑可以理解为函数式编程和逻辑的结合,供用户用来交互的编程语言类似于Haskell。利用Locales,在Isabelle/HOL中可以表

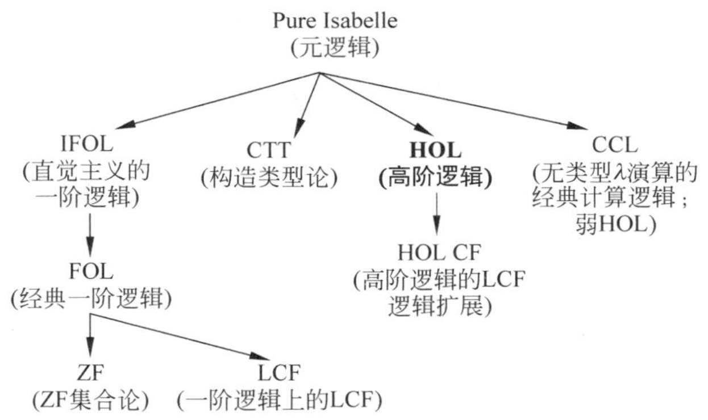

Pure Isabelle
(元逻辑)

IFOL
(直觉主义的一阶逻辑)

FOL
(经典一阶逻辑)

ZF
(ZF集合论)

LCF
(一阶逻辑上的LCF)

CTT
(构造类型论)

HOL
(高阶逻辑)

HOL CF
(高阶逻辑的LCF逻辑扩展)

CCL
(无类型λ演算的经典计算逻辑；弱HOL)

图 8-41　Isabelle 元逻辑和目标逻辑

达由抽象规约到具体数据结构和算法的逐步精化的概念。此外，Isabelle/HOL 能够充分利用多核处理器进行并行证明。Isabelle/HOL 仍然在不断改进和完善中，当前的稳定版本是 Isabelle 2019。许多有关安全协议、数学、编程语言和系统验证等众多领域的正确性问题都可以在 Isabelle/HOL 内进行描述并得到验证。

2. HOL 系列

Gordon 在剑桥大学为研究硬件验证而开发了 HOL。历经了数个版本的改进完善之后，当前最新版本为 HOL4 (https://hol-theorem-prover.org/)。HOL 也衍生出了新的证明助手，这些统称为 HOL 系列，如图 8-42 所示，其中 HOL4、HOL Light、HOL Zero (http://proof-technologies.com/holzero/index.html) 及 ProofPower (http://www.lemma-one.com/ProofPower/index/) 现仍然在开发和维护中，它们都是经典的高阶逻辑。HOL Light 由在 Intel 公司工作的 Harrison 于 1994 年推出。虽然始于硬件验证的动机，但 HOL 系列也可以进行算法和程序验证，并支持进程代数及极限理论、微分和积分等经典数学验证。

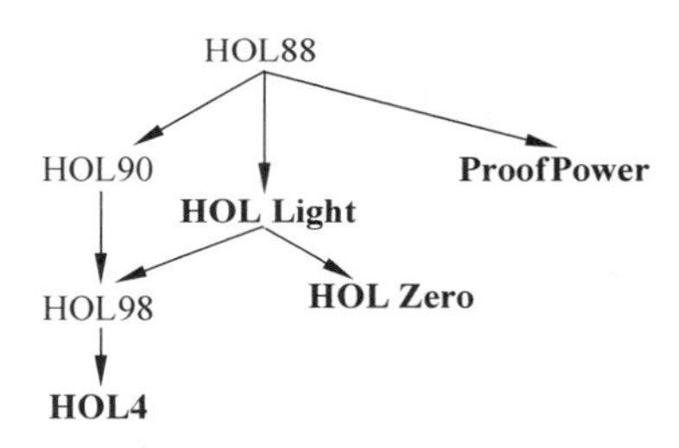

图 8-42　HOL 系列的进化

3. Coq 和 Nuprl

1984 年，法国国家信息与自动化研究所 INRIA 的 Huet 和 Coquand 决定实现构造演算 (calculus of constructions，CoC)，初始版本是一个证明检查器。紧接着采纳了 LCF 方法的策略方式，导致的系统可以视为 Automath 的 Martin-Lof 构造类型论的扩展。综合了依赖类型和多态之后，Mohring 实现了称为 Auto 的证明搜索策略，代表着 Coq(https://coq.inria.fr/) 证明助手的诞生。Mohring 和 Coquand 于 1988 年开始设计归纳构造演算 (calculus of inductive constructions，CIC)。之后，Coq 经历了反复的重设计和实现，当前，Coq 的稳定版本是 8.8.0。

Nuprl(http://www.nuprl.org) 是康奈尔大学的 PRL (proof/program refinement logic) 研究团队的 Constable 等人于 1986 年开发的证明助手，实现的也是 Martin-Lof 的构造类型论。PRL 团队一直致力于开发基于逻辑的编程工具和实现构造主义的数学，当前的稳定版本是 Nuprl 5。2003 年，Hickey 等人以逻辑框架的思想重新实现了 Nuprl，称为 MetaPRL (http://metaprl.org)。

Coq与Nuprl都是使用了LCF方法且以类型理论而设计的证明助手,这类证明助手基于非简单的类型理论,即依赖类型等。利用“命题即类型、证明即项”的思想,类型化的项既用于表示逻辑定理,又表示证明,通过依赖类型,类型检查执行了大多数推理任务。

4. ACL2和PVS

ACL2(http://www.cs.utexas.edu/users/moore/acl2/)始于Boyer和Moore于1973年开发的纯粹Lisp定理证明工具,该工具解决了归纳证明的机械化问题。之后,Boyer和Moore继续对其进行完善。20世纪80年代中期,Kaufmann加入了开发团队。经过多年的持续改进,Boyer和Moore终于实现了他们在1973年设计自动定理证明工具的目标:ACL2(a computational logic for applicative common Lisp)诞生,其效率远远超出了纯粹Lisp定理证明工具,而成为工业可用的工具,并于2005年集成到Centaur公司的开发流程中。为充分利用多核处理器的功效,ACL2和Isabelle/HOL一样也处理了并行证明的问题。当前,ACL2的稳定版本是8.0。

PVS(http://pvs.csl.sri.com)是prototype verification system的简称,由SRI公司于1992年开始研发。PVS和ACL2一样具有强大的自动化证明能力,但是PVS也意图提供证明助手具有的强表述力和逻辑,它提供了类Lisp语言以供用户与之进行一定的交互。PVS是经典类型化的高阶逻辑,但不像Coq和Nuprl那样产生独立可检查的证明对象。PVS当前的稳定版本是6.0。

8.3.2 应用举例

计算机系统软件自身的可靠性、安全性是整个计算机系统能够正常工作的前提,因而用形式化方法验证系统软件、为其可靠性和安全性提供严格保证,一直是人们长期关注的应用方向。近年来,基于交互式定理证明的形式化方法在编译器验证和操作系统微内核验证方面取得了显著的突破。

1. 编译器验证

编译器是将高级语言编写的程序转换到能在目标平台上运行指令集的重要系统软件。当前,绝大多数编译器都没有经过形式化验证,虽然它们在发布前已经进行了大量测试,但仍存在许多问题。随着第一个高级语言编译器的诞生,形式化验证编译器的研究就开始展开了,但是表达和证明编译器正确的困难性,以及不断发展的高级编程语言带来的语义和编译转换过程的复杂性使这项研究历经几十年而经久不衰。随着关键技术和证明助手的成熟,编译器验证领域涌现出了大量研究成果。这些成果可以分为验证的编译器(verified compiler)和验证编译器(verifying compiler)。验证的编译器是获得一个正确性得到验证的编译器,而验证编译器是验证编译后的目标程序相对于源程序的正确性,因此验证的是一次编译(compilation)是否正确。为了表述方便,将这两种验证方式分别称为编译器自身的正确性验证和编译后代码的正确性验证。

1) 编译器自身的正确性验证

传统的编译器自身正确性验证的方法原理源自F. L. Morris,如图8-43所示。定义源语言和目标语言的语义,以及源语言到目标语言的编译,构造语义同态(homomorphism)定理,最后采用归纳对定理进行证明。在实际应用中,源语言和目标语言的语义定义方式大多采用操作语义或者指称语义,并且需要构造许多辅助定理才能完成一个真实语言编译器的语义同态定理的证明。

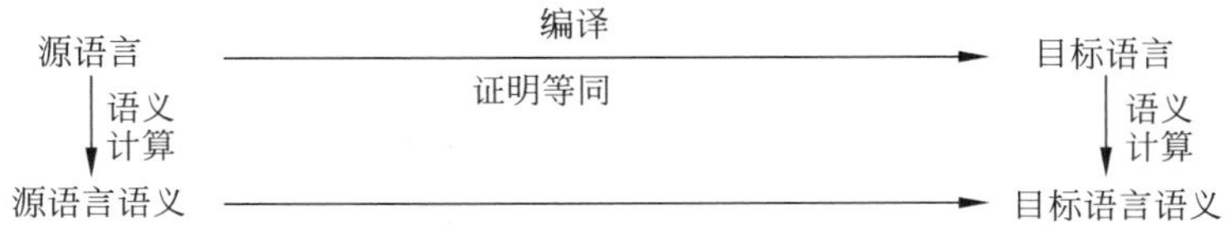

源语言 —编译/证明等同→ 目标语言
源语言 ↓语义计算 源语言语义 —→ 目标语言语义 ↑语义计算

图 8-43　语义同态示意

随着编程语言语义的不断发展进化，表 8-1 列举了部分具有代表性或者影响力的编译器自身正确性验证的研究成果。

表 8-1　编译器自身正确性的机器验证研究成果列表

起始年份	采用的证明助手	源　语　言	目标机器(语言)
1972	Stanford LCF	类 Algol	简单机器汇编
1979	Edinburgh LCF	SAL	假想栈机
1981	Stanford Verifier	类 Pascal	类 B6700 栈机
1989	Boyer-Moore	Micro-Gypsy	Piton 汇编
1991	HOL	Vista 汇编	Viper 处理器
1998	PVS	Tosca	Aida
1998	Isabelle/HOL	Java 子集	Java 虚拟机
2005	Coq	C 子集	PowerPC 汇编
1997	OBJ3	Occam 子集	Transputer 机器

编译器的机器验证最开始针对的是实验性质的语言。20 世纪 80 年代，两个比较大型的编译器验证分别使用 Stanford Verifier 和 Boyer-Moore 定理证明工具完成。前者的源语言是类 Pascal，目标机器是类 B6700 栈机，源语言和目标机器指令的指称语义之间的同态性表示为断言语言，这些断言转换为验证条件，再由 Stanford Verifier 进行证明。后者的源语言是类似 Pascal 语言的 Micro-Gypsy，目标语言是高级汇编语言 Piton，语义采用操作的方式进行定义，使用结构化归纳完成证明。Moore 进一步完成了从 Piton 汇编语言到寄存器传输级(RTL)的正确性验证。20 世纪 90 年代，更多的证明助手被开发出来。通过使用 HOL，Curzon 基于指称语义证明了一个结构化的汇编语言 Vista 到目标 Viper 处理器的编译。同样基于指称语义，Calvert 使用 PVS，对 Stepney 给出的一个学习案例进行了实现，该案例的源语言 Tosca 是一个小但并不简单的高级语言，目标语言是典型的汇编语言 Aida。20 世纪末和 21 世纪初，证明助手已渐趋成熟，联合结构化操作语义和自然语义的出现为实际编程语言编译器的验证创造了良好条件。最具代表性的两个项目是使用 Coq 的 C 编译器 CompCert，以及使用 Isabelle/HOL 的 Java 编译器 Jinja 和 JinjaThread，下面分别予以阐述。

(1) C 优化编译器 CompCert。

2005 年 Leroy 等人使用 Coq 定义了 C 语言子集(Clight)的大步操作语义，经过多遍翻译变换，完成了从 Clight 到 PowerPC 汇编代码的验证，如图 8-44 所示。CompCert 对编译优化也进行了验证，形式化了静态单赋值语义，并验证了基于 SSA 的全局值计数(GVN)算法。

严格地讲，为了对优化算法进行验证，CompCert 结合了编译后代码验证，并辅以手工证明。编译器在编译转换的同时，也生成安全性规约。对于编译器的每遍翻译，证明翻译前

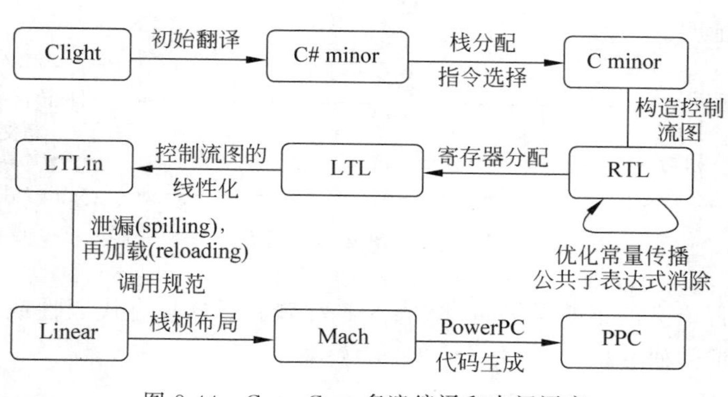

图 8-44　CompCert 多遍编译和中间语言

后的语义同态,或暂不证明而延迟到后续的某遍翻译中去验证翻译后的程序是否满足安全性规约,并以注解的形式表示在翻译结果中,最后对这些注解的一致性进行验证。

建立在 CompCert 2.0 基础之上,Beringer 等人证明了在共享内存交互情况下的编译优化。Jaroslav 等人形式化了一个支持共享内存的并发算法,并证明了编译这类并发程序的正确性。目前,CompCert 已成功应用于工业开发中,它是迄今为止最为成功的 C 语言验证编译器。

(2) Java 编译器 Jinja 和 JinjaThread。

Java 编译器因其面向对象特性及内建多线程机制而使得验证更为复杂。Nipkow 和 Oheimb 首先于 1998 年使用 Isabelle/HOL 对 Java 子集进行了形式定义,并证明了它的类型安全性。2002 年,Klein 对 Java 虚拟机(JVM)字节码验证器的正确性进行了机器验证。在这些基础之上,2006 年 Klein 和 Tobias 构建了包括 Java、JVM 目标机器及编译器等在内的统一模型,证明了 Java 编译到 JVM 虚拟机的正确性,为 Java 这样的 OO 语言编译器验证奠定了良好的研究基础。Jinja 源码共涉及 1000 多个定理的证明,所有定义和定理证明被包括在 BV、Common、Compiler、DFA、J 和 JVM 这 6 个理论文件夹中,构成语义同态框架(包括类型安全)的核心理论如图 8-45 所示。

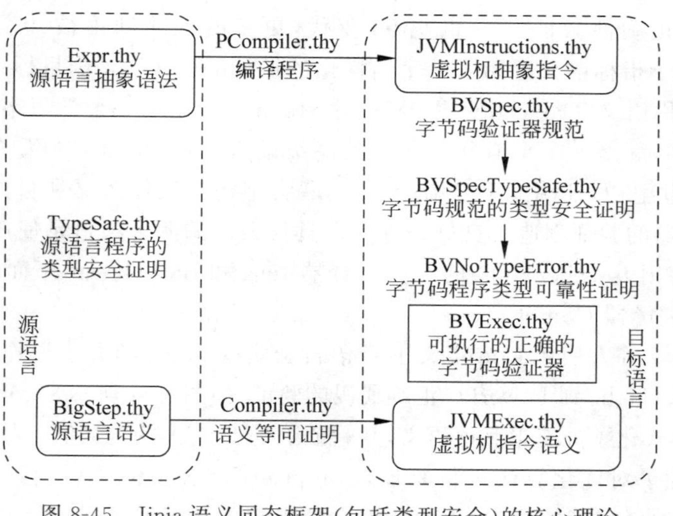

图 8-45　Jinja 语义同态框架(包括类型安全)的核心理论

编译器自身验证的另外一种方法是采用“构造即正确”的方法：定义程序转换规则，源语言程序按照转换规则被逐步精化到可执行的目标语言程序。转换规则是编译器行为，规则的可靠性保证编译的正确性。20 世纪 90 年代初期开始的欧洲项目 ProCos 采用了类似方法。

编译器自身的正确性验证需要准确定义源语言和目标语言的形式语义。形式语义的研究始于 20 世纪 60 年代，操作语义、指称语义、公理语义及代数语义构成了编程语言语义的四大主线。操作语义最初指的是基于抽象机的操作语义。之后，在 20 世纪 70 年代让步于指称语义，而指称语义在 20 世纪 80 年代初又让步于基于规则的操作语义。目前也并无定论什么是定义编程语言语义最好的方法，复杂的语言特性及一些编译优化算法也难以得到有效定义及相应证明。虽然编译器自身的正确性验证具有高可靠性，但是语义定义的困难性使它的开发难度很大。

2）编译后代码的正确性验证

鉴于编译器自身验证的困难性，一些研究者转而对编译后的程序代码进行验证。1999 年 Hoare 提出了验证编译器（verifying compiler，后称为 verified software）。一个具有影响力的成果是携带证明的代码（proof-carrying code，PCC），验证原理如图 8-46 所示。C 源程序经编译器翻译成优化的 DEC Alpha 汇编程序，同时生成每个函数对应的类型规范及表示循环不变式的代码注解，这些作为认证器（certifier）工具的输入。认证器包括 3 个子系统，分别是验证条件生成器（VCGen）、证明工具和证明检查器。验证条件生成器使用类型规范和代码注解，为每个函数生成代表安全属性的谓词公式，称为安全谓词；证明工具对安全谓词进行证明，如果成功，则输出对应的证明，否则给出反例，代表汇编程序类型系统的潜在冲突；最后，安全谓词和证明都作为输入，由证明检查器进一步检查。这个出具证明的编译器只需要保证验证条件生成器和证明检查器的正确性，无须复杂的编译器和证明助手。

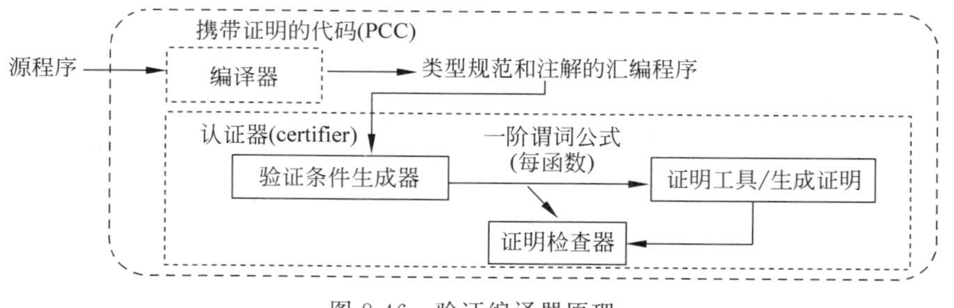

图 8-46　验证编译器原理

另一个有影响力的成果是 A. Pnueli 等人提出的翻译确认（translation validation），验证原理如图 8-47 所示。源程序经编译器翻译成目标程序；然后，源程序和目标程序都作为分析器的输入，如果该工具分析出目标程序正确实现了源程序，则生成证明，并交给证明检查器做进一步证明检查，否则给出反例，表示目标程序的行为与源程序行为不同，代表编译器有误。其中，“正确实现”的概念形式化为一种精化关系。为了表达这种关系，Pnueli 等人设计了一个既能够表示源程序，又能表示目标程序的语义框架，称为同步变迁系统（STS），源程序和目标程序是 STS 的两个模型。在这个统一框架下，基于精化映射的思想，提出时钟化的精化映射，归纳证明源程序和目标程序可观察行为之间的语义包含。进一步地，为了自动化处理整个过程，Pnueli 等人采用了 Lamport 等人对时序逻辑进行模拟精化的思想，将精化映射表示为语法概念，使主要证明部分能够通过计算推得，因而实现完整的自动化，这个自动化的工具称为CVT(code validation tool)。

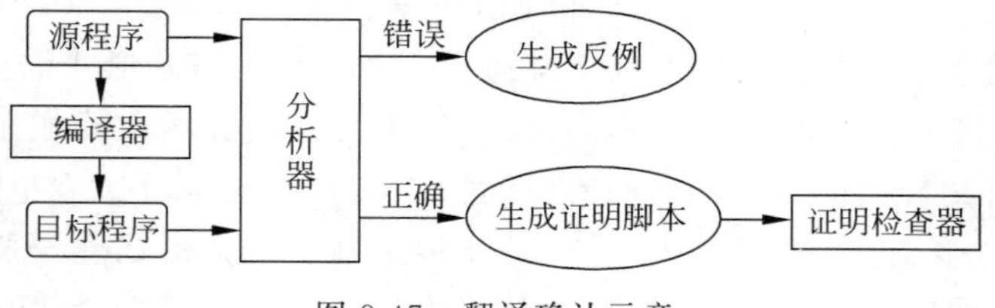

图 8-47　翻译确认示意

Pnueli给出了同步语言Signal到目标C语言的翻译确认。虽然STS是非常通用的，但是将正确实现定义为模拟精化可能更适合建立Signal同步语言到C之间的正确实现关系。

翻译确认的思想是基于模拟的，而不是严格意义上讲的证明构造的技术。与PCC相比，Pnueli提出语法上基于模拟的证明方法保证了验证的完全自动化，而在PCC中，正确性证明的关键部分是手工完成的。此外，翻译确认的基本思想以不同的实现和证明方式应用于操作系统微内核seL4的源程序到ARM机器码的编译验证中，接下来对此进行讨论。

2. 操作系统微内核验证

2014年，第一个验证的操作系统微内核seL4开源发布，这是一个开发约20年的研究成果。seL4作为L4操作系统验证家族的第三代，致力于形式化验证可潜在应用于强调安全和关键性任务的操作系统内核程序，提供了最基本也是最重要的操作系统服务：线程、进程间通信、虚拟内存、中断、授权机制等。整个系统可分为两部分：安全的操作系统微内核源程序和该源程序到ARM机器码的翻译确认，下面分别予以阐述。

1）安全的操作系统微内核源程序

工程上，操作系统开发人员更倾向于从底层细节出发，通过有效管理硬件而获得高性能，而形式化方法的实践者更愿意采取一种自顶向下的开发方法，始于硬件的高度抽象。seL4团队采取了一个折中方法：始于一个由函数式编程语言Haskell编写的可执行规约。seL4的设计过程如图8-48所示。

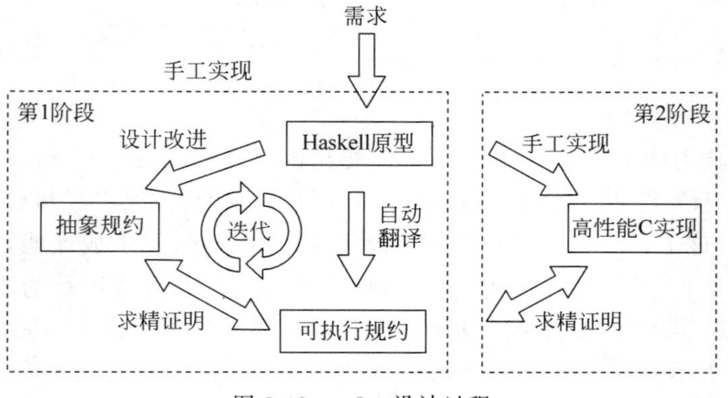

图 8-48　seL4 设计过程

在这个设计中，首先操作系统的需求由手工实现为可执行的Haskell代码，称为Haskell原型。该代码可以通过硬件模拟器导出为二进制码，用于测试。它还能够自动导入 Isabelle/HOL 中，成为可执行规约。抽象规约定义了微内核系统各项操作的功能，并通过嵌入在 Isabelle/HOL 中的 Hoare 逻辑对其正确性进行陈述；大多数定理都是有关不变式的，如低层内存不变式、类型不变式、数据结构不变式、算法不变式等。抽象规约与可执行规约之间的精化证明建立了高层（抽象）与低层（具体）之间的对应关系：抽象规约中的所有 Hoare 逻辑属性对于可执行规约来讲也是成立的。Haskell 原型、可执行规约及抽象规约这 3 部分之间的交互不断迭代，最终收敛得到一个安全的 Haskell 微内核代码。

虽然 Haskell 原型是可执行的模型，但是它并不满足高性能的需求。于是，seL4 团队使用 C 编程语言手工重新实现了这个模型，以允许更多优化，成为高性能的 C 实现。因此，也必须建立高性能 C 实现与可执行规约之间的精化关系，证明它不会产生比可执行规约更多的行为。

seL4 团队于 2009 年完成了这个操作系统微内核源程序的正确性验证：没有死锁、活锁、空指针使用、缓冲区溢出、算术异常及未初始化变量的使用，因此获得了第一个高性能的安全操作系统微内核 C 源程序。

2）微内核源程序到 ARM 机器码的翻译确认

已经获得了安全的高性能操作系统微内核 C 源程序，接下来待解决的问题是如何保证该源程序编译后的二进制代码的安全。起初 seL4 团队考虑使用在 Coq 中验证的 C 编译器 CompCert 进行编译，但是效果不太理想。Coq 对 C 语言标准的解释不同于 Isabelle/HOL，而调和这些不同并不容易，因为 Coq 的底层逻辑与 Isabelle/HOL 的底层逻辑不是直接兼容的。因此，seL4 团队采用了 Pnueli 等人提出的翻译确认的基本思想：将源程序和目标程序转化成统一形式，即描述控制流图的公共中间语言程序，其简单的控制流机制和标准的算术操作为 C 语言、CPU 指令集及 SMT 的位向量理论（bit-vector theory）共有，这非常适合利用 SMT 求解器进行分析处理和证明检查。seL4 的翻译确认原理如图 8-49 所示，主要包括 3 个证明系统：Isabelle/HOL、HOL4 和 seL4 团队开发的基于 SMT 的证明工具。

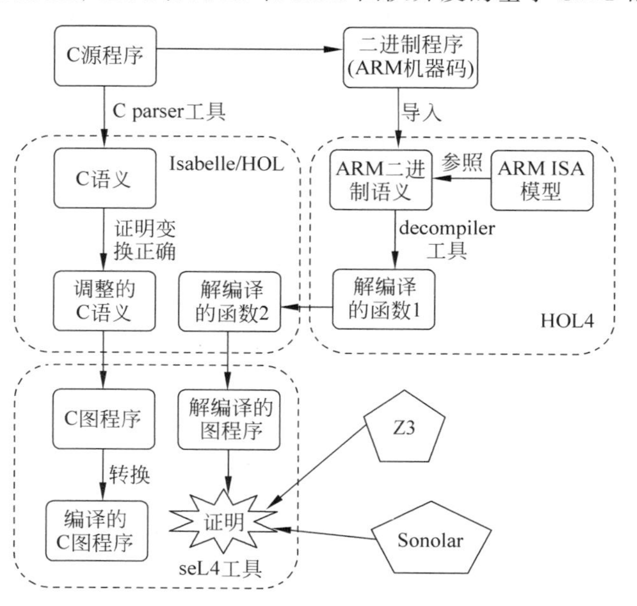

图 8-49　seL4 的翻译确认的正确性证明

在图8-49的左边,将高性能C源程序作为输入,利用Norrish开发的C parser工具,转换为相应的C语义。C parser工具是一个通用操作语义框架,在其上定义了Hoare逻辑及验证条件生成器,它们的可靠性和相对完备性得到了证明。接下来,C语义在Isabelle/HOL内进一步转换成调整的C语义,然后由外部工具将语义规则转换为更为简单的控制流图程序C图程序,最后转换为更接近二进制码形式的编译的C图程序。在图8-49的右边,将gcc编译生成的ARM机器码作为输入,参照由剑桥大学开发的高可信的ARM ISA模型,获得以HOL4定义的ARM二进制语义。该语义非常详尽、庞大,以致不易于在定理证明助手中进行大规模程序的交互式推理。于是采用Myreen等人开发的自动工具decompiler,从二进制语义中抽取出描述二进制代码运行效果的函数,称为解编译的函数1。同时,decompiler参照ARM ISA模型,证明了抽取的每个函数都是准确的。由于Isabelle/HOL和HOL4的底层逻辑几乎相同,这个解编译的函数可以很容易地导入到Isabelle/HOL中,成为解编译的函数2。然后,它也由外部工具转换为更为简单的控制流图程序,称为解编译的图程序。最后,既然C源程序和编译后的程序都以控制流图程序表示,并且它们在转换过程中已经尽可能接近,则它们之间的精化关系可以使用基于SMT的证明工具器,如Z3或者Sonolar进行证明:编译后的二进制码的确是源码的精化。

目前,安全可信的操作系统微内核seL4已经应用于几个安全攸关的工业开发中,如波音公司的无人驾驶小鸟直升机(little bird helicopter)项目等。

8.3.3 ITP方法小结

交互式定理证明(ITP)的自动化传统上依靠在证明辅助工具里实现证明策略。几乎所有常用的证明辅助工具都提供了实现证明策略的语言。如何改善这些语言,让用户更直观地实现证明策略是一个长久的问题。在许多证明辅助工具里,证明策略可以用实现这个工具的语言(如OCaml或ML)实现。在Coq里,Ltac提供了一个更高层次的证明策略语言。Eisbach尝试在Isabelle里面实现类似的功能。Lean是一个最新的证明辅助工具,其中的一个设计重点是允许更有效的证明策略的实现。

还有一种自动化方法是调用证明辅助工具之外的自动证明器。外部证明器的调用过程为:首先,根据要证明的子目标,从已有的定理中筛选一部分相对更有可能用到的定理;其次,这些筛选出来的定理和子目标一起被转换成无类型的一阶逻辑,交给自动证明器求解;最后,如果自动证明器能够证明命题,则证明辅助工具可以直接信任这个结果,或通过自动证明器反馈的信息在自己的系统里重新合成证明。很多证明辅助工具都在使用或尝试使用这种自动化方法。其中,Isabelle里的Sledgehammer最具代表性,现在已成为Isabelle大多数应用中必不可少的工具。自动证明器的使用在其他一些证明辅助工具中也进行了尝试,如HOL Light、Coq等。使用外部自动证明器的一个弱点是无法处理涉及高阶逻辑的命题。虽然存在一些从高阶逻辑的命题转换到一阶逻辑的算法,但转换的过程可能会让命题变得非常烦琐。由Jasmin Blanchette主持的Matryoshka项目希望在已有的自动证明器的理论基础上加上对高阶逻辑的支持。

在证明辅助工具的设计中,逻辑基础是一个非常重要的课题。除了保证可靠性以外,选用的逻辑基础应当能够有效地表达需要证明的理论,并且让实际的证明过程尽可能方便。Isabelle/HOL、HOL Light、HOL4等工具使用一种简单(不包含依赖类型的)类型论

(simple type theory,或者叫 higher-order logic)。Coq 和 Lean 使用依赖类型论(dependent type theory)。逻辑基础的一个最新进展是 homotopy type theory,这是一个基于依赖类型的更复杂的类型论。除了这个逻辑在数学基础上本身的意义外,它也允许用相对简单的方式定义和计算代数拓扑里的基本群(和同伦群)。在另一个方向,也在尝试选用无类型的集合论作为逻辑基础,验证一些包括基本群的传统数学理论。

数据类型是定理证明器的逻辑基础中最重要的部分之一。Coq 等基于依赖类型论的定理证明器,在引入数据类型时需要对其逻辑演算进行扩展,此类扩展的正确性由逻辑学家的元理论分析作为支撑。与此不同,在 HOL4、Isabelle/HOL 等基于简单类型论的定理证明器中数据类型的引入采用的是“定义扩展”的方式。自 2011 年开始,Isabelle/HOL 中的数据类型定义机制发生了很大变化。基于范畴论构造的新数据类型包替换了原有的数据类型包,由此获得了更好的开放性和更加灵活多样的表达方式。

数学形式化既是交互式定理证明的原始目标,也是验证计算机系统的基础。数学形式化的一个直接应用是用计算机验证数学家证明的正确性。素数定理、四色定理、奇阶定理和开普勒猜想证明等先后得到了形式化的证明。其中,奇阶定理是群论里面的一个结果,由 Feit 和 Thompson 在 1962 年证明,论文长达 255 页,其中涉及表示论、伽罗瓦理论等比较深奥的数学理论。2013 年由计算机学家 G. Gonthier 领导的一个 15 人团队使用 Coq 证明助手软件用时 6 年给出了奇阶定理的形式化证明。Hales 于 1998 年给出了开普勒猜想证明,其中涉及大量在计算机上进行的计算,所以证明的正确性也曾经存在争议。2014 年 8 月 Hales 与 21 位学者合作,使用 HOL Light 和 Isabelle/HOL 两个证明助手软件编写了 50 多万行代码,耗时 12 年,完成了开普勒猜想的形式化证明。除了这两个大型项目外,形式化数学在各个基础领域都有进展。在数学分析方面,验证了常微分方程的一些基本理论。这项工作之后被用来验证 Smale 第 14 问题的一部分证明。同时,它也被用来验证一个混成系统的逻辑基础。在概率论方面,通过在 Isabelle 里建立基本理论验证关于马尔可夫链和马尔可夫决策过程的基本特征。在线性代数方面,最近被验证的结果包括 Jordan Normal Form 和 Perron-Frobenius 定理。线性代数最近被用于一个关于深度学习表达能力定理的证明。

形式化数学也可以用于验证各种数值和符号算法。最近的工作包括在 Coq 里验证一个数值计算定积分的算法。这项工作实现并验证了一个完全可信的算法,并在测试的过程中找到了一些已有的实现上的错误。另一个主要的验证目标是多项式问题判定的算法,如在 Isabelle 里完成了一元多项式问题判定得到的证书(certificate)的验证。验证多元多项式判定证书需要的柯西留数定理也已经被验证。这一系列工作的最终目标是将实数定理的专用证明器 MetiTarski 整合到 Isabelle 系统中。

其他一些最近被验证的定理包括哥德尔不完备定理、中心极限定理、格林公式、基本的纽结理论等。

8.4 本章小结

定理证明是一种利用计算机完全或部分代替人工进行定理证明的方式。它克服了纯人工证明方法易出错、证明复杂等缺点,已经逐步用于越来越多的软件、硬件系统验证,一方面为软硬件系统的安全性保障提供了新的有力工具,另一方面也成为定理证明技术发展的有利契机。

按照证明方式和自动化程度的不同,基于定理证明的验证又可分为基于自动定理证明器的自动验证和基于人机交互的半自动验证两类。近年来,随着自动证明理论的发展和计算机处理器能力的大幅增强,基于自动定理证明器的自动验证能力大幅提升,例如微软公司开发的SMT求解器Z3已成为目前使用最广泛的自动定理证明器,其他常见的证明器还包括CVC4、Yices2等;Amazon公司在2014年成立了自动推理组,用SMT求解器验证其Web服务的正确性。自动定理证明虽然能够使用计算机完全代替人工进行自动推理,但是表达能力较弱、适用范围有限,工具的自动化程度与表达能力强弱往往成反比。例如Z3等约束求解器可以对验证条件自动求解,具有较高的自动化程度,但是它很难完成操作系统复杂数据结构和软件功能正确性的全部验证。

基于人机交互的半自动验证通常采用表达能力强的高阶逻辑,灵活性高,能够自动地证明琐碎的细节,但一些复杂的证明仍需要人工参与指导。目前一些常用的证明辅助工具有Coq、Isabelle/HOL、HOL Light、HOL4、ACL2、PVS、Nuprl、Lean、Mizar等。近十多年来,基于交互式定理证明的形式化方法在可验证的系统软件上取得显著的突破。例如INRIA在证明辅助工具Coq的支持下对C语言编译器CompCert的验证,该项研究获得了2012年微软研究验证软件里程碑奖;NICTA在证明辅助工具Isabelle/HOL的支持下对操作系统微内核seL4的验证,seL4在DARPA HACMS项目实验中,作为无人机系统OS抵御了信息安全攻击。此外,华为公司最近建立了形式验证团队,使用定理证明辅助工具验证操作系统微内核的正确性和安全性。但是,这类人机交互的半自动化验证工作往往需要大量的手工劳动构造证明,同时证明辅助工具的操作也比较烦琐,使用门槛较高。

习　题　8

1. 对例8.1所示的ADD-TWO程序,利用MON-I规则证明$\square(x>-1)$成立。

2. 对例8.1所示的ADD-TWO程序,用even(x)表示偶数,利用CON-I规则证明$\square(x>0\wedge \text{even}(x))$。

3. 对例8.3所示的Peterson算法,互斥性是指P_1、P_2同一时间不能同时进入临界区,表示为$\square\neg(\text{at}_\ell_5\wedge \text{at}_m_5)$,利用不变式规则证明互斥性。

4. 对例8.2所示的ANY-Y程序,若$\text{at}_\ell_1\wedge \text{at}_m_1\wedge x=1\Rightarrow\Diamond(\text{at}_\ell_0\wedge \text{at}_m_1\wedge x=1)$,$\text{at}_\ell_0\wedge \text{at}_m_1\wedge x=1\Rightarrow\Diamond(\text{at}_\ell_2\wedge \text{at}_m_1)$已经证明,选取合适的规则证明$\text{at}_\ell_1\wedge \text{at}_m_1\wedge x=1\Rightarrow\Diamond(\text{at}_\ell_2\wedge \text{at}_m_1)$。

5. 对例8.3所示的Peterson算法,可访问性表示的是一个进程无论何时从非临界区离开,都能保证它最终到达临界区,用公式可表示为$\text{at}_\ell_2\Rightarrow\Diamond \text{at}_\ell_5$,证明Peterson算法的可访问性。

6. 用验证图证明习题5。

7. 对例8.3所示的Peterson算法,用验证图证明不变式$y_1\leftrightarrow \text{at}_\ell_{3,4,5,6}$。

8. 面包店算法表示如下,有P_1、P_2两个进程。该算法的基本思想源于顾客在面包店中购买面包时的排队原理,每次只能服务一个顾客,顾客在进入面包店前,首先抓一个号,并且允许小号进入临界区。这里的进程就是顾客,临界区为面包店。在任一时间,只允许一个进程进入临界区。每个进程在 y_1、y_2 中选一个号，号为 0 表示进程并未打算进入临界区。利用工具 STeP 验证互斥属性 $\square\neg(\ell_3 \wedge m_3)$。

```
Local  y1, y2 : integer  where  y1 = 0 ∧ y2 = 0

[loop forever do                        ]     [loop forever do                        ]
[ [ℓ0:  noncritical                ]    ]     [ [m0:  noncritical                ]    ]
[ [ℓ1:  y1 := y2 + 1               ]    ]  ||  [ [m1:  y2 := y1 + 1               ]    ]
[ [ℓ2:  await(y2 = 0 ∨ y1 ≤ y2)    ]    ]     [ [m2:  await(y1 = 0 ∨ y2 < y1)    ]    ]
[ [ℓ3:  critical                   ]    ]     [ [m3:  critical                   ]    ]
[ [ℓ4:  y1 := 0                    ]    ]     [ [m4:  y2 := 0                    ]    ]
                 P1                                            P2
```

9. 典型的 SAT 求解算法包括哪两大类？这些算法的关键技术是什么？

10. 常见的 SMT 求解器有哪些？它们各有什么特点？

11. 主要的证明辅助工具有哪些？它们各有什么特点？

12. 阐述自动定理证明和交互式定理证明的优点和不足，举例说明定理证明工具在工业界和行业领域的应用。

第9章 模型检测

本章学习目标

(1) 了解模型检测方法的基本思想和基本方法。

(2) 掌握 CTL 模型检测算法。

(3) 掌握 LTL 模型检测算法。

(4) 掌握 SPIN 工具的使用。

随着计算机软硬件系统日益复杂,如何保证其正确性和可靠性成为日益紧迫的问题。对于并发系统,由于其内在的不确定性和并发性,验证难度更大。由于演绎证明方法不能做到完全自动化验证,对于稍微复杂的系统,自动化的推理就难以胜任,因此只适宜较小系统的验证,难以被工业界接受。

鉴于演绎证明的局限性,20 世纪 80 年代以来,自动化验证技术开始引起人们的关注。其中模型检测以其简洁明了和自动化程度高的优点而引人注目。模型检测是通过搜索待验证(软件或硬件)系统模型的有穷状态空间检验系统的行为是否具备预测属性的一种自动验证技术。

模型检测方法最初由 E. M. Clark、E. M. Emeson 和 J. Sifakis 等人于 1981 年提出,他们设计了检验有穷状态并发系统是否满足给定 CTL 公式的算法。目前,模型检测已被广泛应用于计算机硬件、通信协议、安全认证协议、控制系统等方面的分析与验证中,取得了令人瞩目的成功,已经成为形式化验证的核心方法。许多世界著名公司如 Intel、HP、Phillips 等成立了专门的小组负责将模型检测技术应用于生产过程中。1998 年,R. E. Bryant、E. M. Clark、E. A. Emerson 和 K. L. McMillan 因模型检测的开创性工作获得了美国计算机协会(ACM)颁发的理论与实践 Paris Kanellakis 奖。2001 年,G. Holzmann 研发的模型检测工具 SPIN 获得 ACM 软件系统奖。2007 年,E. M. Clarke、E A. Emerson 和 J. Sifakis 因模型检测技术的成就荣获图灵奖。

9.1 基本概念

1. 模型检测基本思想

模型检测的基本思想为:对于有穷状态并发系统,证明的构建不是必需的,它可以被一种模型理论的方法代替,这种方法能够机械性地判定一个系统是否满足一个用命题时序逻辑表达的属性。即对于一类给定的有穷状态并发系统和表示系统属性的某种时序逻辑公式，能否找到一算法，通过状态空间搜索的方法来判定系统类中的任一给定系统是否满足公式类中任意给定的一个时序逻辑公式。

模型检测通常用状态迁移系统(M)刻画系统的行为，用时序逻辑公式 φ 描述系统的属性。这样“系统是否具有所期望的属性”就转化为数学问题“状态迁移系统 M 是否是公式 φ 的一个模型?”，用公式表示就是“$M \vDash \varphi$?”。对于有穷状态系统，这个问题是可判定的，即可以用计算机程序在有限时间内自动确定。

2. 模型检测基本方法

模型检测方法大致可分为以下三个基本步骤，如图 9-1 所示。

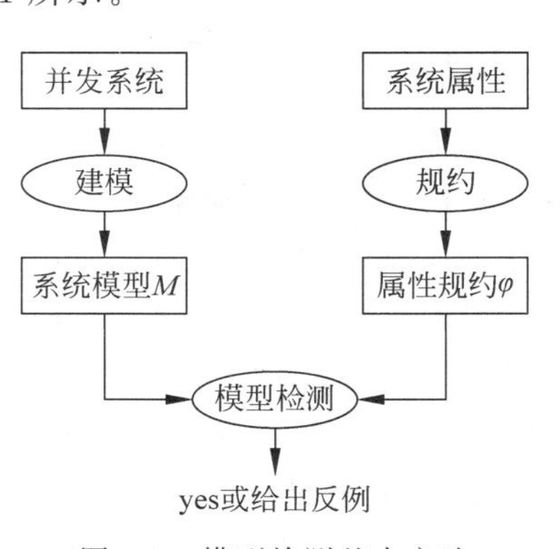

图 9-1　模型检测基本方法

(1) 建模：将实际的并发系统转换为模型检测工具能接受的形式，即本书上篇介绍的系统建模。通常采用迁移系统(或 Kripke 结构)、有穷自动机(Büchi 自动机)、Petri 网等有穷状态模型对系统进行建模，得到系统模型 M。

(2) 规约：描述并发系统应满足的规约，即本书中篇介绍的形式规约。通常采用时序逻辑(CTL 或 LTL 等)公式描述系统的属性，得到属性规约 φ。

(3) 验证：设计一个模型检测算法(工具)，基于状态空间搜索的方法对系统进行形式验证。算法的输入包括两部分，分别是待验证的系统模型 M 和系统待检测的属性规约 φ，如系统模型 M 满足属性规约 φ，则算法输出 yes；如果系统不满足规约，模型检测工具往往呈现一条出错的路径，这条路径作为被检测属性的反例，说明 M 为何不满足 φ，并能帮助设计者追踪到出错的地方。错误发生的原因可能是不正确的系统建模或错误的属性规约导致的，而错误路径可用于发现和修补这两类问题。此外，验证任务可能会非正常终止，这是因为模型规模太大以至于不能载入计算机内存。在这种情况下，通常需要更改模型检测器的参数或调整模型后重新进行验证。

3. 模型检测工具简介

模型检测的优点在于可以自动地进行验证，这一方面的成功在很大程度上归功于有效的自动化验证工具的支持。这里简要介绍 3 个不同类型逻辑公式的验证工具。

SPIN 是验证一个系统模型是否满足线性时序逻辑(LTL)公式的模型检测工具，其系统描述语言为 Promela，其语法基于进程描述，有类似 C 语言的结构。SPIN 主要用于协议验证等领域。

SMV 是验证一个系统模型是否满足分支时序逻辑(CTL)公式的符号模型检测工具，其系统描述语言为 CSML，是一种基于状态迁移关系来描述并发状态迁移的语言。SMV 的典型应用领域包括电子电路的验证。

CWB 是验证一个系统模型是否满足 μ-演算公式的模型检测工具，其系统描述语言为进程代数类型的语言，包括 CCS 和 LOTOS。

上述验证工具对电子电路、协议、工作流程和程序的验证起到了很好的作用。

9.2 模型检测算法

模型检测算法主要通过遍历状态空间检验属性规约在系统模型中是否成立来实现。在遍历过程中,有两种描述可达状态空间的方法:一种是状态及状态迁移关系都显式地存储在内存中,并且对属性的验证也是通过显式地遍历状态空间中的所有可达状态来完成的,称为显式模型检测;另一种是采用符号方法隐含地表示可达状态空间,称为隐式模型检测。本章介绍显式模型检测方法,第10章介绍隐式模型检测方法。

9.2.1 CTL模型检测算法

最初的模型检测算法是用分支时序逻辑(CTL)来描述系统规约的,故称为CTL模型检测。CTL模型检测通常用Kripke结构表示状态迁移系统。为了验证Kripke结构的某个状态是否满足给定的CTL公式,可以先以此状态为根,将Kripke结构展开为一个无限延伸的计算树,然后根据CTL的语义进行判断。但是系统无法这样进行验证,因为它只能处理有限域的数据结构。为了使验证在系统上自动进行,需要采用其他更为有效的算法,如标记算法和不动点算法等。

1. 标记算法

在CTL模型检测中,系统模型是一个Kripke结构 $M=(S, R, L)$,其中 $S=\{s_0, s_1, \cdots\}$ 是非空状态有限集,$R\subseteq S\times S$ 是 S 上的状态迁移关系,$L: S\rightarrow 2^{AP}$ 是一个标签函数(AP为原子命题集)。

标记算法的基本思想是,对系统 M 的每一个状态 s,标记为label(s)。label(s)是一个集合,这个集合中的元素都是在状态 s 成立的公式 f 的子公式,如图9-2所示。初始时,label(s)就是 $L(s)$,也就是说,此时label(s)中的元素是在状态 s 中成立的原子命题;然后对公式 f 从里向外逐步处理,如果某个子公式在状态 s 成立,将此子公式加入label(s)中,在处理第 i 层的子公式时,所有小于 i 层的子公式都必须已经处理完毕,对于第 i 层的子公式来说,第 $i-1$ 的子公式又可以被看成在某些状态 s 中成立的原子命题。

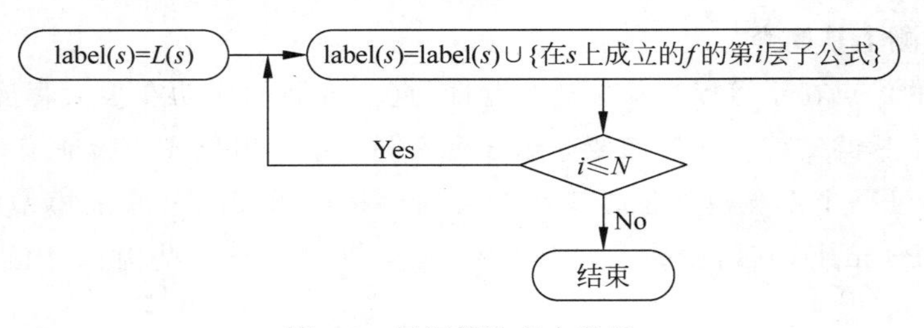

图9-2 标记算法基本思想

例如对于公式 $A\bigcirc(p\rightarrow A\Diamond q)$,应该按以下几步由里向外逐步处理:

(1) p、q。

(2) $A\Diamond q$。

(3) $p\rightarrow A\Diamond q$。

(4) $A\bigcirc(p\rightarrow A\Diamond q)$。

因为低一级的子公式在处理完毕之后可以看成原子公式，所以对复杂公式的处理可以化简为诸如 $\neg f$、$f \wedge g$、$f \vee g$、$A\bigcirc f$、$E\bigcirc f$、$A\Diamond f$、$E\Diamond f$、$A\Box f$、$E\Box f$、$A(fUg)$ 和 $E(fUg)$ 等简单形式的处理。

$\neg$、$\wedge$、$A\Diamond$、$E\bigcirc$ 和 EU 可以作为 CTL 公式的一组完备集，因此标记算法只需对这几种简单的运算符处理即可，其他运算都可以通过上述几种运算的不同组合得到。首先，需要对原子命题进行处理，也就是说将在各个状态成立的原子命题分别加入状态 s 的 label(s) 中，接下来就可以对 CTL 公式进行处理了。

(1) 对于公式 p，如果 $p \in$ label(s)，则用 p 标记状态 s。

(2) 对于公式 $\neg f$，如果公式 f 在状态 s 不成立，则将 $\neg f$ 加入状态 s 的 label(s) 中。

(3) 对于公式 $f \wedge g$，如果公式 f 和公式 g 都在状态 s 中成立，则将 $f \wedge g$ 加入状态 s 的 label(s) 中。

(4) 对于 $A\Diamond f$，如果公式 f 在状态 s 成立，则将 $A\Diamond f$ 加入状态 s 的 label(s) 中；对结构中的所有状态逐个进行处理，如果对某个状态 s'，它的所有直接后继都有 $A\Diamond f$ 成立，则将 $A\Diamond f$ 也加入 s' 的 label(s') 中。

(5) 对于公式 $E\bigcirc f$，对结构中的所有状态逐个进行处理，如果对某个状态 s，它有一个直接后继使公式 f 成立，则将 $E\bigcirc f$ 加入状态 s 的 label(s) 中。

(6) 对于公式 $E(f\ U\ g)$，如果公式 g 在状态 s 成立，则将 $E(f\ U\ g)$ 加入状态 s 的 label(s) 中；对结构中的所有状态逐个进行处理，如果对某个状态 s'，它使公式 f 成立，且状态 s' 某个直接后继使公式 $E(f\ U\ g)$ 成立，则将 $E(f\ U\ g)$ 也加入状态 s' 的 label(s) 中。

如此由里向外直到程序终止，如果对要检验的属性 f，有 $f \in$ label(s)，则有 $M, s \models f$ 成立。如果对所有初始状态 s_0，都有 $M, s_0 \models f$ 成立，则称公式 f 在结构 M 中成立，结构 M 满足属性 f。此算法对每一个状态进行处理，判断子公式在此状态中是否成立，其算法复杂度为 $O(|f| * |S| * (|S| + |R|))$。其中 $|f|$ 表示公式 f 的子公式的数目，$|S|$ 表示结构 M 中状态的数目，$|R|$ 表示结构 M 中状态迁移的数目。

$\neg$、$\wedge$、$A\Diamond$、$E\bigcirc$ 和 EU 只是 CTL 公式的一个完备集，标记算法也可以对其他完备集的运算符进行处理，例如 $\neg$、$\wedge$、$E\bigcirc$、EU 和 $E\Box$ 也是一种完备集。

例 9.1 请对图 9-3 模型的每个状态使用标记算法，验证 CTL 公式 $A\Diamond(p \rightarrow A\Diamond q)$ 在该模型中成立。

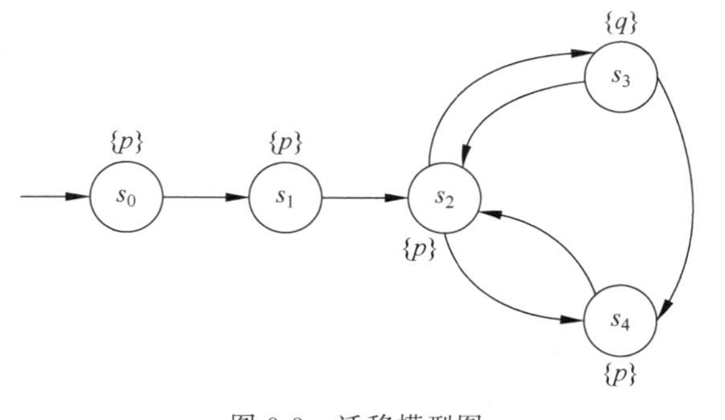

图 9-3 迁移模型图

分析如下。

(1) 以¬、∧、$A\Diamond$、$E\bigcirc$和EU作为CTL完备集,对$A\Diamond(p\rightarrow A\Diamond q)$进行重写:

$A\Diamond(p\rightarrow A\Diamond q)=A\Diamond(\neg p\vee A\Diamond q)=A\Diamond(\neg(p\wedge\neg A\Diamond q))$。

(2) 将属性分解为一个子表达式序列:

$g_1=p, g_2=q, g_3=A\Diamond g_2, g_4=\neg g_3, g_5=g_1\wedge g_4, g_6=\neg g_5, g_7=A\Diamond g_6$。

(3) 根据$g_1=p$进行标记:

$L(s_0)=\{g_1\}, L(s_1)=\{g_1\}, L(s_2)=\{g_1\}, L(s_4)=\{g_1\}$。

(4) 根据$g_2=q$进行标记:

$L(s_3)=\{g_2\}$。

(5) 根据$g_3=A\Diamond g_2$进行标记:

$L(s_3)=\{g_2, g_3\}$。

(6) 根据$g_4=\neg g_3$进行标记:

$L(s_0)=\{g_1, g_4\}, L(s_1)=\{g_1, g_4\}, L(s_2)=\{g_1, g_4\}, L(s_4)=\{g_1, g_4\}$。

(7) 根据$g_5=g_1\wedge g_4$进行标记:

$L(s_0)=\{g_1, g_4, g_5\}, L(s_1)=\{g_1, g_4, g_5\}, L(s_2)=\{g_1, g_4, g_5\}, L(s_4)=\{g_1, g_4, g_5\}$。

(8) 根据$g_6=\neg g_5$进行标记:

$L(s_3)=\{g_2, g_3, g_6\}$。

(9) 根据$g_7=A\Diamond g_6$进行标记:

$L(s_3)=\{g_2, g_3, g_6, g_7\}$。

(10) 利用标记算法对该模型进行检验,如表9-1所示。

表9-1 标记算法检验

子公式	s_0	s_1	s_2	s_3	s_4
g_1	✓	✓	✓		✓
g_2				✓	
g_3				✓	
g_4	✓	✓	✓		✓
g_5	✓	✓	✓		✓
g_6				✓	
g_7				✓	

从表9-1可以看出s_3满足该公式。

例9.2 图9-4是一个微波炉的Kripke结构,每个状态s内已标记了在该状态取真和取假的原子命题label(s)。在弧上指明什么样的动作引起了相应的迁移(弧上的标记仅表示说明,不作为Kripke结构的组成部分)。假设状态s_1是初始状态。

验证CTL表达式:$f=A\Box(\text{Start}\rightarrow A\Diamond\text{Heat})$。初始时,$L(s_1)=L(s_2)=L(s_3)=L(s_4)=L(s_5)=L(s_6)=L(s_7)=\varnothing$。按以下步骤完成验证过程。

(1) 将原始CTL表达式改写成完全由¬、∧、$E\bigcirc$、EU、$E\Box$操作符表达的形式,即

$A\Box(\text{Start}\rightarrow A\Diamond\text{Heat})=\neg E(\text{True}\ U\ (\text{Start}\wedge E\Box\neg\text{Heat}))$。

(2) 将属性分解为一个子表达式序列:

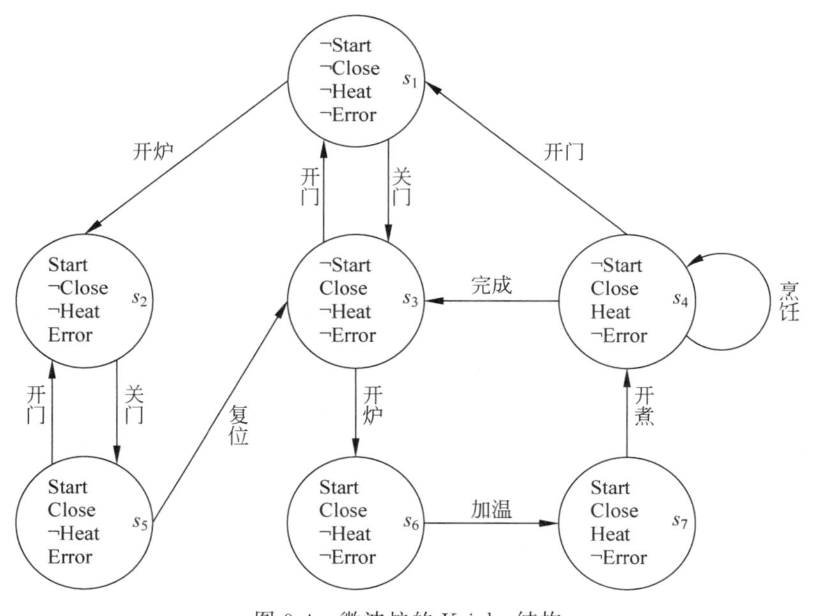

图 9-4 微波炉的 Kripke 结构

$g_1=\text{Heat}, g_2=\neg g_1, g_3=E\Box g_2, g_4=\text{Start}, g_5=g_4 \wedge g_3, g_6=\text{True}, g_7=E(g_6 U g_5)$, $g_8=\neg g_7$。

(3) 根据 $g_1=\text{Heat}$ 进行标记：

$L(s_4)=\{g_1\}, L(s_7)=\{g_1\}$。

(4) 根据 $g_2=\neg g_1$ 进行标记：

$L(s_1)=\{g_2\}, L(s_2)=\{g_2\}, L(s_3)=\{g_2\}, L(s_5)=\{g_2\}, L(s_6)=\{g_2\}$。

(5) 根据 $g_3=E\Box g_2$ 进行标记：

$L(s_1)=\{g_2, g_3\}, L(s_2)=\{g_2, g_3\}, L(s_3)=\{g_2, g_3\}, L(s_5)=\{g_2, g_3\}$。

(6) 根据 $g_4=\text{Start}$ 进行标记：

$L(s_2)=\{g_2, g_3, g_4\}, L(s_5)=\{g_2, g_3, g_4\}, L(s_6)=\{g_2, g_4\}, L(s_7)=\{g_2, g_4\}$。

(7) 根据 $g_5=g_4 \wedge g_3$ 进行标记：

$L(s_2)=\{g_2, g_3, g_4, g_5\}, L(s_5)=\{g_2, g_3, g_4, g_5\}$。

(8) 根据 $g_6=\text{True}$ 进行标记：

$L(s_1)=\{g_2, g_3, g_6\}, L(s_2)=\{g_2, g_3, g_4, g_5, g_6\}, L(s_3)=\{g_2, g_3, g_6\}, L(s_4)=\{g_1, g_6\}, L(s_5)=\{g_2, g_3, g_4, g_5, g_6\}, L(s_6)=\{g_2, g_4, g_6\}, L(s_7)=\{g_1, g_4, g_6\}$。

(9) 根据 $g_7=E(g_6 U g_5)$ 进行标记：

$L(s_1)=\{g_2, g_3, g_6, g_7\}, L(s_2)=\{g_2, g_3, g_4, g_5, g_6, g_7\}, L(s_3)=\{g_2, g_3, g_6, g_7\}, L(s_4)=\{g_1, g_6, g_7\}, L(s_5)=\{g_2, g_3, g_4, g_5, g_6, g_7\}, L(s_6)=\{g_2, g_4, g_6, g_7\}, L(s_7)=\{g_1, g_4, g_6, g_7\}$。

(10) 根据 $g_8=\neg g_7$ 进行标记，但是发现没有状态标记为 g_8。

由于 $g_8=f$，所以没有状态具有属性 f。因为对于初始状态 s_1，$M, s_1 \vDash f$ 并不成立，所以属性 f 在 M 上不满足。

给出标记算法如表 9-2 所示。

表 9-2 标记算法检验

子公式	s_1	s_2	s_3	s_4	s_5	s_6	s_7
g_1				✓			✓
g_2	✓	✓	✓		✓	✓	
g_3	✓	✓	✓		✓		
g_4		✓			✓	✓	✓
g_5		✓			✓		
g_6	✓	✓	✓	✓	✓	✓	✓
g_7	✓	✓	✓	✓	✓	✓	✓
g_8							

因此可得出结论：属性 f 在 M 上不满足。

另一种改进的标记算法并不是对所有的状态进行逐一的判断，算法复杂度可以降低到 $O(|f| * (|S| + |R|))$。例如处理算子 $E\bigcirc f$ 得到的标记过程 Check EX 如图 9-5 所示。

```
procedure Check EX(f)
T := {s|f∈label(s)};
while T≠∅ do
    choose s∈T;
    T := T\{s};
    for all t such that R(t,s) do
        if EX f∉label (t) then
            label (t) := label(t)∪{EXf};
        end if;
    end for all;
end while;
end procedure
```

图 9-5 $E\bigcirc f$ 的标记算法 Check EX

处理算子 EU 的标记过程 Check EU 如图 9-6 所示。

```
procedure Check EU(f,g)
    T := {s|g∈label(s)};
    for all s∈T do label(s) := label(s)∪{E[fUg]};
    while T≠∅ do
        choose s∈T; T := T\{s};
        for all t such that R(t,s) do
            if E[fUg]∉label(t) and f∈label(t) then
                label(t) := label(t)∪{E[fUg]};
                T := T∪{t};
            end if;
        end for all;
    end while;
end procedure
```

图 9-6 $E(f\ U\ g)$标记算法 Check EU

算法首先将公式 $E(f\ U\ g)$加入使 g 成立的状态 s 的 label(s)中，并初始化集合 T，它是所有使公式 $E(f\ U\ g)$成立的状态的集合。对集合 T 中的任一状态 s，如果它的某一个前趋 t 使公式 f 成立，则将 t 加入集合 T 中，并将 $E(f\ U\ g)$加入状态 t 的 label(t)中，当对状态 s 的所有前趋都处理完毕时，将其从集合 T 中删除，如此对集合 T 中的所有元素逐个进行处理直到集合为空，判断过程结束。

直接使用上述标记算法得到算子 $E\Box$的标记过程复杂度比较高，有一种将有向图分解为非平凡强连通分量(nontrivial strongly connected component，NSCC)的标记过程更为有效。非平凡强连通分量是指有向图的一个结点数不为零的最大子图，且此子图中任意两个结点通过子图内部的边相互可达或者子图只有一个结点且该结点存在一个自循环。$E\Box$的标记过程可由下面的定理 9.1 得到：

定理 9.1 设 Kripke 结构 $M'=(S',R',L')$为去掉 Kripke 结构 M 中所有不能使 CTL 公式 f 为真的状态得到的，其中 $S'=\{s\in S \mid M,s\vDash f\}$，$R'=R\mid_{S'\times S'}$，$L'=L\mid_{S'}$，则 M，$s\vDash E\Box f$ 当且仅当状态 s 满足以下两个条件：$s\in S'$；M'中存在一条从状态 s 到状态 t 的路径，且 t 位于有向图(S',R')的非平凡强连通分量中。

由上面的定理可以得到处理算子 $E\Box$的标记过程 Check EG 如图 9-7 所示。

```
procedure Check EG(f)
    S := {s|f∈ label(s)};
    SCC := {C|C is a NSCC of S'};
    T := U_c ∈ NSCC{s|s∈ C};
        for all s∈ T do label(s) := label(s) ∪ {EGf};
        while T≠ ∅ do
            choose s∈ T;
            T := T\{s};
            for all t such that t∈ S' and R(t,s) do
                if EG f∉ label (t) then
                    label (t) :=  label (t) ∪ {EGf};
                    T := T∪ {t};
                endif;
            end for all;
        end while;
end procedure
```

图 9-7　$E\Box f$ 标记算法 Check EG

结合上面的子过程可以给出如图 9-8 所示的标记算法的主过程 Check CTL。

```
procedure Check CTL(f)
case
    f is true:          for all s∈ S do
                            if true∉ label(s) then
                                label(s) := label(s)  ∪ {true};
    f is atomic:        for all s such s ∈ S and f ∈ L(s) do
                            if f∉ label(s) then
                                label(s) := label(s)  ∪ {f};
    f is ¬ g:           for all s such s∈ S and g∉label(s) do
                            if ¬ g∉ label(s) then
                                label(s) := label(s)  ∪ { ¬ g};
    f is g1 ∨ g2:       for all s such that(g1 or g2)  ∈ label(s) do
                            if g1 ∨ g2∉ label(s)then
                                label(s) := label(s) ∪ {g1 ∨ g2};
    f is EXg:           Check CTL(g);
                        Check EX(g);
    f is E[g1Ug2]:      Check CTL(g1);
                        Check CTL(g2);
                        Check EU(g1,g2);
    f is EGg:           Check CTL(g);
                        Check EG(g);
```

图 9-8　标记算法的主过程 Check CTL

2. 不动点算法

Emerson 和 Clark 早在 1981 年就证明了 CTL 的不动点性质，这种性质为后来利用 BDD 缓解 CTL 模型检测中的状态爆炸问题奠定了基础。

假设 $M=(S,R,L)$是任意一个有限的 Kripke 结构。$\rho(S)$是集合 S 的幂集，它关于集合的交、并运算构成一个格。其元素 S'也可以认为是 S 中的一个断言，即在 S'中的所有状态为真。格中的最小元素是空集，有时也直接采用 False 表示，最大的元素是 S 本身，有时也写为 True。

定义 9.1 假设 $\tau:\rho(S)\rightarrow\rho(S)$是定义在 S 的子集所形成的集合上的映射函数，则

(1) 如果 $P\subseteq Q$ 蕴含着 $\tau(P)\subseteq\tau(Q)$，则称 τ 是单调的。

(2) 如果 $P_1\subseteq P_2\subseteq\cdots$蕴含着 $\tau(\bigcup_i P_i)=\bigcup_i\tau(P_i)$，则称 τ 是$\bigcup$连续的。

(3) 如果 $P_1\supseteq P_2\supseteq\cdots$蕴含着 $\tau(\bigcap_i P_i)=\bigcap_i\tau(P_i)$，则称 τ 是$\bigcap$连续的。

定义 9.2 集合 $S'\subseteq S$ 是函数 τ 的不动点，当且仅当 $\tau(S')=S'$。

例如，设 $S=\{s_0, s_1\}$且对任意的 S 的子集 X，$\tau(X)=X\cup\{s_0\}$。因为 $X\subseteq X'$蕴含了 $X\cup\{s_0\}\subseteq X'\cup\{s_0\}$，所以 τ 是单调的。由于 τ 的不动点包含 s_0，因此 τ 有两个不动点：$\{s_0\}$和$\{s_0,s_1\}$。

用 $\tau^i(Z)$表示在集合 Z 上应用 τ 函数 i 次，其中 $\tau^0(Z)=Z$，$\tau^{i+1}(Z)=\tau(\tau^i(Z))$。例如，对于函数 $\tau(X)=X\cup\{s_0\}$，$\tau^2(X)=\tau(\tau(X))=(X\cup\{s_0\})\cup\{s_0\}=X\cup\{s_0\}=\tau(X)$。

定理 9.2 $\rho(S)$中的函数 τ 永远存在一个最小不动点 $\mu Z.\tau(Z)$和一个最大不动点 $\nu Z.\tau(Z)$，并且：如果 τ 是单调的，则 $\mu Z.\tau(Z)=\bigcap\{Z\mid\tau(Z)\subseteq Z\}$，$\nu Z.\tau(Z)=\bigcup\{Z\mid\tau(Z)\supseteq Z\}$；如果 τ 是$\bigcup$连续的，则 $\mu Z.\tau(Z)=\bigcup_i(\tau^i(\text{False}))$；如果 τ 是$\bigcap$连续的，则 $\nu Z.\tau(Z)=\bigcap_i(\tau^i(\text{True}))$。

证明： 略。

引理 9.1 如果 S 是有限的，τ 是单调的，则 τ 是$\bigcup$连续的和$\bigcap$连续的。

证明： 假设 $P_1\subseteq P_2\subseteq\cdots$是状态集合 S 的一个子集。由于 S 是有限的，则存在一个 j_0，对于任意的 $j\geqslant j_0$，$P_j=P_{j_0}$。而对于每个 $j<j_0$，都有 $P_j\subseteq P_{j_0}$，因此$\bigcup_i P_i=P_{j_0}$。并且可得出 $\tau(\bigcup_i P_i)=\tau(P_{j_0})$。又因为 τ 是单调的，$\tau(P_1)\subseteq\tau(P_2)\subseteq\cdots$，因此对每个 $j<j_0$，$\tau(P_j)\subseteq\tau(P_{j_0})$。并且对于 $j\geqslant j_0$，$\tau(P_j)=\tau(P_{j_0})$。所以$\bigcup_i\tau(P_i)=\tau(P_{j_0})$，证得 τ 是$\bigcup$连续的。同理可证 τ 是$\bigcap$连续的。

引理 9.2 如果 τ 是单调的，则对于任意的 i，$\tau^i(\text{False})\subseteq\tau^{i+1}(\text{False})$，并且 $\tau^i(\text{True})\supseteq\tau^{i+1}(\text{True})$。

引理 9.3 如果 S 是有限的，τ 是单调的，则存在一个整数 i_0，对任意 $j\geqslant i_0$，使 $\tau^j(\text{False})=\tau^{i_0}(\text{False})$；同样，也存在一个整数 j_0，使得任意 $j\geqslant j_0$，$\tau^j(\text{True})=\tau^{j_0}(\text{True})$。

引理 9.4 如果 S 是有限的，τ 是单调的，则存在一个整数 i_0，使 $\mu Z.\tau(Z)=\tau^{i_0}(\text{False})$；也存在一个整数 j_0，使 $\nu Z.\tau(Z)=\tau^{j_0}(\text{True})$。

在 $\rho(S)$中的断言$\{s\mid M,s\vDash f\}$的基础上分析 CTL 表达式 f 时，每一个 CTL 操作可以转换为类似函数的最小不动点和最大不动点分析：

(1) $A\Diamond f_1=\mu Z.f_1\vee A\bigcirc Z$。

(2) $E\Diamond f_1=\mu Z.f_1\vee E\bigcirc Z$。

(3) $A\Box f_1 = \nu Z.f_1 \wedge A\bigcirc Z$。

(4) $E\Box f_1 = \nu Z.f_1 \wedge E\bigcirc Z$。

(5) $A[f_1 U f_2] = \mu Z.f_2 \vee (f_1 \wedge A\bigcirc Z)$。

(6) $E[f_1 U f_2] = \mu Z.f_2 \vee (f_1 \wedge E\bigcirc Z)$。

给出最小不动点算法 Lfp 和最大不动点算法 Gfp,如图 9-9 所示。

```
Function Lfp(Tau:PredicateTransformer):Predicate
    Q := False;
    Q' := Tau(Q);
    while(Q≠Q') do
        Q := Q';
        Q' := Tau(Q');
    end while;
    return(Q);
end function
function Gfp(Tau:PredicateTransformer):Predicate
    Q := True;
    Q' := Tau(Q);
    while(Q≠Q') do
        Q := Q';
        Q' := Tau(Q');
    end while;
    return(Q);
end function
```

图 9-9 最小不动点算法 Lfp 和最大不动点算法 Gfp

直观上讲,最小不动点对应“最终会出现的属性”,最大不动点对应“一直具备的属性”。下面将证明 $E\Box$ 和 EU 的不动点特性。

引理 9.5 $\tau(Z) = f_1 \wedge E\bigcirc Z$ 是单调的。

证明:假设 $P_1 \subseteq P_2$。为了证明 $\tau(P_1) \subseteq \tau(P_2)$,首先假设存在状态 $s \in \tau(P_1)$,由函数 $\tau(Z) = f_1 \wedge E\bigcirc Z$ 可得 $s \vDash f_1$,并且存在状态 s' 满足 $(s, s') \in R$ 且 $s' \in P_1$。又因为 $P_1 \subseteq P_2$,$s' \in P_2$ 也同样成立。因此 $s \in \tau(P_2)$。证得上述公式是单调的。

引理 9.6 假设 $\tau(Z) = f_1 \wedge E\bigcirc Z$,且 $\tau^{i_0}(\mathrm{True})$ 作为 $\mathrm{True} \supseteq \tau(\mathrm{True}) \supseteq \cdots$ 的下界。那么对于任意 $s \in S$,如果 $s \in \tau^{i_0}(\mathrm{True})$,则 $s \vDash f_1$,并且存在状态 s' 满足 $(s, s') \in R$ 且 $s' \in \tau^{i_0}(\mathrm{True})$。

证明:假设 $s \in \tau^{i_0}(\mathrm{True})$。因为 $\tau^{i_0}(\mathrm{True})$ 是 τ 的一个不动点,$\tau^{i_0}(\mathrm{True}) = \tau(\tau^{i_0}(\mathrm{True}))$,因此 $s \in \tau(\tau^{i_0}(\mathrm{True}))$。通过对 τ 的定义可以得到 $s \vDash f_1$,并且存在状态 s' 满足 $(s, s') \in R$ 且 $s' \in \tau^{i_0}(\mathrm{True})$。

引理 9.7 $E\Box f_1$ 是函数 $\tau(Z) = f_1 \wedge E\bigcirc Z$ 的一个不动点。

证明:假设 $s_0 \vDash E\Box f_1$,根据 $s_0 \vDash E\Box f_1$ 的语义,存在一条路径 $s_0, s_1, \cdots$,对于所有的 $k \geq 0$ 满足 $s_k \vDash f_1$。这也同样意味着 $s_0 \vDash f_1$ 并且 $s_1 \vDash E\Box f_1$。换句话说 $s_0 \vDash f_1$ 并且 $s_0 \vDash E\bigcirc E\Box f_1$。因此,$E\Box f_1 \subseteq f_1 \wedge E\bigcirc E\Box f_1$。同理,如果 $s_0 \vDash f_1 \wedge E\bigcirc E\Box f_1$,那么 $s_0 \vDash E\Box f_1$。因此可以得出结论 $E\Box f_1 = f_1 \wedge E\bigcirc E\Box f_1$。

引理 9.8　$E\Box f_1$ 是函数 $\tau(Z)=f_1 \wedge E\bigcirc Z$ 的最大不动点。

证明：因为 τ 是单调的。从引理 9.1 中可以得出 τ 是 $\cap$ 连续的。因此为了证明 $E\Box f_1$ 是 $\tau(Z)=f_1 \wedge E\bigcirc Z$ 的最大不动点。在这里只要证明 $E\Box f_1=\bigcap_i(\tau^i(\text{True}))$。

首先需要证明 $E\Box f_1\subseteq\bigcap_i(\tau^i(\text{True}))$。在这里可以利用归纳法证明上述结论：对于任意 i，$E\Box f_1\subseteq\tau^i(\text{True})$。很显然，$E\Box f_1\subseteq\text{True}$。假设 $E\Box f_1\subseteq\tau^n(\text{True})$。因为 τ 是单调的，所以 $\tau(E\Box f_1)\subseteq\tau^{n+1}(\text{True})$。从引理 9.7 可知，$\tau(E\Box f_1)=E\Box f_1$。因此，$E\Box f_1\subseteq\tau^{n+1}(\text{True})$。

下面将证明 $\bigcap_i(\tau^i(\text{True}))\subseteq E\Box f_1$。假设存在状态 $s\in\bigcap_i(\tau^i(\text{True}))$，并且 s 被包含在每个 $\tau^i(\text{True})$。因此，状态 s 也被包含在不动点 $\tau^{i_0}(\text{True})$ 里面。在引理 9.6 中，s 是无穷状态序列 S 的初始状态并且 $s\models f_1$；对于任意 s_i，存在状态 s_j 满足 $(s_i,s_j)\in R$ 并且 $s_j\models f_1$。因此，在状态序列中的每个状态都满足 f_1。所以 $s\models E\Box f_1$。

引理 9.9　$E[f_1\ U\ f_2]$ 是函数 $\tau(Z)=f_2\vee(f_1\wedge E\bigcirc Z)$ 的最小不动点。

证明：首先，$\tau(Z)=f_2\vee(f_1\wedge E\bigcirc Z)$ 是单调的。根据引理 9.1，τ 具有 $\cup$ 连续性。接下来仍需要证明 $E[f_1\ U\ f_2]$ 是 $f_2\vee(f_1\wedge E\bigcirc Z)$ 的最小不动点，即证明 $E[f_1\ U\ f_2]=\bigcup_i\tau^i(\text{False})$。这可以从归纳法出发，证明对于任意 i，满足 $\tau^i(\text{False})\subseteq E[f_1\ U\ f_2]$，最后能证得 $\bigcup_i\tau^i(\text{False})\subseteq E[f_1 U\ f_2]$。这一步比较容易，在这里不再详述，请读者自行证明。

下面证明 $E[f_1\ U\ f_2]\subseteq\bigcup_i\tau^i(\text{False})$。这里可以利用归纳法证明满足 $f_1\ U\ f_2$ 的路径。更具体地讲，如果 $s\models E[f_1\ U\ f_2]$，则存在一条路径 $\pi=s_1, s_2,\cdots$ 满足初始状态 $s=s_1$ 并且存在 $j\geqslant1$ 使 $s_j\models f_2$，并且对所有 $l<j$ 满足 $s_l\models f_1$。现在需要证明上述路径的每个状态 $s\in\tau^j(\text{False})$。如果 $j=1$，$s\models f_2$，$s\in\tau(\text{False})=f_2\vee(f_1\wedge E\bigcirc(\text{False}))$。

假设上述路径的每个状态 s，且对任意 $j\leqslant n$ 都有 $s\in\tau^j(\text{False})$。当 $j=n+1$ 时，有路径 $\pi=s_1, s_2,\cdots$，令 $s=s_1$ 并且 $s_{n+1}\models f_2$，同时对于每个 $l<n+1$，$s_l\models f_1$。现在 s_2 作为满足 $f_1 U\ f_2$ 的路径 π 的一个状态，通过归纳假设，$s_2\in\tau^n(\text{False})$。由于 $(s, s_2)\in R$ 并且 $s\models f_1$，$s\in f_1\wedge E\bigcirc(\tau^n(\text{False}))$，因此 $s\in\tau^{n+1}(\text{False})$。

给定函数 τ，有 $\tau(Z)=f_2\vee(f_1\wedge E\bigcirc Z)$。图 9-10 表示了如何使用不动点算法计算满足 $E[f_1 Uf_2]$ 的状态集合。

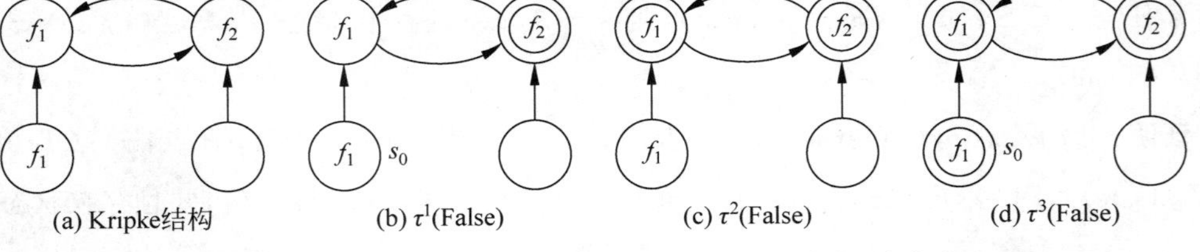

图 9-10　使用不动点算法计算满足 $E[f_1 Uf_2]$ 的状态集合

定理 9.3　在模型检测中，Kripke 结构的状态是有限的，因此不动点可以通过下面公式的有限次重复得到：

(1) $A\Diamond f_1=\bigcup_i(\tau^i(\text{False}))$　$(\tau(Z)=f_1\vee A\bigcirc Z)$。

(2) $E\Diamond f_1=\bigcup_i(\tau^i(\text{False}))$　$(\tau(Z)=f_1\vee E\bigcirc Z)$。

(3) $A\Box f_1=\bigcap_i(\tau^i(\text{True}))\quad(\tau(Z)=f_1\wedge A\bigcirc Z)$。

(4) $E\Box f_1=\bigcap_i(\tau^i(\text{True}))\quad(\tau(Z)=f_1\wedge E\bigcirc Z)$。

(5) $A(f_1Uf_2)=\bigcup_i(\tau^i(\text{False}))\quad(\tau(Z)=f_2\vee(f_1\wedge A\bigcirc Z))$。

(6) $E(f_1Uf_2)=\bigcup_i(\tau^i(\text{False}))\quad(\tau(Z)=f_2\vee(f_1\wedge E\bigcirc Z))$。

其中 i 是重复数。当状态集合中的数目一定时，重复的最大次数为$|S|$。将 False 作用于单调函数，得到的必然是一个非递减的序列，该序列的长度不会超过$|S|$。这是因为若序列长度超过$|S|$，则该序列中必然有重复的元素。定理 9.3(4)、(6)的证明可由引理 9.5～引理 9.9 得到，其余公式的证明可类似得到。

下面给出两个具体的实例说明如何计算最大不动点或最小不动点。

例 9.3 请用不动点算法证明 $E\Diamond p$ 在图 9-11 的结构中成立。

分析如下：

(1) 用定理 9.3 计算不动点的集合，第一次重复 $\tau^1(\text{False})=p\vee E\bigcirc\text{False}=p$，则 $S_1=\{s_1\}$。第一次重复的结果是原子公式 p 在状态 s_1 为真。

(2) 第二次重复计算 $\tau^2(\text{False})=\tau(\tau(\text{False}))=\tau(p)=p\vee E\bigcirc p$，表示若 $E\Diamond p$ 在当前状态 s 为真，那么 p 在 s 为真或 $E\bigcirc p$ 在 s 为真，即当 p 在 s 的后继为真时，$E\bigcirc p$ 在状态 s 为真。现在 p 在 s_1 为真，s_1 是 s_0 的后继，那么 $E\bigcirc p$ 应在 s_0 为真，因此 $S_2=\{s_0,s_1\}$。

(3) 第三次重复 $\tau^3(\text{False})=\tau(\tau(\tau(\text{False})))=\tau(\tau(p))=\tau(p\vee E\bigcirc p)=p\vee E\bigcirc(p\vee E\bigcirc p)$。从第二次计算可知 $p\vee E\bigcirc p$ 在状态集合 $S_2=\{s_1,s_0\}$可满足。$E\bigcirc(p\vee E\bigcirc p)$应在$\{s_0,s_1\}$的直接前驱$\{s_2,s_0\}$可满足，所以 $S_3=\{s_2,s_1,s_0\}$。集合 S_3 是函数 $E\Diamond p$ 在上面的结构 M 中的最小不动点。因为在计算 $\tau^4(\text{False})$时，结果同 $\tau^3(\text{False})$公式，因此 $E\Diamond p$ 在状态 $S_1\cup S_2\cup S_3=S_3=\{s_2,s_1,s_0\}$中是可满足的。

从上面的计算过程中，不难看出重复计算 $\tau^i(\text{False})$的过程是：在结构 M 中计算一步可到达某个状态的所有状态的过程。

例 9.4 请用不动点算法证明 $E\Box p$ 在图 9-12 的结构中成立(提示：用定理 9.3 的公式计算 $E\Box p$ 的最大不动点)。

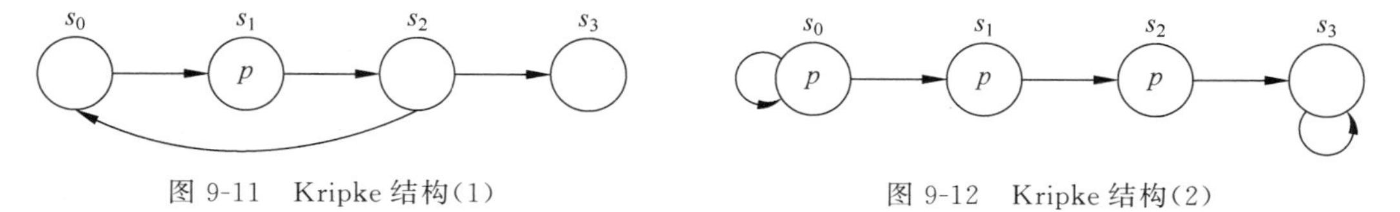

图 9-11　Kripke 结构(1)　　　图 9-12　Kripke 结构(2)

分析如下：

(1) 第一次重复，有 $\tau^1(\text{True})=p\wedge E\bigcirc\text{True}=p$，$p$ 在 $S_1=\{s_2,s_1,s_0\}$可满足。

(2) 第二次重复 $\tau^2(\text{True})=\tau(\tau(\text{True}))=\tau(p\wedge E\bigcirc\text{True})=p\wedge E\bigcirc p$，其中 p 在 $S_1=\{s_2,s_1,s_0\}$可满足，$E\bigcirc p$ 在 $S_1=\{s_2,s_1,s_0\}$的直接前趋 $S_2=\{s_1,s_0\}$可满足，因此 $p\wedge E\bigcirc p$ 在 $S_2=\{s_1,s_0\}$可满足。

(3) 第三次重复，$\tau^3(\text{True})=\tau(\tau(\tau(\text{True})))=\tau(p\wedge E\bigcirc p)=p\wedge E\bigcirc(p\wedge E\bigcirc p)$，其中 p 在 $S_1=\{s_2,s_1,s_0\}$可满足，$p\wedge E\bigcirc p$ 在 $S_2=\{s_1,s_0\}$可满足，$E\bigcirc(p\wedge E\bigcirc p)$在 $S_2=\{s_1,s_0\}$的直接前趋 $S_3=\{s_0\}$可满足。

(4) 第四次重复的结果和第三次一样,因此到达最大不动点 $S_3=\{s_0\}$,故公式 $E\Box p$ 在状态集合 $S_1\cap S_2\cap S_3=S_3=\{s_0\}$ 可满足。

9.2.2 LTL 模型检测算法

虽然标记算法能够非常直观、高效地对 CTL 公式进行模型检测,但它是针对状态子公式进行标记的,因此无法检测 LTL 公式。本节介绍的 LTL 模型检测算法包括 O. Lichtenstein、A. Pnueli 提出的基于 Tableau 的算法及 R. P. Kurshan、M. Y. Vardi 和 P. Wolper 提出的基于 Büchi 自动机的算法。

1. 基于 Tableau 的算法

检验一个时序公式 φ 在一个有穷状态系统 P 上是否 P-有效,即给定一个程序 P 和一个时序公式 φ,检验 φ 是否在 P 的所有计算上均成立。要解决此问题,首先要解决与之相关的一个问题,即 P-可满足问题。即给定一个程序 P 和一个时序公式 φ,是否存在 P 的一个计算满足 φ?

显然,一个公式 φ 是 P-有效的,当且仅当 $\neg\varphi$ 不是 P-可满足的。因而,如果能给出检验 P-可满足的一个有效算法,则 P-有效性问题也随之得到解决。为了检验公式 φ 的 P-可满足性,可采用 Tableau 表格方法。即对一个公式 φ,可构造相应的表 T_φ,事实上 T_φ 是一个有向图。

首先引入几个相关定义:

定义 9.3 时序公式 φ 的闭包 Φ_φ 是满足下列条件的公式集合:

(1) $\varphi\in\Phi_\varphi$。

(2) 对每一 $p\in\Phi_\varphi$ 及 p 的一个子公式 q,有 $q\in\Phi_\varphi$。

(3) 对每一 $p\in\Phi_\varphi$,$\neg p\in\Phi_\varphi$。

为保证闭包的有穷性,定义 $\neg\neg p$ 和 p 等同。

(4) 对每一 $\psi\in\{\Box p,\Diamond p,p\ U\ q,p\ \omega\ q\}$,如果 $\psi\in\Phi_\varphi$,则 $\bigcirc\psi\in\Phi_\varphi$。

(5) 对每一 $\psi\in\{\ominus\!\!\!\Diamond p,p\ S\ q\}$,如果 $\psi\in\Phi_\varphi$,则 $\ominus\psi\in\Phi_\varphi$。

(6) 对每一 $\psi\in\{\boxminus p,p\ \beta\ q\}$,如果 $\psi\in\Phi_\varphi$,则 $\circleddash\psi\in\Phi_\varphi$。

在 Φ_φ 中的公式称为 φ 的闭包公式。

例如,公式 φ_1:$\Box p\wedge\Diamond\neg p$ 的闭包为

$$\Phi_{\varphi_1}:\begin{Bmatrix}\varphi_1, & \Box p, & \Diamond\neg p, & \bigcirc\Box p, & \bigcirc\Diamond\neg p, & p\\ \neg\varphi_1, & \neg\Box p, & \neg\Diamond\neg p, & \neg\bigcirc\Box p, & \neg\bigcirc\Diamond\neg p, & \neg p\end{Bmatrix}$$

公式 φ_2:$p\ U\bigcirc q$ 的闭包为

$$\Phi_{\varphi_2}:\begin{Bmatrix}pU\bigcirc q, & \bigcirc(pU\bigcirc q), & \bigcirc q, & p, & q\\ \neg(pU\bigcirc q), & \neg\bigcirc(pU\bigcirc q), & \neg\bigcirc q, & \neg p, & \neg q\end{Bmatrix}$$

由例可知,可将 Φ_φ 分解为两个同等大小的集合,即 $\Phi_\varphi=\Phi_\varphi^+\cup\Phi_\varphi^-$,其中 Φ_φ^+ 包括主操作符为非否定的闭包公式,例如 $\Phi_{\varphi 1}^+$:$\{\varphi_1,\Box p,\Diamond\neg p,\bigcirc\Box p,\bigcirc\Diamond\neg p,p\}$,$\Phi_{\varphi 1}^-$:$\{\neg\varphi_1,\neg\Box p,\neg\Diamond\neg p,\neg\bigcirc\Box p,\neg\bigcirc\Diamond\neg p,\neg p\}$。

如表 9-3 所示,根据该表将时序公式分为 α-公式和 γ-公式。给定一个公式,若该公式出现在表 9-3 的 α-表或 γ-表的左侧栏中,分别称为 α-公式或 γ-公式。

表 9-3　α-表和γ-表

α	$k(\alpha)$	γ	$k_1(\gamma)$	$k_2(\gamma)$
		$p \vee q$	p	q
		$\Diamond p$	p	$\bigcirc\Diamond p$
$p \wedge q$	p、q	$\diamondminus p$	p	$\ominus\diamondminus p$
$\Box p$	p、$\bigcirc\Box p$	pUq	q	p、$\bigcirc(p\,U\,q)$
$\boxminus p$	p、$\circleddash\boxminus p$	$p\omega q$	q	p、$\bigcirc(p\,\omega\,q)$
		pSq	q	p、$\bigcirc(p\,S\,q)$
		$p\beta q$	q	p、$\bigcirc(p\,\beta\,q)$

对一个α-公式φ，在α-表中包含了公式的集合$k(\varphi)$，可看作公式φ导致的结果。对一个γ-公式g，γ-表包含了一个公式$k_1(g)$和可看作g的选择结果的公式集合$k_2(g)$。α-公式φ在时刻j成立当且仅当$k(\varphi)$中所有公式在时刻j成立。γ-公式g在时刻j成立当且仅当公式$k_1(g)$或者所有公式$k_2(g)$在时刻j成立。例如，给定一个模型，$\Box p$在时刻j成立，当且仅当p和$\bigcirc\Box p$在时刻j都成立。公式$p\,U\,q$在时刻j成立当且仅当q在时刻j成立，或者p和$\bigcirc(p\,U\,q)$在时刻j成立。

定义 9.4　公式φ的原子（φ-原子）是一个满足以下条件的集合A，$A \subseteq \Phi_\varphi$：

R_{sat}：A中所有状态公式的合取是可满足的；

$R_\neg$：对每一$p \in \Phi_\varphi$，$p \in A$当且仅当$\neg p \notin A$；

R_α：对每一α-公式$p \in \Phi_\varphi$，$p \in A$当且仅当$k(p) \subseteq A$；

R_γ：对每一γ-公式$p \in \Phi_\varphi$，$p \in A$当且仅当$k_1(p) \in A$或者$k_2(p) \subseteq A$。

表 9-3 并未给出主操作符为否定的情况，但依旧可根据条件$R_\neg$、R_α和R_γ推出。例如，给出一个包含公式$\neg\Diamond p$的原子A，那么原子A必包含$\neg p$和$\neg\bigcirc\Diamond p$。观察可知，A不能包含p或$\bigcirc\Diamond p$。这是因为，如果A包含p或$\bigcirc\Diamond p$，则A也包含一个γ-公式$\Diamond p$，这将会违反条件$R_\neg$。由此得出结论，$\neg p \in A$，$\neg\bigcirc\Diamond p \in A$。

表 9-4 给出了$\neg\Diamond p$、$\neg\diamondminus p$的α-表及$\neg\Box p$、$\neg\boxminus p$的γ-表，它们均可由表 9-3 的基本表与原子满足的条件推出。

表 9-4　一些否定形式的α-表和γ-表

α	$k(\alpha)$	γ	$k_1(\gamma)$	$k_2(\gamma)$
$\neg\Diamond p$	$\neg p$、$\neg\bigcirc\Diamond p$	$\neg\Box p$	$\neg p$	$\neg\bigcirc\Box p$
$\neg\diamondminus p$	$\neg p$、$\neg\ominus\diamondminus p$	$\neg\boxminus p$	$\neg p$	$\neg\circleddash\boxminus p$

定义 9.5　如果一个公式是原子公式，或者形如$\bigcirc p$、$\ominus p$或$\circleddash p$的形式，则称为基本子公式。

例如，公式φ_1：$\Box p \wedge \Diamond\neg p$的闭包中，基本子公式为$p$、$\bigcirc\Box p$和$\bigcirc\Diamond\neg p$。在一个原子中基本子公式的出现或不出现（通过原子必须满足的条件）决定了其他闭包公式在该原子中的出现或不出现。

下面给出构造原子的算法：

（1）令$p_1, p_2, \cdots, p_b \in \Phi_\varphi^+$表示公式$\varphi$的闭包中的所有基本子公式。

（2）构造2^b个合并子集，形如$q_1, q_2, \cdots, q_b$，其中q_i是p_i或$\neg p_i$的形式。

(3) 根据定义 9.4 中原子满足的条件完成对一个原子的构造。

再次考虑公式 φ_1：$\Box p \land \Diamond \neg p$，$\varphi_1$ 的基本子公式为 p、$\bigcirc\Box p$ 和 $\bigcirc\Diamond\neg p$，根据原子构造算法可得 φ_1 的所有原子为

A_0：$\{\neg p,\ \neg\bigcirc\Box p,\ \neg\bigcirc\Diamond\neg p,\ \neg\Box p,\ \Diamond\neg p,\ \neg\varphi_1\}$

A_1：$\{p,\ \neg\bigcirc\Box p,\ \neg\bigcirc\Diamond\neg p,\ \neg\Box p,\ \neg\Diamond\neg p,\ \neg\varphi_1\}$

A_2：$\{\neg p,\ \neg\bigcirc\Box p,\ \bigcirc\Diamond\neg p,\ \neg\Box p,\ \Diamond\neg p,\ \neg\varphi_1\}$

A_3：$\{p,\ \neg\bigcirc\Box p,\ \bigcirc\Diamond\neg p,\ \neg\Box p,\ \Diamond\neg p,\ \neg\varphi_1\}$

A_4：$\{\neg p,\ \bigcirc\Box p,\ \neg\bigcirc\Diamond\neg p,\ \neg\Box p,\ \Diamond\neg p,\ \neg\varphi_1\}$

A_5：$\{p,\ \bigcirc\Box p,\ \neg\bigcirc\Diamond\neg p,\ \Box p,\ \neg\Diamond\neg p,\ \neg\varphi_1\}$

A_6：$\{\neg p,\ \bigcirc\Box p,\ \bigcirc\Diamond\neg p,\ \neg\Box p,\ \Diamond\neg p,\ \neg\varphi_1\}$

A_7：$\{p,\ \bigcirc\Box p,\ \bigcirc\Diamond\neg p,\ \Box p,\ \Diamond\neg p,\ \varphi_1\}$

一个原子 A 是初始的是指该原子不包含形如$\ominus p$ 或 $\neg\circleddash p$ 的公式。一个初始原子表示一个模型在时刻 0 可能成立的闭包公式的候选集，如 $A_0 \sim A_7$ 均为 φ_1：$\Box p \land \Diamond\neg p$ 的初始原子，一个包含公式 φ 的初始原子称为初始 φ-原子。

至此，可以给出 Tableau 的构造算法如下：

(1) T_φ 的结点是 φ 的原子。

(2) 如果下列三个条件满足，则原子 A 和 B 之间有一条有向边。

$R_{\bigcirc}$：对每一$\bigcirc p \in \Phi_\varphi$，$\bigcirc p \in A$ 当且仅当 $p \in B$。

$R_{\ominus}$：对每一$\ominus \in \Phi_\varphi$，$p \in A$ 当且仅当$\ominus p \in B$。

$R_{\circleddash}$：对每一$\circleddash \in \Phi_\varphi$，$p \in A$ 当且仅当$\circleddash p \in B$。

对公式 φ：$\Diamond\Box(x \neq 3)$，构造 Tableau T_φ 如图 9-13 所示。

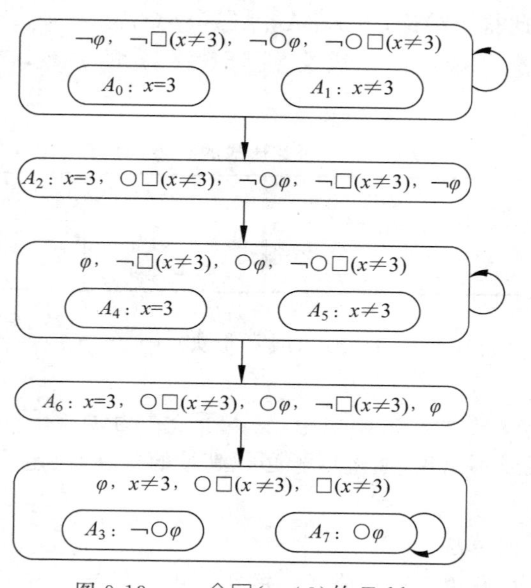

图 9-13　φ：$\Diamond\Box(x \neq 3)$的 Tableau

如果有一条 A 指向 B 的有向边，则称 B 是从 A 可达的，称 A 是 B 的前趋，B 是 A 的后继。若 $\varphi \in A$ 且 B 是从 A 可达的，则称 B 是 φ-可达的。

定义 9.6 如果 T_φ 的一个子图 S 中任何两个原子 A、B 都是相互可达的，则称 S 为强连通子图(strongly connected subgraph,SCS)；一个强连通子图 S 如果不存在任何包含 S 的强连通子图，则称为极大强连通子图(MSCS)。

划分一个图的强连通子图的有效算法很多，常见的有深度优先搜索(DFS)算法等。

通过公式 φ 构造 T_φ 之后，将对求得的 T_φ 进行修剪，以删除一些无用原子。在给出具体算法之前，先引入几个相关定义。

定义 9.7 对一个模型 σ，T_φ 中的无穷原子路径 π_σ：A_0，A_1，…，如果对任一时刻 $j \geqslant 0$ 和任一闭包公式 $p \in \Phi_\varphi$，有 $(\sigma, j) \vDash p$ 当且仅当 $p \in A_j$，那么称 π_σ 是由 σ 派生的。

定义 9.8 如果公式 $\psi \in \Phi_\varphi$ 是以下形式之一：$\Diamond r$、pUr、$\neg \Box \neg r$、$\neg((\neg r)\omega p)$ 或者 r 是否定形式 $\neg q$ 且 ψ 是形如 $\neg \Box q$、$\neg(q\omega r)$ 的公式，称公式 ψ 承诺(promise)r，称 ψ 为承诺公式。

例如，$\Phi_{\varphi 1}$ 中的承诺公式有 $\Diamond \neg p$ 和 $\neg \Box p$，承诺 r 为 $\neg p$。

设 σ 是一个模型，ψ 是一个承诺 r 的公式，对任意 $j \geqslant 0$，如果 $(\sigma, j) \vDash \psi$，则存在 $k \geqslant j$，$(\sigma, k) \vDash r$，即所有承诺 r 最终被实现。

定理 9.4 设 σ 是一个模型，ψ 是一个承诺 r 的公式，σ 包含无穷多的时刻 $j \geqslant 0$，使 $(\sigma, j) \vDash \neg \psi$ 或者 $(\sigma, j) \vDash r$。

证明：考虑两种情形。如果 σ 包含无穷多个满足 ψ 的时刻，由于每个满足 ψ 的时刻必跟随一个满足 r 的时刻，因此 σ 包含无穷多个满足 r 的时刻。如果 σ 包含有穷多个满足 ψ 的时刻，则 σ 必包含无穷多个满足 $\neg \psi$ 的时刻。无论哪种情况，σ 包含有穷多个满足 $(\neg \psi \vee r)$ 的时刻。

定义 9.9 对一个原子 A 和承诺 r 的公式 $\psi(\psi \in \Phi_\varphi)$：

(1) 如果 $\neg \psi \in A$ 或 $r \in A$，则称 A 实现 ψ。

(2) T_φ 的一条路径 π：A_0，A_1，…，如果 A_0 是一个初始原子且对任一承诺公式 $\psi \in \Phi_\varphi$，路径 π 包含无穷多个原子 A_j 实现 ψ。

定义 9.10 原子 $A \in T_\varphi$，如果不存在 A 的自循环，则称由单原子 A 构成的子图 S 是一个平凡子图。设 S 是 T_φ 中一个非平凡的强连通子图，如果对任意承诺公式 $\psi \in \Phi_\varphi$，存在子图的一个原子 A 实现 ψ，则称 S 是可实现的。

一个极大强连通子图 S 如果没有从 S 中某原子出发到达 S 以外的原子的边，则称 S 是终止的。

修剪 Tableau 算法如下：

重复以下步骤直到没有极大强连通子图(MSCS)被删除。

(1) 删去一个从初始 φ-原子不可达的 MSCS。

(2) 删去一个终止的不可实现的 MSCS。

至此完成了对 Tableau 算法的修剪。对如图 9-13 所示的 T_φ 进行修剪，结果如图 9-14 所示。

定义 9.11 S 是 T_φ 中的一个强连通子图，如果 S 中的原子都是 φ-可达的，则称 S 是 φ-可达的。

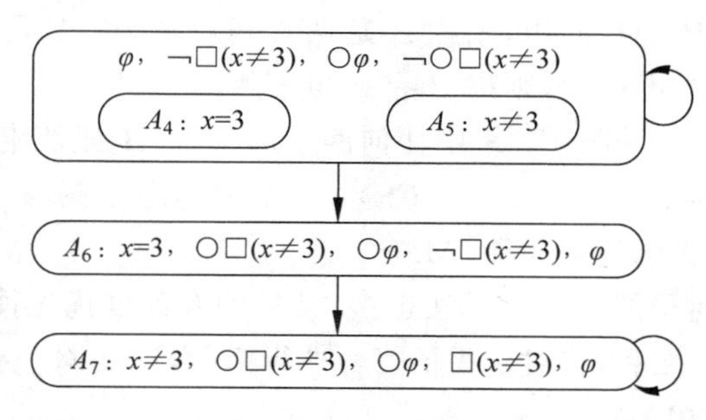

图 9-14 φ：$\Diamond\Box(x\neq3)$修剪的 Tableau 算法

定理 9.5 设 φ 是一个 LTL 公式，φ 是可满足的当且仅当 T_φ 中包含一个 φ-可达的可实现极大强连通子图。

证明：略。

定义 9.12 对于一个原子 A，state(A)为 A 中所有状态公式的合取，如果对一个状态 s，$s\vDash$ state(A)，即 A 中的所有状态公式都是可满足的，则称原子 A 与状态 s 是对应的。

对一个有穷状态程序 P，可构造相应的状态迁移图 G_P，这里 G_P 是一个有向图，其结点是所有 P-可接受状态，结点 s 到 s'之间有一条有向边当且仅当 s'是 s 的后继(状态)。对有穷状态程序 P 和时序公式 φ 构造(P, φ)的行为图，用 $B_{(\mathrm{P},\varphi)}$ 表示。行为图的结点表示为(s, A)，其中 s 是 G_p 的一个状态，A 是与 s 对应的原子。原子 $A\in T_\varphi$，设 $\delta(A)$表示 Tableau 中 A 的后继的集合，从结点(s, A)到结点(s', A')有一条标记为迁移 τ 的边当且仅当 $s'\in\mathrm{Post}(s,\tau)$且 $A'\in\delta(A)$。对结点(s, A)，如果 s 是 P 的初始状态，A 是初始 φ-原子且 A 与 s 是对应的，则称(s, A)是行为图 $B_{(\mathrm{P},\varphi)}$ 的初始 φ-结点。下面给出构造行为图的算法：

(1) 将所有初始 φ-结点作为 $B_{(\mathrm{P},\varphi)}$ 的结点。

(2) 重复以下步骤直到没有新的结点或新的边加入 $B_{(\mathrm{P},\varphi)}$。

如果(s, A)是行为图中的一个结点，τ 是一个迁移，s'是 s 的 τ-后继，$A'\in\delta(A)$且 A'与 s'是对应的，那么，

① 若结点(s', A')不在 $B_{(P,\varphi)}$ 中，则将其加入行为图。

② 若(s, A)，(s', A')之间尚未有一条标记为 τ 的边，则添加该边。

公平性是系统的一个重要属性，包含公平性的迁移系统称为公平迁移系统。

定义 9.13 公平迁移系统是一个八元组 FTS=(S, T, →, I, AP, L, J, C)，其中 S、T、→、I、AP、L 的含义详见迁移系统定义 3.1，$J\subseteq T$ 称为弱公平性集：对迁移 $\tau\in J$，不允许一个计算，其中迁移 τ 从某一点开始一直能行，但只有有穷多次被执行。$C\subseteq T$ 称为强公平性集：对迁移 $\tau\in C$，不允许一个计算，其中迁移 τ 能无穷多次执行，但只有有穷多次被执行。

例如，图 9-15 为含有公平性条件的 Loop 循环程序的状态迁移图，其中，τ_I 表示空迁移，迁移关系 ρ_τ：$x'=(x+1)\mathrm{mod}\ 4$，弱公平性集 J：{τ}。欲检测属性 g：$\Box\Diamond(x=3)$在 Loop 程序是否有效。显然，属性$\Box\Diamond(x=3)$在 Loop 程序有效当且仅当不存在 Loop 的一个计算满足 $\neg g$：$\neg\Box\Diamond(x=3)$，可表示为 φ：$\Diamond\Box(x\neq3)$。

图 9-14 已给出 φ 的 Tableau，因此，可构造行为图，如图 9-16 所示。

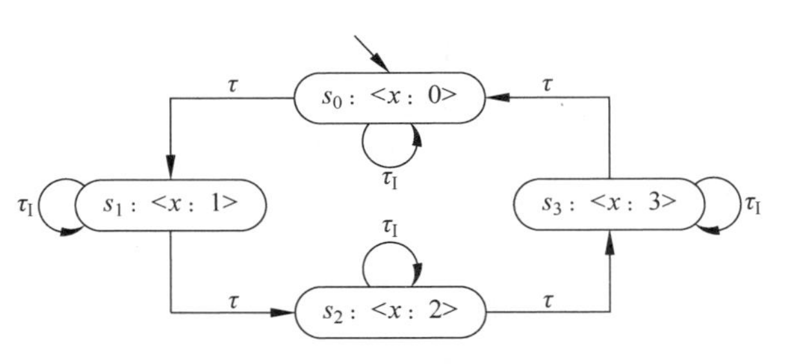

图 9-15　Loop 程序的状态迁移图

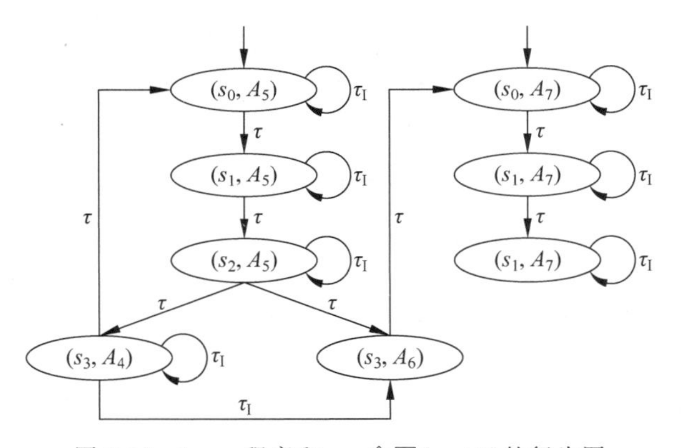

图 9-16　Loop 程序和 φ：$\Diamond\Box(x\neq 3)$的行为图

对行为图 $B_{(P,\varphi)}$，如果从结点(s, A)到结点(s', A')有一条标记为迁移 τ 的边，称结点(s', A')为结点(s, A)的 τ-后继。

例如，考虑图 9-16 的结点(s_1, A_5)，在图 9-15 中，s_1 有一个 τ_I-后继 s_1 和一个 τ-后继 s_2，如图 9-14 所示的 Tableau 中 A_5 的后继为 A_5、A_4 和 A_6。因此，可将(s_1, A_5)、(s_1, A_4)及(s_1, A_6)作为(s_1, A_5)在行为图中的候选 τ_I-后继，(s_2, A_5)、(s_2, A_4)及(s_2, A_6)作为行为图中(s_1, A_5)的候选 τ-后继。由于原子 A_4、A_6 要求 $x=3$ 成立，而在状态 s_1、s_2 上 x 的取值分别为 1 和 2，因此(s_1, A_4)、(s_1, A_6)、(s_2, A_4)和(s_2, A_6)中原子与状态是不对应的。

结点(s_2, A_5)的 τ-后继必是形如(s_3, A_i)的形式，其中 A_i 是 A_5 的后继且与状态 s_3 对应，因此，(s_2, A_5)的后继为(s_3, A_4)和(s_3, A_6)。结点(s_3, A_6)没有 τ_I-后继，这是因为 s_3 的 τ_I-后继 s_3 蕴含 $x=3$，而 Tableau 中 A_6 唯一的后继 A_7 要求 $x\neq 3$。

为与 $B_{(P,\varphi)}$ 中的路径相区别，称 T_φ 中的一条路径 θ：$A_0, A_1, \cdots$为迹，其中 A_0 为初始原子，σ：$s_0, s_1, \cdots$是 P 的一个计算，如果对每一时刻 $j\geqslant 0$，A_j 与 s_j 是对应的，则称迹 θ 与 σ 是对应的。

定义 9.14　π：$(s_0, A_0), (s_1, A_1), \cdots$是 $B_{(P,\varphi)}$ 的一个无穷结点序列，序列 σ_π：$s_0, s_1, \cdots$和 θ_π：$A_0, A_1, \cdots$分别称为由 π 派生的状态序列和原子序列。如果(s_0, A_0)是一个初始 φ-结点，则称 π 是初始路径。无穷序列 π 是 $B_{(P,\varphi)}$ 的一条初始路径当且仅当 σ_π 是 P 的一个执行且 θ_π 是 T_φ 中与 σ_π 对应的迹。

公平迁移系统上的一个执行除了满足基本迁移系统的一个计算外，还需满足弱公平性 J 与强公平性 C。序列 σ 是 P 的一个执行当且仅当 σ 是 P 状态迁移图中的一个无穷路径。

为了判断是否存在P的一个计算满足φ,必须搜索一条初始路径π,要求σ_π是P的一个公平执行(因此是一个计算)且θ_π是可实现的迹。

可将对无穷路径的搜索减少为对$B_{(P,\varphi)}$的一个强连通子图S的搜索,要求S中存在一条满足属性σ_π是公平的,θ_π是可实现的路径π,且S包含π中所有出现无穷多次的原子,表示为$S=I(\pi)$。

如果迁移τ在状态s上是使能的,则称迁移τ在结点(s, A)上是使能的。对子图$S\subseteq B_{(P,\varphi)}$,如果存在结点$(s, A)$,$(s', A')\in S$且$(s', A')$是$(s, A)$的$\tau$-后继,则称迁移$\tau$在$S$中被执行。

定义9.15 对一个子图$S\subseteq B_{(P,\varphi)}$,当满足下列条件时,称$S$是公平的。

(1) 如果任意迁移$\tau\in J$,τ在S中被执行或者在S的某些结点上是非使能的。

(2) 如果每一个迁移$\tau\in C$,τ在S中被执行或者在S的所有结点上都是非使能的。

定义9.16 对状态s,$(s, A)\in S$,若S的每一个承诺公式ψ,存在原子A实现ψ,则称S是可实现的;如果一个子图S既是公平的又是可实现的,称子图S为合适子图(adequate subgraph)。

定理9.6 对一个有穷状态程序P,存在一个计算满足φ当且仅当为行为图$B_{(P,\varphi)}$存在一个合适强连通子图。

证明:假定P的一个计算σ:$s_0, s_1, \cdots$满足φ,那么可以证明存在一条与σ对应的可实现的迹θ:$A_0, A_1, \cdots, A_0$是初始φ-原子[①]。

构造结点序列π:$(s_0, A_0), (s_1, A_1), \cdots$,$\pi$是$B_{(P,\varphi)}$的一个无穷初始路径。设$S$表示子图$I(\pi)$,即$S$包含出现在$\pi$中无穷多次的所有结点,容易判断$S$是强连通的、公平的(因为$\sigma$是公平的)和可实现的(因为$\theta$是可实现的),因而$S$是一个合适强连通子图。

另外,设S是$B_{(P,\varphi)}$的一个合适强连通子图。考虑一条从初始结点出发且$I(\pi)=S$的路径π:$(s_0, A_0), (s_1, A_1), \cdots$,对每两个结点$n, n'\in S$,连接$n$和$n'$的是$B_{(P,\varphi)}$的一条边,存在无穷多时刻$j$,使$(s_j, A_j)=n$和$(s_{j+1}, A_{j+1})=n'$,因而$\pi$不但访问每一$n\in S$无穷多次,而且沿着包含在$S$中的每一条边无穷多次,它可以建立P的一个计算$\sigma_\pi$:$s_0, s_1, \cdots$和$\pi$上的一个可实现迹$\theta_\pi$:$A_0, A_1, \cdots$,其中$\varphi\in A_0$,因而$\sigma_\pi$是程序P满足公式$\varphi$的一个计算。

考虑图9-16的极大强连通子图$\{(s_0, A_5), (s_1, A_5), (s_2, A_5), (s_3, A_4)\}$是公平的但是不可实现的,系统中唯一的弱公平性迁移$\tau$被执行,因此该子图是公平的。子图中原子$A_4$和$A_5$包含承诺$\Box(x\neq 3)$的公式$\Diamond\Box(x\neq 3)$,但$A_4$和$A_5$均不包含公式$\Box(x\neq 3)$,因此,子图是不可实现的。

单原子子图$\{(s_0, A_7)\}$、$\{(s_1, A_7)\}$和$\{(s_2, A_7)\}$是可实现的但不是公平的。因为迁移τ在结点上是使能的但是未被执行。子图$\{(s_3, A_6)\}$不是公平的且是不可实现的(平凡子图)。

由此可以得出结论,Loop程序没有一个计算满足φ:$\Diamond\Box(x\neq 3)$。

因此,给定一个程序P和一个时序公式φ,是否存在P的一个计算满足φ的步骤如下:

(1) 构造P的状态迁移图G_p。

(2) 构造修剪的公式φ的Tableau T_φ。

---

① 限于篇幅,此处证明省略,详细证明可参见相关文献。

(3) 构造 G_p 和 T_φ 的行为图 $B_{(P,\varphi)}$。

(4) 将 $B_{(P,\varphi)}$ 分解为极大强连通子图 $S_1, S_2, \cdots, S_t$。

(5) 对每个 S_i，检验 S_i 是否为合适强连通子图，若某个 S_i 是合适强连通子图，则存在 P 的一个计算满足 φ。如果不存在合适强连通子图，则 P 不满足公式 φ。

2. 基于 Büchi 自动机的算法

Büchi 自动机是有穷自动机在输入状态无限时的一种扩充，因而适合描述系统的无穷行为属性。Büchi 自动机不仅可以建立系统模型，还可以将线性时序逻辑(LTL)公式转化为 Büchi 自动机，用来描述系统属性(即规约)，这样就可以通过判断两个 Büchi 自动机的交集是否为空说明系统模型是否满足系统规约。

1) LTL 转换为 Büchi 自动机

将 LTL 转换成等价的 Büchi 自动机的方法有很多，这里介绍 R. Gerth 等提出的 GPVW(Gerth-Peled-Vardi-Wolper)算法，它基于 Lichtenstein 和 Pnueli 提出的 Tableau 规则的 on-the-fly 转换方法，在检测过程中按需生成自动机，避免了无效时间和空间的消耗，该算法被模型检测工具 SPIN 采用。

令 φ 表示要转换为广义 Büchi 自动机的 LTL 规约。首先直观地描述这个转换算法。对生成的自动机中的每一个结点 s 附加一个公式 $\eta(s)$。给定某个序列 σ：$s_0, s_1, s_2, \cdots$ 上的一个可接受执行，令 (σ, i) 表示状态 s 的后缀即序列 $s_i, s_{i+1}, \cdots$，那么有 $(\sigma, i) \models \eta(s)$。形如 $(\wedge_{i=1..m} v_i) \wedge \bigcirc(\wedge_{j=1..n} \kappa_j)$ 的公式 $\eta(s)$ 有助于计算满足 $\wedge_{j=1..n} \kappa_j$ 的 s 的后继结点。需要注意的是，当 $m=1$ 且 $n=0$ 时，每个 LTL 公式均可以表达成这个形式。

目标是将 $\eta(s)$ 细化为更简单的子公式 v_i，直到所有的 v_i 是命题变量或否定命题变量。例如结点 s 包含一个子公式 $v_i = \mu U \psi$，将使用以下直到操作符 U 的性质：

$$\mu U \psi = \psi \vee (\mu \wedge (\bigcirc(\mu U \psi)))$$

表达式右边包含所定义公式自身，故可以将此看作 U 操作符的不动点或循环定义。因此，存在两种满足 $\mu U \psi$ 的方法：一种是满足直到操作符右边部分，即 ψ；另一种是延迟 ψ，意味着 μ 必须满足当前的后缀，同时 $\mu U \psi$ 满足下一个状态。基于这两种方法，将当前结点一分为二。在第一个备份中添加一个 v_i 子公式 ψ。在第二个备份中添加一个 v_i 子公式 μ 及一个 κ_j 子公式 $\mu U \psi$。其他公式类型也以类似方式处理，如表 9-5 所示。

表 9-5 LTL 算法中的拆分表

η	New1(η)	Next1(η)	New2(η)	Next2(η)
$\mu U \psi$	$\{\mu\}$	$\{\mu U \psi\}$	$\{\psi\}$	$\varnothing$
$\mu \omega \psi$	$\{\mu\}$	$\{\mu \omega \psi\}$	$\{\psi\}$	$\varnothing$
$\mu \vee \psi$	$\{\mu\}$	$\varnothing$	$\{\psi\}$	$\varnothing$
$\mu \wedge \psi$	$\{\mu, \psi\}$	$\varnothing$	—	—
$\bigcirc \mu$	$\varnothing$	$\{\mu\}$	—	—

当拆分一个结点时，保留 v_i 和 κ_j 公式中的余项，以及前趋结点的列表。将已细化后的子公式 v_i 和还未处理的部分分离。在完成细化过程或是将结点 s 一分为二后，生成它的后继 s'，其中 s' 的公式 v_i 设置为 s 的 κ_j 公式，而 s' 的 κ_j 公式的集合为空。

在生成结点集合后，需要赋值接受条件。这要求必须满足等式右侧的每个直到子公式。

也就是说,公式 $\mu U\psi$ 的每个直到子公式必须被某个后缀 (σ,i) 满足,一定存在一个后缀 $(\sigma,j)\vDash\psi$,其中 $j\geqslant i$。(需要注意的是 $(\mu U\psi)\rightarrow(\Diamond\psi)$)在先前介绍的结点拆分中,满足 $\mu U\psi$ 等价于要么满足 ψ,要么延迟满足 $\mu U\psi$ 到下一个状态(当 μ 满足当前后缀时),需要保证最终满足 ψ。为此,对每个该类型的子公式添加一组 Büchi 条件。对于形如 $\mu U\psi$ 的子公式,这组条件是包含下列所有结点的集合:

(1) 包含 $v_i=\psi$。

(2) 不包含 $v_i=\mu U\psi$。

为了应用如图 9-17 所示的转换算法,首先将表示系统规约的 LTL 公式 φ 转换为否定范式,其中否定只用于命题变量。首先使用布尔等价使得只保留布尔运算符 and(∧)、

```
1   record graph_node = [Name:string, Incoming:set of string,
2       New: set of formula, Old:set of formula, Next:set of formula];
3       function expand(s, Nodes_Set)
4       if New(s) =  ∅ then
5         if exists node γ in Nodes_Set with
6             Old(γ) = Old(s) and Next(γ) = Next(s)
7      then Incoming(γ) = Incoming(γ) ∪ Incoming(s);
8         return(Nodes_Set);
9     else return(expand([Name⇐new_name(),
10        Incoming⇐{Name(s)}, New⇐Next(s),
11            Old⇐∅, Next⇐∅], Nodes_Set ∪ {s}))
12  else
13     let η∈ New(s);
14     New(s) := New(s)\{η}; Old(s) := Old(s) ∪ {η};
15     Case η of
16     η = A, or ¬ A, where A proposition, or η = true, or η = false =>
17       if η  =  false or ¬ η∈ Old(s) then return (Nodes_Set)
18       else return (expand([Name⇐Name(s), Incoming⇐Incoming(s),
19         New⇐New(s), Old⇐Old(s), Next⇐Next(s)], Nodes_Set));
20     η = μUψ, or μ ∨ ψ, or μωψ  =>
21         s1 := [Name⇐Name(s), Incoming⇐Incoming(s),
22             New⇐New(s) ∪ ({New1(η)}\Old(s)),
23             Old⇐Old(s), Next = Next(s) ∪ {Next1(η)}];
24         s2 := new_node([Name⇐new_name(),
25             Incoming⇐Incoming(s),
26             New⇐New(s) ∪ {New2(η)}\Old(s)),
27             Old⇐Old(s), Next⇐Next(s)]);
28         return(expand(s2, expand(s1, Nodes_Set)));
29       η = μ ∧ ψ =>
30     return(expand([Name⇐Name(s), Incoming⇐Incoming(s),
31                New⇐New(s) ∪ ({μ, ψ}\Old(s)),
32                Old⇐Old(s), Next⇐Next(s)], Nodes_Set))
33    η = ○μ =>
34    return(expand([Name⇐Name(s), Incoming⇐Incoming(s),
35                New⇐New(s), Old⇐Old(s),
36                Next⇐Next(s) ∪ ({μ}], Nodes_Set))
37       End expand;
38       Function create_graph(φ)
39            Return(expand([Name⇐new_name(), Incoming⇐{init},
40              New⇐{φ}, Old⇐∅, Next⇐∅], ∅))
41       End create_graph;
```

图 9-17　LTL 转换算法

or(∨)和 not(¬)。在此基础上再加入否定操作,使其只出现在原子命题集合中的命题变量之前。可以依据下列 LTL 等价关系完成相应的转变:$\neg \bigcirc \mu = \bigcirc \neg \mu$,$\neg(\mu \vee \psi) = (\neg \mu) \wedge (\neg \psi)$,$\neg(\mu \wedge \psi) = (\neg \mu) \vee (\neg \psi)$, $\neg \neg \mu = \mu$, $\neg(\Box \mu) = \Diamond \neg \mu$,$\neg(\Diamond \mu) = \Box \neg \mu$,$\neg(\mu\, U\, \psi) = (\neg \psi)\, \omega\, (\neg \mu \wedge \neg \psi)$,$\neg(\mu\, \omega\, \psi) = (\neg \psi)\, U\, (\neg \mu \wedge \neg \psi)$。利用等价关系$\Diamond \mu = \text{true}\, U\, \mu$ 和 $\Box \mu = \mu\, \omega$ false,分别用 U 和 ω 代替◇和□。

例 9.5 考虑范式 $\neg \Box(\neg A \to (\Box B \wedge \Box C))$,将其转换为否定范式。

首先用析取替换蕴含,得到 $\neg \Box(A \vee (\Box B \wedge \Box C))$。利用上面的等价关系,将¬转移到括号以内,则有 $\Diamond(\neg A \wedge ((\Diamond \neg B) \vee (\Diamond \neg C)))$。然后去除◇运算符,从而生成 true U $(\neg A \wedge ((\text{true}\, U \neg B) \vee (\text{true}\, U \neg C)))$。

图结点是算法的基本数据结构(见图 9-18)。一些结点被用作待构建自动机中的状态,其余的结点将在转换中被删除。一个图结点包含下面的域:

Name:结点的唯一标识符。

Incoming:指向当前结点的入边结点的标识符列表。

New、Old、Next:每个域均是公式 φ 的一个子公式集合。每个结点代表某个执行后缀的时序属性。New(s) ∪ Old(s)是 v_i 公式。New(s)是尚未处理的子公式集合,而 Old(s)为已处理的子公式集合,Next(s)中的子公式是上述解释中的 κ_j 公式。

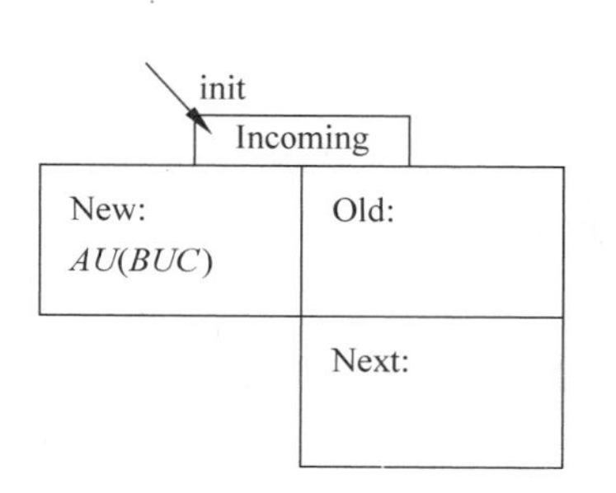

图 9-18 初始结点示意

将构造完成的结点放在 Nodes_Set 集合中,这些结点组成了待构建自动机中的状态。初始情况下,Nodes_Set 集合为空。

LTL 公式转化为广义 Büchi 自动机的算法如图 9-17 所示,算法第 9、第 24 和第 39 行中用到的函数 new_name()为每个后继调用生成一个新名字。函数 New1(η)、New2(η)、Next1(η)和 Next2(η)的定义如表 9-5 所示。

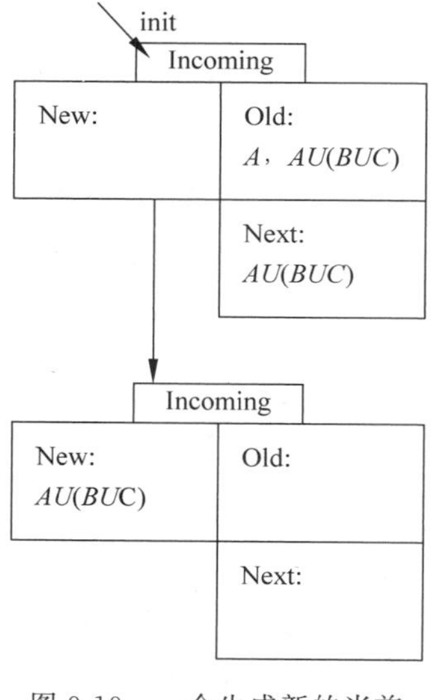

图 9-19 一个生成新的当前结点示例

为了转换公式 φ,算法从包含唯一入边的单个结点开始(第 39 行和第 40 行),这条入边始于一个特殊的伪结点 init。对于 init 结点,有 New=$\{\varphi\}$,Old=Next=∅。例如,图 9-18 是算法构建 $A\ U\ (B\ U\ C)$自动机的初始结点。

对当前结点 s,算法检查 s 的域 New 中是否存在一个待处理的子公式(第 4 行)。如果不存在,则当前结点的处理完成。然后算法检查是否应该将当前结点加入 Nodes_Set 中;如果在 Nodes_Set 中存在一个结点 r,其中 r 的 Old 和 Next 域中的子公式和 s 相同(第 5 行和第 6 行),那么不再需要结点 s。此时,将 s 的入边集合加入 r 的入边集合中(第 7 行)。否则,如果 Nodes_Set 中不存在一个这样的结点,将 s 加入 Nodes_Set,按以下方式生成一个新的当前结点 s'(第 9~11 行):判断是否存在从 s 到 s'的边(s'是 s 的后继),若存在,将 s'的域 New 初始化为 s 的 Next,然后将 s'的域 Next 和 Old 初始设置为空。图 9-19 是一个生成新的当前结点的示例。

每个全括号内的时序公式都有一个主布尔算子,这个算子出现在最外层的括号内(而公式在全括号内)。例如,公式($\Box(A \vee (B \wedge C))$)的主算子是$\Box$,公式($A \vee (\Box B \wedge C)$)中的主运算符是$\vee$。

如果 s 的 New 域非空,则 New 中的一个公式 η 将被选中(第 13 行),并从 New 中移除。根据 η 的主模态或是布尔算子,结点 s 被拆分成两个副本 s_1 和 s_2(第 20～28 行),或者演化为一个新版本 s'(第 16～19 行及第 29～36 行)。形成新结点首先要为结点选择新名字,并且复制 p 的域 Incoming、Old、New 和 Next 中的内容,然后将 η 加入 Old 的公式集合中。此外根据下列不同的情况,添加公式到 s_1 和 s_2,或 s'的域 New 和 Next 中:

(1) η 是一个命题、一个命题的否定或一个布尔常量。如果 η 是 false,或 Old 中有 $\neg\eta$,由于包含矛盾而无法满足,当前结点将被舍弃(第 16～第 19 行)。否则,结点 s 如上所述演化为 s'。

(2) $\eta = \mu U \psi$,则结点 s 被拆分为两个副本 s_1 和 s_2(第 20～28 行)。对第一个副本 s_1,将 μ 加入 New 且 $\mu U \psi$ 加入 Next。在此拆分和其他任何拆分中,第一个副本可以重用旧结点 s 的空间。对第二个副本 s_2,将 ψ 加入 New。拆分是根据 $\mu U \psi$ 等价于 $\psi \vee (\mu \wedge (\bigcirc(\mu U \psi)))$进行的。例如,将图 9-18 中的结点拆分得到图 9-20 中的两个结点。其中 $\eta = A\ U\ (B\ U\ C)$,即 $\mu = A$ 和 $\psi = B\ U\ C$。进一步拆分图 9-20 中的右结点得到图 9-21,此时 $\eta = B\ U\ C$,因此 $\mu = B$ 和 $\psi = C$。

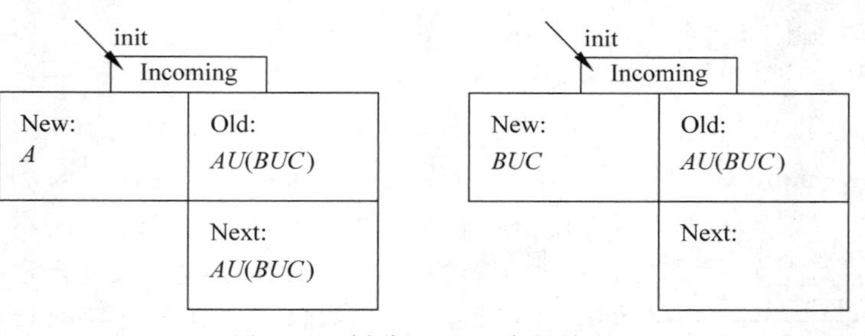

图 9-20 拆分图 9-18 中的结点

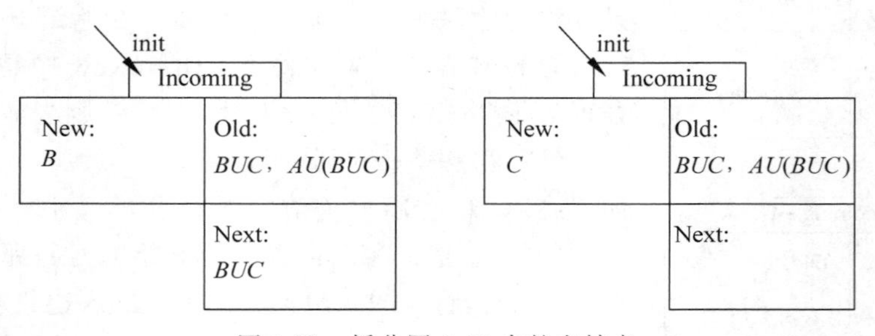

图 9-21 拆分图 9-20 中的右结点

(3) $\eta = \mu\ \omega\ \psi$,则结点 p 被拆分为两个副本 s_1 和 s_2(第 20～28 行)。对第一个副本 s_1,将 μ 加入 New 且 $\mu\ \omega\ \psi$ 加入 Next。对第二个副本 s_2,将 ψ 加入 New。此处拆分是根据 $\mu\ \omega\ \psi$ 等价于 $\psi \vee (\mu \wedge \bigcirc(\mu\ \omega\ \psi))$进行的。

(4) $\eta=\mu \vee \psi$,则结点 p 被拆分为两个副本 s_1 和 s_2(第 20～28 行)。将 μ 加入 s_1 的 New,ψ 加入 s_2 的 New。

(5) $\eta=\mu \wedge \psi$,则结点 s 演化为 s'(第 29～32 行)。为了满足 η,需要同时满足两个子公式 μ 和 ψ,将 μ 和 ψ 都加入 s' 的 New。

(6) $\eta=\bigcirc\mu$,则结点 s 演化为 s'(第 33～36 行),将 μ 加入 s' 的 Next。然后算法递归地扩展新生成的副本。

由以上算法构建的 Nodes_Set 结点集合,现在可以转换为一个广义 Büchi 自动机的变体 $M=(Q,\Sigma,\Delta,S,L,F)$,其中:

(1) 状态集合 Q 由 Nodes_Set 中的结点组成。

(2) 字母表 Σ 包含被转换公式 φ 的原子命题集合中否定和非否定命题的合取命题公式。

(3) $(s, s')\in\Delta$,其中 $s\in \text{Incoming}(s')$。

(4) 初始状态集合 $S\subset Q$ 是包含特殊入边 init 的结点集合。

(5) $L(s)$是 Old(s)中否定和非否命题的合取命题。

(6) F 为广义 Büchi 自动机的接受条件,$\mu\ U\ \psi$ 公式的每一个子公式有一个单独的状态集合 $f\in F$,使得 $\psi\in \text{Old}(s)$或 $\mu\ U\ \psi\notin \text{Old}(s)$的所有状态 s 都包含于 f。

图 9-22 是由 $A\ U\ (B\ U\ C)$公式所构建的结点组。图 9-23 是相应的广义 Büchi 自动机,包含两个接受集合,分别对应 $B\ U\ C$ 和 $A\ U\ (B\ U\ C)$。

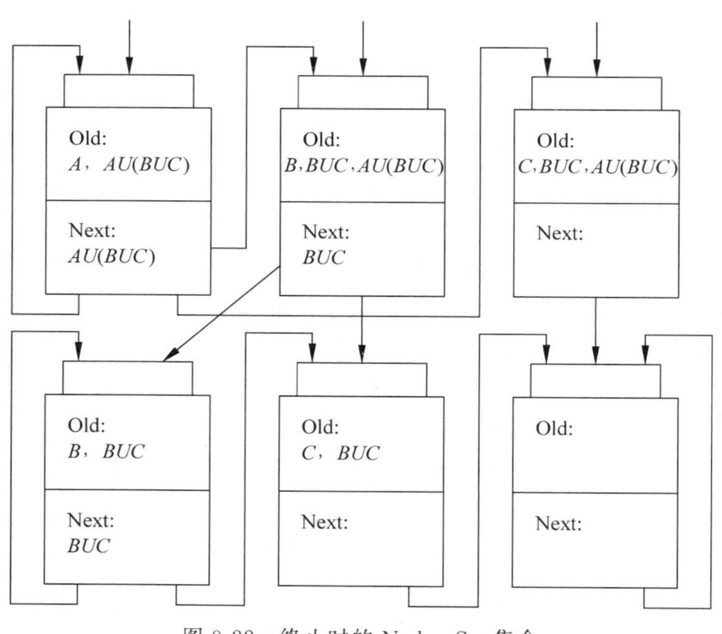

图 9-22 终止时的 Nodes_Set 集合

该算法构建的结点数和时间复杂度随公式大小的增长呈指数级增长。然而,经验显示生成的自动机通常较小。观察可知不必在 Old 中记录形如 $\mu \vee \psi$、$\mu \wedge \psi$ 和 $\bigcirc\mu$ 的子公式,除非这些公式出现在直到 U 子公式的等式右侧,这样可以改进上述转换算法。上述限制是因为直到子公式的等式右侧用于定义接受条件。

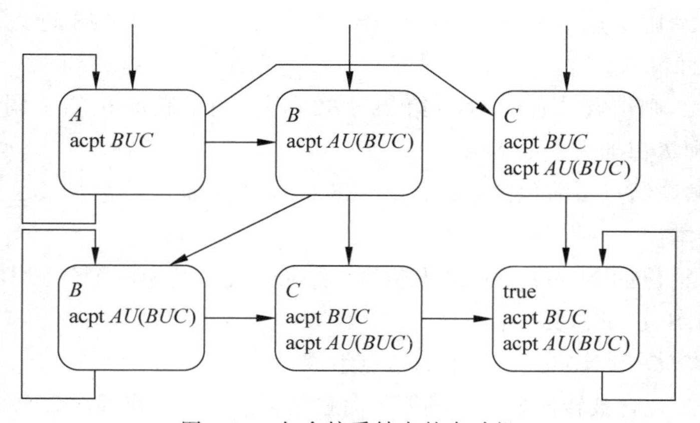

图 9-23 包含接受结点的自动机

2) 基本算法

使用基于同一个字母表 Σ 的两个 Büchi 自动机分别表示系统模型(状态空间)和系统(属性)规约。如果系统模型 M_1 的语言和系统规约 M_2 的语言存在以下包含关系:

$$L(M_1) \subseteq L(M_2) \tag{9-1}$$

那么称系统模型 M_1 满足系统规约 M_2。

令 $\overline{L(M_2)}$ 表示语言集 $\Sigma^{\omega}-L(M_2)$,即所有不被 M_2 接受的集合。式(9-1)的包含关系可以改写为

$$L(M_1) \cap \overline{L(M_2)} = \varnothing \tag{9-2}$$

这表明,不存在能被 M_1 接受而不能被 M_2 接受的字。若交集不为空,那么交集中的任何元素都可以作为一个反例。实际上求语言 $L(M_2)$的补集 $\overline{L(M_2)}$通常很难,然而当使用 LTL 公式 φ 对系统属性进行规约时,可以避免互补运算。可以通过对被检验的 LTL 公式 φ 进行取反,直接将 $\neg\varphi$ 转换到 Büchi 自动机,而不是将 φ 转换到 Büchi 自动机 B 再计算补集。在实现方式上,实现式(9-2)中的语言交集比实现式(9-1)的语言包含更简单;检测两个自动机相交的语言为空的算法也比检测语言包含关系的算法更简单。

设一个 Büchi 自动机 $M=(Q, \Sigma, \Delta, S, F)$。令 r 是 M 的一个可接受执行,那么 r 包含了无穷多个 F 中的状态。由于 Q 是有穷集合,因此,存在某个后缀 r',使 r'的每个状态都出现无穷多次。这意味着,r'的每个状态都可以由 r'的另一个状态到达。因此,r'中的状态被包含于 Büchi 自动机图的强连通分量中。该分量从初始状态出发可达,并且包含接受状态。反过来说,任何一个初始状态可达并包含接受状态的强连通分量,都可以生成 Büchi 自动机的一个可接受执行。由此可知,检验 $L(M)$的非空性等价于在 M 图中寻找一个从初始状态出发可达并且包含接受状态的强连通分量。

如果语言 $L(M)$非空,那么必存在一个可以通过有穷的方式表示的反例。这个反例是由一个有穷前缀和一个周期性状态序列构成的执行。也就是说,反例是形如 $\sigma_1\sigma_2^{\omega}$ 的序列,其中 σ_1、σ_2 是有穷序列。采用深度优先搜索(DFS)算法可以用于寻找强连通分量,从而完成空集检验。

因此,基于 Büchi 自动机的 LTL 模型检测算法如下:

(1) 构建表示被建模系统的 Büchi 自动机 M_1。

(2) 构建表示规约补集的 Büchi 自动机 $\overline{M_2}$。

(3) 构建交集自动机 $M=M_1 \cap \overline{M_2}$。

(4) 采用深度优先搜索算法寻找从 M 中可达的强连通分量。如果未发现包含接受状态的强连通分量，则称模型 M_1 满足规约 M_2。

(5) 否则，构建 M 中从初始状态出发到达强连通分量中某个接受状态 q 的路径 σ_1。构建从 q 到自身的循环，令 σ_2 表示不包含第一个状态 q 的循环，可以称 $\sigma_1\sigma_2{}^{\omega}$ 为被 M_1 接受而不满足规约 M_2 的反例。

需要说明的是，基于 Büchi 自动机的算法也可以用于 Petri 网模型检测，对于一个 Petri 网系统 PN，如果要验证它是否满足某条属性，需要生成被验证属性的反属性的 Büchi 自动机，并构造状态可达图和 Büchi 自动机的交集(乘积图)，再在乘积图上进行判断。Petri 网模型检测的 Büchi 自动机算法可以描述如下：

(1) 构造 PN 的变迁系统，可将其看作由模型构造的自动机 A_M。

(2) 用线性时序逻辑公式 φ 描述 PN 需要检测的属性。

(3) 构造描述 $\neg\varphi$ 的 Büchi 自动机 $A_{\neg\varphi}$。

(4) 构造 PN 的变迁系统(A_M)和 $A_{\neg\varphi}$ 的乘积图，它接受的序列能够同时被变迁系统和 $A_{\neg\varphi}$ 接受。

(5) 检测乘积自动机是否不接受任何序列，如果是，则证明 PN 的所有执行满足属性 φ，否则不满足，乘积图接受的序列可以作为图 PN 不满足 φ 的反例。

9.3 模型检测工具及应用

9.3.1 验证工具 SPIN

1. SPIN 的发展历史

SPIN 是著名的分析验证并发系统(特别是数据通信协议)逻辑一致性的工具，其目标是对软件而不是硬件进行高效验证。SPIN 的开发研究始于 20 世纪 80 年代初，1980 年 Bell 实验室推出第一个验证系统 Pan(protocol analyzer)，它仅限于对安全性的验证；1983 年，Pan 被更名为 Trace，意味着验证方法从基于进程代数转变为基于自动机理论；1989 年推出 SPIN 的第一个版本，作为一个小型的实例验证系统用来对协议进行验证；1994 年提出了基于 Partial-order Reduction 的静态归约技术(static reduction method，STREM)，次年利用内嵌算法扩充了由 LTL 公式到自动机的自动转换功能；1997 年提出了对软件验证的 Minimized Automata 思想，在某些情况下，能指数级地减少对内存的需求；1999 年，在 SPIN 3.3 中提出了 Statement Merging 技术，能大大地减少对内存的需求及缩短 SPIN 的验证时间；2000 年在自动模型抽取中引入 Property-base Slicing 技术，2001 年，在 SPIN 4.0 中通过一个模型抽取器的使用，能直接支持对嵌入的 C 语言代码的检测。G. J. Holzmann 因开发 SPIN 的杰出贡献，2001 年被 ACM 授予著名的"软件系统奖"。

2. SPIN 的工作原理

SPIN 首先从描述系统模型开始，经分析没有语法错误后，对系统的交互进行模拟，直到确认系统设计拥有预期的行为。然后，SPIN 从系统的规约中生成一个优化的 on-the-fly

验证程序,经检验器编译后被执行,执行中如果发现了违背正确性说明的任何反例,则返回到交互模拟执行状态再继续仔细诊断,确定产生反例的原因。图 9-24 描述了整个检测过程。

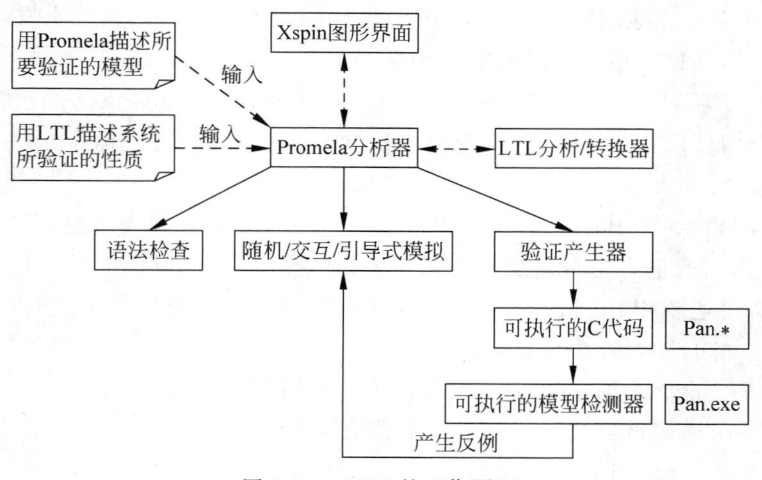

图 9-24　SPIN 的工作原理

SPIN 适用的领域是检测一个有限状态系统是否满足 LTL 公式(线性时序逻辑)表示的属性,如可达性和死锁等。它的建模方式是：首先定义进程模板,每个进程模板作为一类进程的行为规范,而实际系统可以看成一个或若干个进程模板实例的异步组合。进程描述的基本要素包括赋值语句、条件语句、通信语句、非确定语句和循环语句。

在 SPIN 中,采用了 on-the-fly 的机制构建自动机模型,SPIN 模型检测工具为每个进程模板生成一个 Büchi 自动机,并发系统的全局行为通过计算自动机的乘积来获得,具体步骤如下：

(1) 将由 LTL 公式描述的系统属性取反并转化为 Büchi 自动机 A。

(2) 通过计算系统中的每个进程的迁移子系统的乘积,得到系统的全局行为,从而建立 Büchi 自动机 P。

(3) 计算自动机 A 与 P 的乘积。

(4) 检查最后得到的自动机所能接受的语言是否为空,如果为空,则系统满足描述的属性要求,否则系统的行为不满足定义的属性要求。具体方法为检查是否存在一个从初始状态可达且包含至少一个接受状态的环路,以此来检查积自动机是否为空,如果系统不符合,生成的自动机组合中必然存在一个可接受回路(acceptance cycle),这个回路就是以动作路径(action trace)的方式给出反例。SPIN 器验证时所访问的状态空间最坏情况下为 A 和 P 的笛卡儿积的大小,而最理想的情况为 0。

3. SPIN 的建模语言 Promela

Promela(protocol/process meta language)是用来对有限状态系统建模的形式描述语言,允许动态创建并行进程,并可以在进程之间通过消息通道进行同步或异步通信。这种语言的特点是虽然强调模型进程间的通信,但是它在一个时刻只能有一个状态发生变化,因而它面向软件系统模型而并不适合用于描述硬件模型。Promela 语言包含很多在主流语言中找不到的特点,如非确定性控制结构的规格、进程创建、丰富的进程交互原语,这些特点有利于在分布式系统中构建高级模型。Promela 模型由以下几部分组成。

1）进程

进程一般由关键字 proctype 初始化，描述进程行为。一个模型至少有一个进程体。进程体有零个以上声明，并且至少由一个语句构成。进程类型一般是全局的，数据对象和信息渠道在进程函数体外声明为全局变量，进程函数体内声明为局部变量。进程创建的方式主要有以下两种。

（1）进程主要由进程名、形式参数列表、局部变量说明和进程体组成。其中进程体由一系列语句组成。创建进程可以使用两种方式，第一种方式是在进程名前面加上关键字 active，如

```
active[2]proctype you_run()
{
    printf("my Pid is : % d\n",_pid)
}
```

定义了两个进程 you_run，关键字 active 后[2]代表两个进程，进程体内打印进程号，每个进程都有一个唯一的初始化进程号。创建的进程号一般是非负的，按进程创建顺序从 0 开始编号。每个进程都可以通过局部变量_pid 得到本身的进程号，模拟上面的例子，可以得到以下的输出：

```
$ spin you_run.pml
    my pid is :0
    my pid is :1
2 proeesses created
```

这两个进程打印了初始化进程号，然后进程结束。这两个进程按顺序输出进程号，但由于进程执行速度是不确定的，结果也可能反向输出进程号。

（2）通过 run 方式调用另一个进程。上面的例子可以用另一种形式表示为

```
proctype you_run(byte x)
{
    printf("x = % d,pid = % d\n",x,_pid)
}
init{
    run you_run(0);
    run you_run(1)
}
```

模拟执行产生结果如下：

```
$ spin you_run.pml
    x = 0,pid = 1
    x = 1,pid = 2
3 proeesses created
```

2）数据类型

Promela 模型中有两种作用域范围：全局变量和局部变量。所有变量使用前必须先声明，数据类型类似于 C 语言，一般都存储非负值，只有 short 和 int 两种数据类型除外，可以存储负值，也可存储非负值。一般系统默认初始值为 0。Promela 语言中基本数据类型定义

举例如下：

(1) byte a[12];

/* 数组 a 中 12 个元素下标从 0 开始到 11 结束,所有元素初始值为 0 */

(2) chan m;

/* 没有初始化的消息通道 */

(3) mytpe={apple,pear,orange,banana}; mtype n=pear;

/* 枚举型变量域值为 apple、pear、orange、banana,枚举型变量 n 初始值 pear */

(4) short b[4]=89;

/* 数组 b 中 4 个元素下标从 0 开始到 3 结束,所有元素初始值为 89 */

(5) unsigned w:3=5;

/* w 变量存储在 3 个字节中,值范围为 0～7,初始值 5 */

(6) 结构体类型定义：在 Promela 语言中结构体类型定义和 C 语言类似。

```
typedef Field {short f = 3; byte g};
typedef Record {byte a[3]; int fld1; Field fld2; chan p[3]; bit b};
proctype me(Field z){z.g = 12}
init {Record goo; Field foo; run me(foo)}
```

以上例子中定义了两个数据类型 Field 和 Record,局部变量 goo 初始化类型为 Record,所有没有明确初始值的域默认值为 0。对于其中的元素,可以定义为 goo. a[2]=goo. fld2. f+12。此语句可以对变量 goo 中的元素 a[2]重新赋值。

(7) 定义二维数组：在 Promela 模型中只有一维数组,可以使用结构体定义二维数组。例如 typedef Array {byte e[4]; Array a[4]}创建了 16 个元素,可以用 a[i]. e[j]的方式引用其中的一个元素。

3) 消息通道

Promela 通过消息通道实现并发系统中不同进程之间的通信,通常有两种进程交互方式：同步和异步。消息通道可以用来交互进程中局部变量和全局变量的数据信息,但是消息通道中不能传递数组信息。通道按照先进先出的顺序传递信息,定义通道和定义基本的数据类型一样,定义格式为 chan name=['const'] of {typename, typename,…,},其中参数 name 是通道的名称,['const']是通道能容纳的消息的个数,最多为 255 个,typename 是通道要传递的数据类型。例如 chan qname[16]of{short,byte,bool}定义了通道 qname 可以容纳多条消息,每条消息由三个域组成。

(1) 发送消息：进行消息的传递,在 Promela 中用!来表示向一个通道送入数据：

```
qname!expr1, expr2, expr3
```

表达式表示将消息 expr1、expr2、expr3 的值传送给通道 qname,并挂在通道的尾部,表达式的数据类型要和通道声明时的数据类型一致。只有在通道不满时向通道送入消息,这个语句才会被执行；否则,该信息阻塞。

(2) 接收消息：进行消息的传递，在 Promela 中用?来表示通道接收数据：

```
qname ? var1,var2,var3
```

表达式表示从通道 qname 的头部取出消息，并存储在相应的变量 var1、var2、var3 中，即从同一消息通道缓冲区头部接收数据，存储在相应的变量中。只要源通道不空，接收操作总是可以执行的。

如果通道不为空，则将消息从通道中取出并将值赋给相对应的变量。以上介绍的是消息传递，如果考虑对接收操作约束，即通道相应的消息只接收期望的消息值或对应常量时，如 qname ? cons1，var2，var3，接收的消息和对应常量 const 相等时此语句才执行。通过关键字 eval 可以控制向通道传递的数据，定义为 qname? eval(var1)，var2，var3。这个变量目的是像常量一样控制传递通道的数据。只有变量等于期望的消息常量时，相应变量值才会被 var2 和 var3 接收。上一条接收的消息将从通道尾部移除。

传送数据时，如果一条消息中传递的参数比消息通道能存储的参数多，则多出来的参数将被丢弃；相反，如果传递的参数比通道能存储的参数少，则所差的参数的值将是不确定的。与之相似，如果接收端执行操作时希望取出的参数比通道中的可用参数多，则多出的参数值是不确定的，如果取出的参数比可用参数少，则剩余的消息被丢弃。

(3) 有序发送和随机接收：有序发送用两个!表示，如 qname!!msg0。有序发送操作将消息按顺序插入缓冲通道中，而不是按先进先出的方式。一般情况通道中的内容是整型，按数字的大小排列。与有序发送对应的操作是随机接收，随机接收用??表示，如 qname??msg0。只要通道中的任何一条消息可以执行，那么随机操作就可执行。一般的发送操作、接收操作可以结合有序发送、随机接收使用。例如，通道中存储有序数字从 1～10，用一般的接收操作只能接收通道的第一消息的内容，使用随机接收可以接收从 1～10 的任何数字。当然也可以设置常量方式，或者使用 eval()函数实现。

(4) 会面点通信：上面讨论的都是消息通过通道的异步通信，其原因在于上述的通道可容纳的消息数大于 1，从而相当于起到缓冲的作用。在说明通道时，如果通道的大小为 0，如 chan name=[0] of {byte, byte}，此时相当于定义了一个会面点，根据约定，通过这样的会面点的消息交互是同步的，也就是说，向通道发送数据和从通道接收数据必须是同时发生的。

图 9-25 中通道 name 是一个全局的会面点。两个进程将同步地执行它们的第一条语句、消息 msgtype 的第一次握手，以及将值 124 传递给局部变量 state。但进程 A 中的第二条语句将不能执行，因为在进程 B 中没有与之相匹配的接收操作。

```
#define msgtype33
chan name = [0]of{type, type}:
proctype A(){
    name!msgtype(124);
    name!msgtype(121)
}
proctypeB(){
    byte state;
    name?msgtype(state)
}
Init{atomic{runA();runB()}}
```

图 9-25　会面点的一个例子

4）可执行性

Promela语言的定义以语义是否可执行为中心。根据系统的状态，语句一般有执行和阻塞两种状态。在Promela中的条件和陈述语句是相同的，独立的布尔条件也可以用作陈述语句。每个陈述语句能否被执行是有条件的，即Promela的所有陈述句或是可执行的或是被阻塞的，这取决于变量的当前值或者消息通道的当前内容。故在Promela中的可执行性就蕴含了同步的思想，通过等待某陈述语句变为可执行，从而实现了一个进程等待某事件发生的功能，例如，对于一个遇忙则等待的循环语句：

```
while(a!= b) skip     /* 等待 a = b */
```

在Promela中可以用陈述语句($a==b$)实现同样的效果。当a与b相等时，该语句将被执行，然后继续执行下面的语句；否则将在该语句处阻塞。

5）流向控制

Promela包括基本语句和进程的行为，有5种类型的语句：原子序列(Atomic Sequence)、确定序列(D_step Sequence)、选择结构、循环结构及跳出序列(Escape Sequence)。另一种控制结构是内联函数和宏定义。

(1) 原子序列：使局部计算原子化，能起到状态压缩的作用。atomic使语句组{$stat_1$；$stat_2$；…；$stat_n$}以一原子执行序列，在单个迁移步完成，不与其他进程中的语句交叉执行，如atomic{tmp=b;b=a;a=tmp}。

上面的例子是交换两个数a和b的值，在交换过程中语句是不可打断的。在进程的交互执行中，只有执行完atomic中的所有语句，其他进程才可以执行。

原子序列有时是非确定的，如果原子序列的语句是不可执行的，原子序列就会被打断，被其他进程抢占，当阻塞的语句变成可执行时，原子序列又会转到原来的进程，就像没有被打断那样执行。

(2) 确定序列：D_step与atomic作用相似，但比atomic效率更高，不会创建和存储中间状态，仅包含有限的确定步，D_step特别适合在单一迁移步内执行一组中间计算，不允许在{$stat_1$;$stat_2$;…；$stat_n$}中使用跳转语句；若$stat_i$($i>1$)阻塞，D_step执行会出错。D_step和atomic不允许嵌套使用。对于确定序列，如D_step{tmp=b;b=a;a=tmp}确定序列总是可以执行的，与atomic的不同如下：

① 确定序列总是确定性的，在确定序列中遇到的不确定的语句也最终以确定的方式解决。

② 通过goto语句进入确定序列内或者跳出确定序列都会被SPIN解析器认为是错误的。

③ 在执行语句时不被打断，任何出现在确定序列中的不可执行语句将会导致错误。在确定序列中可以插入原子序列，但是在原子序列中不能插入确定序列。

(3) 选择结构：在上面的内容中介绍了三种控制流：单个进程中的顺序语句、多个进程的并行执行及原子和确定序列。Promela中还有另外三种典型的控制流：选择、重复和无条件跳转。“选择”相当于C中的case语句。例如，要根据两个变量a、b的相对值在两个备选项中选择，可以写成

```
if
::(a>b) -> option1
::(a==b) -> option2
::else -> skip
fi
```

该选择结构包括三个执行序列，每个序列以符号::开始。某个序列被选择的条件是其第一个语句可执行，故可将第一个语句称为“卫式”(guard)。如果所有的“卫式”都不可执行，则进程将被阻塞，直至至少有一个序列可被选择为止。如果有 else 语句，则当其他的卫式都不能执行的情况下 else 语句就会被执行。上例中，当 $a<b$ 时就执行 else 语句。如果有多个卫式可执行，则从它们的相应序列中随机选择一个执行。例如，下面的进程将随机地对变量 count 的值加 1 或减 1。

```
byte count;
proctype counter()
{if
::count = count + 1;
::count = count - 1;
fi
}
```

(4) 循环结构：循环结构是选择结构的逻辑扩展，是一个无限的循环语句。例如，将上面的进程扩展后得到以下的重复语句。

```
byte count;
proctype counters(){
do
::count = count + 1;
::count = count - 1;
::(count == 0) -> break;
od
}
```

该进程将随机地增加或减少变量 count 的值。在一个时刻只能有一条语句被选择执行，当该语句执行完后，将再重复选择执行。重复结构通常使用 break 语句结束。例如，在上例中，当 count 的值等于 0 时，三个语句序列都可以执行，此时将随机地选择一个，如果选择的是第三个序列，则将跳出循环，结束该进程。

操作符－＞的功能相当于“;”，一般来说，－＞在 if 和 do 语句中用来将“卫式”和跟在“卫式”后面的语句分开。结束循环的另一种方法是无条件跳转，使用 goto 语句。例如，下面的进程描述了用 Euclid 求两个非零数的最大公约数的算法。

```
proctype Euclid(int x,y){
do
::(x>y) -> x = x - y
::(x == y) -> goto done
od
done: print("answer: % d\n",x)
}
init {run Euclid(36,12)}
```

该例中的goto语句将跳转到标志done处,执行print语句,打印出结果。然后结束Euclid进程。模拟运行后的输出结果为

```
$ spin eulid.pml
    answer:12
2 proeesses created
```

(5) 跳出序列:除了上述的goto语句外,跳出序列为另一种跳出循环的方式,格式为{P}unless{E}。P和E代表Promela代码,执行语句首先从P开始。然后在P语句执行之前,首先检查E是否可执行,当E不可执行时P才能够执行。当E首次可以执行时,控制权转E,开始执行E语句。在第一种情况中,执行任何语句时都能打断循环。而在上面的情况中循环只有在选择执行最后的语句时才能打断循环的执行。

(6) 内联函数和宏定义:宏定义的语法结构为

```
#define name token - string   #include "filename"
```

Promela源代码内容在由SPIN解析之前,一般由C预处理器处理,在编译的时候SPIN和内置的C预处理器自动连接,预处理的步骤不被用户所见。如果有问题,或者应用不同的预处理器,SPIN可以应用-Pxxx预先定义一个完整的路径更换预处理器,此时需要预处理器从标准的输入中读,在标准的输出中输出结果,如#define $p(a>b)$。

内联函数的功能和宏定义类似,唯一的区别是内联函数创建的是非原子序列,而宏定义创建的是原子序列。定义内联函数时注意变量的作用域范围。内联函数一般使用关键字inline定义。

6) 断言类型

Promela中的断言通过6种方式实现:基本断言、结束状态标记、进展状态标记、接受状态标记、从不声明、跟踪断言。

(1) 基本断言:基本断言通过assert语句实现,主要用来帮助SPIN对系统进行检测。该语句的一般形式为assert(any_boolean_condition)。

assert语句在任何时候都是可执行的,其参数可以是任意的条件表达式。在SPIN执行assert语句时,如果该语句指定的条件成立(表达式的值不为0),则不产生任何影响;但如果条件不成立(表达式的值为0),将产生一个出错报告。在Promela模型中经常使用assert语句检测在某状态时某个属性是否成立,例如:

```
proctype receiver(){
    toReceiver?msg;
    assert(msg!= ERROR);}
```

如果从通道toReceiver接收到的消息为ERROR,则产生错误报告。Promela中还有一些专门用于模型检测的特殊操作,这里介绍其中使用的状态标记。

(2) 结束状态标记:如果要检测Promela描述的一个系统是否存在死锁,验证器就必须能够将正常的结束状态和异常的结束状态辨别开来。在一个执行序列结束时,最好的情况是所有进程的实例都运行到了其相应进程体的最后,并且所有的消息通道都为空。然而有些情况中,并不一定要求所有的进程都到达了进程体的最后才能说明不存在死锁,某些进程可能会停留在空闲状态,也可能会在某些状态循环,等待某个消息的到来后再进行其他操

作，为了告知验证器这些状态是合法的，在 Promela 中使用结束状态标记，例如：

```
proctype A(){
byte count = 1;
end do
        ::(count == 1) -> sem!p;count = 0
        ::(count == 0) -> sema?v;count = 1
    od
}
```

在进程中使用结束标记，表示在执行序列结束时，如果进程 A 的一个实例还没有到达“}”处，而是仍在循环中等待，此时验证器不认为是错误。当然，出现这样的情况也有可能是死锁，但在这里相当于指明即使出现死锁也不是进程实例的错误。在一个验证模型中可以有多个结束状态标记，此时的各标记可以用 end 作为前缀，后面跟其他字符，如 endo、endl、end_b 等。

(3) 进展状态标记：与结束状态标记类似，用户也可以定义进展状态标记。进展状态标记表示其所注明的状态必须被执行。如果在协议执行的过程中出现无限循环并且一次都不经过这些进展状态标记，此时很可能是出现了饥饿循环。例如，在上面的进程 A 中加入一个进展状态标记。

```
proctype A(){
byte count = 1;
end do
          ::(count == 1) ->
progress :  sema!P;count = 0
          ::(count == 0) -> sema?v;count = 1
    od
}
```

用来告知验证器，在协议执行的过程中不允许出现从不执行 sema!P 的循环。同样，在一个验证模型中可以有多个进展状态标记，此时的各标记可以用 progress 作为前缀，后面跟其他字符如 progresso、progressl、progress_b 等。

(4) 接受状态标记：对于某些进程实例，一个接受状态指前缀为 Acceptance 的语句标号标注的语句。当验证器在验证接受周期时，会解释在系统中是否存在无穷多次访问一个接受状态的执行。一般用在从不声明语句中。

(5) 从不声明：时序断言由 Promela 系统中的从不声明表示，用来检验被认为是非期待的或非法的系统行为。当检测是否满足状态属性(安全性)时，检测器将解释是否有这样一次执行，它能终止于从不声明的终止状态，以到达从不声明中语句体的结束部分}处。当检测是否有接受周期时，检测器将解释是否有无穷多次访问接受状态的一次执行。因此，时序声明能通过在进程从不声明的语句体中对某些语句标上接受标记检测非法的无限(cyclic)行为。

在下述情形下称从不声明是匹配的：在没有接受标记的情况下，没有无限行为能与一个时序声明相匹配。若要检测一个无限时序声明，则接受标记只能出现在时序声明的语句体中。例如：

```
Never{
S0:do
      ::P&&!q -> break
      ::true
      od;
S1:accept:do
      ::!q
      ::!(p || q) -> break;
      od
}/* for LTL formula  !(p->(p U q)) */
```

(6) 跟踪断言：跟踪断言一般用在信息通道中，用来判断信息通道中的操作是否有效，在跟踪断言中通道名必须是全局变量，通道中各个域是常量或者符号常量，如下所示：

```
trace{do
      ::ql!a; q2?b
      od}
```

如果用户知道通道只能从某一源地点接收信息，可以使用通道断言的另一种方式即使用关键字 xs 和 xr 表示，含义分别是互斥读和互斥写，称两个语句为通道断言。如果在模型中使用通道断言，验证的状态数可以减少 16%左右。

通道断言的目的是在验证的过程中检查通道的使用情况，例如有些时候向某通道发送信息，该信息并没有被其他通道共享，验证器就会检验出来，并标记为通道违法。

7) 其他特点

(1) 超时语句：timeout 语句的目的是结束进程对不可能成立条件的等待，提供了进程从挂起状态离开的方法。当系统中没有其他语句可执行时，将激活 timeout 语句变为可执行。与 else 语句的功能十分类似，一般用于循环结构中，timeout 是如何进行计时的不需要考虑。考虑下面简单的例子，进程将在系统进入暂停状态时向通道 guard 发送一个 reset 消息：

```
proctype watchdog(){
do
::timeout -> guard!reset
od
}
```

(2) 预定义变量和函数。

① _：表示在信息通道中可以随意接收数据。

② np_：表示逻辑变量，如果进程中至少一个进程有进展标签，进程 np_的逻辑值为 False。

③ _pid：表示存储进程的 id 号。

9.3.2 应用举例

例 9.6 问题描述：四个荷兰士兵受了重伤，试图逃到他们的家乡荷兰，德国军队正追赶他们，午夜的时候四个荷兰士兵到达横跨两国边界的桥，桥下有一条河流。这座桥已被严重损坏，一次只能通过两个荷兰士兵。这座桥上有地雷，利用一把火炬照明才能回避所有的地雷。德国军队在他们的身后,他们只有在 60 分钟内通过这座桥才安全。四个荷兰士兵只有一把火炬。以下是四个荷兰士兵通过桥的时间：S0 用 5 分钟能通过,S1 用 10 分钟能通过,S2 用 20 分钟能通过,S3 用 25 分钟能通过。那么用 60 分钟的时间四个荷兰士兵能否安全过桥?

按照以下步骤进行验证：

(1) 建立士兵过桥系统模型。

Promela 对系统建模的过程包括 4 个步骤。第一步：定义类型,主要是定义系统模型中的对象、数据类型及常量。第二步：定义通道,它是用来模拟进程间数据交换的场所。第三步：定义全局变量,它是用来刻画认证系统的验证属性,即 LTL 表达式用到的变量。第四步：定义系统模型主体进程,即定义系统环境中的实体进程。

首先,定义常量、类型、宏等。士兵的个数可以用整型变量表示,范围从 0～($N-1$),定义士兵 soldier 是 byte 类型,N 定义及 soldier 定义如图 9-26 所示。

```
#define N 4
#define soldier byte
```

图 9-26　N 及 soldier 定义

其次,定义通道,模拟进程间数据交换的场所。定义通道模型,从德国到荷兰两个士兵过桥通道 Germany_to_Holland,表示从德国到荷兰方向。从荷兰过桥到德国一个士兵过桥通道 Holland_to_Germany,表示从荷兰到德国方向。定义通道 stopwatch 通知进程 Timer 记录士兵过桥的时间,如图 9-27 所示。

```
chan Germany_to_Holland = [0]of{soldier,soldier};
chan Holland_to_Germany = [0]of{soldier};
chan stopwatch = [0]of{soldier}
```

图 9-27　通道 stopwatch

再次,定义全局变量,刻画系统模型和属性描述模型。用全局变量 time 从士兵开始过桥记录时间,只要有士兵过桥全局变量 time 都需要更新,定义为

```
Byte time
```

最后,定义系统模型主体进程士兵过桥用两个进程表示：Germany 和 Holland,开始所有士兵在 Germany,目的地是 Holland,在此过程中用 Timer 进程模拟时间。每次士兵从 Germany 和 Holland 过桥,通道 stopwatch 激活进程 Timer 记录士兵过桥的时间,图 9-28 显示了进程之间的交互过程。

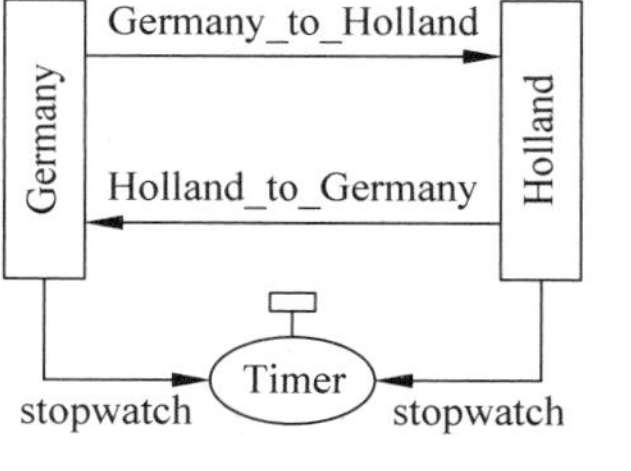

图 9-28　士兵过桥问题描述

下面依次定义各个进程：

① 定义系统模型主体进程首先要建立 Timer 进程,Timer 进程用来记录时间。在收到士兵的 id 号之后,进程 Timer 更新变量 time 的值,进程 Timer 的进程体如图 9-29 所示。

```
active proctype Timer()
{end:
do
::atomic{stopwatch?0 -> time = time + 5; MSCTIME}
::atomic{stopwatch?1 -> time = time + 10; MSCTIME}
::atomic{stopwatch?2 -> time = time + 20; MSCTIME}
::atomic{stopwatch?3 -> time = time + 25; MSCTIME}
od
}
```

图 9-29　Timer 进程

进程前面的 end 标记表示如果所有的士兵从 Germany 到 Holland,进程结束。如果士兵启动秒表 stopwatch,则 Timer 进程将被激活。宏定义 MSCTIME 的目的是在 SPIN 或 XSPIN 的信息序列图中写出当前时间,如下所示:

```
#define MSCTIME Prinif("MSC: %d\n",time)
```

② 建立 Germany 进程。通过局部变量数组 here[N]表示士兵的位置,代表士兵是否到达 Holland,如果士兵在 Germany 设置 here[i]值为 1,否则为 0。变量 here[i]代表一系列士兵的位置。所有士兵的初始位置是在 Germany,所以初始值 here[i]都为 1。

首先两个士兵从 Germany 过桥到 Holland,然后其中一个士兵拿火炬从 Holland 返回 Germany,选择一个士兵拿火炬过桥 select_soldier(x)宏定义如图 9-30 所示。

```
#define select_soldier(x)
if
::here[0] -> x = 0
::here[1] -> x = 1
::here[2] -> x = 2
::here[3] -> x = 3
fi;
here[x] = 0
```

图 9-30　select_soldier(x)定义

“卫式”控制 if 语句的执行,只有 here[i]的值是 1 的时候可以执行,从中随机选择一条执行,变量 x 代表士兵的 id 号。定义 h1 和 h2 为 soldier 类型。随机选择两个士兵从 Germany 过桥到 Holland,并通过通道 Germany_to_Holland 运送。如果所有的士兵都从 Germany 到 Holland,Germany 进程中的循环结束,如果所有士兵都到了 Holland 则不再返回,因此用 break 结束。

```
if all_gone -> break fi;
```

其中 all_gone 表示所有士兵安全到达 Holland。

```
#define all_gone(here[0] + here[1] + here[2] + here[3] = = 0)
```

最后士兵 h1 返回拿火炬,将信息 h1 发送到 stopwatch 通道表示士兵启动 stopwatch 记录时间。

进程 Germany 建模过程如图 9-31 所示，随机选择两个士兵过桥到 Holland，等待拿火炬的士兵到来，计算过桥时间，如果所有的士兵都通过了桥那么进程结束。

```
active proctype Germany()
{
    bit here[N]; soldier h1,h2;
    here[0] = 1; here[1] = 1;here[2] = 1; here[3] = 1;
do
::select_soldier(h1);
select_soldier(h2);
Germany_to_holland ! h1,h2;
if all_gone -> break fi;
holland_to_germany?h1;
here[h1] = 1;
stopwatch! h1;
od
}
```

图 9-31　进程 Germany 建模过程

③ 建立 Holland 进程。在进程 Holland 中，记录两个士兵同时过桥的时间，是两个士兵所花费时间的最大值，$max(x, y)$宏定义如下：

```
#define max(x,y) ((x>y) -> x:y)
```

如果所有士兵都到达 Holland 进程结束，所有士兵都到达 Holland 宏定义 all_here 如下：

```
#define all_here(here[0] + here[1] + here[2] + here[3] == 4)
```

同理，进程 Holland 建模过程是进程 Germany 的反向过程，如图 9-32 所示。等待已经到 Holland 的士兵，计算士兵过桥所花费的时间，如果所有士兵全部到达 Holland，程序结束。

```
active proctype Holland()
{bit here[N]:soldier h1,h2;
do
    ::germany_to_holland?h1,h2;
    here[h1] = 1;here[h2] = 1;
    stopwatch ! max(h1,h2);
    if all_here -> break fi;
    select_soldier(h1):
    Holland_to_germany ! h1
od
}
```

图 9-32　进程 Holland 建模过程

（2）士兵过桥问题属性描述。

最终要验证系统满足的属性能否在 60 分钟内完成任务，让 time 总是大于 60，使用 LTL 公式描述为◇(time＞60)。如果不满足该 LTL 属性，说明士兵在 60 分钟内能够到达。

(3) 士兵过桥算法验证。

使用SPIN5.0版本模拟运行,不满足上述属性,说明士兵能够在60分钟内到达,模型检测器模拟运行结果如图9-33所示。

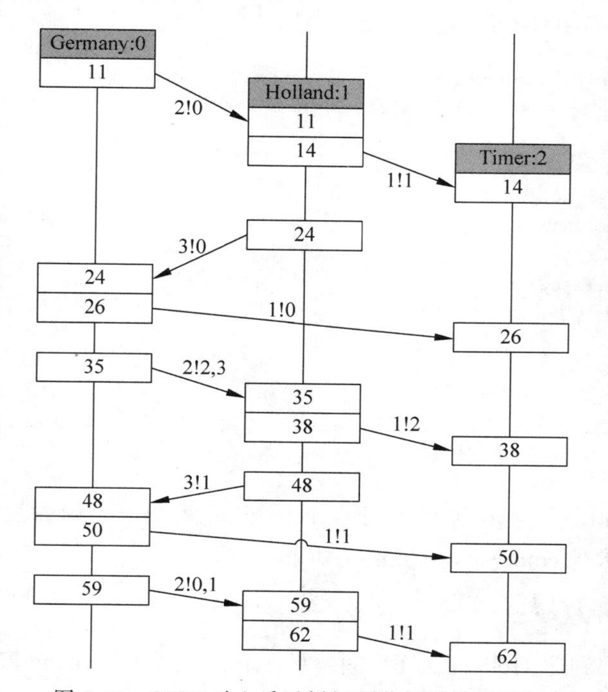

图9-33 SPIN对士兵过桥问题分析的模拟运行

9.4 本章小结

模型检测起源于并发程序的验证问题。并发的错误难以通过程序测试发现,因为它们通常很难被再次生成。在模型检测的思想产生之前,大多数形式化验证研究都集中于演绎证明。但是,演绎证明难以实现完全的自动化,而且对相关人员专业知识的要求非常高。

随着时序逻辑被引入计算机科学,作为描述并发系统的重要工具。20世纪80年代初,E. M. Clarke、E. A. Emerson和J. Sifakis等人将状态空间搜索方法与时序逻辑以一种有效的方式结合起来,认为对于有穷状态的并发系统,证明的构建不是必须的,它可以被一种模型理论的方法代替,这种方法能够机械性地判定一个系统是否满足一个用命题时序逻辑表达的属性。这标志着模型检测思想的正式诞生。

模型检测就是判断一个给定的结构M是否满足表达属性的逻辑公式φ。M是系统的一个抽象模型,包含系统能够到达的所有状态及系统在那些状态间进行的迁移。M通常被称为状态空间,它的构造能够完全自动化。φ表示系统需要被验证的属性,通常使用时序逻辑公式描述。"满足"是指系统有φ描述的属性。模型检测在硬件设计和通信协议的形式验证上取得了巨大成功,其应用范围逐步扩大,目前已涵盖通信协议、安全协议、控制系统和部分软件。

模型检测的局限性首先在于它的验证对象是有限状态系统,其次是状态空间爆炸问题,由于系统的有穷状态模型的状态数量往往随其模型的并发分量的增加呈指数增长，因此，复杂系统建模时其可达的状态空间常常难以在计算机存储器中全部构建，也就无法进行模型检测了。如何有效缓解状态空间爆炸是模型检测能否被广泛使用的一个关键问题，在这方面已有一些重要的方法如符号模型检测等被相继提出。

习　题　9

1. 考虑图 9-34 的模型 M_1，请对该模型的每个状态使用标记算法，验证 CTL 公式 $E\Diamond(A\Box p)$的有效性。

2. 同图 9-34 模型 M_1，用标记算法检验 $A(p\ U\ E\Box(p\rightarrow q))$在该模型中的有效性。

3. 请用不动点算法检验图 9-35 的模型 M_2 中 $A\Diamond p$ 是否成立。

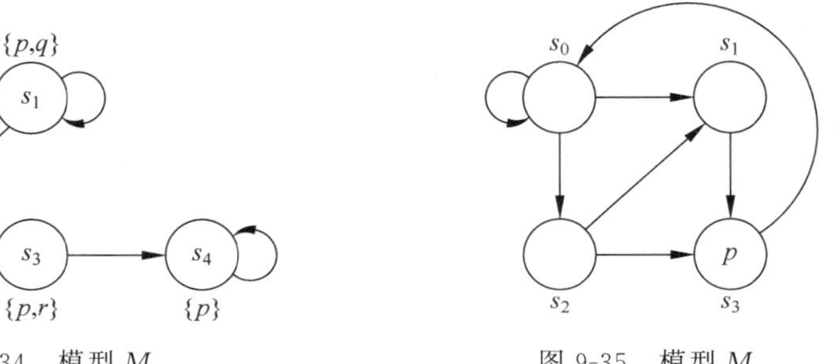

图 9-34　模型 M_1　　　图 9-35　模型 M_2

4. 假设有一个运行于 3 层楼的电梯，请用 Promela 语言描述此电梯安全系统（系统建模）。现对此模型描述如下：每一楼层电梯门的开关状态由数组 doorisopen 存放（值 1 表示状态开，值 0 表示关）。通过通道 openclosedoor 提供进程 elevator 与进程 door 之间的信息通信机制；进程 door 使用一个楼层号作为参数，通过通道 openclosedoor 接收一个电梯门打开的楼层号，将对应的门打开，下一步再把门关上，并由此通道 openclosedoor 发出此门已关的信息；进程 elevator 表示电梯未到楼顶可以继续上升，未到底层可以继续下降；发送一个电梯门打开时所处的楼层号，然后等待此门关闭后，电梯再开动。请用 LTL 公式刻画下列属性，并用 SPIN 工具进行验证：

（1）当某一层电梯门打开时，其他楼层的电梯门必须关闭。

（2）当第一层电梯门打开后，它要在下一个状态关闭（其他层电梯门也是如此）。

（3）在某一时刻，某一层的电梯门将打开。

第10章 符号模型检测

本章学习目标

(1) 掌握二叉判定图的基本概念及约简方法。

(2) 熟练应用有序二叉判定图的 Apply 算法。

(3) 掌握 CTL 符号模型检测的基本方法。

(4) 了解 LTL 符号模型检测的基本方法。

(5) 掌握 SMV 工具的使用。

由于模型检测基于状态搜索的基本思想,搜索的可穷尽性要求系统模型状态数有穷,故不能直接对无穷状态系统进行验证。即使对于有穷状态系统,模型检测也会面临“状态空间爆炸”的严重问题。

CTL 或 LTL 模型检测方法一般采用列表或表格等方式显式地表示状态空间,这些状态空间图的大小与系统模型的状态数成正比,而模型的状态数与并发系统的大小成指数关系。因此随着待检测系统的规模增大,所要搜索的状态空间呈指数增长,算法验证所需的时间/空间复杂度将超过实际所能承受的程度。例如对具有 $10^4 \sim 10^5$ 个状态的状态迁移图,早期的模型检测系统至多能以每秒 100 个状态的速度检测,这极大地限制了模型检测的系统规模和应用范围。

如何有效缓解“状态爆炸”是模型检测能被广泛使用的一个重要前提,在这方面已有一些重要的方法相继被提出,主要包括符号(模型检测)方法、抽象技术、偏序约简,分解与组合及对称、归纳、on-the-fly 方法等。

符号模型检测是 Carnegie Mellon 大学的 K. L. McMillan 于 1992 年提出的一种采用符号方法表示状态空间的模型检测技术。该方法主要基于二叉判定图(binary decision diagram,BDD)的状态空间表示。符号模型检测采用 BDD 表达状态迁移关系和不动点,用不动点算法计算状态的可达性及这些状态是否满足某些性质。采用这种符号算法使可验证系统的状态数增加若干数量级,例如用最初 Clarke 和 Emerson 提出的 CTL 模型检测算法,基于 BDD 表示可验证状态数超过 10^{20} 的硬件系统,而采用直接穷举方式表示状态空间只能验证至多 10^8 个状态。

基于 BDD 的符号表示已经用于许多模型检测算法和系统中,其中最具影响的是 K. L. McMillan 提出的一种基于 BDD 的符号模型检测工具 SMV。它成功地发现了 IEEE Futurebus+Standard(IEEE 标准 896.1—1991)中描述的 cache 一致性协议中的错误,这也是使用自动验证工具首次发现 IEEE 标准的错误。目前,符号模型检测技术取得了突破性进展,已能处理状态数多达 10^{200} 的系统。

10.1 二叉判定图

二叉判定图(BDD)是一种比合取范式 CNF 和析取范式 DNF 更便捷的布尔函数的表示形式。首先提出这个概念的是 C. Y. Lee,而真正使得二叉判定图进入实用阶段的是 R. E. Bryant,他在 1986 年对常规二叉判定图增加两条限制,一是所有的变量存在一个全序关系,即图中变量沿所有从根结点到终结点的路径出现的次序是固定的,即得到有序二叉判定图(OBDD);二是对有序二叉判定图进行约简,得到二叉判定图的规范形式,称为约简的有序二叉判定图(ROBDD)。

10.1.1 基本概念

二叉判定图是一种表示和操作布尔函数的数据结构,布尔函数在数字电路和协议的各种设计和分析中均有广泛应用。

定义 10.1 布尔函数 $f(x_1,x_2,\cdots,x_n)$表示 n 元组$(x_1,x_2,\cdots,x_n)$与$\{0,1\}$集合之间的对应关系,其中 x_i 的值为 0 或 1($i=0,1,\cdots,n$)。

如果布尔函数 f 的某个变量 x_i 被一个常数 b 替换,则称为对该函数的一个约束,记作:$f\big|_{x_i=b}$。也就是说,对任意的变量 $x_1,\ x_2,\ \cdots,\ x_n$,有

$$f\big|_{x_i=b}(x_1,x_2,\cdots,x_n)=f(x_1,\cdots,x_{i-1},b,x_{i+1},\cdots,x_n)$$

因此,布尔函数 $f(x_1,x_2,\cdots,x_n)$对变量 x_i 的香农展开(Shannon's expansion)[①]可表示为

$$f(x_1,x_2,\cdots,x_n)=x_i\cdot f\big|_{x_i=1}(x_1,x_2,\cdots,x_n)+\bar{x}_i\cdot f\big|_{x_i=0}(x_1,x_2,\cdots,x_n)$$

类似地,如果函数 f 的某个参数 x_i 被另一个函数 g 替换,则称为函数 f 和函数 g 的一个复合,记作:$f\big|_{x_i=g}$。同样地,对任意的参数 $x_1,\ x_2,\ \cdots,\ x_n$,有

$$f\big|_{x_i=g}(x_1,x_2,\cdots,x_n)=f(x_1,\cdots,x_{i-1},g(x_1,x_2,\cdots,x_n),x_{i+1},\cdots,x_n)$$

定义 10.2 一个布尔函数的二叉判定图是有一个根结点的有向无环图 $G=(V,\ E)$。它的结点集 V 包含两类结点:非终结点和终结点。结点 v 的标记变量用 var(v)表示,对非终结点 var(v)$\in\{x_1,\ x_2,\cdots,\ x_n\}$,并且有两个子结点 low($v$),high($v$)$\in V$。终结点标记为布尔常量 0 和 1。结点集 V 中元素的个数被称为 G 的大小,表示为$|G|$。

BDD 中边集 E 由父结点指向子结点的连接组成,非终结点 v 指向 low(v)(或 high(v))的边表示将结点 v 标记变量赋值为 0(或 1)。例如,对布尔函数 $f=x_1\bar{x}_3+x_1x_2+x_2\bar{x}_3$,它的真值表如表 10-1 所示,对应的二叉判定图如图 10-1 所示。二叉判定图中的边为从父结点指向子结点的有向边,一般不画出其方向。二叉判定图的非终结点用圆圈表示,终结点用矩形框表示。图 10-1 中的边用虚线和实线分别表示,其中虚线也称为 0 边,实线也称为 1 边。图 10-1 中粗线所标出的路径的含义是:当 $x_1=0,\ x_2=1$ 且 $x_3=1$ 时,函数 f 的值为 0。类似地,对表 10-1 中的每一种取值组合,都对应一条从根结点到一个终结点的路径。

① 香农展开或称香农分解,是布尔函数的一种变换方式。

表 10-1　布尔函数的真值表

x_1	x_2	x_3	f
0	0	0	0
0	0	1	0
0	1	0	1
0	1	1	0
1	0	0	1
1	0	1	0
1	1	0	1
1	1	1	1

图 10-1 所示的二叉判定图实际上是一个二叉判定树，二叉判定树中的一些结点如最后一层不同的 0(或 1)结点表示相同的含义，将这些结点合并后并不改变表示的布尔函数，而此时树就变成了图，即二叉判定图，如图 10-2 所示。

图 10-1　表示布尔函数 $f=x_1\bar{x}_3+x_1x_2+x_2\bar{x}_3$ 的二叉判定图

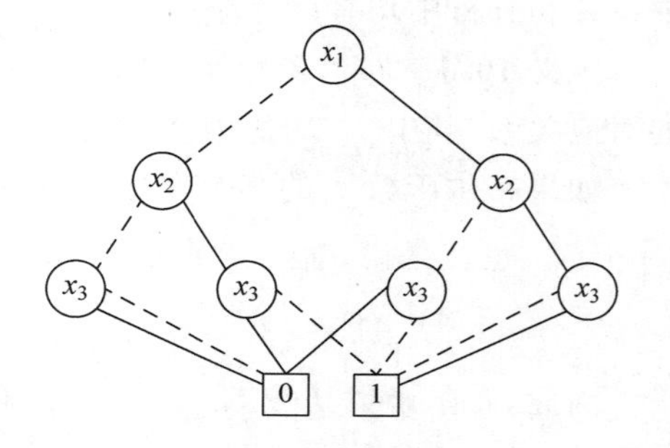

图 10-2　布尔函数 $f=x_1\bar{x}_3+x_1x_2+x_2\bar{x}_3$ 的二叉判定图

一般地，同一个布尔函数，它的二叉判定图的结构与变量出现的顺序有关。

定义 10.3　有序二叉判定图是指一个二叉判定图 $G=(V, E)$，如果在变量集合上满足全序关系$\prec$，并且满足下列条件：即对任意非终结点 $u\in V$，如果非终结点 $v\in V$ 是 u 的 low 子结点或者 high 子结点，那么 $\mathrm{var}(u)\prec\mathrm{var}(v)$。

由定义可知，任一有向路径上的变量 $x_1,x_2,\cdots,x_n$ 出现的顺序均与所规定的变量序保持一致。如图 10-2 所示的二叉判定图，它的变量序为 $x_1\prec x_2\prec x_3$。

定义 10.4　根结点为 v 的二叉判定图对应一个函数 f_v，其递归定义如下：

(1) 如果 v 是终结点，若 $\mathrm{var}(v)=1$，那么 $f_v=1$，若 $\mathrm{var}(v)=0$，那么 $f_v=0$。

(2) 如果 v 是非终结点，$\mathrm{var}(v)=x_i$，那么 f_v 表示函数：

$$f_v=x_i\cdot f_{\mathrm{high}(v)}+\bar{x}_i\cdot f_{\mathrm{low}(v)}$$

布尔函数 $f=x_1\bar{x}_3+x_1x_2+x_2\bar{x}_3$ 对变量 $w\in\{x_1, x_2, x_3\}$ 的香农展开为 $f=w\cdot f\big|_{w=1}+\overline{w}\cdot f\big|_{w=0}$，可根据香农展开构造 f 的有序二叉判定图。设 $x_1\prec x_2\prec x_3$，对 $f=x_1\bar{x}_3+x_1x_2+x_2\bar{x}_3$，计算 $g_1=f\big|_{x_1=0}=x_2\bar{x}_3$，$g_2=f\big|_{x_1=1}=x_2+\bar{x}_3$，$h_1=g_1\big|_{x_2=0}=0$，$h_2=g_1\big|_{x_2=1}=\bar{x}_3$，$h_3=g_2\big|_{x_2=0}=\bar{x}_3$，$h_4=g_2\big|_{x_2=1}=1$，$p_1=h_2\big|_{x_3=0}=1$，$p_2=h_2\big|_{x_3=1}=0$，$p_3=h_3\big|_{x_3=0}=1$，$p_4=h_3\big|_{x_3=1}=0$。函数 f 的 OBDD 如图 10-3 所示。

由图 10-2 和图 10-3 可知，对布尔函数 f，在同一变量序下，用真值表和香农展开构造的 OBDD 结点的个数不同。由于在计算机程序实现时结点越多就会占用更多的内存，使用具有较少结点的 OBDD 表示布尔函数具有更大的实际意义，因此对 OBDD 进行约简。

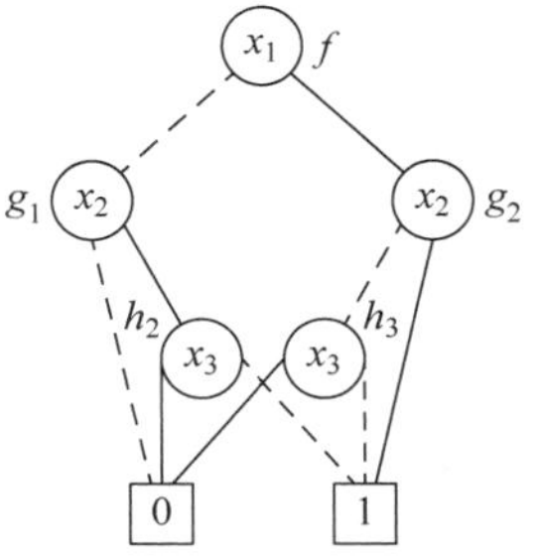

图 10-3　由香农展开获得的 OBDD

定义 10.5　两个有序二叉判定图 $G(V, E)$ 和 $G'(V', E')$，如果存在一一对应的映射 φ：$V \to V'$，使对所有 $v \in V$，存在 $v' \in V'$ 满足 $\varphi(v)=v'$，并且 v 和 v' 都满足：

(1) 若 v 和 v' 都是终结点，则 $\mathrm{var}(v)=\mathrm{var}(v')$。

(2) 若 v 和 v' 都是非终结点，则 $\mathrm{var}(v)=\mathrm{var}(v')$，$\varphi(\mathrm{low}(v))=\mathrm{low}(v')$，$\varphi(\mathrm{high}(v))=\mathrm{high}(v')$。

那么，G 和 G' 是同构的。

定义 10.6　对有序二叉判定图 $G=(V, E)$ 中的一个结点 $v \in V$，以 v 为根结点的子图 $G_1=(V_1, E_1)$ 是指 V_1 包含了结点 v 和满足下列条件的所有结点 v'：$v' \in V$ 且从 v 开始到 v' 存在一条路径。E_1 是 V_1 中所有父结点到子结点的连接。

定义 10.7　如果一个有序二叉判定图 $G=(V, E)$ 满足以下两个条件：

(1) 对任意 $v, v' \in V, v \neq v'$，都有以 v 为根的子图与以 v' 为根的子图不同构。

(2) 对任意非终结点 v 都有 $\mathrm{low}(v) \neq \mathrm{high}(v)$。

则称为约简的有序二叉判定图。

例如，对于布尔函数 $f(x_1, x_2, \cdots, x_n)=x_1 \oplus x_2 \oplus x_3$，规定变量序为 $x_1 < x_2 < x_3$，则该布尔函数 f 所对应的一个有序二叉判定图如图 10-4(a)所示。约简的有序二叉判定图如图 10-4(b)所示。

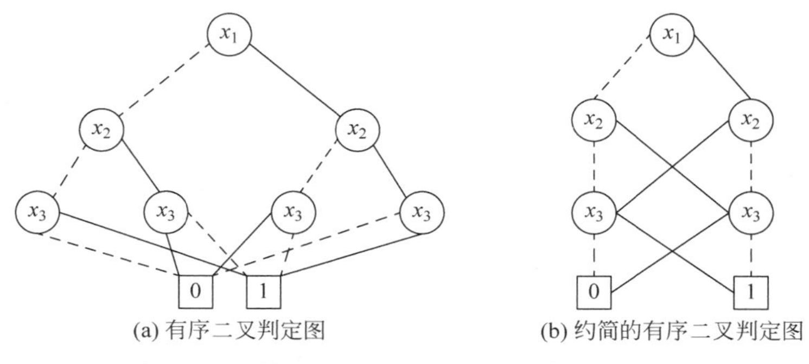

图 10-4　函数 $f(x_1, x_2, \cdots, x_n)$ 的有序二叉判定图

10.1.2　约简方法

约简的 OBDD 是布尔函数的规范型，任何 OBDD 都可以通过约简规则将有序二叉判定图转化为约简的有序二叉判定图。Bryant 给出了一种线性时间复杂度的 OBDD 的约简算法。

规则 1(删除规则)　对于 OBDD 中的结点 v，如果 $\mathrm{low}(v)=\mathrm{high}(v)$，则删除结点 v，并将结点 v 的父结点直接连接至 $\mathrm{low}(v)$ 所对应的结点。

规则 2（合并规则） 对于 OBDD 中的结点 v 和 v'，如果 $\mathrm{var}(v)=\mathrm{var}(v')$，$\mathrm{low}(v)=\mathrm{low}(v')$，$\mathrm{high}(v)=\mathrm{high}(v')$，则应删除其中一个结点，并将所有指向被删除结点的边转移到保留的结点上。约简规则如图 10-5 所示。

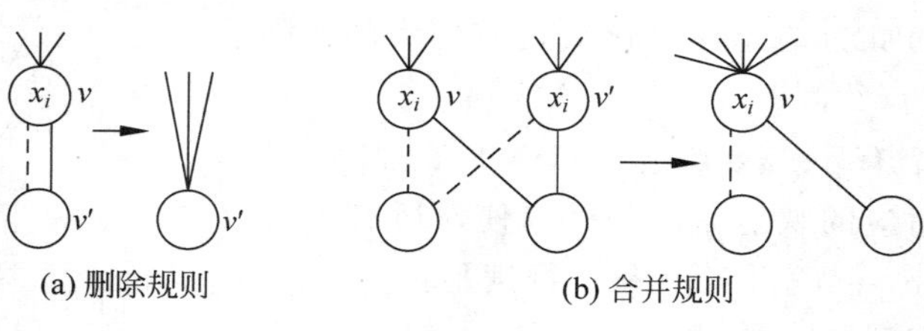

图 10-5 约简规则

一般地，在使用上述规则时，任意一个步骤都可能会产生新的同构子图或冗余结点，需多次重复使用。需要指出的是，上述两条约简规则同样可应用于标有相同标记的终结点。例如，如图 10-6 所示为布尔函数 $f=x_1\bar{x}_3+x_1x_2+x_2\bar{x}_3$ 在变量序 $x_1<x_2<x_3$ 下 OBDD 的约简过程。

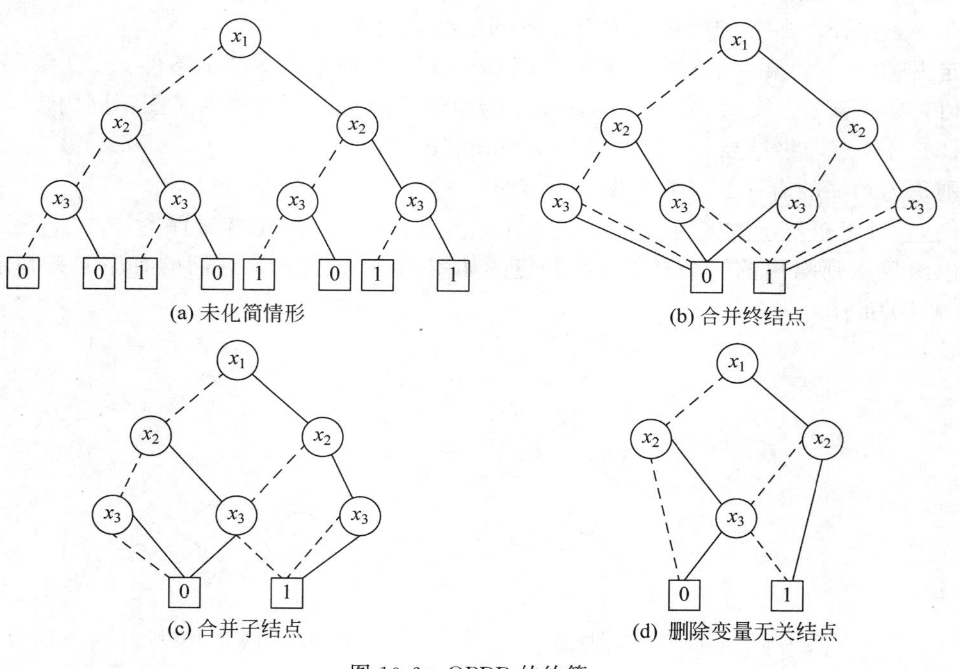

图 10-6 OBDD 的约简

图 10-6 是 Bryant 约简算法的应用，该算法通过自底向上地对 OBDD 应用约简规则进行约简。在给出约简算法之前，先对 OBDD 作以下规定：设变量序为 $x_1<x_2<\cdots<x_n$，则以变量的下标序号，即 $1,2,\cdots,n$ 表示变量，记为 index，且令终结点 0 和 1 的 index 为 $n+1$。对每个结点 v 添加一个标签 $\mathrm{id}(v)$，以整数 $0,1,\cdots,|G|-1$ 表示，且 0 和 1 分别被用于终结点 0 和 1。基于此，OBDD 中的结点可定义为

```
typedef struct vertex Children;
  typedef struct Children{
```

```
struct vertex * low;        //指向 0 分支的子结点
struct vertex * high; }Children;
typedef struct vertex{
unsigned short index;
unsigned short id;
union{
double var;                 //终结点
Children kids;              //非终结点
}type; };
```

约简算法的基本思想是从 OBDD 的终结点开始，自底向上地对各层(具有相同 index 值的结点属于同一层)结点进行处理，给各个结点赋予新的 id，并对具有相同 id 的结点进行合并，因为具有相同 id 的结点代表的是同一函数，从而得到约简的 OBDD。

Bryant 的 OBDD 约简算法如图 10-7 所示。首先将 OBDD G 中的各个结点根据它们的 index 分别存储于 vlist[index−1]中，即相同 index 值的结点存储于同一列表中。从终结点起，对 G 进行自底而上的处理，即从列表 vlist[n]开始，直到根结点 vlist[0]。对各列表中的每一个结点生成一个键值 key，若结点 u 为终结点，则 key=u→type. val；若为非终结点，则 key=(u→type. kids. low→id，u→type. kids. high→id)。若结点 u 有 u→type. kids. low→id==u→type. kids. high→id，则 u 为冗余结点，应利用约简规则的删除规则进行约简。对同一列表中的所有键值进行排序，具有相同键值的结点赋予同一个 id 号。由于相同 id 的结点代表的是同一个函数，故在 subgraph 中为每一个 id 存储一个相应的结点，这些结点共同构成最后的 ROBDD。

```
输入：布尔函数 f 的 OBDD 表示图 G 及其变量序，G 中表示函数 f 的结点为 v
输出：f 在变量序下的 ROBDD
vertex * Reduce(vertex * v){
vertex * subgraph[0, …, |G| - 1];
list vlist[0..n];
将图 G 中的各个结点 u 根据它们的 index 值分别存储于列表 vlist[u.index - 1]中;
nextid = 0;
for (i = n+1; i > 0; i--){
    置 Q 为空集;
    for (vlist[i-1]中的每一个结点 u){
        if (u→index == n+1){                              //终结点
            key = u→type.val;
            将<key, u>插入 Q;
            }
        else if (u→type. kids. low→id == u→type. kids. high→id)      //冗余结点
                u→id = u→type.kids. low→id;
        else{
                key = (u→type.kids.low→id, u→type. kids. high→id)
                将<key, u>插入 Q;
            }
}
根据 key 的值对 Q 中的元素按(0) <(1) <(0,0) <(0,1) <…< (1,0) <(1,1) … 的顺序排序
if (i == n+1)
    oldkey = -1; else oldkey = (-1, -1);           //不能匹配的键值
while(Q 不空){
        按顺序取出 Q 中的元素<key, u>;
```

图 10-7　OBDD 约简算法

```
        if (key == oldkey) u→id = nextid - 1;                //已存在匹配结点
        else{                                                //当前结点唯一
            u→id = nextid; subgraph[nextid] = u; nextid = nextid + 1;
        if (i == n + 1) {u→type.kids.low = NULL; u→type.kids.high = NULL;}
        else{
            u→type.kids.low = subgraph[u→type.kids.low→id];
            u→type.kids.high = subgraph[u→type.kids.high→id]; }
            oldkey = key;
            } }}
    return (subgraph[v→id]);}
```

图 10-7 (续)

例如,对如图 10-8 所示的二叉判定图应用如图 10-7 所示的算法进行约简。

分析:对图 10-8,各个结点的键值如图 10-9(a)所示。首先从终结点起,对键值为(0)的两个终结点进行合并,即在 subgraph 中只存储其中的一个结点。类似地,对键值为(1)的两个终结点也进行合并。不难发现,对 index 为 3 的两个结点,它们具有相同的键值,因此,合并这两个结点。另外,对 index 为 2 的右侧结点,其左右结点 id 相同,故该结点为冗余结点,应删除。最后,得到的 ROBDD 如图 10-9(b)所示。

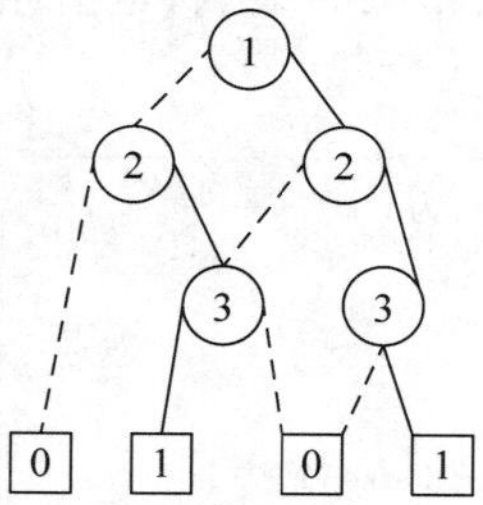

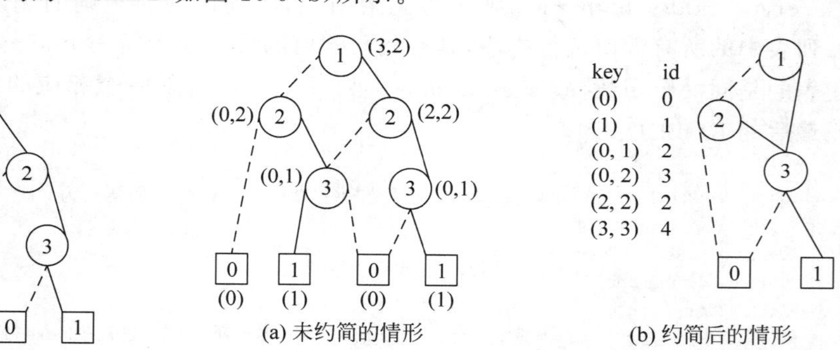

(a) 未约简的情形　　(b) 约简后的情形

图 10-8 未约简情形　　图 10-9 约简算法的应用示例

10.1.3 Apply 操作及应用

许多布尔函数的逻辑运算都能通过 OBDD 的相应操作实现,但这些操作必须满足封闭性,即在给定变量序下的 OBDD,由这些操作得到的 OBDD 的变量仍然具有同样的顺序。因此,可以用一系列对同一变量序下的 OBDD 的简单操作完成复杂的操作。本节将介绍最基本的 Apply 操作。

Apply 操作是通过深度优先搜索的方法,对一些已知的表示布尔函数的 OBDD 进行二元布尔运算,从而得到另外一些布尔函数的 OBDD。

定义 10.8 若已知具有相同变量序 $x_1 \prec x_2 \prec \cdots \prec x_n$ 的布尔函数 f_1 和 f_2 及二元操作符 $<\mathrm{op}>$,那么 $[f_1 <\mathrm{op}> f_2](x_1, x_2, \cdots, x_n) = f_1(x_1, x_2, \cdots, x_n) <\mathrm{op}> f_2(x_1, x_2, \cdots, x_n)$。

由定义 10.8 可知,求已知函数 f 的补,可通过计算 $f \oplus 1$(异或)求解。求函数 $f(x_1, x_2, x_3) = x_1 \cdot x_2 + x_3$,可通过 $f_1(x_1, x_2) = x_1 \cdot x_2$ 和 $f_2(x_3) = x_3$ 的+(或)运算求得。

Apply 的理论依据是香农展开规则，故可通过递归求 $f_{1|x_i=0} <op> f_{2|x_i=0}$ 和 $f_{1|x_i=1} <op> f_{2|x_i=1}$ 来求得函数 $[f_1 <op> f_2](x_1, x_2, \cdots, x_n)$ 的 OBDD 的递归定义。

定义 10.9　函数 $[f_1 <op> f_2](x_1, x_2, \cdots, x_n)$ 的计算式可递归定义为

$$[f_1 < op > f_2](x_1, x_2, \cdots, x_n) = \bar{x}_i \cdot (f_1|_{x_i=0} < op > f_2|_{x_i=0}) + x_i \cdot (f_1|_{x_i=1} < op > f_2|_{x_i=1})$$

为了对根结点为 v_1 和 v_2 的二叉判定图所表示的函数 f_1, f_2 进行操作，须考虑以下几种情况：

（1）如果 v_1 和 v_2 均为终结点，则结点 $<v_1, v_2>$ 为终结点，且 $<v_1, v_2>\to$type.var$=v_1\to$type.var $<op> v_2\to$type.var；$<v_1, v_2>\to$index$=n+1$。

（2）如果 v_1 和 v_2 中至少有一个非终结点，则：

① 若 $v_1\to$index$=v_2\to$index$=i$，那么新建非终结点 $<v_1, v_2>$ 有 $<v_1, v_2>\to$index$=i$，$<v_1, v_2>\to$type.kids.low$=<v_1\to$type.kids.low$, v_2\to$type.kids.low$>$，$<v_1, v_2>\to$type.kids.high$=<v_1\to$type.kids.high$, v_2\to$type.kids.high$>$。

② 若 $v_1\to$index$=i$，而 v_2 为终结点或 $v_2\to$index$>i$，此时由于以 v_2 为根的子图不依赖 x_i，则新建的非终结点 $<v_1, v_2>$ 有 $<v_1, v_2>\to$index$=i$，$<v_1, v_2>\to$type.kids.low$=<v_1\to$type.kids.low$, v_2>$，$<v_1, v_2>\to$type.kids.high$=<v_1\to$type.kids.high$, v_2>$。

③ 若 $v_2\to$index$=i$，而 v_1 为终结点或 $v_1\to$index$>i$，同理有新建的非终结点 $<v_1, v_2>$ 有 $<v_1, v_2>\to$index$=i$，$<v_1, v_2>\to$type.kids.low$=<v_1, v_2\to$type.kids.low$>$，$<v_1, v_2>\to$type.kids.high$=<v_1, v_2\to$type.kids.high$>$。

在此基础上，对结点 $<v_1, v_2>$ 的子结点递归使用上述方法不断生成它们各自的子结点，最后便得到表示函数 $f_1 <op> f_2$ 的 OBDD，但此时所得到的 OBDD 是非约简的 OBDD，因此需要使用约简算法。

为了降低算法的复杂度，可做以下两点改进。

（1）对一布尔值，如果对任意布尔函数 f 都有 $k <op> f=k$，则称 k 是 $<op>$ 操作的支配值，例如 1 是+的支配值，0 是·的支配值。因此，如果递归过程中，某结点的一个参数已经是支配值，则该递归终止，并返回该终结点。

（2）在算法中引入被称为计算表(computed table)的哈希表，该表存放形如 $<v_1, v_2, u>$ 的表项，表示由结点 v_1 和 v_2 生成的新结点 u（即 $<v_1, v_2>$）。算法在生成 $<v_1, v_2>$ 之前首先以结点 v_1、v_2 为关键字搜索该表项是否存在，若存在直接返回结果，否则生成一个新的结点，并将其插入该表中，从而保证对任意一对结点最多计算一次。

Apply 操作的算法如图 10-10 所示。

```
输入：表示具有相同变量序的布尔函数 f1 和 f2 的 OBDD,及二元运算符 op；函数 f1,f2 的根结
点 v1,v2
输出：f1 <op> f2 在变量序下的 ROBDD
vertex * Apply - s(vertex * v1, vertex * v2, operator <op>);
vertex * Apply(vertex * v1, vertex * v2, operator <op>){
    vertex * u;
    将计算表中的所有表项初始化为 NULL;
```

图 10-10　Apply 算法

```
        u = Apply-s(v1, v2, op);
        return(Reduce(u)); }
    vertex * Apply-s(vertex * v1, vertex * v2, operator<op>){
        vertex * vlow1, * vlow2, * vhigh1, * vhigh2, * u;
        if(在计算表中存在<v1, v2, u>的表项) return u;
        if(!(u = (vertex * ) malloc (sizeof(vertex))) exit(OVERFLOW);
        if((IsTeriminal(v1)&&IsTeriminal(v2)) || IsControVal(v1) || IsControVal(v2)){
          if ((IsTeriminal(v1)&&IsTeriminal(v2))
              u->type.var = v1->type.var<op>v2->type.var;
          else if (IsControVal(v1)) || IsControVal(v2))      //v1 或 v2 为操作<op>的支配值
              u->type.var = X;                               //支配值记为 X
          u->index = n+1; u->type.kids.low = NULL; u->type.kids.high = NULL;
          return u;}
        else {
          u->index = min(v1->index, v2->index);
          if(v1->index == u->index){
             vlow1 = v1->type.kids.low; vhigh1 = v1->type.kids.high;
          else{vlow1 = v1; vhigh1 = v1;}
          if(v2->index == u->index){
             vlow2 = v2->type.kids.low; vhigh2 = v2->type.kids.high;
          else{vlow2 = v2; vhigh2 = v2;}
          u->type.kids.low = Apply-s(vlow1, vlow2, <op>);
          u->type.kids.high = Apply-s(vhigh1, vhigh2, <op>);}
        在计算表中插入表项<v1, v2, u>;
        return u; }
```

图 10-10 (续)

如图 10-11 所示是一个 Apply 算法的应用,其中 $f_1=\overline{x_1\cdot x_3}$,$f_2=x_2\cdot x_3$,操作符 op 为+。

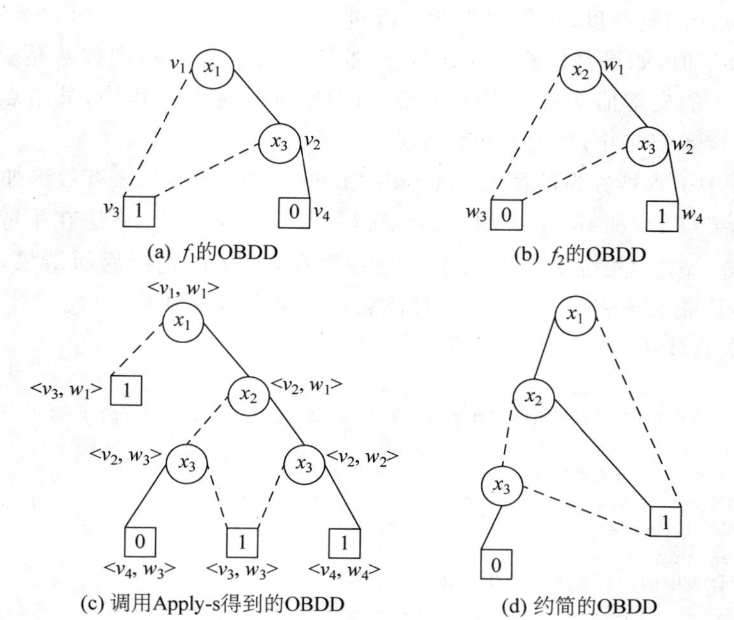

图 10-11 f_1+f_2 的符号求解

在电路的设计与测试过程中，常需涉及对布尔函数的处理，同样可用二叉判定图高效地完成相关操作。下面考虑一个例子。

例 10.1 对一个电路，若存在一个故障 g，为了测试该故障，应构造电路的一个输入矢量(输入序列)，在该矢量的作用下，使电路至少有一个输出值与正常电路不同。电路测试的一个主要任务是：对给定的电路，寻找检测电路中所有故障的这种输入序列。对此，根据给定电路的逻辑功能，先构造电路无故障时对应的最简二叉判定图，再对无故障电路加入一个故障，并构造相应的决策图。对这两种二叉判定图做异或操作可得到一个新的 BDD，该 BDD 中从根结点到值为 1 的终结点的所有路径都为故障的测试矢量。若图 10-12 的电路中，信号线 e_3 发生 s-a-0 故障(固定为逻辑 0)，试说明导致该故障的测试矢量(设变量序为 $x_2 < x_3 < x_1 < x_4$)。

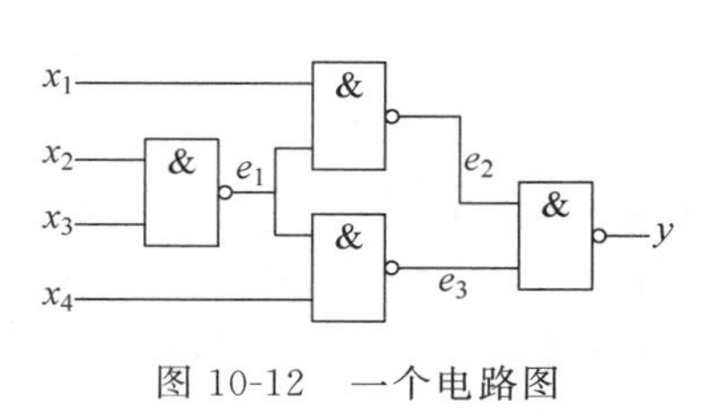

图 10-12　一个电路图

分析：由电路结构，计算出无故障和故障电路的逻辑布尔函数，分别建立起对应的约简的二叉判定图，分别如图 10-13(a)和图 10-13(b)所示。由电路图可知，故障电路仅由一属性值为 1 的终结点组成。将图 10-13(a)和图 10-13(b)中的两种 BDD 进行异或操作后得到的测试 BDD 如图 10-13(c)所示。

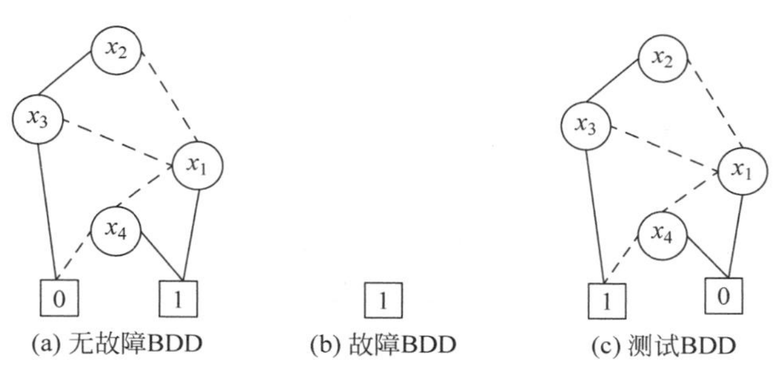

图 10-13　测试 BDD 的建立

在如图 10-13(c)所示的 BDD 中从根结点到属性值为 1 的终结点的路径分别为 $x_2=0, x_1=0, x_4=0$；$x_2=1, x_3=0, x_1=0, x_4=0$；$x_2=1, x_3=1$。这三条路径中未涉及的变量可取值为 0 或 1。因此，信号线 e_3 的 s-a-0 故障的测试矢量为 $(x_1x_2x_3x_4)=(00*0)$，(0100)和(*11*)。*表示输入值可取 0 或 1 任意值。

10.2　CTL 符号模型检测

随着系统规模的增大，其状态数目将呈指数增加而引起状态爆炸，使模型检测技术无法实用化。随着 OBDD 技术的出现和发展，McMillan 等于 1992 年将其应用到模型检测技术中，建立了 CTL 符号模型检测技术，有效地缓解了状态空间爆炸问题。

10.2.1　基本方法

CTL 符号模型检测技术的核心是用布尔函数表示被验证的系统。在该方法中，被验证系统模型转化为 Kripke 结构，然后用基于 OBDD 的布尔函数表示 Kripke 结构的状态、迁移关系和标记函数，这样就将被验证系统转化为符号形式的布尔表达式。同时，对 CTL 公式的检验也转化为一系列在 OBDD 上进行的不动点计算。下面分别介绍 CTL 符号模型检测的各个步骤。

1. 用布尔函数 f 隐式地表示 Kripke 结构

给出 Kripke 结构 $M=(S,R,L)$，其中：

(1) 状态 S 是一个有限集，这里需要用 OBDD 表示 S 的多个子集。由于 OBDD 可以有效地表示和操作布尔函数，因此可以将 S 编码(encode)成布尔值。一般的方法是：可以用 $n=\lceil \log_2 |S| \rceil$ 维 0-1 向量 $\boldsymbol{X}=(x_1,x_2,\cdots,x_n)$ 或二进制串 $[x_1x_2\cdots x_n]$ 进行编码，这里的每一个 $x_i\in\{0,1\}$。这样集合 S 可用以下布尔函数表示：

$$f_S(\boldsymbol{X})=\begin{cases}1, & \boldsymbol{X}=\text{encoded}(s),\quad s\in S\\ 0, & \text{其他}\end{cases}$$

状态集合 $S1$、$S2$ 的交、并、补等运算可以用各自对应的布尔函数 $f_{S1}(\boldsymbol{X})$、$f_{S2}(\boldsymbol{X})$ 的逻辑与(·)、或(+)、非(—)等实现。

$$f_{S1\cup S2}(\boldsymbol{X})=f_{S1}(\boldsymbol{X})+f_{S2}(\boldsymbol{X})$$

$$f_{S1\cap S2}(\boldsymbol{X})=f_{S1}(\boldsymbol{X})\cdot f_{S2}(\boldsymbol{X})$$

$$f_{S1-S2}(\boldsymbol{X})=f_{S1}(\boldsymbol{X})\cdot(\overline{f_{S2}(\boldsymbol{X})})$$

(2) 迁移关系 R 为状态之间的序偶集合，对于 $\forall(a,b)\in R$，设前趋状态 a 和后继状态 b 的编码分别为 $\boldsymbol{X}$ 和 $\boldsymbol{Y}$，那么可以用 $2n$ 维 0-1 向量 $(x_1,x_2,\cdots,x_n,y_1,y_2,\cdots,y_n)$ 或二进制串 $[x_1x_2\cdots x_ny_1y_2\cdots y_n]$ 表示序偶，对应的布尔函数为

$$f_{(a,b)}(\boldsymbol{X},\boldsymbol{Y})=\begin{cases}1, & \boldsymbol{X}=\text{encoded}(a),\quad \boldsymbol{Y}=\text{encoded}(b),(a,b)\in R\\ 0, & \text{其他}\end{cases}$$

关系 R 对应的布尔函数为

$$f_R(\boldsymbol{X},\boldsymbol{Y})=\sum_{(a,b)\in R} f_{(a,b)}(\boldsymbol{X},\boldsymbol{Y})$$

$f_R(\boldsymbol{X},\boldsymbol{Y})$ 也可以用 $R(\boldsymbol{X},\boldsymbol{Y})$ 表示。

(3) 因为标记函数 L 标注了状态中的原子命题，所以可以将状态中所标注的原子命题用所对应的状态编码表示，即用状态 s 对应的 n 维 0-1 向量 $\boldsymbol{X}$ 表示 $L(s)$。

例 10.2 一个状态迁移系统的 Kripke 结构如图 10-14 所示。请用布尔函数表示该结构的状态和迁移关系。

分析如下：

(1) 用布尔函数隐式地表示 Kripke 结构中的状态。

在图 10-14 中有 4 个状态，故需要由布尔向量 $\boldsymbol{X}=(x_1,x_2)$ 表示状态集合。因此状态 s_0、s_1、s_2、s_3 可依次编号为(0,0)、(0,1)、(1,0)、(1,1)，如图 10-15 所示。布尔变量的表达式就是一个状态，例如 $\bar{x}_1\bar{x}_2$ 表示(0,0)。而 x_1+x_2 表示(0,1)、(1,0)、(1,1)。

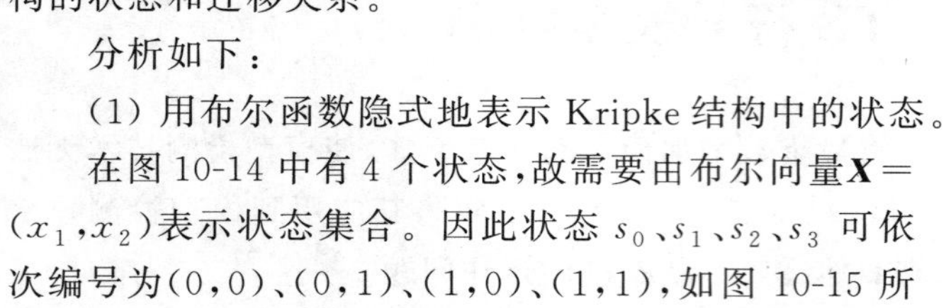

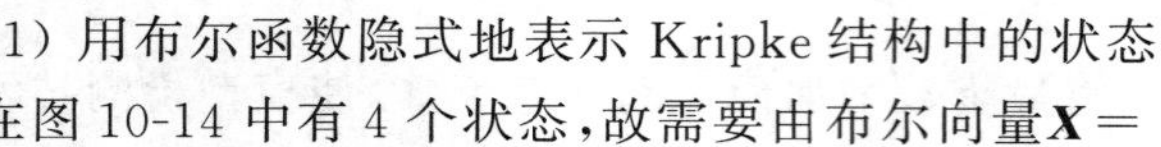

图 10-14　含 4 个状态的 Kripke 结构

(2) 用布尔函数表示 Kripke 结构中的迁移关系 $f_R(\boldsymbol{X},\boldsymbol{Y})$。其中，$\boldsymbol{Y}=(y_1,y_2)$是后继状态的编码。

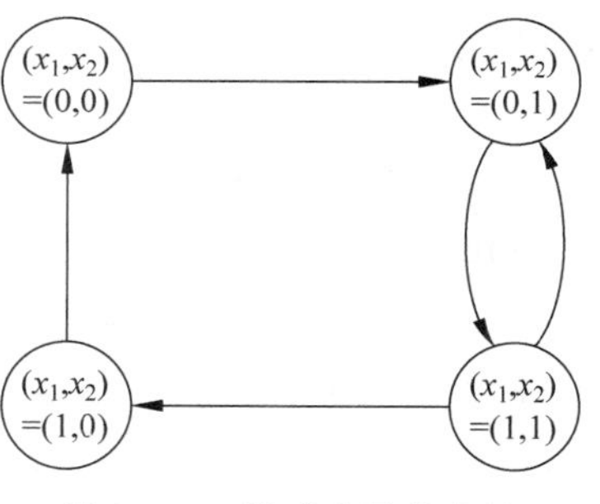

图 10-15　隐式表示状态的 Kripke 结构

在图 10-15 中状态(1,0)可以迁移到状态(0,0)，这种迁移关系可以表示为 $f_R(\boldsymbol{X},(0,0))=x_1\bar{x}_2$；类似地，状态(0,0)或(1,1)迁移到状态(0,1)，表示成 $f_R(\boldsymbol{X},(0,1))=\bar{x}_1\bar{x}_2+x_1x_2$；状态(1,1)迁移到状态(1,0)，表示成 $f_R(\boldsymbol{X},(1,0))=x_1x_2$。状态(0,1)能迁移到状态(1,1)，可以表示为 $f_R(\boldsymbol{X},(1,1))=\bar{x}_1x_2$。

这些布尔表达式构成了图 10-15 所有的迁移关系：

$$f_R(\boldsymbol{X},\boldsymbol{Y})=x_1\bar{x}_2\bar{y}_1\bar{y}_2+\bar{x}_1\bar{x}_2\bar{y}_1y_2+x_1x_2\bar{y}_1y_2+x_1x_2y_1\bar{y}_2+\bar{x}_1x_2y_1y_2$$

2. 用布尔函数 f 隐式地表示 CTL 公式

为此，需要引入全称量词和存在量词表示 CTL 中的路径量词。$\exists(x_1,x_2,\cdots,x_n)$表示 $x_1,x_2,\cdots,x_n$ 中的某些布尔变量使 f 为真，$\forall(x_1,x_2,\cdots,x_n)$表示 $x_1,x_2,\cdots,x_n$ 中的所有布尔变量使 f 为真，即

$$\exists(x_1,x_2,\cdots,x_n)f=\sum_{x_1,x_2,\cdots,x_n\in(0,1)}f(x_1,x_2,\cdots,x_n)$$

$$\forall(x_1,x_2,\cdots,x_n)f=\prod_{x_1,x_2,\cdots,x_n\in(0,1)}f(x_1,x_2,\cdots,x_n)$$

根据 CTL 语义，如果状态 $\boldsymbol{X}=(x_1,x_2,\cdots,x_n)$满足 $E\bigcirc g$，那么存在一个后继状态 $\boldsymbol{Y}=(y_1,y_2,\cdots,y_n)$使$(\boldsymbol{X},\boldsymbol{Y})\in R$ 且 $\boldsymbol{Y}$ 为满足 g 的状态集。对应的布尔函数表示为

$$\begin{aligned}f_{E\bigcirc g}(\boldsymbol{X})&=\exists(y_1,y_2,\cdots,y_n)\,[f_R(\boldsymbol{X},\boldsymbol{Y})\wedge f_g(\boldsymbol{Y})]\\&=\exists(y_1,y_2,\cdots,y_n)\,[f_R(\boldsymbol{X},\boldsymbol{Y})\cdot f_g(\boldsymbol{Y})]\end{aligned}$$

类似地，如果状态 $\boldsymbol{X}=(x_1,x_2,\cdots,x_n)$满足 $A\bigcirc g$，那么所有$(\boldsymbol{X},\boldsymbol{Y})\in R$ 的状态 $\boldsymbol{Y}=(y_1,y_2,\cdots,y_n)$使 $\boldsymbol{Y}$ 为满足 g 的状态集。对应的布尔函数表示为

$$\begin{aligned}f_{A\bigcirc g}(\boldsymbol{X})&=\forall(y_1,y_2,\cdots,y_n)(f_R(\boldsymbol{X},\boldsymbol{Y})\rightarrow f_g(\boldsymbol{Y}))\\&=\forall(y_1,y_2,\cdots,y_n)(\overline{f_R(\boldsymbol{X},\boldsymbol{Y})}+f_g(\boldsymbol{Y}))\end{aligned}$$

3. CTL 符号模型检测算法

CTL 符号模型检测算法主要通过 Check 函数实现：

Check (M: model, φ: formula): model

然后使用这个函数去检测由 OBDD 表示的系统模型 M 和 CTL 表示的公式 φ，并返回满足公式 φ 的 M 的一个子模型，该子模型同样用 OBDD 表示。下面逐一介绍该函数如何处理不同的 CTL 公式 g。

(1) 当 g 是一个原子公式时，Check(g)直接返回满足 g 的 OBDD 描述。

(2) 如果 $g=g_1\wedge g_2$ 或者 $g=\neg g_1$，则 Check(g)可通过 10.1.3 节介绍的 Apply 算法获得。算法中的参数为 Check(g_1)、Check(g_2)及对应的二元操作符。

(3) 考虑公式是 $E\bigcirc g$ 的情况，Check($E\bigcirc g$)=Check EX(Check(g))。对于系统的任意一个状态，当且仅当存在该状态的某个后继状态(由于是分支时序逻辑，存在几个不同的

后继状态)满足此公式时,该公式为真,即

$$\text{Check } EX(f(\boldsymbol{Y})) = \exists Y[R(\boldsymbol{X},\boldsymbol{Y}) \wedge f(\boldsymbol{Y})]$$

与前面用布尔函数表示 $E\bigcirc g$ 不同,算法中的迁移关系 $R(X,Y)$ 和满足公式 g 的状态均用 OBDD 表示。

(4) 考虑公式是 $E(g_1Ug_2)$ 的情况,Check$(E(g_1Ug_2))$=Check EU(Check(g_1), Check(g_2))。Check EU 是基于最小不动点的特性来完成的。根据引理 9.4 可得

$$E(g_1U g_2)=\mu Z.g_2 \vee (g_1 \wedge E\bigcirc Z)$$

当利用 9.2 节中的不动点算法 Lfp 计算时,将得到以下序列:

$$Q_0,Q_1,\cdots,Q_i,\cdots$$

如果有 f、g 和 Q_i 的 OBDD 表示,可以很容易地获得 Q_{i+1}。OBDD 提供了规范的布尔函数表达方式,很容易比较 Q_i 和 Q_{i+1}。当 $Q_i=Q_{i+1}$ 时,Lfp 算法终止,得到的 Q_i 就是满足 $E[g_1Ug_2]$ 的状态的 OBDD 表示。

(5) 考虑公式是 $E\square g$ 的情况,Check$(E\square g)$=Check EG(Check(g))。该公式的含义是:对于系统的任意一个状态,如果存在从该状态出发的一条路径,且在该路径上的所有状态(包括当前状态)都满足公式 g,则公式 $E\square g$ 在该状态时成立。在这里也可以换种方式考虑,首先,公式 g 在当前状态时为真。其次,存在当前状态的下一状态,使公式 $E\square g$ 在下一状态成立,则公式 $E\square g$ 在当前状态也成立,用公式表示为

$$E\square g=g \wedge E\bigcirc E\square g$$

与 Check EU 类似,Check EG 是基于最大不动点特性来完成的。由引理 9.4 可得

$$E\square g=\nu Z.g \wedge E\bigcirc Z$$

如果有 g 的 OBDD 表示,那么可以用 9.2 节中的 Gfp 算法计算满足 $E\square g$ 的状态集。

说明:Check EX、Check EU、Check EG 函数的参数都是 OBDD 的形式,而 Check 函数的参数是 CTL 公式。

由于其他 CTL 运算符均可由以上形式表示,因此这里已经给出了完整的 CTL 符号模型检测。CTL 符号模型检测是基于不动点算法的,相关内容已在 9.2 节介绍,这里不再赘述。

例 10.3 如图 10-16 所示为具有 4 个状态的 Kripke 结构,状态 s_0、s_1、s_2、s_3 可依次编号为(0,0)、(0,1)、(1,0)、(1,1)。

从而状态集合 S、迁移关系 R 对应的布尔函数为

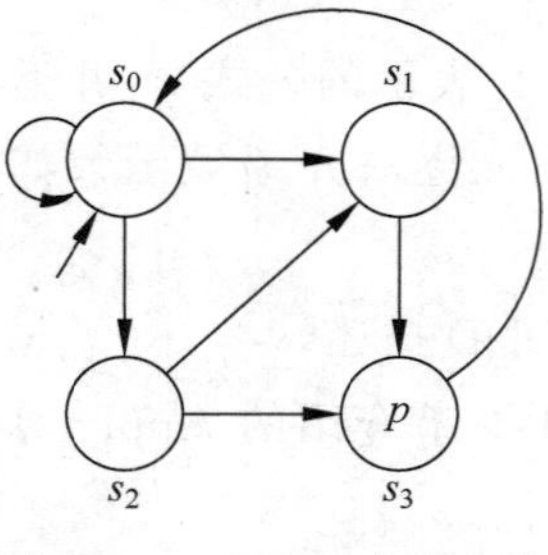

$$f_S(\boldsymbol{X})=\bar{x}_1\bar{x}_2+\bar{x}_1x_2+x_1\bar{x}_2+x_1x_2$$

$$\begin{aligned}f_R(\boldsymbol{X},\boldsymbol{Y}) &= \bar{x}_1\bar{x}_2\bar{y}_1\bar{y}_2+\bar{x}_1\bar{x}_2\bar{y}_1y_2+\bar{x}_1\bar{x}_2y_1\bar{y}_2+\bar{x}_1x_2y_1y_2+\\ &\quad x_1\bar{x}_2\bar{y}_1y_2+x_1\bar{x}_2y_1y_2+x_1x_2\bar{y}_1\bar{y}_2\\ &= \bar{x}_1\bar{x}_2\bar{y}_1+\bar{x}_1\bar{x}_2y_1\bar{y}_2+\bar{x}_1x_2y_1y_2+\\ &\quad x_1\bar{x}_2y_2+x_1x_2\bar{y}_1\bar{y}_2\end{aligned}$$

图 10-16 具有 4 个状态的 Kripke 结构

下面考察 $A\Diamond p$ 的符号模型检测。由引理 9.4 可知 $A\Diamond p$ 是函数 $\tau(Z)=p\vee A\bigcirc Z$ 的最小不动点。状态集合 $A\bigcirc Z$ 对应的布尔函数为

$$f_{A\bigcirc Z}(\boldsymbol{X}) = \forall(y_1,y_2,\cdots,y_n)(\overline{f_R(\boldsymbol{X},\boldsymbol{Y})} \vee f_Z(\boldsymbol{Y}))$$
$$= \prod_{y_1,y_2,\cdots,y_n\in\{0,1\}} (\overline{f_R((x_1,x_2,\cdots,x_n),(y_1,y_2,\cdots,y_n))} + f_Z(y_1,y_2,\cdots,y_n))$$

显然,本例中有

$$f_R(\boldsymbol{X}) = x_1x_2$$
$$f_R(\boldsymbol{X},(0,0)) = \bar{x}_1\bar{x}_2 + x_1x_2$$
$$f_R(\boldsymbol{X},(0,1)) = \bar{x}_1\bar{x}_2 + x_1\bar{x}_2 = \bar{x}_2$$
$$f_R(\boldsymbol{X},(1,0)) = \bar{x}_1\bar{x}_2$$
$$f_R(\boldsymbol{X},(1,1)) = \bar{x}_1x_2 + x_1\bar{x}_2$$

由定理9.3可知 $A\Diamond p = \bigcup_i(\tau^i(\text{False}))$,其中 $\tau(Z) = p \vee A\bigcirc Z$。下面利用该定理进行 $A\Diamond p$ 的符号化计算:

(1) False对应的布尔函数即为0。

(2) $\tau(\text{False})$对应的布尔函数为

$$x_1x_2 + (\forall(y_1,y_2)(f_R(\boldsymbol{X},\boldsymbol{Y}) \rightarrow 0))$$
$$= x_1x_2 + (\overline{f_R(\boldsymbol{X},(0,0))} + 0)\cdot(\overline{f_R(\boldsymbol{X},(0,1))} + 0)\cdot$$
$$(\overline{f_R(\boldsymbol{X},(0,1))} + 0)\cdot(\overline{f_R(\boldsymbol{X},(1,1))} + 0)$$
$$= x_1x_2 + (\overline{\bar{x}_1\bar{x}_2 + x_1x_2})\cdot(\overline{\bar{x}_2})\cdot(\overline{\bar{x}_1\bar{x}_2})\,(\overline{\bar{x}_1x_2 + x_1\bar{x}_2})$$
$$= x_1x_2 + (x_1 + x_2)\cdot(\bar{x}_1 + \bar{x}_2)\cdot x_2\cdot(x_1 + x_2)\cdot(x_1 + \bar{x}_2)\cdot(\bar{x}_1 + x_2)$$
$$= x_1x_2$$

(3) $\tau^2(\text{False})$对应的布尔函数为

$$x_1x_2 + (\forall(y_1,y_2)(f_R(\boldsymbol{X},\boldsymbol{Y}) \rightarrow (y_1y_2)))$$
$$= x_1x_2 + (\overline{f_R(\boldsymbol{X},(1,1))} + 0\cdot 0)\cdot(\overline{f_R(\boldsymbol{X},(0,1))} + 0\cdot 1)\cdot$$
$$(\overline{f_R(\boldsymbol{X},(0,1))} + 1\cdot 0)\cdot(\overline{f_R(\boldsymbol{X},(1,1))} + 1\cdot 1)$$
$$= x_1x_2 + \overline{f_R(\boldsymbol{X},(1,1))}\cdot\overline{f_R(\boldsymbol{X},(0,1))}\cdot\overline{f_R(\boldsymbol{X},(0,1))}\cdot 1$$
$$= x_1x_2 + (\overline{\bar{x}_1\bar{x}_2 + x_1x_2})\cdot(\overline{\bar{x}_2})\cdot(\overline{\bar{x}_1\bar{x}_2})$$
$$= x_1x_2 + (x_1 + x_2)\cdot(\bar{x}_1 + \bar{x}_2)\cdot x_2\cdot(x_1 + x_2)$$
$$= x_1x_2 + (x_1 + x_2)\cdot(\bar{x}_1 + \bar{x}_2)\cdot x_2$$
$$= x_1x_2 + (x_1\bar{x}_2 + \bar{x}_1x_2)(x_2)$$
$$= x_1x_2 + \bar{x}_1x_2$$
$$= x_2$$

(4) $\tau^3(\text{False})$对应的布尔函数为

$$x_1x_2 + (\forall(y_1,y_2)(f_R(\boldsymbol{X},\boldsymbol{Y}) \rightarrow (y_2)))$$
$$= x_1x_2 + (\overline{f_R(\boldsymbol{X},(0,0))} + 0)\cdot(\overline{f_R(\boldsymbol{X},(0,1))} + 1)\cdot$$
$$(\overline{f_R(\boldsymbol{X},(1,0))} + 0)\cdot(\overline{f_R(\boldsymbol{X},(1,1))} + 1)$$
$$= x_1x_2 + (\overline{\bar{x}_1\bar{x}_2 + x_1x_2})\cdot(\overline{\bar{x}_1\bar{x}_2})$$

$$=x_1x_2+(x_1+x_2)\cdot(\bar{x}_1+\bar{x}_2)\cdot(x_1+x_2)$$
$$=x_1x_2+(x_1+x_2)\cdot(\bar{x}_1+\bar{x}_2)$$
$$=x_1x_2+(x_1\bar{x}_2+\bar{x}_1x_2)$$
$$=x_1+\bar{x}_1x_2$$
$$=x_1+x_2$$

(5) $\tau^4(\text{False})$对应的布尔函数为

$$x_1x_2+(\forall(y_1,y_2)(f_R(\boldsymbol{X},\boldsymbol{Y})\rightarrow(y_1+y_2)))$$
$$=x_1x_2+(\overline{f_R(\boldsymbol{X},(0,0))}+0+0)\cdot(\overline{f_R(\boldsymbol{X},(0,1))}+0+1)\cdot$$
$$(\overline{f_R(\boldsymbol{X},(1,0))}+1+0)\cdot(\overline{f_R(\boldsymbol{X},(1,1))}+1+1)$$
$$=x_1x_2+(\overline{\bar{x}_1\bar{x}_2+x_1x_2})$$
$$=x_1x_2+(x_1+x_2)\cdot(\bar{x}_1+\bar{x}_2)$$
$$=x_1x_2+(x_1\bar{x}_2+\bar{x}_1x_2)$$
$$=x_1+\bar{x}_1x_2$$
$$=x_1+x_2$$

由于$\tau^4(\text{False})=\tau^5(\text{False})$,算法执行终止。满足$A\Diamond p$的所有状态为$x_1+x_2$。值得注意的是,上面描述的过程完全采用布尔函数的形式,但在符号模型检测中操作的是与之对应的OBDD。图10-17给出了本例中的一些布尔函数的OBDD表示。

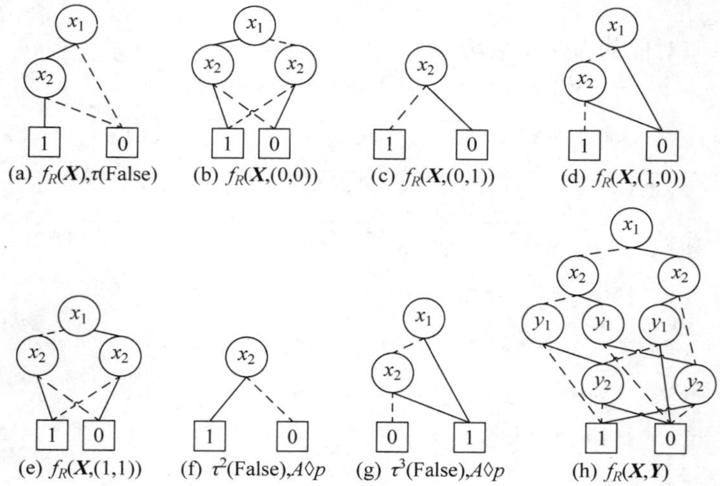

(a) $f_R(\boldsymbol{X}),\tau(\text{False})$　(b) $f_R(\boldsymbol{X},(0,0))$　(c) $f_R(\boldsymbol{X},(0,1))$　(d) $f_R(\boldsymbol{X},(1,0))$

(e) $f_R(\boldsymbol{X},(1,1))$　(f) $\tau^2(\text{False}),A\Diamond p$　(g) $\tau^3(\text{False}),A\Diamond p$　(h) $f_R(\boldsymbol{X},\boldsymbol{Y})$

图10-17　布尔函数对应OBDD表示

10.2.2　验证工具SMV

1. SMV简介

McMillan于1992年开发出一种基于CTL的模型检测工具,因为这种工具基于符号模型验证技术,因此得名SMV(symbolic model verifier)。SMV工具早期主要是对硬件进行验证,随着SMV工具的流行,目前SMV已成为国际上广为流行的分析有穷状态迁移系统的常用工具。

SMV 的工作原理如图 10-18 所示。SMV 工具以有穷状态系统说明及其系统属性作为输入。其中，系统说明采用 SMV 工具规定的语言描述，系统属性采用 CTL 公式描述。若有穷状态迁移系统满足 CTL 公式所描述的属性，则输出为真，否则输出为假并同时生成不满足属性的反例路径。在 SMV 工具中，系统的状态集合和迁移关系都是用布尔函数隐式表示的，并在符号状态空间上进行搜索。符号化表示一个集合的优点是比显式表示更为紧凑。在 SMV 中，布尔函数是用高效率的 OBDD 来表示和操作的。因此 SMV 可以有效地缓解状态爆炸问题。

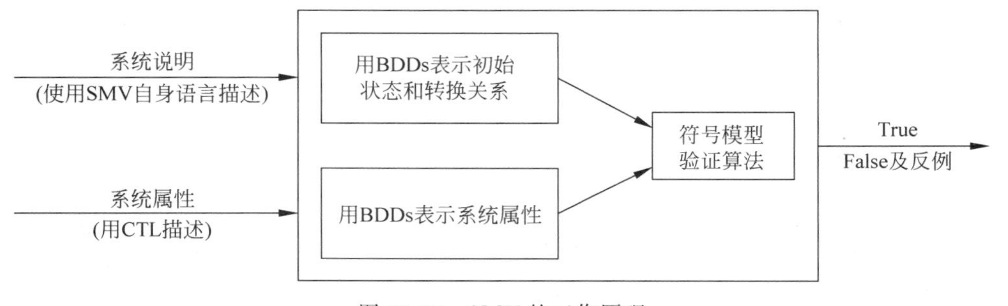

图 10-18　SMV 的工作原理

程序加载到 SMV 中的界面如图 10-19 所示。

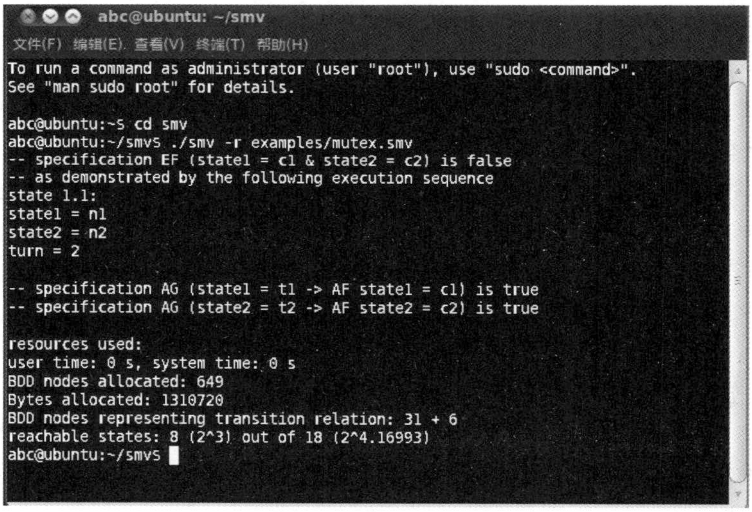

```
abc@ubuntu: ~/smv
文件(F) 编辑(E) 查看(V) 终端(T) 帮助(H)
To run a command as administrator (user "root"), use "sudo <command>".
See "man sudo root" for details.

abc@ubuntu:~$ cd smv
abc@ubuntu:~/smv$ ./smv -r examples/mutex.smv
-- specification EF (state1 = c1 & state2 = c2) is false
-- as demonstrated by the following execution sequence
state 1.1:
state1 = n1
state2 = n2
turn = 2

-- specification AG (state1 = t1 -> AF state1 = c1) is true
-- specification AG (state2 = t2 -> AF state2 = c2) is true

resources used:
user time: 0 s, system time: 0 s
BDD nodes allocated: 649
Bytes allocated: 1310720
BDD nodes representing transition relation: 31 + 6
reachable states: 8 (2^3) out of 18 (2^4.16993)
abc@ubuntu:~/smv$
```

图 10-19　SMV 工具的界面示意图

2. SMV 描述语言

用 SMV 描述的程序由若干个模块组成，其中有一个 main 模块，它相当于高级程序语言中的入口主函数，main 模块是 SMV 中的主模块，也是程序执行的入口点。其他模块可随意创建和命名，被 main 模块调用，其类似于高级程序语言的子函数。

1）模块

SMV 由若干个模块(Module)组成，各模块可以被重复使用。一个模块就相当于一个子程序，在进行模块说明时可以带有形式参数。当创建一个模块实例时，实际的值或表达式将被赋予形式参数，从而将模块实例与整个程序结合起来。模块的结构如下所示：

```
MODULE 模块名(参数1,参数2,…){
    VAR
    <定义状态变量及类型>              -- 状态变量一般是布尔型、枚举型和子界型
    ASSIGN
        init(变量名) = 状态初始值;    -- 状态变量的初始化
                    …
        next(变量名) = case
                    …
                    esac;
    DEFINE
    <数学公式>
    SPEC
    <描述系统属性的 CTL 公式>
    FAIRNESS                        -- 公平性约束
}
```

模块名可以声明变量和为变量赋值，模块被声明后可以在其他模块中对其实例化，类似于高级语言中的函数调用。

2）数据类型与变量说明

SMV 中的变量类型有布尔型、枚举型、子界型、一维数组、多维数组、泛型数组和结构体类型。在声明变量的时候，用关键字 VAR 引导。类型定义的形式为＜signal＞：＜type＞，其中＜signal＞是变量的名字，＜type＞是变量可能取值的集合。

（1）布尔型、枚举型和子界型。

SMV 中简单变量类型是布尔型、枚举型和子界型。布尔类型定义一个布尔类型的变量 xx：boolean，意思就是变量名称是 xx 且它的取值可能是 0 或者 1。枚举类型是符号的集合，如 state：{idle，ready，busy}，声明了一个名字是 state 的枚举类型变量，它的取值可能是 idle、ready 或者 busy 其中的一个。同时，变量类型也可以是整数的子界类型，如 count：0..7，这个句子声明了一个名字为 count 的子界类型变量，它只可以取 0～7 中的任意一个。数值在类型声明中也可以是表达式，包括数值常量和数值运算符如＋、－、*、/、mod、＜＜、＞＞和 ** 。

（2）一维数组类型。

＜signal＞：array＜x＞..＜y＞of＜type＞声明了一个名为 signal、变量类型为 type 的数组，下标范围从 x～y。下标需用中括号[]括起来，并且下标的值必须在声明变量的范围内。举例说明如下：

```
zip:array 2..0 of boolean;
```

等价于

```
zip[2]:boolean;zip[1]:boolean;zip[0]:boolean;
```

多维数组在 SMV 中应用得较少，此处不再说明。

（3）泛型数组。

在 SMV 中，一个数组并不是纯粹意义上的变量类型，它仅仅是一组类似名称的信号

集。这意味着它可以声明“数组”的元素是不同的类型，因此可以事先简单地声明数组中的元素的类型。例如：

```
A[0]:{0,1};A[1]:{1,2,4};A[2]:{ready,willing};
```

3）变量与赋值

SMV 中对变量的赋值以关键字 ASSIGN 开始。在对 SMV 中的变量进行赋值的时候，分为初始化赋值和单位延迟赋值。其中初始化赋值是以关键字 init 开始的，初始化赋值声明的形式是 init<signal> :=<expr>；延迟赋值声明是以关键字 next 开始的，延迟赋值声明的形式是 next<signal> :=<expr>；所以赋值声明的一般形式为

```
ASSIGN
init(var1) := expr1;          //初始赋值
next(var1) := expr2;          //表示变量 var1 的下一个值为 exp2
```

4）表达式

SMV 中主要的运算符如下。

布尔表达式：!、&、|、→、↔；

条件：case；

算术：+、-、*、/、mode；

比较运算：=、>、<、>=、<=；

集合运算符：in、union。

5）SPEC 说明

在 SMV 中用 CTL 公式表示系统待验证的属性，SMV 中主要使用 SPEC 描述将被检验的系统的属性，其一般形式为

```
SPEC  CTL 公式;
```

6）公平性约束声明

一个公平性约束是一个 CTL 公式，其在所有公平执行路径上都为真。在执行评价时，模型检测工具只考虑应用于公平路径的路径量词。公平性约束说明的一般形式为 FAIR CTL 公式，并且仅当所说明的所有公平性约束都一直为真时，才认为相应某一条路径是公平的。

10.2.3 应用举例

下面通过几个例子介绍 SMV 程序和它的工作过程。

例 10.4 给出一个简单的请求-响应系统的状态迁移模型如图 10-20 所示，其中模型有 4 个状态，每个状态对应于两个变量 state 和 request。其中 state 有 work 和 wait 两个值；request 是一个布尔变量，图中将其写成 req。请用 SMV 程序设计该图中的一个 CTL 性质：$A\Box(\text{request}\rightarrow A\Diamond \text{state}=\text{work})$。

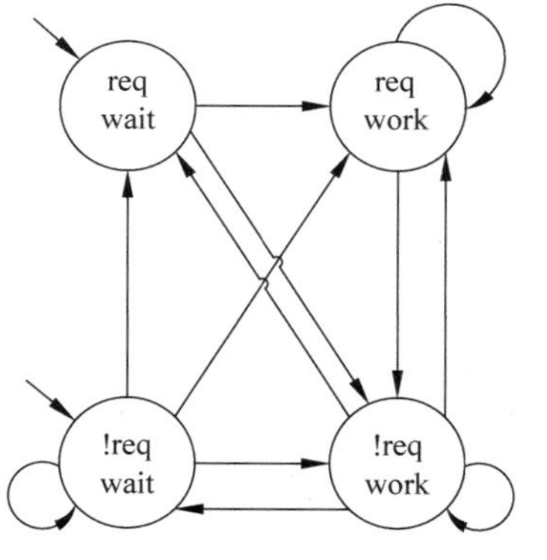

图 10-20 状态迁移模型

请求-响应模型的 SMV 程序如图 10-21 所示。

```
MODLUE main
VAR
    request:boolean;
    state:{wait,work};
ASSIGN
    init(state) := wait;
    next(state) := case
                request:work;
                1:{wait,work};
SPEC AG(request→AF state = work)
```

图 10-21 请求-响应模型的 SMV 程序

通过 SMV 检测,结果如下:

```
-- specification AG(request→AF state = work) is true
```

例 10.5 下面的 SMV 例子是使用一个公用变量 semaphore 执行两个异步进程之间的互斥操作。每个进程都有 4 个状态：idle(空闲)、entering(进入)、critical(临界)、exiting(退出)。entering 状态表示进程欲进入它的临界区域,如果信号量 semaphore 为 0,它将进入临界状态,并置 semaphore 为 1。当进程退出临界区域时,将重置变量 semaphore 为 0。

这两个异步进程对应的 SMV 程序如图 10-22 所示,整个程序的含义是,如果 proc1 欲进入它的 critical 区域,它最终可以做到。这种情况下的模型检测输出结果如图 10-23 所示。这个反例显示了一条 proc1 欲进入 entering 状态的路径,后接一个以下的循环：proc2 重复进入它的 critical 区域及返回 idle 状态。而 proc1 进程只有当 proc2 在 critical 区域时才能被执行。这条路径表示 CTL 表达的系统属性是错误的,因为 pro1 一直没有进入它的区域。

```
MODULE main
VAR
    semaphore:boolean;                          -- 公用变量 semaphore
    proc1:process user;                         -- 进程 1
    proc2:process user;                         -- 进程 2
ASSIGN
    init (semaphore) := 0;                      -- semaphore 变量赋初值
SPEC
    AG(proc1.state = entering  -> AF proc1.state = critical)
            -- CTL 表达式含义
            -- 任何时候只要进程 1 的 state 变量取值 entering
            -- 那么进程 1 一定进入临界区
MODULE user                                     --- user 模块
VAR
    state:{idle,entering,critical,exiting};     -- 状态变量取值范围
ASSIGN
    init(state) := idle;                        -- state 变量赋初值
    next(state) :=
        case
            state = idle:{idle,entering};
            state = enteing&!semaphore:critical;
```

图 10-22 异步进程的 SMV 程序

```
            state = critical:{critical,exiting};
            state = exiting:idle;
            1:state;
            esac;
        next(semaphore) :=                -- semaphore 变量下一步取值
        case
            state = entering:1;
            state = exiting:0;
            1:semaphore;
        esac;
    FAIRNESS
        -- 迫使 user 进程无限运行
        running
```

图 10-22 （续）

```
specification is false
AG(proc1.state = entering - > AF proc1.s .. is false
                                          -- 系统属性不满足,下面是反例
semaphore = 0                             -- 变量取初值
.proc1.state = idle
.proc2.state = idle
next state:
[executing process .proc1]                -- 程序随机选取 proc1 运行
next state:
.proc1.state = entering                   -- proc1 中 state 变量被赋值 entering
AF proc1.state = critical is false:       -- AF proc1.state = critical 为假
[executing process .proc2]                -- 程序随机选取 proc2 运行
next state:
[executing process .proc2]
.proc2.state = entering                   -- proc2 中 state 变量被赋值 entering
next state:
[executing process .proc1]
.semaphore  = 1                           -- semaphore 变量值发生了改变
.proc2.state = critical                   -- 引起 proc2 进入临界区
next state:
[executing process .proc2]
next state:
[executing process .proc2]
.proc2.state = exiting
next state:
.semaphore = 0
proc2.state = idle
```

图 10-23 异步进程互斥的属性验证

10.3 LTL 符号模型检测简介

由于构建 Tableau 需要公式的指数级空间，因此就公式长度而言，Tableau 算法呈指数级复杂度。为了解决这个问题，在 Tableau 算法的基础上，Clarke 等人提出了改进的 LTL 模型检测技术。该技术的核心步骤是：首先为待检验的 LTL 公式构建一个 Tableau(可看作一个特殊的 Kripke 结构),然后检验该 Tableau 与原模型的乘积在特定公平性约束下是否满足 CTL 公式 $E\Box true$,这样就将 LTL 的模型检测问题转化为 CTL 的模型检测问题。模型检测工具 NuSMV 就是基于上述基本思想构建的,它可同时支持 CTL 和 LTL 的模型检测。

本节首先介绍 Clarke 等人提出的改进的 Tableau 算法,在此基础上,说明如何采用符号化方法进行 LTL 模型检测。

1. 改进的 Tableau 算法

为了便于算法验证,需要扩展 LTL 公式,允许 LTL 中包含形如 $A\varphi$ 的公式,其中路径量词 A 表示"对所有路径",φ 是一个不包含量词 E、A 的路径公式,这时也称 φ 为 LTL 路径公式。

Tableau 实质上是一个根据 LTL 路径公式构建的 Kripke 结构,使 LTL 路径公式可满足当且仅当可以从 Tableau 中找到一个使该公式为真的模型。给定待验证系统模型的 Kripke 结构 $M=(S,R,L)$、M 中的一个状态 s 和待验证系统属性的 LTL 路径公式 φ,使用改进的 Tableau 算法检测 $M,s\vDash A\varphi$ 的一般过程可分为以下三步:

1) 构建路径公式 $\neg\varphi$ 的 Tableau

路径公式 f 的 Tableau 被称为 T_f,它包含了所有满足路径公式 f 的路径,因此根据 $\neg\varphi$ 构建出的 $T_{\neg\varphi}$ 包含了所有满足路径公式 $\neg\varphi$ 的路径,也就是不满足路径公式 φ 的路径。

给定 LTL 路径公式 φ,设 AP_φ 为路径公式 φ 中出现的所有原子命题的集合,那么路径公式 φ 的 Tableau 为定义在 AP_φ 上的 Kripke 结构 $T=(S_T,R_T,L_T)$。为了说明 T 中的每个元素,首先介绍求解基本子公式的 el 函数和用来定义状态迁移的 sat 函数的定义。

定义 10.10 给定一个 LTL 路径公式 φ,$el(\varphi)$表示 φ 的所有基本子公式的集合,则 $el(\varphi)$可递归定义为

(1) 如果 $p\in AP_\varphi$,则 $el(p)=\{p\}$。

(2) $el(\neg f)=el(f)$。

(3) $el(f\vee g)=el(f)\cup el(g)$。

(4) $el(\bigcirc f)=\{\bigcirc f\}\cup el(f)$。

(5) $el(fUg)=\{\bigcirc(fUg)\}\cup el(f)\cup el(g)$。

为了构造迁移关系,需将 S_T 中的状态集合与公式 φ 的每个子公式 f 关联起来,因此,引入 sat 函数。

定义 10.11 设 φ 是 LTL 路径公式,f 是 φ 的子公式,$s\in S_T$,则函数 $sat(f)$可递归定义如下:

(1) 如果 $f\in el(\varphi)$,则 $sat(f)=\{s\mid f\in s\}$。

(2) $sat(\neg f)=\{s\mid f\notin sat(f)\}$。

(3) $sat(f\vee g)=sat(f)\cup sat(g)$。

(4) $sat(fUg)=sat(f)\cup(sat(g)\cap sat(\bigcirc(fUg)))$。

首先,S_T 中的每个状态都是 φ 中的基本子公式的一个集合,因此 S_T 即是 $el(\varphi)$的幂集;其次,L_T 是一个标识函数,用来标识 S_T 中每个状态包含的原子命题集合;最后,由定义 10.11 可知对于路径公式 φ 的子公式 f,$sat(f)$表示 S_T 中所有满足子公式 f 的状态集合,对于 T 的迁移关系 R_T 这里希望能保证以下的属性:每个基本子公式在包含它的那个

状态中必须为真；如果公式$\bigcirc f$属于某个状态s，那么s的所有后继状态都应该满足f；如果$\bigcirc f$不属于某个状态s，那么状态s应该满足$\neg\bigcirc f$，由于在LTL公式中$\neg\bigcirc f$等价于$\bigcirc\neg f$，因此状态s的所有后继应该满足$\neg f$，由此可以得到R_T的一种直观定义如下：

$$R_T(s,s')=\bigwedge_{\bigcirc f\in \mathrm{el}(\varphi)} s\in \mathrm{sat}(\bigcirc f)\Leftrightarrow s'\in \mathrm{sat}(f)$$

上述所定义的Tableau T不能保证满足那些带有最终意义的属性，例如对于公式aUb，T中会存在这样一条路径，它在一个满足a但是不满足b的状态上不停地循环，显然这条路径无法满足aUb。为了保证所选的路径满足路径公式φ，因此定义接受条件为：从$\mathrm{sat}(\varphi)$中的状态s开始的路径π满足φ，当且仅当对于φ的所有形如fUg的子公式和路径π上的每个状态s，如果状态$s\in\mathrm{sat}(fUg)$，则要么状态$s\in\mathrm{sat}(g)$，要么在路径π上状态s的后面还有一个状态$t\in\mathrm{sat}(g)$，这样的接受条件可通过公平性约束定义。

设Kripke结构M中的一条路径$\pi=s_0, s_1,\cdots$，记$\mathrm{Label}(\pi)=L(s_0), L(s_1),\cdots$，且给定命题集合AP的子集序列$m=m_0,m_1,\cdots$和命题集合$AP_\varphi$的子集序列$n=n_0,n_1,\cdots$，若$AP_\varphi\subseteq AP$且$n_i=m_i\cap AP_\varphi$，那么就称$n$是$m$关于$AP_\varphi$的一个投影，记作$m|_{AP_\varphi}$。对于上面的方法构建出的Tableau有以下定理所述的性质：

定理 10.1 设T是LTL路径公式φ的Tableau，对于每个Kripke结构M和M中的每条路径π'，如果M，$\pi'\vDash\varphi$，那么在T中一定存在一条由$\mathrm{sat}(\varphi)$中的一个状态出发的路径π，使$\mathrm{Label}(\pi')|_{AP_\varphi}=\mathrm{Label}(\pi)$。

2）将Tableau和Kripke结构乘积合并

将构建出的$T_{\neg\varphi}$与系统的Kripke结构M合并，得到一个新的Kripke结构P，使得P中的路径既是$T_{\neg\varphi}$中的路径，又是M中的路径。

定义 10.12 给定Tableau $T=(S_T,R_T,L_T)$和Kripke结构$M=(S_M,R_M,L_M)$，它们的乘积Kripke结构$P=(S,R,L)$使用以下的规则得到：

(1) $s=\{(s, s')|s\in S_T, s'\in S_M$，且$L_M(s')|_{AP_\varphi}=L_T(s)\}$。

(2) $R((s, s'), (t, t'))$成立当且仅当$R_T(s, t)$和$R_M(s', t')$都成立。

(3) $L((s, s'))=L_T(s)$。

由上述定义可知对于P中的每条路径π''，存在相应的T中的路径π和M中的路径π'，使等式$\mathrm{Label}(\pi')=\mathrm{Label}(\pi)=\mathrm{Label}(\pi'')|_{AP\varphi}$。由于$P$中的状态是$T$和$M$中状态的序偶，对于函数sat有$(s,s')\in\mathrm{sat}(f)$当且仅当$s\in\mathrm{sat}(f)$。

3）在乘积Kripke结构P上进行CTL模型检测

检测在合并后得到的Kripke结构P中是否存在由s开始的路径。$M,s\vDash A\varphi$当且仅当$M,s\vDash\neg E\neg\varphi$，所以若不存在$s$开始的路径就表示$M,s\nvDash E\neg\varphi$，也就是$M,s\vDash A\varphi$；若存在则说明$M,s\vDash E\neg\varphi$也就是$M,s\nvDash A\varphi$，且这条路径就是要找的反例路径。

找出在公平性约束$\{\mathrm{sat}(\neg(fUg)\vee g)|(fUg)$是$\varphi$的子公式$\}$下满足CTL公式$E\Box\mathrm{True}$的所有状态的集合$V$，$V\subseteq\mathrm{sat}(\varphi)$。

由sat函数的定义可知集合V中的每个状态$s\in\mathrm{sat}(\varphi)$，而且$s$是满足所有公平性约束的无限路径的起点，这就使这条路径会使φ的任何形如fUg的子公式为真，即路径上存在使g为真的状态。整个算法的正确性由以下的定理保证：

定理 10.2 设T是LTL路径公式φ的Tableau，M为系统的Kripke结构，P为M和

T 的乘积 Kripke 结构，则 $M, s' \vDash E\,\varphi$ 当且仅当 T 中存在状态 s，使 $(s, s') \in \text{sat}(\varphi)$ 且在公平性约束 $\{\text{sat}(\neg(f\ U\ g) \vee g) \mid (fUg)$ 是 φ 的子公式$\}$ 下 $P, (s, s') \vDash E\Box\text{true}$。

下面通过例子介绍将 LTL 模型检测转化为有公平性约束的 CTL 模型检测的过程：

例 10.6 给定如图 10-24 所示的 Kripke 结构 M 和 LTL 路径公式 $\varphi = \neg(a\ U\ b)$，检测初始状态 s_3' 是否满足公式 $A\neg(a\ U\ b)$。

首先要构造公式 $g=(a\ U\ b)$ 的 Tableau T，由于 $\text{el}(a\ U\ b)=\{a, b, \bigcirc(a\ U\ b)\}$，所以 T 有 8 个状态，$\text{sat}(\bigcirc g)=\{s_1, s_2, s_3, s_5\}$，$\text{sat}(g)=\{s_1, s_2, s_3, s_4, s_6\}$，所以关系 R_T 包括状态集合 $\text{sat}(\bigcirc g)$ 到状态集合 $\text{sat}(g)$ 的状态迁移，同时还包含状态集合 $\text{sat}(\bigcirc g)$ 的补集到状态集合 $\text{sat}(g)$ 的补集的状态迁移，由此可以得到如图 10-25 所示的 Tableau T。

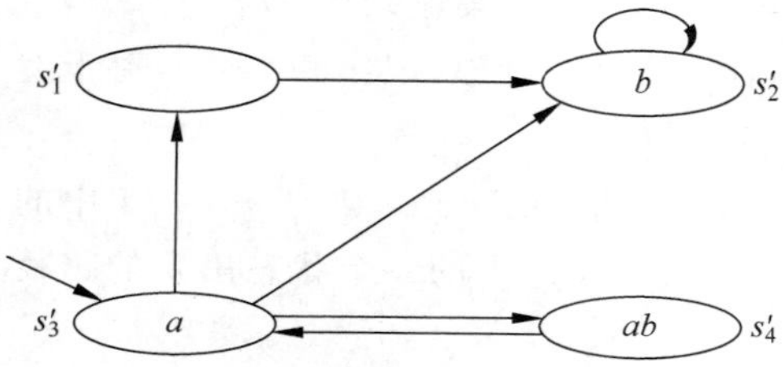

图 10-24 待验证的 Kripke 结构 M

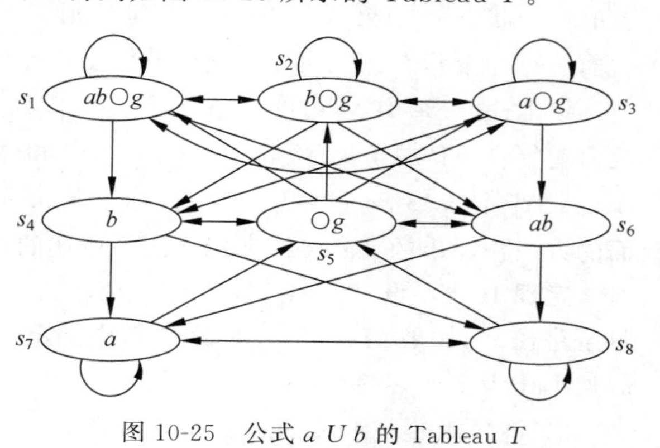

图 10-25 公式 $a\ U\ b$ 的 Tableau T

根据定义 10.13 可求得 M 和 Tableau T 的乘积 Kripke 结构 P，如图 10-26 所示。

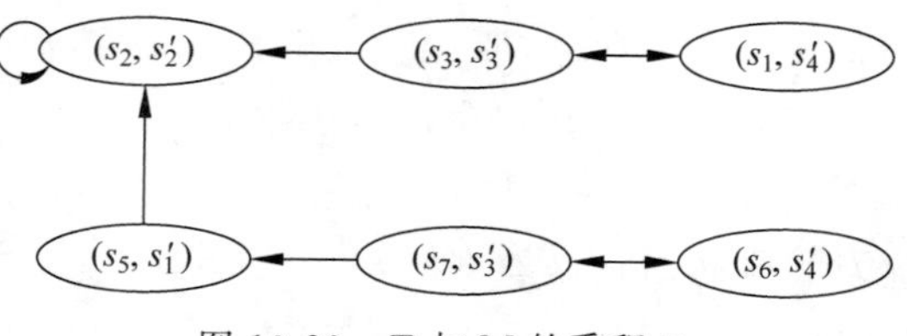

图 10-26 T 与 M 的乘积 P

最后对 Kripke 结构 P 进行 CTL 模型检测，找出满足 $E\Box\text{true}$ 且属于集合 $\text{sat}(g)$ 的状态集合。因为 $(a\ U\ b)$ 在公式 g 中出现，所以在进行 CTL 检测时需要考虑公平性约束

$$\text{sat}(\neg(a\ U\ b) \vee b)=\{(s_2, s_2'), (s_5, s_1'), (s_7, s_3'), (s_6, s_4'), (s_1, s_4')\}$$

即对找到的非平凡强连通分量检测它们是否是公平的，需要判断非平凡强连通分量与公平性约束 $\text{sat}(\neg(a\ U\ b) \vee b)$ 的交集是否为空，若不为空，则称满足公平性约束。同时可以计算得出 $\text{sat}(a\ U\ b)=\{(s_3, s_3'), (s_1, s_4'), (s_2, s_2'), (s_6, s_4')\}$，通过检测可发现 Kripke 结构 P 中所有状态在公平性约束条件下都满足 $E\Box\text{true}$，而 (s_3, s_3')、(s_1, s_4')、(s_2, s_2') 和 (s_6, s_4') 这 4 个状态属于 $\text{sat}(a\ U\ b)$，所以 M 中的状态 s_2'、s_3' 和 s_4' 满足 CTL 公式 $E(a\ U\ b)$，即 $M, s_3' \vDash E(a\ U\ b)$，由于 $E[a\ U\ b]=\neg A\neg(a\ U\ b)$ 恒成立，由此就可以得到模型满足该 LTL 规约，即 $M, s_3' \nvDash A\neg(a\ U\ b)$。

2. 符号化方法

通过用 OBDD 表示 Tableau，可以将符号化方法应用到 LTL 模型检测中。假设 M 的迁移关系由一个定义在原子命题集合的 OBDD 表示。为了用 OBDD 表示 Tableau T 中的迁移关系，为每个基本子公式 f 附加一个状态变量 v_f，如果 f 是原子命题，那么 $v_f = f$。因此，M 和 T 都是定义在 AP_φ 中的变量和一些附加状态变量上。

迁移关系 R_T 是与状态变量的两个副本 V 和 V' 相关的布尔函数，为了更简洁地表示 T，需将布尔函数转化为 OBDD。当构造 M 和 T 的乘积 P 时，应将出现在 AP_φ 中的变量分离出来。符号 P 表示给状态变量赋真值的布尔向量，因此，S_T 中的每个状态都可以由 (P, R) 表示，R 为出现在 Tableau 中而不出现在 AP_φ 中的状态变量赋值。S_M 中的一个状态可由 (P,Q) 表示，其中 Q 为 M 中且不出现在 φ 中的状态变量赋值。因此，P 的迁移关系 R_P 可表示为 $R_P(P,Q,R,P',Q',R')=R_T(P,R,P',R') \wedge R_M(P,Q,P',Q')$。

10.4 本章小结

符号模型检测在很大程度上缓解了状态爆炸问题，使得模型检测能够成功地应用到工业实际中。2001 年，Carnegie Mellon 大学和 IRST 联合开发出模型检测工具 NuSMV，它主要是针对 SMV 的重新实现和扩展，重新定义了软件架构并加入了一些新的特性。例如，NuSMV 除了可以验证 CTL 描述的规约外，还可以验证 LTL 描述的规约；支持经典的基于 BDD 的符号模型检测和基于 SAT/SMT 的有界模型检测(BMC)。BMC 是由 CMU 的 A. Biere 于 1999 年提出的一种模型检测方法，采用由局部到全局的渐进式检测，是符号模型检测的补充。当模型规模很大时，超出经典模型检测方法的检测范围，BMC 通过限定检测模型状态空间范围的方法来发现限定范围内是否存在违反属性的反例，因此 BMC 具有能快速寻找到反例的优点。

需要说明一点，除了符号模型检测方法外，对付状态爆炸问题还包括抽象技术、偏序约简，分解与组合以及对称、归纳、on-the-fly 等重要方法。其中，抽象技术通常用于与数据路径有关的电路系统或具有复杂数据结构的反应系统，即在系统的精确数据值和一个小的抽象数据值之间建立一个映射关系，通过扩展状态和迁移之间的映射，产生一个比实际系统小得多的抽象系统。还有一种重要的抽象技术是状态合并(merging)，为了压缩状态空间，它通过消除一些不影响规约的变量状态，得到简化的自动机模型，通过验证简化模型的属性来降低模型检测的复杂性。

偏序约简是基于并发异步模型交错执行导致的状态爆炸提出的一种重要技术。该技术基于偏序(即具有自反性、反对称性和传递性)计算模型，每一偏序计算可以由一个树结构表示，对应多个交错序列，如果规约无法区分这样的序列，则可以只分析其中一个交错序列。该方法可减少所考虑的交替序列的数量，因而简化了模型状态空间。模型检测工具 SPIN 就是基于偏序约简等技术研制的。

组合推理是一种基于检测局部状态空间的方法，需要结合符号化方法实现其自动推理过程。对于大系统的验证，组合推理方法利用“分而治之”的策略，根据系统(如复杂电路和协议)的自然部件或模块结构，先分别验证系统各个部件(模块)的局部属性，再由各个部件的属性推断整个系统的属性。如果系统满足每一局部属性，并且局部属性的合取蕴含了整个规约，那么完整的系统也必定满足这个规约。在验证部件的属性时，有必要对环境(如其他部件的行为)做出假定。这种方法称为假定-保证(assumption-guarantee)推理，最初是由

A. Pnueli 提出的。

对称技术主要适用于含有许多对称重复部件的有穷状态并发系统(如一些协议和硬件),它采用一种置换图定义系统状态空间上的一种等价关系,以简化状态空间。归纳方法可用于对全部(无限多个)有穷状态系统的验证问题,一般来说该问题是不可判定的,但在许多情况下,可以提供一个不变量进程表示任意数量家族的行为,通过不变量检测家族中所有成员的属性。

限于篇幅,详细内容请读者参阅相关文献。

习 题 10

1. 试画出下列布尔函数的二叉判定图。

(1) $f=x_1\bar{x}_2$。

(2) $f=x_1+x_2x_3$。

2. 试给出布尔函数 $f=(x_1+x_2)\cdot x_3$ 的约简二叉判定图。

3. 请用 CTL 符号模型检测算法验证 $E\square f$ 在图 10-16 结构中是否成立。

4. 有一个存储容量为 1 的 storage,以及两个生产者和两个消费者。生产者每次运行使 storage 加 1;消费者每次运行使 storage 减 1。当 storage 满时生产者被阻塞,storage 空时消费者被阻塞。不要求每一个生产者和消费者都得到运行。请用 SMV 语言设计该程序。其中,该程序满足下列三个属性:

(1) storage 不会越界,对应的 CTL 公式为 $A\square$(storage≤1&storage≥0)。

(2) 根据进程阻塞的定义要求,当消费者都被阻塞以后生产者一定能够得到运行,生产者都被阻塞以后消费者一定能够得到运行。即要求系统满足生产之后一定有消费,消费之后一定有生产,对应的 CTL 公式为 $A\square$(storage=1→$A\Diamond$(storage=1))&(storage=1→$A\Diamond$(storage=0))。

(3) 允许某一些生产者或消费者一直等待,考虑到两个生产者和两个消费者的对称性,仅仅考察生产者 1,对应的 CTL 公式为 $A\square$(!(my_producer1. running))。

第11章 概率模型检测

本章学习目标

（1）熟练掌握三种概率模型。

（2）掌握概率时序逻辑的语法和语义。

（3）掌握概率模型检测工具 PRISM 的使用。

概率模型检测是一种验证存在随机行为系统的形式化分析技术，包括构造系统的概率模型和描述此模型需要满足属性的形式化规约两部分，通常采用马尔可夫模型对系统进行建模，通常以概率时序逻辑描述属性规约。概率模型检测能够描述具有随机行为的系统中存在的典型概率问题及概率属性，并通过相应模型描述和属性规约，对这类系统的正确性、可靠性和系统性能进行分析。传统的模型检测算法输入表示状态迁移系统的模型描述和一些时序逻辑表示的典型公式，但结果仅是返回 yes 或 no，表示模型是否满足属性，它是对迁移系统的可达性分析。而在概率模型检测的情况下，是对状态间迁移的概率进行编码，而不是简单的标识迁移存在，是可能性的数值计算。

概率模型检测通过对状态间转化的概率或者速率编码，实际上是构造了系统行为变化的概率空间。在这个概率空间上搜索可能的执行路径，以判断定量的属性是否满足，就是概率模型检测的主要思想。概率模型检测既具有遍历状态空间的特点，又能够定量地分析。

11.1 概率模型

概率模型已经被广泛地应用于计算机软硬件系统的设计与分析中。针对不同的系统特征，对应以下几种概率模型：离散时间马尔可夫链（discrete-time Markov chain，DTMC），特征是只有概率选择；马尔可夫决策过程（Markov decision process，MDP），特征是既具有概率选择又具有非确定性选择；连续时间马尔可夫链（continuous-time Markov chain，CTMC），特征是对连续时间和概率选择的系统进行建模，而且没有非确定性选择。

11.1.1 离散时间马尔可夫链

DTMC 是最简单的概率模型，它定义了从一个状态迁移到另一个状态的概率，特征是只有概率选择，用来建模单一的概率系统或者几个类似系统的同步组合。

定义 11.1 用一个固定的具有有穷状态的原子命题集合 AP 标识感兴趣的属性的状态，离散时间马尔可夫链 DTMC 是一个四元组 $D=(S,s_{\text{init}},\boldsymbol{P},L)$，其中：

S 是有穷状态集合；

$s_{\text{init}} \in S$ 是初始状态；

$\boldsymbol{P}: S \times S \to [0,1]$ 是迁移概率矩阵，对于所有 $s \in S$ 有 $\sum_{s' \in S} \boldsymbol{P}(s,s') = 1$；

$L: S \to 2^{AP}$ 是标签函数，它为集合 S 中的每一个状态 s 分配一个具有原子命题的集合 $L(s)$。

一个迁移概率矩阵的元素 $\boldsymbol{P}(s,s')$ 表示系统在一个时间间隔内从状态 s 迁移到状态 s' 的概率。注意 DTMC 不能存在死锁状态，即每个状态都至少有一个出迁移。结束状态可以通过增加一个自循环来建模，即 $\boldsymbol{P}(s,s)=1$。如果一个状态 s 使所有的状态 $s'(s \neq s')$ 都满足 $\boldsymbol{P}(s,s')=0$ 并且 $\boldsymbol{P}(s,s)=1$，那么 s 被称为吸收状态。标签函数 L 将状态映射到原子命题集合 AP 中。

例 11.1 图 11-1 中的 DTMC 模型，由 4 个状态组成：$S=\{s_0,s_1,s_2,s_3\}$。这 4 个状态代表了系统中所有可能的状态。状态 s_0 是初始状态，其中每一个状态都由一个标签函数标识：$L(s_0)=\{\text{initialization}\}$，$L(s_1)=\{\text{temp}\}$，$L(s_2)=\{\text{failure}\}$，$L(s_3)=\{\text{success}\}$。迁移用箭头表示，箭头两端连接两个状态代表从一个状态迁移到另一个状态。这些迁移都是按照离散时间发生的，并且箭头上都标记了此迁移发生的概率。另外，有一个状态可以向自己迁移，这表示该状态最终达到一个稳定状态并且终止迁移。在此例子中，当系统到达成功状态 s_3 之后，系统到达一个稳定状态。矩阵 $\boldsymbol{P}$ 列举出了所有状态迁移发生的概率，其中，第一行表示所有以 s_0 为起始状态的迁移发生的概率。同样地，第一列给出了所有以 s_0 为目标状态的迁移发生的概率。

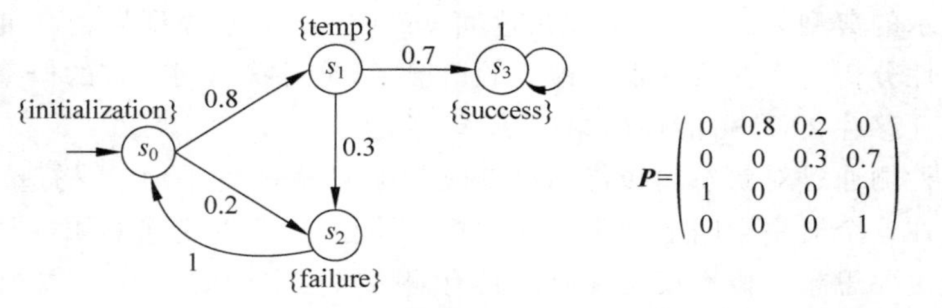

图 11-1 一个简单的 DTMC 模型和相应的概率矩阵

系统的执行可以用路径表示，一条路径是一个状态序列 $\omega = s_0 s_1 s_2 \cdots$，其中 $s_i \in S$，且对于所有的 $i \geqslant 0$，有 $\boldsymbol{P}(s_i, s_{i+1}) \geqslant 0$。对于例 11.1，可以给出路径如下。

初始、尝试、失败、初始、尝试、成功：$s_0 s_1 s_2 s_0 s_1 (s_3)^{\omega}$。

用 $\text{Path}(s)$ 表示始于状态 s 的无限路径集，$\text{Path}_{\text{fin}}(s)$ 表示始于状态 s 的有限路径集。由于系统的执行与某一路径相对应，为了获得系统的概率行为，要在路径上定义概率空间(Probability Space)。在此之前先给出一些简单概念：

定义中使用的样本空间(sample space)是 $\text{Path}(s)$，即所有从状态 s 开始的无限路径集合。圆柱集(cylinder set)$\text{Cyl}(\omega)$ 是指包含相同有限前缀 ω 的无限路径集，ω 是一个有限路径。事件(event)是指从状态 s 开始的无限路径集，基础事件(basic event)就是圆柱集。假设 Ω 是一个非空集合，那么在 Ω 上的一个 σ-代数是 Ω 子集的一个组合，该组合需满足如果 $A \in \Sigma$，那么它的补集 $\Omega \backslash A$ 也在 Σ 中；如果对于 $i \in N$，$A_i \in \Sigma$，那么它们的并集 $\bigcup_i A_i$ 也在 Σ 中；空集 $\varnothing$ 也在 Σ 之中。

定理 11.1 对于 Ω 的子集的任意组合 F，在 Ω 上都存在一个唯一的最小 σ-代数包含 F。

下面给出概率空间的定义：

定义 11.2 概率空间是一个三元组$(\Omega,\Sigma,\mathrm{Pr})$，其中：

Ω 是样本空间；

Σ 是事件集，Ω 上的σ-代数；

$\mathrm{Pr}:\Sigma\to[0,1]$是概率测度。

对于概率测度 Pr，有 $\mathrm{Pr}(\Omega)=1$，$\mathrm{Pr}(\bigcup_i A_i)=\Sigma_i \mathrm{Pr}(A_i)$。

对于样本空间 $\Omega=\{1,2,3\}$来说，它的事件集可以是幂集，即 $\Sigma=\{\varnothing,\{1\},\{2\},\{3\},\{1,2\},\{1,3\},\{2,3\},\{1,2,3\}\}$。概率测度 $\mathrm{Pr}(1)=\mathrm{Pr}(2)=\mathrm{Pr}(3)=1/3$，$\mathrm{Pr}(\{1,2\})=1/3+1/3=2/3$，其他的以此类推。

设有路径 $\omega=ss_1s_2\cdots s_n$，则路径 ω 的概率 $P_s(\omega)=P(s,s_1)P(s_1,s_2)\cdots P(s_{n-1},s_n)$。对于所有的有限路径 ω，$\mathrm{Pr}_s(\mathrm{Cyl}(\omega))=P_s(\omega)$。至此 DTMC 路径上的概率空间是：

样本空间 $\Omega=\mathrm{Path}(s)$，即从初始状态 s 开始的无限路径集。

事件集 $\Sigma_{\mathrm{Path}(s)}$，$\Sigma_{\mathrm{Path}(s)}$是在 $\mathrm{Path}(s)$上包含 $\mathrm{Cyl}(\omega)$的最小σ-代数，其中 $\mathrm{Cyl}(\omega)$是圆柱集$\{\omega'\in\mathrm{Path}(s)\mid \omega$ 是ω'的前缀$\}$，即 ω 是任意从 s 开始的有限路径。

概率测度 $\mathrm{Pr}_s:\Sigma_{\mathrm{Path}(s)}\to[0,1]$。

例 11.2 求图 11-1 中第一次失败的路径的概率测度。

容易发现有两条路径第一次失败 $\omega_1=s_0s_1s_2$ 和 $\omega_2=s_0s_2$，它们的路径概率如下：

$$P_{s_0}(\omega_1)=P(s_0,s_1)\cdot P(s_1,s_2)=0.8\cdot 0.3=0.24$$

$$P_{s_0}(\omega_2)=P(s_0,s_2)=0.2$$

则概率测度$\mathrm{Pr}_{s_0}(\mathrm{Cyl}(\omega_1)\cup\mathrm{Cyl}(\omega_2))=P_{s_0}(\omega_1)+P_{s_0}(\omega_2)=0.44$。

11.1.2 马尔可夫决策过程

MDP 是 DTMC 的扩展，不仅可以描述概率行为，还可以描述系统的非确定性行为，因而能够对异步并行方式的概率系统进行建模，并允许对一个系统的某些方面进行规约。当迁移概率未知或者概率已知而不考虑相关性的时候，需要使用非确定性来描述。

定义 11.3 马尔可夫决策过程 MDP 是一个五元组 $M=(S,s_{\mathrm{init}},T,\delta,L)$，其中：

S 是有穷状态集合；

$s_{\mathrm{init}}\in S$ 是初始状态；

T 是动作集；

$\delta:S\to 2^{T\times\mathrm{Dist}(S)}$是概率迁移函数，$\mathrm{Dist}(S)$是状态集 S 上的所有离散概率分布；

$L:S\to 2^{\mathrm{AP}}$ 是标签函数。

S、s_{init} 及 L 与 DTMC 中的含义一致，概率迁移函数 δ 将状态 s 映射到非空集合 $\mathrm{Dist}(S)$，$\delta(s)=\{(a,\mu)\mid(s,a,\mu)\in\delta\}$，其中 a 表示动作，μ 表示状态 s 的概率分布。另外假设 $\delta(s)$总是非空（即无死锁），标记动作的使用是可选择的。

例 11.3 图 11-2 是一个有 4 个状态的 MDP，从状态 s_0 直接迁移到 s_1（动作 a），在状态 s_1 时在动作 b 和 c 之间有一个非确定选择。动作 b 有一个概率选择：自循环

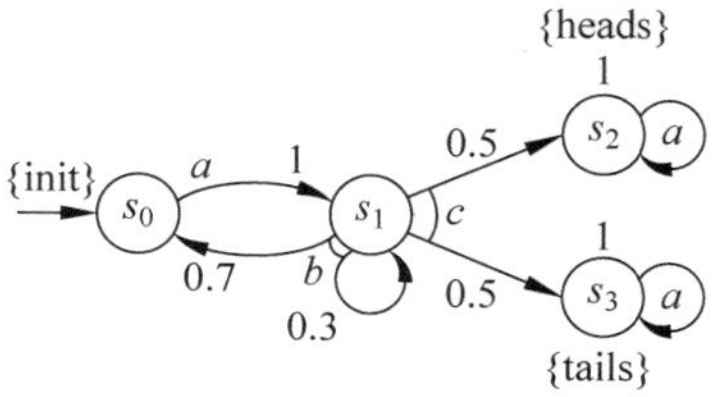

图 11-2 一个简单的 MDP 模型

和返回 s_0,动作 c 也给出了一个概率选择:回到 s_2 和 s_3。在 s_2 和 s_3 都只有一个自循环。

下面给出该 MDP 的定义表达方式:

$M=(S,s_{\text{init}},T,\delta,L)$,其中:

状态集 $S=\{s_0,s_1,s_2,s_3\}$,初始状态 $s_{\text{init}}=s_0$,动作集 $T=\{a,b,c\}$。对于 AP={init, heads, tails},$L(s_0)=\{\text{init}\}$,$L(s_1)=\{\varnothing\}$,$L(s_2)=\{\text{heads}\}$,$L(s_3)=\{\text{tails}\}$。另外,概率迁移函数为

$\delta(s_0)=\{(a,[s_1\mapsto 1])\}$

$\delta(s_1)=\{(b,[s_0\mapsto 0.7,s_1\mapsto 0.3]),(c,[s_2\mapsto 0.5,s_3\mapsto 0.5])\}$

$\delta(s_2)=\{(a,[s_2\mapsto 1])\}$

$\delta(s_3)=\{(a,[s_3\mapsto 1])\}$

有时会用矩阵表示$\boldsymbol{\delta}$,其中$|S|$作为列,$\Sigma_{s\in S}|\boldsymbol{\delta}(s)|$作为行,则表示如下:

$$\boldsymbol{\delta}=\begin{pmatrix} 0 & 1 & 0 & 0 \\ \hline 0.7 & 0.3 & 0 & 0 \\ 0 & 0 & 0.5 & 0.5 \\ \hline 0 & 0 & 1 & 0 \\ \hline 0 & 0 & 0 & 1 \end{pmatrix}$$

MDP 中的路径是状态、动作和概率分布的序列,路径 $\omega=s_0(a_0,\mu_0)s_1(a_1,\mu_1)s_2\cdots$ 用来表示 MDP 建模的系统的一次执行,其中对于所有的 $i\geqslant 0$,$(a_i,\mu_i)\in\delta(s_i)$ 并且 $\mu_i(s_{i+1})>0$。该路径解决了非确定性选择和概率选择问题。用 Path(s)表示 MDP 中开始于状态 s 的所有无限路径集,$\text{Path}_{\text{fin}}(s)$表示有限路径集。一个策略(adversary)表示对不确定性的一个特定解决方案,在给定策略的情况下,MDP 的行为是概率行为。因此,对 MDP 应用策略,MDP 就转换为 DTMC。MDP 的策略 η 是一个函数,将有限路径 $\omega=s_0(a_0,\mu_0)s_1(a_1,\mu_1)s_2\cdots s_n$ 映射到$\delta(s_n)$的一个元素上。Adv(或 Adv_M)表示所有策略的集合。

在例 11.3 中,只有状态 s_1 的$|\delta(s)|>1$,即只有状态 s_1 要做一个非确定选择。在这里用 μ_b 和 μ_c 表示状态 s_1 中与动作 b 和 c 相关的概率分布。下面使用两种策略进行 DTMC 的转换(注意:为了便于理解,路径中的动作和概率分布省略掉):

策略 η_1 指的是第一次执行动作 c,则有 $\eta_1(s_0\ s_1)=(c,\mu_c)$;

策略 η_2 指的是第一次执行动作 b,然后执行动作 c,则有 $\eta_2(s_0\ s_1)=(b,\mu_b)$,$\eta_2(s_0\ s_1\ s_1)=(c,\mu_c)$,$\eta_2(s_0\ s_1\ s_0\ s_1)=(c,\mu_c)$。

$\text{Path}^{\eta}(s)$指的是通过策略 η 解决非确定性产生的无限路径,且此路径从状态 s 开始,则对应上面两种策略产生的路径是:

$\text{Path}_1^{\eta}(s_0)=\{s_0\ s_1\ s_2^{\omega},s_0\ s_1\ s_3^{\omega}\}$

$\text{Path}_2^{\eta}(s_0)=\{s_0\ s_1\ s_0\ s_1\ s_2^{\omega},s_0\ s_1\ s_0\ s_1\ s_3^{\omega},s_0\ s_1\ s_1\ s_2^{\omega},s_0\ s_1\ s_1\ s_3^{\omega}\}$

策略 η 将 MDP 映射为一个无限状态的 DTMC $D^{\eta}=(\text{Path}_{\text{fin}}^{\eta}(s),s,P_s^{\eta})$,其中:

$\text{Path}_{\text{fin}}^{\eta}(s)$是 MDP 在策略 η 下始于状态 s 的有限路径;

s 是初始状态,是 MDP 中始于状态 s 长度为 0 的路径;

状态间的概率 P_s^{η} 定义如下:

$$\begin{cases} P_s^{\eta}(\omega,\omega')=\mu(s'), & \omega'=\omega(a,\mu)s' \text{ 且 } \eta(\omega)=(a,\mu) \\ P_s^{\eta}(\omega,\omega')=0, & \text{其他} \end{cases}$$

D^{η} 上的路径和 $\mathrm{Path}^{\eta}(s)$是一一对应的，图 11-3 和图 11-4 分别给出两种策略下产生的 DTMC。

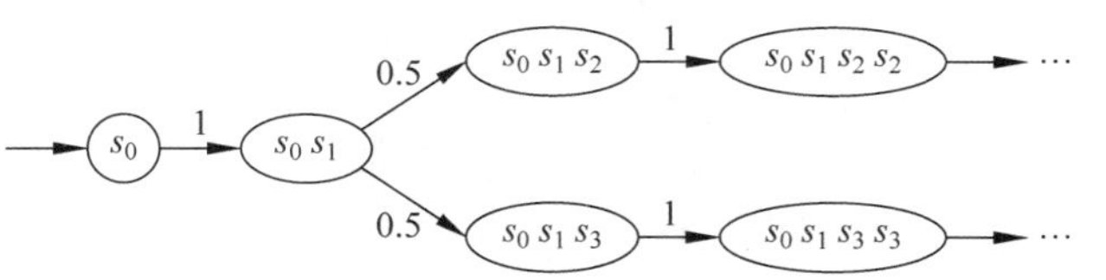
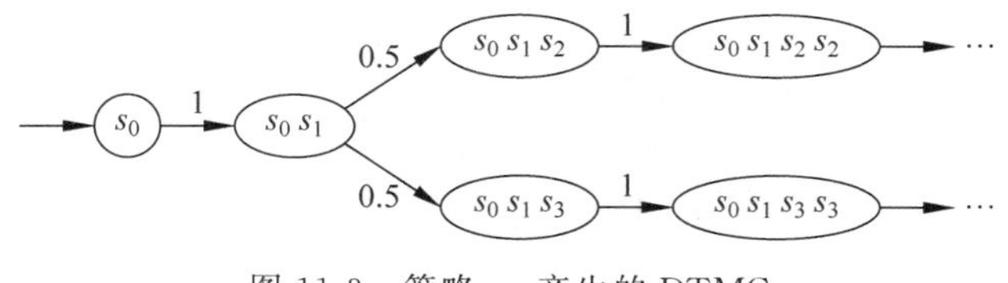

图 11-3　策略 η_1 产生的 DTMC

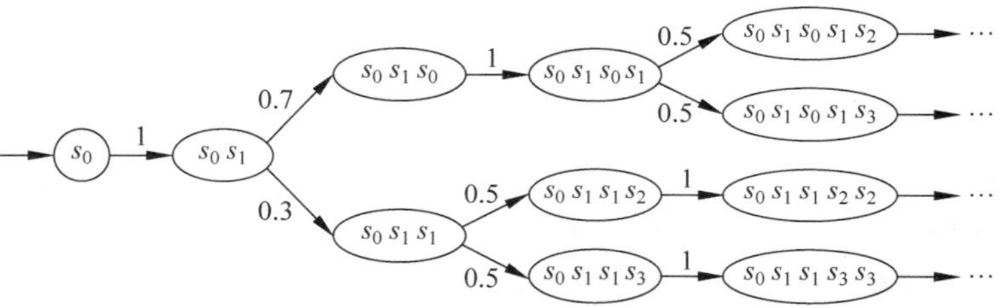

图 11-4　策略 η_2 产生的 DTMC

11.1.3　连续时间马尔可夫链

与离散时间马尔可夫链对应的是连续时间马尔可夫链，与 DTMC 的离散状态转化不同，CTMC 强调状态转化的速率，并以此计算状态迁移的概率。

定义 11.4　用 $\mathscr{R}_{\geqslant 0}$ 定义一个非负实数集合，连续时间马尔可夫链 CTMC 是一个四元组 $C=(S,s_{\text{init}},\boldsymbol{R},L)$，其中：

S 是有穷状态集合；

$s_{\text{init}}\in S$ 是初始状态；

$\boldsymbol{R}$：$S\times S\to\mathscr{R}_{\geqslant 0}$ 是迁移速率矩阵；

L：$S\to 2^{\mathrm{AP}}$ 是标签函数。

S、s_{init} 及 L 与 DTMC 中的状态含义一致。迁移速率矩阵 $\boldsymbol{R}$ 为每一对状态都赋予一个速率，该速率被用作指数分布的参数。如果一个状态 s 使所有的状态 s'都满足 $\boldsymbol{R}(s,s')=0$，那么 s 被称为吸收状态。一个状态 s 可以迁移到状态 s'当且仅当它们满足条件 $\boldsymbol{R}(s,s')>0$。状态间的迁移概率是成负指数分布的，该迁移在 t 个时间单元之前进行的概率是 $1-\mathrm{e}^{-\boldsymbol{R}(s,s')\cdot t}$，即从状态 s 迁移到状态 s'的延迟满足参数为 $\boldsymbol{R}(s,s')$的负指数分布。大部分情况下，对于一个状态 s 往往有多于一个的状态 s'满足 $\boldsymbol{R}(s,s')>0$。这种情形被称为竞争条件，第一个被触发的迁移决定了下一个状态。因此，状态 s 的后续状态的选择是概率性的。在一个迁移发生前，状态 s 持续的时间符合参数为 $E(s)$的指数分布，其中 $E(s)=\Sigma_{s'\in S}\boldsymbol{R}(s,s')$，$E(s)$被称作状态 s 的离开速率(exit rate)。若一个状态是吸收状态，那么 $E(s)=0$。在$[0,t]$内离开状态 s 的概率是 $1-\mathrm{e}^{-E(s)\cdot t}$。

一般地,CTMC 的状态转化发生的概率需要借助一个 DTMC 模型来计算和表述,该 DTMC 称作嵌入 DTMC。

CTMC 模型 $C=(S,s_{\text{init}},\boldsymbol{R},L)$的嵌入 DTMC 表示为 $\text{emb}(C)=(S,s_{\text{init}},P^{\text{emb}(C)},L)$,其中,

$$P^{\text{emb}(C)}(s,s')=\begin{cases}\dfrac{\boldsymbol{R}(s,s')}{E(s)}, & E(s)>0\\ 1, & E(s)=0 \text{ 并且 } s=s'\\ 0, & \text{其他}\end{cases}$$

CTMC 模型的行为可以视为先在状态 s 按参数为 $E(s)$的指数分布持续一段时间,然后按照概率 $P^{\text{emb}(C)}(s,s')$选择一个动作执行。

为了给出关于 CTMC 的详尽分析,定义以下的无限小生成矩阵。

对于一个 CTMC $C=(S,s_{\text{init}},\boldsymbol{R},L)$,它的无限小生成矩阵 $\boldsymbol{Q}$ 的定义如下:

$$\boldsymbol{Q}(s,s')=\begin{cases}\boldsymbol{R}(s,s'), & s\neq s'\\ -\sum\limits_{s\neq s'}\boldsymbol{R}(s,s'), & \text{其他}\end{cases}$$

例 11.4 图 11-5(a)展示了一个简单的 CTMC $C_1=(S_1,s_1,\boldsymbol{R}_1,L_1)$。在该图中,圆圈表示一个状态,箭头表示两个状态之间的迁移。每一个迁移都被赋予一个迁移速率,初始状态由一个附加的进入箭头表示出来。该 CTMC 描述了两个如图 11-5(b)所示的生物反应。反应涉及的分子的初始数目也在图 11-5(b)中给出,它对应于初始状态 s_0,在图中由标签(2,4,0)表示出。图 11-5(a)中也标出了其他状态下的分子数目。

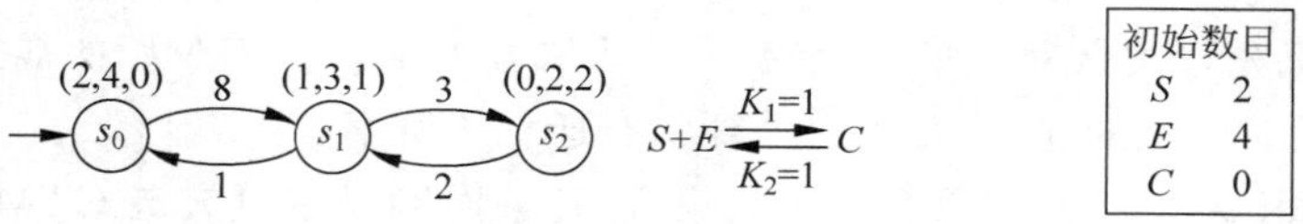

(a) 三个状态的CTMC C_1

初始数目	
S	2
E	4
C	0

(b) 对应的生物反应

图 11-5 一个 CTMC 实例

根据上述定义,可以很容易地得到 C_1 的迁移速率矩阵 $\boldsymbol{R}_1$,迁移概率矩阵 $\boldsymbol{P}_1$ 及无限小生成矩阵 $\boldsymbol{Q}_1$。它们是:

$$\boldsymbol{R}_1=\begin{pmatrix}0&8&0\\1&0&3\\0&2&0\end{pmatrix}\quad \boldsymbol{P}_1=\begin{pmatrix}0&1&0\\ \dfrac{1}{4}&0&\dfrac{3}{4}\\0&1&0\end{pmatrix}\quad \boldsymbol{Q}_1=\begin{pmatrix}-8&8&0\\1&-4&3\\0&2&-2\end{pmatrix}$$

对于一个 CTMC 来说,一个无限路径 ω 是这样一个序列 $s_0t_0\ s_1t_1\ s_2t_2\cdots$,该序列满足对任意 $i\in\mathbf{N}$ 都有 $\boldsymbol{R}(s_i,s_{i+1})>0$ 和 $t_i\in\mathscr{R}_{\geqslant 0}$,其中 t_i 表示在状态 s_i 花费的时间量。一个有限的路径 ω 是这样一个序列 $s_0t_0\ s_1t_1\cdots t_{n-1}s_n$,该序列满足 s_n 是一个吸收状态,并且对任意 $i<n$ 都有 $\boldsymbol{R}(s_i,s_{i+1})>0$ 和 $t_i\in\mathscr{R}_{\geqslant 0}$。

用 $\omega(i)$表示一个路径 ω 上的第 i 个状态。对于一个无限路径 ω,用 $\text{time}(\omega,i)$表示停留在状态 s_i 的时间,即 t_i;用 $\omega@t$ 表示在时刻 t 路径上的状态,例如 $\omega@t=s_j$ 中的 j 为满

足公式 $\sum_{i=0}^{j} t_i \geqslant t$ 的最小索引。对于一个有限路径 $s_0 t_0 s_1 t_1 \cdots t_{k-1} s_k$，$\mathrm{time}(\omega, i)$仅仅在满足 $i \leqslant k$ 时才有意义：当 $i < k$ 时 $\mathrm{time}(\omega, i) = t_i$；当 $i = k$ 时，$\mathrm{time}(\omega, i) = \infty$；如果 $t \leqslant \sum_{i \leqslant k} t_i$，那么 $\omega@t$ 的含义与无限路径上的含义相同；否则，$\omega@t = s_k$（s_k 是一个吸收状态）。

CTMC 使用的样本空间是从状态 s 开始的所有路径集合；事件是无限路径集合，基础事件就是圆柱集，即有相同前缀的路径集合，圆柱集中包含时间间隔(time interval)。如果状态 $s_0, s_1, \cdots, s_n \in S$ 对于所有 $0 \leqslant i < n$ 满足 $\boldsymbol{R}(s_i, s_{i+1}) > 0$，并且 $I_0, \cdots, I_{n-1}$ 是 $\mathscr{R}_{\geqslant 0}$ 中的非空时间间隔，那么圆柱集合 $\mathrm{Cyl}(s_0, I_0, \cdots, I_{n-1}, s_n)$被定义成包括所有路径 ω 的集合，并且这些路径要满足对所有 $i \leqslant n$，有 $\omega(i) = s_i$ 和对所有 $i < n$，$\mathrm{time}(\omega, i) \in I_i$。

设路径 Path 包含所有的圆柱集 $\mathrm{Cyl}(s_0, I_0, \cdots, I_{n-1}, s_n)$，其中 $s_0, s_1, \cdots, s_n$ 可以在所有的状态中取值，$\boldsymbol{R}(s_i, s_{i+1}) > 0 (0 \leqslant i < n)$；$I_0, \cdots, I_{n-1}$ 可以在 $\mathscr{R}_{\geqslant 0}$ 的所有非空区间上任意取值。运用数学归纳法，可以很容易得到 $\mathrm{Pr}s_0(\mathrm{Cyl}(s_0)) = 1$，当 $n \geqslant 0$ 时，$\mathrm{Pr}s_0(\mathrm{Cyl}(s_0, I_0, \cdots, I_{n-1}, s_n, I', s'))$ 等价于 $\mathrm{Pr}s_0(\mathrm{Cyl}(s_0, I_0, \cdots, I_{n-1}, s_n)) \cdot P^{\mathrm{emb}(C)}(s_n, s') \cdot (\mathrm{e}^{-E(s_n) \cdot \inf I'} - \mathrm{e}^{-E(s_n) \cdot \sup I'})$。

例 11.5 如图 11-5(a)所示的 CTMC C_1，对于状态间隔序列 $s_0, [0, 1/2], s_1$，可以得到其圆柱集 $\mathrm{Cyl}(s_0, [0, 1/2], s_1)$，由概率测度的定义可以得到 $\mathrm{Pr}s_0(\mathrm{Cyl}(s_0))$为 1，所以有

$$\mathrm{Pr}s_0(\mathrm{Cyl}(s_0, [0, 1/2], s_1)) = \mathrm{Pr}s_0(\mathrm{Cyl}(s_0)) \cdot P^{\mathrm{emb}(C)}(s_0, s_1) \cdot (\mathrm{e}^{-E(s_0) \cdot 0} - \mathrm{e}^{-E(s_0) \cdot 1/2})$$

$$= 1 \cdot 1 \cdot (\mathrm{e}^0 - \mathrm{e}^{-4})$$

$$= 1 - \mathrm{e}^{-4}$$

这意味着在 1/2 个时间单位内由初始状态 s_0 迁移到 s_1 的概率是 $1 - \mathrm{e}^{-4} \approx 0.981\,684$。

在很多时候，要计算一个 CTMC 中在某一给定时刻和稳定情况下的两种状态概率：瞬时状态概率，它描述了一个 CTMC 系统在某一给定时刻的状态；稳定状态概率，它描述了一个 CTMC 系统在稳定状态的概率。对于一个 CTMC $C = (S, s_{\mathrm{init}}, \boldsymbol{R}, L)$，它的瞬时概率 $\underline{\pi}_{s,t}^{C}(s')$被定义为由状态 s 开始，在时刻 t 处于状态 s'的概率。定义如下：

$$\underline{\pi}_{s,t}^{C}(s') = \mathrm{Pr}_s\{\omega \in \mathrm{Path}(s) \mid \omega@t = s'\}$$

稳定状态可以被看成时间是无限的。因此，稳定状态下的概率 $\underline{\pi}_{s}^{C}(s')$描述的是由状态 s 开始，在时间无限长的时刻处于状态 s'的概率，定义如下：

$$\underline{\pi}_{s}^{C}(s') = \lim_{t \to \infty} \underline{\pi}_{s,t}^{C}(s')$$

稳定状态概率分布，如 $\underline{\pi}_{s}^{C}(s')$对所有的 $s' \in S$ 的值，可以被用来推断在无限长的时间里，CTMC 处于任何一种状态的时间比例。

瞬时概率矩阵$\boldsymbol{\Pi}_t(s, s') = \underline{\pi}_{s,t}^{C}(s')$，瞬时概率矩阵的微分方程$\boldsymbol{\Pi}'_t = \boldsymbol{\Pi}_t \cdot \boldsymbol{Q}$。瞬时概率矩阵可以表示一个矩阵指数并通过幂级数计算：

$$\boldsymbol{\Pi}_t = \mathrm{e}^{\boldsymbol{Q} \cdot t} = \sum_{i=0}^{\infty} (\boldsymbol{Q} \cdot t)^i / i!$$

由于该式的计算存在潜在不稳定性并且为无限求和寻找到一个合适的终止标准也是非常困

难的,下面使用标准 DTMC 计算此概率。

CTMC 模型 $C=(S, s_{\text{init}}, \boldsymbol{R}, L)$的标准 DTMC 表示为 $\text{unif}(C)=(S, s_{\text{init}}, \boldsymbol{P}^{\text{unif}(C)}, L)$,其中:$\boldsymbol{P}^{\text{unif}(C)}=\boldsymbol{E}+\boldsymbol{Q}/q$,$\boldsymbol{E}$ 是$|S|\times|S|$的单位矩阵,$q\geqslant\max\{\boldsymbol{E}(s)\mid s\in S\}$是标准速率(uniformization rate)。标准 DTMC 的每个时间步对应一个速率为 q 的指数分布延迟。如果 $\boldsymbol{E}(s)=q$,那么迁移就和嵌入 DTMC 相同(停留时间和一个时间步有着同样的分布);如果 $\boldsymbol{E}(s)<q$,那么就会增加一个概率为 $1-\boldsymbol{E}(s)/q$ 的自循环(停留时间比 $1/q$ 长,所以一个时间步可能不够)。

通过标准 DTMC,瞬时概率可以表示为

$$
\begin{aligned}
\boldsymbol{\Pi}_t &= \mathrm{e}^{\boldsymbol{Q}\cdot t}=\mathrm{e}^{q\cdot(\boldsymbol{P}^{\text{unif}(C)}-\boldsymbol{E})\cdot t}=\mathrm{e}^{(q\cdot t)\cdot \boldsymbol{P}^{\text{unif}(C)}}\cdot \mathrm{e}^{-q\cdot t}\\
&=\mathrm{e}^{-q\cdot t}\cdot\left(\sum_{i=0}^{\infty}\frac{(q\cdot t)^i}{i!}\cdot(\boldsymbol{P}^{\text{unif}(C)})^i\right)\\
&=\sum_{i=0}^{\infty}\left(\mathrm{e}^{-q\cdot t}\cdot\frac{(q\cdot t)^i}{i!}\right)\cdot(\boldsymbol{P}^{\text{unif}(C)})^i\\
&=\sum_{i=0}^{\infty}\gamma_{q\cdot t,i}\cdot(\boldsymbol{P}^{\text{unif}(C)})^i
\end{aligned}
$$

其中 $\gamma_{q\cdot t,i}$ 是系数为 $q\cdot t$ 的第 i 个泊松分布,指的是对于给定速率为 q 的指数分布延迟,在时间 t 和 i 步时发生的概率;$\boldsymbol{P}^{\text{unif}(C)}$ 中的每一项都在[0,1],并且行的和等于1,因此用 P 计算比 $\boldsymbol{Q}$ 在数值上更稳定。$(\boldsymbol{P}^{\text{unif}(C)})^i$ 表示在 i 步内两个状态之间发生转换的概率。对于计算给定状态 s 和时间 t 的 $\underline{\pi}_{s,t}$,公式如下:

$$
\begin{aligned}
\underline{\pi}_{s,t} &= \underline{\pi}_{s,0}\cdot\boldsymbol{\Pi}_t=\underline{\pi}_{s,0}\cdot\sum_{i=0}^{\infty}\gamma_{q\cdot t,i}\cdot(\boldsymbol{P}^{\text{unif}(C)})^i\\
&=\sum_{i=0}^{\infty}\gamma_{q\cdot t,i}\cdot\underline{\pi}_{s,0}\cdot(\boldsymbol{P}^{\text{unif}(C)})^i
\end{aligned}
$$

其中 $\underline{\pi}_{s,0}$ 是初始分布,$\underline{\pi}_{s,0}$ 中的 $\underline{\pi}_{s,0}(s')$的值定义为:如果 $s=s'$,$\underline{\pi}_{s,0}(s')=1$,否则 $\underline{\pi}_{s,0}(s')=0$。

例 11.6 如图 11-6 所示的 CTMC 中,对于它的标准 DTMC,取 $q=3$,求时间 $t=1$ 时的瞬时概率。

由图 11-6,可以得到:

$$
\boldsymbol{R}=\begin{pmatrix}0 & 3\\ 2 & 0\end{pmatrix}\quad \boldsymbol{Q}=\begin{pmatrix}-3 & 3\\ 2 & -2\end{pmatrix}\quad \boldsymbol{P}^{\text{unif}(C)}=\begin{pmatrix}0 & 1\\ \frac{2}{3} & \frac{1}{3}\end{pmatrix}
$$

初始分布 $\underline{\pi}_{s_0,0}=[1,0]$。

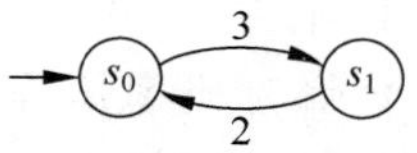

图 11-6 一个简单的 CTMC

则 $t=1$ 时的瞬时概率是

$$\underline{\pi}_{s_0,1}=\underline{\pi}_{s,0}\cdot\sum_{i=0}^{\infty}\gamma_{q\cdot t,i}\cdot(\boldsymbol{P}^{\mathrm{unif}(C)})^i$$

$$=\gamma_{3,0}\cdot[1,0]\cdot\begin{pmatrix}1&0\\0&1\end{pmatrix}+\gamma_{3,1}\cdot[1,0]\cdot\begin{pmatrix}0&1\\\frac{2}{3}&\frac{1}{3}\end{pmatrix}+\gamma_{3,2}\cdot[1,0]\cdot\begin{pmatrix}0&1\\\frac{2}{3}&\frac{1}{3}\end{pmatrix}^2+\cdots$$

$$\approx[0.404\,043,0.595\,957]$$

稳定状态的概率矩阵通过如下公式获得：

$$\underline{\pi}^C\cdot\boldsymbol{Q}=\underline{0}\quad\sum_{s\in S}\underline{\pi}^C(s)=1$$

例 11.7 利用上述公式可以计算图 11-5(a)的稳定概率。

根据例 11.4 中的无限小生成矩阵，得到下面的方程组：

$$\begin{cases}-8\cdot\underline{\pi}(s_0)+\underline{\pi}(s_1)=0\\8\cdot\underline{\pi}(s_0)-4\cdot\underline{\pi}(s_1)+2\underline{\pi}(s_2)=0\\3\cdot\underline{\pi}(s_1)-2\cdot\underline{\pi}(s_2)=0\\\underline{\pi}(s_0)+\underline{\pi}(s_1)+\underline{\pi}(s_2)=1\end{cases}$$

解此方程组得到：$\underline{\pi}=[1/21,8/21,12/21]$。

11.2 概率时序逻辑

概率属性规约通常采用概率计算树逻辑(probabilistic computation tree logic,PCTL)和连续随机逻辑(continuous stochastic logic,CSL)等概率时序逻辑描述。其中 PCTL 是计算树逻辑(CTL)的概率扩展，应用于 DTMC 和 MDP 中；CSL 是在 CTL 和 PCTL 基础上的扩充，应用于 CTMC 中。

11.2.1 概率计算树逻辑

1. 语法

定义 11.5 PCTL 的语法如下：

$$\phi::=\mathrm{true}\mid a\mid\phi\wedge\phi\mid\neg\phi\mid P_{\sim p}[\varphi]$$

$$\varphi::=X\phi\mid\phi U^{\leqslant k}\phi\mid\phi U\phi$$

这里，a 是一个原子命题，$\sim\in\{>,<,\geqslant,\leqslant\}$，$p\in[0,1]$，$k\in\mathbf{N}$，$\phi$ 表示一个状态公式，φ 表示一个路径公式。在 DTMC 和 MDP 中，状态和路径是分别进行计算的。路径是一系列相互关联的迁移状态，而用于规约的 PCTL 公式均为状态公式，路径公式只出现在 P 操作符内部。

根据公式，状态公式 ϕ 成立有以下情况：一个 DTMC 状态空间的所有状态都满足状态公式；如果状态公式 ϕ 不满足，则满足$\neg\phi$；如果两个状态公式都满足，那么这两个状态公式的 $\phi\wedge\Psi$ 也满足；对于一个路径公式 φ，如果存在一些状态满足该公式，那么该事件发生的概率 P 的值在区间$\sim p$ 之内。

在路径公式中，操作符 X 和 U 是标准的时序逻辑操作符，其中 X 代表 next，$X\phi$ 为真，只有在下一个状态满足 ϕ 时成立。而 $\phi U^{\leqslant k}\Psi$ 为真，当 Ψ 在 k 个时间步之内满足，而之前 ϕ 一直满足。$\phi U\Psi$ 是一个没有迁移次数限制的公式。$\phi U\Psi$ 为真是指：最终，在 ϕ 为假之前 Ψ 会发生。而如果将 ϕ 用 true 替换，true U Ψ 用来判断 Ψ 最终是否会满足。

2. 语义

对于 PCTL 公式 ϕ，状态 s 满足 ϕ 可以表示为 $s\vDash\phi$，对于一个路径 ω 及路径公式 φ，$\omega\vDash\varphi$ 表示 ω 满足路径公式，则 PCTL 语义定义如下：

定义 11.6 $D=(S,s_{\text{init}},\boldsymbol{P},L)$ 是一个 DTMC，对任意的状态 $s\in S$，满足关系 $s\vDash\phi$ 如下：

$s\vDash \text{true},\forall s\in S$。

$s\vDash a,a\in L(s)$。

$s\vDash\neg\phi,s\vDash\phi$ 为 false。

$s\vDash\phi\wedge\Psi,s\vDash\phi\wedge s\vDash\Psi$。

$s\vDash P_{\sim p}[\varphi],\text{Prob}(s,\varphi)\sim p$，其中 $\text{Prob}(s,\varphi)=\text{Pr}_s\{\omega\in\text{Path}(s)\mid\omega\vDash\varphi\}$。

对于路径公式，DTMC 中的任一条路径 ω 满足关系如下：

$\omega\vDash X\phi,\omega(1)\vDash\phi$。

$\omega\vDash\phi U^{\leqslant k}\Psi,\exists i\in\mathbf{N},i\leqslant k\wedge\omega(i)\vDash\Psi\wedge\forall j<i,\omega(j)\vDash\phi$。

$\omega\vDash\phi U\Psi,\exists k\geqslant 0,\omega\vDash\phi U^{\leqslant k}\Psi$。

MDP 的 PTCL 语义和 DTMC 基本上是一致的，只有 P 操作符在规约 MDP 的属性时，只表示使用了特定策略的 MDP，而 $s\vDash P_{\sim p}[\varphi]$ 则表示对于所有策略都成立。

下面是一些常用的时序逻辑等式：

$\text{false}\equiv\neg\text{true}$。

$\phi\vee\Psi\equiv\neg(\neg\phi\wedge\neg\Psi)$。

$\phi\rightarrow\Psi\equiv\neg\phi\vee\Psi$。

$F\ \phi\equiv\Diamond\phi\equiv\text{true}\ U\ \phi$。

$G\ \phi\equiv\Box\phi\equiv\neg(F\ \neg\phi)$。

对于最后两种的变式：$F^{\leqslant k}\ \phi,G^{\leqslant k}\ \phi$。

其中 G 代表“总是”，一个路径满足 $G\phi$，表示 ϕ 在路径上的所有状态都为真；类似地，可以定义限界 A 操作符 $G^{\leqslant k}\phi$，表示在路径的前 k 个状态，ϕ 为真。F 操作代表了“最终”，$F\phi$ 表示 ϕ 最终被满足，限界 F 操作 $F^{\leqslant k}\phi$ 表示 ϕ 将在 k 步之内为真。下列式子为操作符 G、F、U 的关系：

$P_{\sim p}[F\phi]\equiv P_{\sim p}[\text{true}\ U^{\leqslant\infty}\phi]$。

$P_{\sim p}[F^{\leqslant k}\phi]\equiv P_{\sim p}[\text{true}\ U^{\leqslant k}\phi]$。

$G\phi=\neg F\ \neg\phi$。

$G^{\leqslant k}\phi=\neg F^{\leqslant k}\ \neg\phi$。

例 11.8 假设需要消息传递。组件 A 和组件 B 会收到中心组件发送的消息，并且 A 和 B 会将该消息再广播出去。组件 A 和组件 B 以一定的概率发送失败。如果 A 发送失败，组件 B 也会以一定的概率发送成功。

$P_{<0.05}[X\ \text{error}\ A]$：判断当组件 A 在第二次迁移（收到中心组件的消息）后，组件 A 发送消息失败的概率小于 0.05。

$P_{<0.05}[\text{true}\ U^{\leqslant k}\ \text{num\_message}\geqslant 5]$：判断经过 k 个迁移之后，至少 5 条信息被组件 A 或者组件 B 成功发送的概率小于 0.05。

$P_{<0.05}[\neg \text{send}_A U\ \text{send}_B]$：判断在组件 A 之前，组件 B 成功发送消息的概率小于 0.05。

PCTL 上的模型检测算法的输入为 DTMC 模型 $D=(S,s_{\text{init}},\boldsymbol{P},L)$ 和 PCTL 公式 ϕ，输出结果为满足公式的状态集合 $\text{Sat}(\phi)=\{s\in S\mid s\vDash\phi\}$。通常只关注初始状态是否满足 ϕ，不过模型检测可以检测所有的状态。有时会关注量化的结果，例如，计算 $P_{=?}[F\ \text{error}]$ 的结果或计算 $P_{=?}[F^{\leqslant k}\ \text{error}]$，$0\leqslant k\leqslant 100$ 的结果。

PCTL 模型检测的算法与 CTL 上的模型检测类似，其过程可以归纳为首先构造公式 ϕ 的分析树，每个结点都是 ϕ 的子公式。根结点为公式 ϕ，叶子结点或者为 true 或者为原子命题 a。自底向上，递归计算满足每个子公式的集合，最终判断是否满足公式 ϕ，算法可以简要表示如下：

$\text{Sat}(\text{true})=S$。

$\text{Sat}(a)=\{s\in S\mid a\in L(s)\}$。

$\text{Sat}(\neg\phi)=S\backslash\text{Sat}(\phi)$。

$\text{Sat}(\phi\wedge\Psi)=\text{Sat}(\phi)\cap\text{Sat}(\Psi)$。

$\text{Sat}(P_{\sim p}[\varphi])=\{s\in S\mid \text{Prob}(s,\varphi)\sim p\}$。

例如，对于状态公式 $\phi=(\neg\text{fail}\wedge\text{try})\rightarrow P_{>0.95}[\neg\text{fail}\ U\ \text{succ}]$，可以给出图 11-7 的分析树。

PCTL 与 CTL 很大的不同在于概率操作符的存在，因此 $P_{\sim p}[\varphi]$ 的验证过程比较不同，以路径公式 $\varphi=\phi U\Psi$ 为例，对于公式 $P_{\sim p}[\phi U\Psi]$ 方法如下：

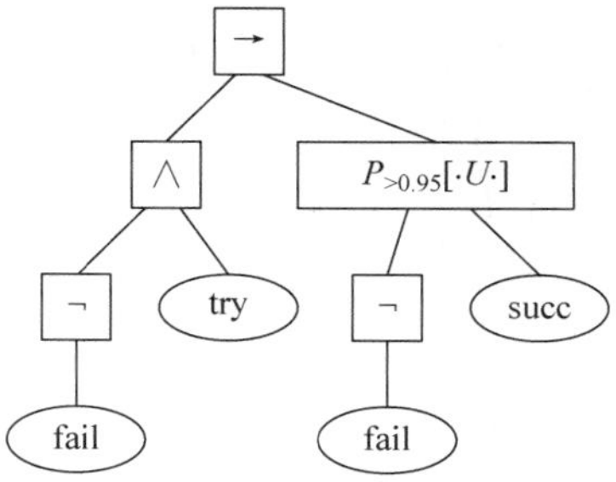

计算所有状态 $s\in S$ 的概率 $\text{Prob}(s,\phi U\Psi)$，首先计算概率是 1 和 0 的所有状态：

$$S^{\text{yes}}=\text{Sat}(P_{\geqslant 1}[\phi U\Psi])$$

$$S^{\text{no}}=\text{Sat}(P_{\leqslant 0}[\phi U\Psi])$$

图 11-7 状态公式的分析树

这一步叫作预计算，由此可以得到概率是 1 和 0 的状态，又因为在 DTMC 中概率的相关性，将这些状态的概率值代入剩余状态的方程组，解出剩余状态的概率值。该线性方程组如下：

$$\text{Prob}(s,\phi U\Psi)=\begin{cases}1, & s\in S^{\text{yes}}\\ 0, & s\in S^{\text{no}}\\ \sum\limits_{s'\in S}P(s,s')\cdot\text{Prob}(s',\phi U\Psi), & \text{其他}\end{cases}$$

例 11.9 根据图 11-8 的 DTMC,计算 $P_{>0.8}[\neg aUb]$。

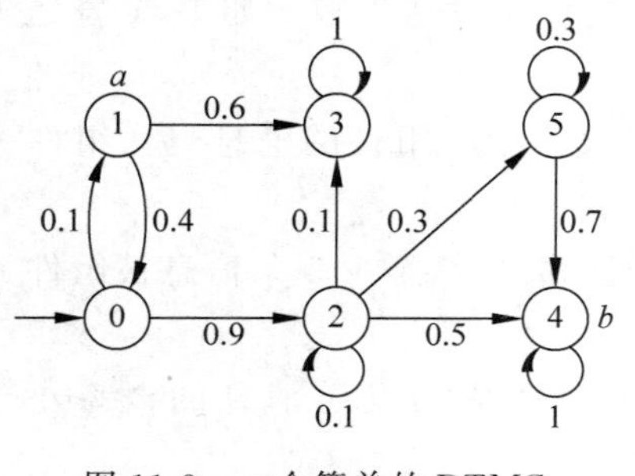

图 11-8 一个简单的 DTMC

设 $x_s=\text{Prob}(s,\neg aUb)$,则从图中可以看出:$x_4=x_5=1$ 和 $x_1=x_3=0$,从图中又有 $x_0=0.1x_1+0.9x_2$ 和 $x_2=0.1x_2+0.1x_3+0.3x_5+0.5x_4$,将已知的值代入方程,可以得到 $x_0=0.8, x_2=8/9$。由此可以得到:

$$\underline{\text{Prob}}(\neg aUb)=\underline{x}=[0.8,0,8/9,0,1,1]$$

$$\text{Sat}(P_{>0.8}[\neg aUb])=\{2,4,5\}$$

尽管 PCTL 在实际应用中很有用,但表达能力有限。因此还可以使用 PCTL* (包含 PCTL 和 LTL)描述属性规约。例如,$P_{\geqslant 1}[\text{GF ready}]$:服务器总是会最终回到就绪状态的概率是 1。

11.2.2 连续随机逻辑

1. 语法

定义 11.7 CSL 的语法如下:

$$\phi::=\text{true} \mid a \mid \phi \wedge \phi \mid \neg\phi \mid P_{\sim p}[\varphi] \mid S_{\sim p}[\phi]$$

$$\varphi::=X\phi \mid \phi U^I \phi$$

其中 a 是一个原子命题,$\sim\in\{>,<,\geqslant,\leqslant\}$,$p\in[0,1]$,$I$ 是 $\mathscr{R}$ 的时间间隔。true、a、$\phi\wedge\phi$、$\neg\phi$ 和 P 操作符与 PCTL 含义一致。与 PCTL 不同的是 CSL 多了一个操作符 S,描述的是 CTMC 模型的稳定状态表现,公式 $S_{\sim p}[\phi]$表示满足公式 ϕ 的稳定状态概率满足 $\sim p$。用于规约的 CSL 公式均为状态公式,路径公式只出现在 P 操作符内部。

2. 语义

定义 11.8 $C=(S,s_{\text{init}},\boldsymbol{R},L)$是一个 CTMC,对任意的状态 $s\in S$,满足关系 $s\vDash\phi$ 如下:

$s\vDash\text{true}, \forall s\in S$。

$s\vDash a, a\in L(s)$。

$s\vDash\neg\phi$,$s\vDash\phi$ 为 false。

$s\vDash\phi\wedge\Psi, s\vDash\phi\wedge s\vDash\Psi$。

$s\vDash P_{\sim p}[\varphi], \text{Prob}(s,\varphi)\sim p$。

$s\vDash S_{\sim p}[\phi], \Sigma_{s'\vDash\phi}\underline{\pi}_s(s')\sim p$。

其中 $\text{Prob}(s,\varphi)=\text{Pr}_s(\omega\in\text{Path}(s)\mid\omega\vDash\varphi)$,$\underline{\pi}_s(s')$描述的是由状态 s 开始,在时间无限长的时刻处于状态 s'的概率。

对于路径公式,CTMC 中的任一条路径 ω 满足关系如下:

$\omega\vDash X\phi$,$\omega(1)$存在并且 $\omega(1)\vDash\phi$(若 $\omega(0)$是吸收的,则 $\omega(1)$不存在)。

$\omega\vDash\phi\, U^I\, \Psi, \exists t\in I, \omega@t\vDash\Psi\wedge\forall t'\in[0,t), \omega@t'\vDash\phi$。

下面是一些常用的时序逻辑等式:

$\text{false}\equiv\neg\text{true}$。

$\phi\vee\Psi\equiv\neg(\neg\phi\wedge\neg\Psi)$。

$\phi\rightarrow\Psi\equiv\neg\phi\vee\Psi$。

$\phi U\Psi\equiv\phi U^{[0,\infty)}\Psi$。

$F\ \phi \equiv \Diamond\phi \equiv \text{true}\ U\ \phi$。

$G\ \phi \equiv \Box\phi \equiv \neg(F\ \neg\phi)$。

$\neg P_{>p}[\phi U^I \Psi] \equiv P_{\leqslant p}[\phi U^I \Psi]$。

$\neg S_{>p}[\phi] \equiv S_{\leqslant p}[\phi]$。

$P_{>p}[G\ \phi] \equiv P_{<1-p}[F\ \neg\phi]$。

$F^I\phi \equiv \text{true}\ U^I\phi$，在区间 I 内，ϕ 会变为 true。

$G^I\phi \equiv \neg(F^I\neg\phi)$，在区间 I 内，ϕ 一直为 true。

其余公式可以用上面的公式类似推出。

例 11.10 如图 11-9 是一个工作站集群，该工作站集群包含两个子集群，通过星型拓扑结构分布，由一个主线连接。最低（minimum）服务质量是至少有 3/4 的工作站工作并且通过转换机连接。最高（premium）服务质量是所有工作站都工作并且通过转换机连接。下面是一些与之相关的 CSL 式子和它的含义。

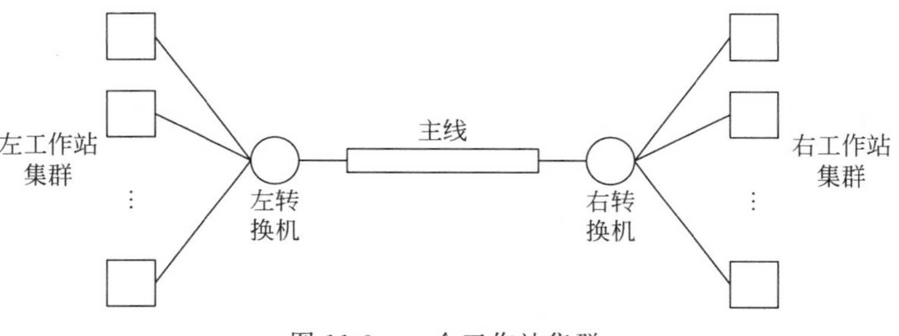

图 11-9 一个工作站集群

$S_{=?}$ [minimum]：求在长时间运行时，拥有最低服务质量的概率。

$P_{=?}$ [$F^{[t,t]}$ minimum]：求在时间 t 时，拥有最低服务质量的概率。

$P_{<0.05}[F^{[0,10]}\neg\text{minimum}]$：判断在 10 小时内，服务质量低于最低服务质量的概率小于 0.05。

$\neg\text{minimum} \rightarrow P_{<0.1}[F^{[0,2]}\neg\text{minimum}]$：判断当服务质量低于最低服务质量时，在两个小时后仍然低于最低服务质量的概率小于 0.1。

$\text{minimum} \rightarrow P_{>0.8}[\text{minimum}\ U^{[0,t]}\ \text{premium}]$：判断在 t 个小时内，从最低服务质量到达最高服务质量，并且在此之间保持最低服务质量的概率大于 0.8。

$P_{=?}$ [$\neg\text{minimum}\ U^{[t,\infty)}$ minimum]：求花费超过 t 个小时不满足服务质量的情况到满足的情况的概率。

$\neg r\_\text{switch\_up} \rightarrow P_{<0.1}[\neg r\_\text{switch\_up}\ U\ \neg l\_\text{switch\_up}]$：判断如果右转换机已经失效，那么在它修好之前左转换机失效的概率小于 0.1。

$P_{=?}$ [$F^{[2,\infty)}$ $S_{>0.9}$[minimum]]：花费超过两个小时到达一个状态，并从该状态之后的长时间运行中，拥有最低服务质量的概率大于 0.9，该式用来求到达此状态的概率。

连续随机逻辑的检测算法的输入为一个 CTMC 模型，以及一个 CSL 公式 ϕ，输出为满足公式的状态集合。同样，也需要先构造一个分析树，简要描述如下：

$\text{Sat}(\text{true}) = S$。

$\mathrm{Sat}(a)=\{s\in S \mid a\in L(s)\}$。

$\mathrm{Sat}(\neg\phi)=S\backslash \mathrm{Sat}(\phi)$。

$\mathrm{Sat}(\phi\wedge\Psi)=\mathrm{Sat}(\phi)\cap \mathrm{Sat}(\Psi)$。

$\mathrm{Sat}(P_{\sim p}[\varphi])=\{s\in S\mid \mathrm{Prob}(s,\varphi)\sim p\}$。

$\mathrm{Sat}(S_{\sim p}[\phi])=\{s\in S\mid \Sigma_{s'\mid=\phi}\pi_s(s')\sim p\}$。

例 11.11 下面给出一些典型的 CSL 公式及其所表示的含义。

$P_{\geqslant 0.9}[\text{true } U \text{ terminate}]$：判断算法最终成功结束的概率比 0.9 大或者与 0.9 相等；

$P_{<0.6}[\text{true } U^{\leqslant 10} \text{ success}>5]$：判断在前 10 个时间单位内，工作成功的次数多于 5 次的概率比 0.6 小；

$\text{inactive}\rightarrow P_{\geqslant 0.9}[\text{true } U^{<12} \text{ active}]$：判断当一个分子为非激活状态时，它在前 12 个时间单位内变成激活状态的概率不低于 0.9；

$P_{\geqslant 0.95}[\neg\text{repair } U^{[3.5,4.5]} \text{ complete}]$：判断大于或等于 0.95 的概率，进程将在 3.5～4.5 小时成功地完成，且不需要任何修理；

$S_{<0.77}[\text{active}]$：判断在无限长的时间内，一个分子为激活状态的概率比 0.77 小；

$S_{\geqslant 0.98}[\neg\text{full}]$：判断在长时间的运行中，队列不满的概率大于或等于 0.98。

11.3 概率模型检测工具及应用

概率算法在 20 世纪 80 年代就已经出现。随着通用模型检测工具的成熟，1994 年开发了第一个结合概率计算分析和模型检测技术的概率模型检测工具 TPWB（time and probability workbench），支持 DTMC。Prob Verus 工具是 Verus 工具的扩展，仅支持 DTMC 和 PCTL 的子集。随后提出的 $E\vdash MC^2$（Erlangen-Twente Markov chain checker）工具，支持 DTMC 上的 PCTL 和 CTMC 上的 CSL 模型检测。目前，较为成功的概率模型检测工具是由英国伯明翰大学 M. Kwiatkowska 教授负责的项目小组开发的 PRISM（probabilistic symbolic model checker）工具，支持 Windows、Linux 和 macOS X 及 Solaris 操作系统，它的主要功能之一是用于建模和分析具有随机性行为的系统。PRISM 已经成功地应用于不同领域里的多个案例分析中，包括随机分布算法、通信及多媒体协议、概率安全协议、轮询系统、工作站集群等。

PRISM 中还定义了实验（experiment）的概念。所谓一次实验，就是通过给模型的所有状态变量赋初始值，遍历出模型的一次执行。根据模型中参数的变化，PRISM 可以绘制出模型行为的变化趋势。因此，实验可以很直观地分析出系统行为的影响因素。PRISM 工具支持 DTMC、MDP 和 CTMC 这三种概率模型。DTMC 和 MDP 的属性规约为 PCTL，CTMC 的属性则规约为 CSL。

11.3.1 验证工具 PRISM

1. PRISM 简介

工具 PRISM 有 4 个主要界面：Model、Properties、Simulator 和 Log。在每个界面的左下角有 4 个按钮，可以进行 4 个界面的切换。在 Model 界面中编辑模型；在 Properties 界面中进行规约描述和验证；在 Simulator 界面中模拟模型的运行；在 Log 界面记录操作的信息和产生的结果。图 11-10～图 11-12 是 Model、Properties 和 Simulator 三个界面运行的截图。

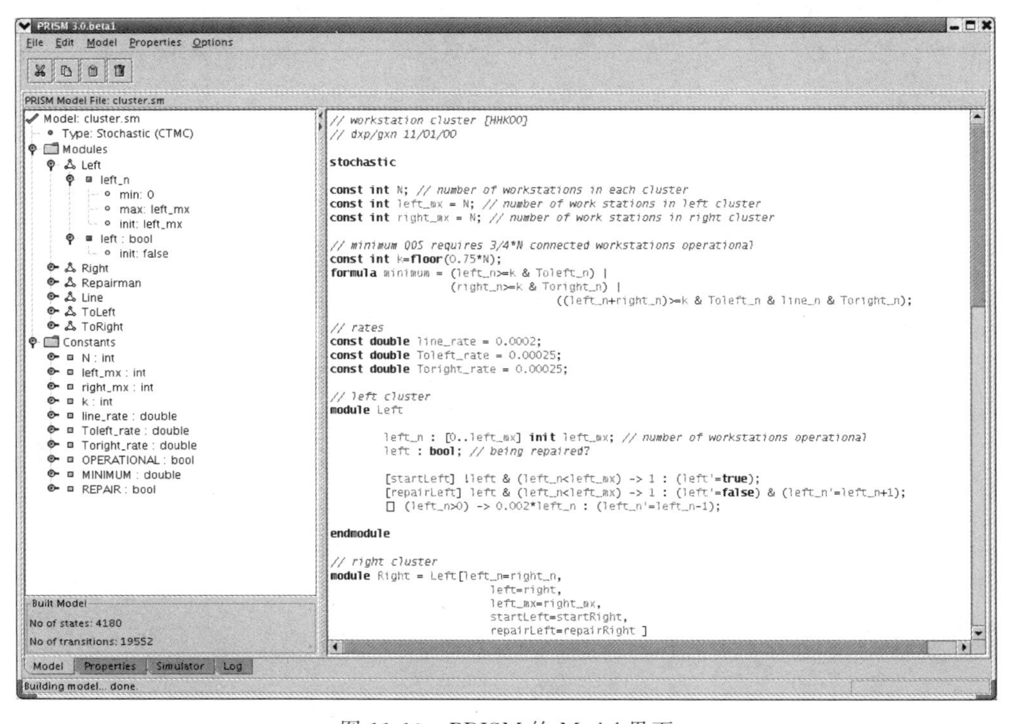

图 11-10 PRISM 的 Model 界面

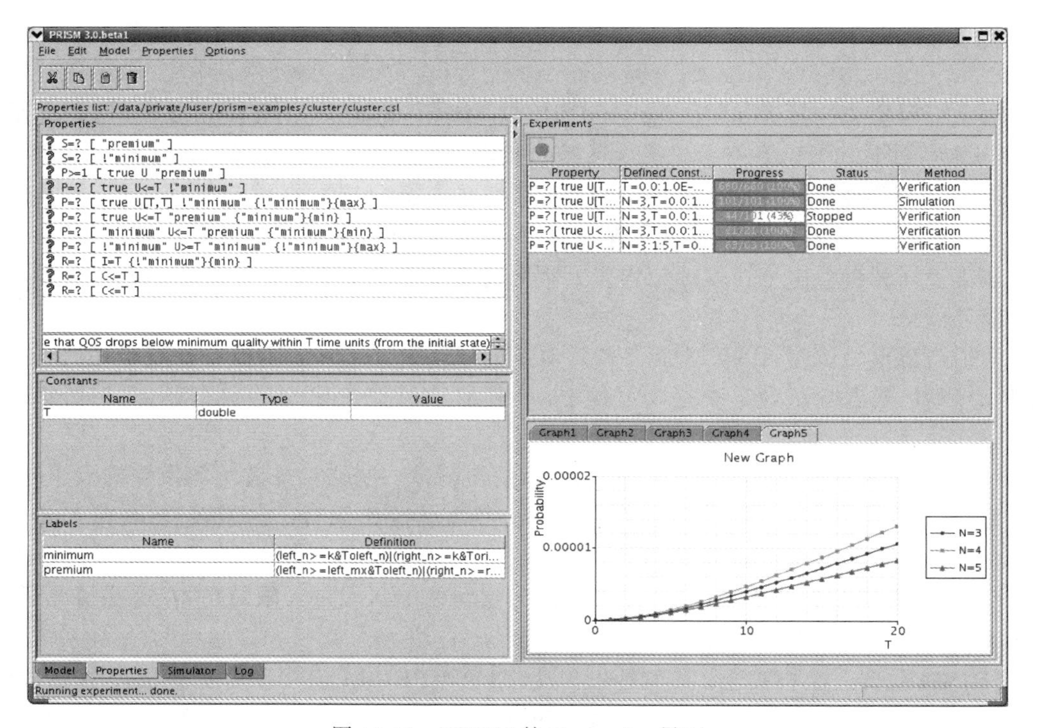

图 11-11 PRISM 的 Properties 界面

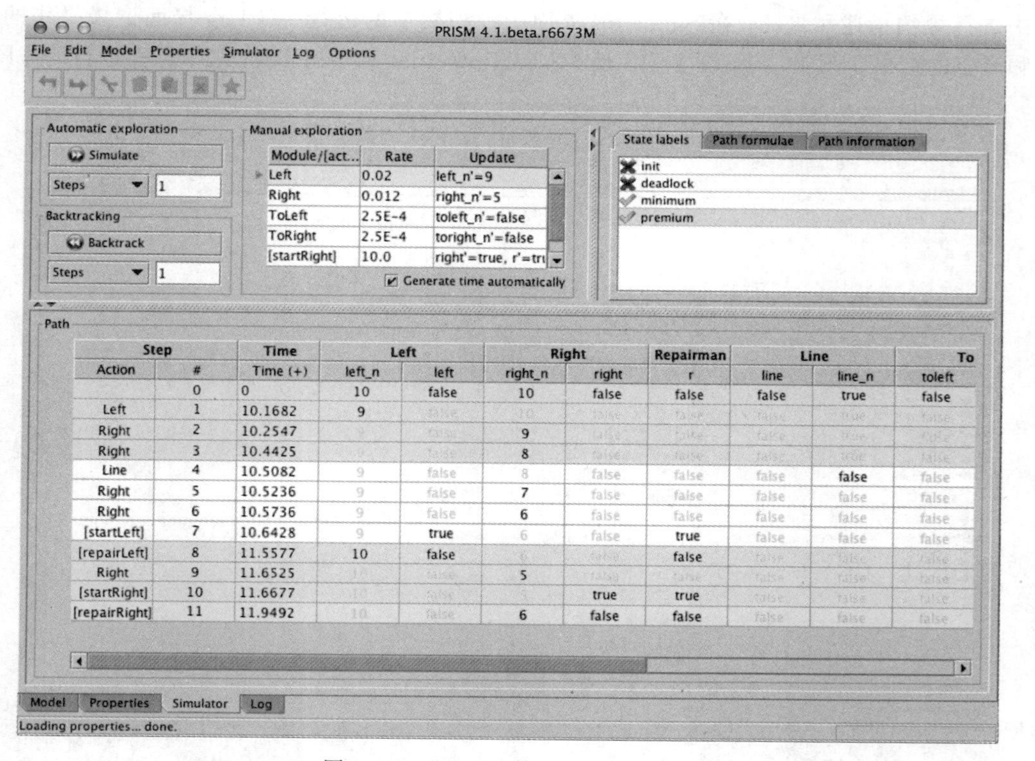

图 11-12　PRISM 的 Simulator 界面

一般在使用 PRISM 时，首先需要载入一个用 PRISM 建模语言描述的模型。PRISM 工具所在文件夹下有一个 examples 的文件夹，其中包含许多 PRISM 模型的例子。可以选择 Model→Open Model 菜单项，并且选择一个文件(也可以在编辑界面中用 PRISM 建模语言构建一个模型或选择 Model→New→PRISM Model 菜单项)。选择完之后，模型会呈现在 Model 界面下的编辑器中。在载入选择的文件时，会对该文件解析。如果该文件没有任何错误，那么有关模型中的模块、变量和其他组件的信息会显示在编辑界面左侧，并且会显示一个绿色的钩(表示该模型是符合规则的)。但是如果文件中存在错误，那么会显示一个红叉并且会在编辑器中把错误标记出来。把鼠标移到错误代码(或者红叉)上，就会显示错误的细节信息。

为了进行模型检测，PRISM 需要构建对应的概率模型，即把 PRISM 模型描述转变一个 MDP、DTMC 或者 CTMC。在这个过程中，PRISM 会计算出模型的状态集合、初始状态和迁移矩阵等。

在模型检测时，模型构建会自动完成。但是在测试一些错误或者了解模型的大小时，则可以选择 Model→Build Model 菜单项。如果在模型构建中没有任何错误，那么在 Model 界面的左下角会显示状态数、初始状态数和迁移数。但是对于 PRISM 支持的某些其他类型的模型来说，模型构建并不使用这种方式(因为这些模型状态是无限的)。在这些情况下，对模型的分析会等到模型检测时进行。

PRISM 包含一个模拟器，该工具可以生成一个 PRISM 模型的执行路径。在 PRISM 中加载了模型之后，选择软件界面下方的 Simulator。进入 Simulator 界面后，可以在 Path

列表中双击(或者右击选择 New path)开始一个新路径。如果模型中有未定义的常量,那么就需要对它们先赋值。可以从一个希望的状态开始产生路径(右击选择 New path from state),不过默认是模型的初始状态。

在 Path 列表中双击(或者右击选择 New path)之后,只会产生一个状态。这时 Path 列表的上方会显示从该状态开始的可行迁移列表。双击其中的一个表示执行了该迁移,路径列表中会增加一个状态(即路径扩展),这时可行的迁移列表也会更新新状态的可行迁移(单击哪个状态,迁移列表中的迁移就是该状态下的可行迁移),重复上面的步骤可以产生一条自己选择的路径。也可以单击 Simulate 按钮随机选择一个迁移(根据迁移的概率或速率)。该按钮下面的文本框中的值表示一次单击增加的路径的长度。

路径表中不仅显示每个状态中变量的值,还会显示在该状态中花费的时间和到该状态积累的回报值。在整个界面的右上角有状态标签的选项,其中包含 init 和 deadlock 两个默认标签和自身定义的标签。Path 列表中的状态如果满足其中的一个标签,该标签左侧会显示绿钩,否则显示红叉。

一般地,模型已经建立之后,需要通过模型检测对其进行分析。属性规约使用 11.2 节的内容进行描述,这些规约内容一般保存在后缀是.props、.pctl 或.csl 的文件中。选择 Properties→Open properties list 菜单项可以将属性文件载入 GUI 中。只有文件中不存在错误时,才能被载入,否则会显示出错。注意在载入属性文件之前,需要先将对应的模型载入,因为属性可能涉及模型中的变量或常量。一旦载入之后,文件中的属性会显示在 GUI 的 Properties 界面中。常量和标记显示在属性下方的两个列表中。也可以在对应的列表上右击,在弹出的快捷菜单上选择更改或者创建新的属性、常量和标记。错误的属性会用红色覆盖并标有警告标记,将鼠标移到该属性上,会显示对应的错误信息。

属性列表上的弹出菜单包含 Verify 的选项,单击之后会检测当前所选的属性(按住 Ctrl 键并单击,可以同时选择多个属性)。验证完成之后,紧挨着属性的图标会根据模型检测的结果发生改变。对于布尔值的属性,结果是 true 还是 false,通过绿钩和红叉表示;对于数值型的属性,将鼠标移到该属性上,就可以显示结果。

2. PRISM 建模

在 PRISM 中构建和分析的概率模型用 PRISM 语言描述,该语言是一种简单的以状态为基础的语言,它也建立在 Alur 和 Henzinger 的反应模块形式体系的基础上。该语言也用在 PRISM 支持模型中:DTMC、MDP 和 CTMC。PRISM 的基本组成部分是模块(module)和变量(variable),一个模型用很多模块描述,每个模块对应现实系统中的一个组件,整个模型由这些模块并行组合构建而成。每个模块包含许多局部变量,这些变量在任意时刻的值构成了模块的状态,整个模型的全局状态由所有模块的局部变量确定。每个模块的行为由一个命令(command)集合描述,一个命令的形式如下[①]:

```
[ ]guard→prob_1 : update_1 + … + prob_n : update_n
```

guard 是模型中所有模块变量的一个断言,即卫式,$prob_i$ 为概率,表示一个值为正实数的表达式,$\sum_{i=1}^{n} prob_i = 1$,$update_i$ 表示描述变量如何更新的一个模块迁移。如果满足卫式

① 迁移符号→在 PRISM 工具中用－>表示。

条件,每个更新以相应的概率(在一些例子中是速率)进行对应的迁移。包含一个变量 x 的一个模块简单命令可以是[]$x=0 \rightarrow 0.5: x'=1+0.5: x'=2$。

例 11.12 图 11-1 的离散时间马尔可夫链用 PRISM 语言的表示如下:

```
dtmc
module  example
    s: [0..3] init 0;
    //0 表示状态 s0
    //1 表示状态 s1
    //2 表示状态 s2
    //3 表示状态 s3
    []s = 0→0.8: (s' = 1) + 0.2: (s' = 2);
    []s = 1→0.3: (s' = 2) + 0.7: (s' = 3);
    []s = 2→1: (s' = 0);
    []s = 3→1: (s' = 3);
endmodule
```

例 11.12 给出了 PRISM 模型的基本结构,其中模块和变量是两个基本组成部分。每一个模块作为一个独立的具有完整功能的组件。一个系统可以有多个模块,所有的模块和它们之间的交互构成了一个完整的模型。模块中的本地变量和它们之间的转换构成了一条命令。组件的每一条命令代表着系统的一个行为,例如命令[]$s=0 \rightarrow 0.8:(s'=1)+0.2:(s'=2)$,其中 $s=0$ 是卫式,它定义了系统状态空间的一个子集;冒号前面的数字代表迁移到相应状态的概率,而$(s'=1)$或$(s'=2)$称作$(s=0)$的一次更新。此外,大量的模块同步或者异步执行,会构成更加复杂的模型。

正如上面所说的 PRISM 可以用来描述 DTMC、MDP 和 CTMC 这三种概率模型,分别用 dtmc、mdp 和 ctmc 这三个关键字标识。这些关键字一般在文件的开头,但其实可以放在文件的任意位置(除了模块和其他说明当中)。如果没有说明模型的类型,那么模型默认为 MDP。

PRISM 用模块和变量来描述所建模的系统。模块定义的格式如下:

module name …endmodule

一个模块的定义包括两个部分:变量和命令。变量描述模块的可能状态;命令描述它的行为,即随着时间的流逝,状态以某种方式发生改变。一般地,PRISM 只支持少数简单类型的变量。

模块和变量的名称叫作标识符,标识符由字母、数字和下画线组成,但不能以数字开头,也就是它们必须满足正则表达式[A-Za-z_][A-Za-z0-9_]*,并且区分大小写。另外标识符不能用以下任意一个,它们在 PRISM 中是保留关键字:A、bool、clock、const、ctmc、C、double、dtmc、E、endinit、endinvariant、endmodule、endrewards、endsystem、false、formula、filter、func、F、global、G、init、invariant、I、int、label、max、mdp、min、module、X、nondeterministic、Pmax、Pmin、P、probabilistic、prob、pta、rate、rewards、Rmax、Rmin、R、S、stochastic、system、true、U、W。

例 11.13 考虑一个系统由两个确定的进程组成,这两个进程必须在互斥情况下运作。每个进程可能是{0,1,2}三种状态之一。一个进程从状态 0 迁移到状态 1 的概率是 0.2,保持状态不变的概率是 0.8。该进程从状态 1 尝试迁移到临界区状态 2,这只会发生在另一个进程不在临界区的情况下。最后,一个进程从状态 2 迁移到状态 0 或保持状态不变的概率是相同的(都是 0.5)。下面用 MDP 对上述过程建模:

```
mdp
module M1
    x: [0..2] init 0;
    []x = 0→0.8: (x' = 0) + 0.2: (x' = 1);
    []x = 1 & y! = 2→(x' = 2);
    []x = 2→0.5: (x' = 2) + 0.5: (x' = 0);
endmodule
module M2
    y : [0..2] init 0;
    []y = 0→0.8: (y' = 0) + 0.2: (y' = 1);
    []y = 1 & x! = 2 → (y' = 2);
    []y = 2 → 0.5: (y' = 2) + 0.5: (y' = 0);
endmodule
```

该例子用了两个模块 $M1$ 和 $M2$,分别代表两个进程。每个模块有一个范围在[0..2]的整型变量,变量的初始值是 0,表示为 x:[0..2] init 0。若是一个布尔变量,则可以表示为 b:bool init false。还可以将一个变量的初始值省略,在这种情况下认为初始值是变量范围中的最小值(对于布尔类型,初始值是 false)。模块 $M1$ 的第一个命令是[] $x=0 \rightarrow 0.8$:$(x'=0)+0.2$:$(x'=1)$,卫式 $x=0$ 指的是当 x 的值为 0 时,会执行模块的更新行为。更新$(x'=0)$、$(x'=1)$和它们相应的概率指的是 x 的值保持为 0 的概率是 0.8,迁移为 1 的概率是 0.2。第二个命令[] $x=1\ \&\ y!=2 \rightarrow (x'=2)$说明了卫式可能在任何变量上都有约束,不是只对本模块的变量有约束,也就是说一个模块的行为可能依靠另一个模块的状态,而更新只能指定本模块变量的值。总的来说,一个模块可以读其他任何模块的变量,但只能写本模块自己的变量。当一个命令只有一个概率为 1 的更新时,可以将概率省略,即表示为[] $x=0 \rightarrow (x'=0)$。如果一个模块有超过一个变量,更新需要对它们中的每一个变量都赋予新值。例如,如果模块有两个变量 $x1$ 和 $x2$,命令可以表示为[] $x1=0\ \&\ x2>0\ \&\ x2<10 \rightarrow 0.5$:$(x1'=1)\&(x2'=x2+1)+0.5$:$(x1'=2)\&(x2'=x2-1)$。如果更新没有给一个局部变量新值,那么认为它的值保持不变。在没有变量的值发生改变时,可以使用关键字 true,下面三个命令表示相同的含义:

$$[]x1>10 \mid x2>10 \rightarrow (x1'=x1)\&(x2'=x2)$$

$$[]x1>10 \mid x2>10 \rightarrow (x1'=x1)$$

$$[]x1>10 \mid x2>10 \rightarrow \text{true}$$

最后,需要注意的是更新表达式中右侧变量的值是更新发生前模型的状态对应的值。命令[] $x1=0\ \&\ x2=1 \rightarrow (x1'=2)\&(x2'=x1)$中更新是将 $x2$ 的值变为 0,而不是 2。

PRISM 以类似 DTMC 和 MDP 的方式描述一个 CTMC,它们之间主要的不同是 CTMC 的命令中以速率代替概率。CTMC 命令的表达方式如下:

$$[]\text{guard} \rightarrow \text{rate}_1 : \text{update}_1 + \cdots + \text{rate}_n : \text{update}_n$$

在一个 CTMC 中,当在一个状态中有多个可能的迁移时,就会产生竞争条件的情况。在 PRISM 的命令中,这种情况会以两种方式产生:在一个命令中有几个更新或者在多个命令中有相同的卫式,如[] $x=0 \rightarrow 50$:$(x'=1)+60$:$(x'=2)$和[] $x=0 \rightarrow 50$:$(x'=1)$;

[] $x=0$ → 60：($x'=2$)。

例 11.14　一个 CTMC 对一个存放职业的 N-place 队列和一个服务器建模，该 CTMC 将职业从队列中移出并且处理它们。

```
ctmc
const int N = 10;
const double mu = 1/10;
const double lambda = 1/2;
const double gamma = 1/3;
module queue
    q: [0..N];
    []q < N → mu: (q' = q + 1);
    []q = N → mu: (q' = q);
    [serve] q > 0 → lambda: (q' = q - 1);
endmodule
module server
    s: [0..1];
    [serve] s = 0 → 1: (s' = 1);
    []s = 1 → gamma: (s' = 0);
endmodule
```

PRISM 支持常量的使用，常量可以是整型、双精度型或者布尔型，并且可以用数值或布尔值定义，并使用 const 关键字定义为常量表达式。例如：

```
const int radius = 12;
const double pi = 3.141592;
const double area = pi * radius * radius;
const bool yes = true;
```

常量的命名规则与变量相同。常量可以用在许多地方，如一个变量的上限或下限、更新中的概率或速率及卫式和更新中的任何地方。

在例 11.14 中，常量的定义用到了表达式。下面更精确地定义 PRISM 支持的表达式的类型，表达式可以包含数值(12、3.141 592、true、false 等)、标识符和下面的操作符。

－：负号；

*、/：乘号、除号；

＋、－：加号、减号；

＜、≥、≤、＞：关系符号；

＝、!＝：等于号、不等号；

!：逻辑非；

&：逻辑与；

|：逻辑或；

＜＝＞：当且仅当；

＝＞：蕴含；

?：条件取值(条件? a：b 表示如果条件为真执行 a 否则执行 b)。

所有的这些操作符除了?，其他的都是左结合的(也就是它们从左向右计算)。上面这些操作符的优先级从上到下逐渐变弱，同一行中的操作符优先级相同(如＋和－)。表达式还可以使用一些内置的函数，这些函数如下：

min(…)和 max(…)：可以求出两个以上的数字的最小值和最大值。

floor(x)和 ceil(x)：可以求出比 x 小的最大整数和比 x 大的最小整数。

pow(x,y)：可以求出 x 的 y 次幂。

mod(i,n)：可以求出 i 除 n 的余数。

log(x,b)：可以求出以 b 为底的 x 的对数。

在一个命令中概率可以是基于当前状态的，例如：

$$[\,]\ (x \geqslant 1\ \&\ x \leqslant 10) \rightarrow x/10:(x' = \max(1,x-1)) + 1-x/10:(x' = \min(10,x+1))$$

在例 11.14 中提到的 PRISM 的另一个特点是同步，行为(action)是一个进程代数形式的行为标签，它们写在方括号中，用来标记命令的开始，如例 11.14 命令中的 serve：

$$[\text{serve}]\ q > 0 \rightarrow \text{lambda}:(q' = q-1)$$

这些行为可以用来强制两个以上的模块同时进行迁移(即同步)。例如，在状态(3,0)(即$q=3$、$s=0$)中的组合模型可以在行为 serve 上同步发生，迁移到状态(2,1)，迁移的速率等于两个单独速率的乘积(在这个情况下，就是 lambda * 1=lambda)。两个速率的乘积并不总是表示一个同步迁移的速率，一个通用的技巧是让一个行为以速率 1 变为被动，另一个行为变为主动，这样可以真正确定同步迁移的速率，模型间的同步必须在相同的行为上。

PRISM 支持建立在成本(cost)和回报(reward)基础上属性的规约和分析，这就表示它不仅可以推出有关一个模型以某种方式表现出来的概率，还可以推出有关一个更大范围的与模型行为相关的数量测度。例如，PRISM 可以用来计算属性“预期时间”“丢失消息的预期数量”或者“预期能量消耗”。在 PRISM 中以成本和回报为基础的技术的实现只是部分完成，还需要继续完善。

如果 PRISM 的概率模型中有某些与状态有关的真实值或模型中的迁移，那么就可以增加成本和回报信息。实际上，由于成本和回报之间没有真正的区别(除了成本一般认为是“坏的”，而回报是“好的”)，所以 PRISM 只支持回报，但是使用者可以用任意两种方式之一诠释这些值。

下面这部分将讲述如何给 PRISM 语言描述的模型添加回报信息，如何表达和回报相关的属性。模型中的回报用形如 rewards…endrewards 的结构表示，该结构可以放在模型文件中的任意位置(除了在模块定义中)。这些结构中可以包含一个或多个回报项。考虑下面这个简单的例子：

```
rewards
    true: 1;
endrewards
```

这个例子是赋予模型中每个状态一个值为 1 的回报，左边的 true 是一个卫式，右边的 1 是一个回报，它们构成了一个回报项。满足卫式中断言的模型状态会被指定相应的回报。一般地，状态的回报会用多个回报项规定，每个形式都是“guard: reward;”，其中 guard 是一个断言(在模型中所有变量上的)，reward 是一个表达式(包含模型中的所有变量、常量等)。例如：

```
rewards
    x = 0: 100;
    x > 0 & x < 10: 2 * x;
    x = 10: 100;
endrewards
```

这个例子赋予满足 $x=0$ 或 $x=10$ 的状态一个值为 100 的回报,并且赋予满足 $x>0$ & $x<10$ 的状态一个值为 $2x$ 的回报。注意,一个回报项也可以给不同的状态赋予不同的回报,它的值依赖每个状态中模型变量的值。不满足所有回报项的卫式的状态将不给它们赋予回报值,满足多个卫式的状态被赋予的回报值是所有相关的回报项的回报值的和。

回报也可以分配到一个模型的迁移中,它们的规约用的方式和状态回报类似,同样使用 rewards…endrewards 的结构表示。描述迁移回报的回报项的形式是"[action] guard: reward;",这个格式的意思是满足卫式和标记动作的迁移会获得后面的回报,例如:

```
rewards
    []true: 1;
    [a] true: x;
    [b] true: 2 * x;
endrewards
```

这个例子的意思是将模型中没有动作标记的所有迁移的回报赋值为 1,标记的动作是 a 和 b 的所有迁移的回报分别赋值为 x 和 $2x$。

与状态的情况类似,同样可以有多个回报项规定一个迁移的回报值,这种情况下回报值是所有相关的回报项的回报值的和。一个模型描述可以同时规约状态和迁移,它们可以都放在一个单独的 rewards…endrewards 结构中。一个 PRISM 模型可以有多个回报的结构,例如:

```
rewards "total_time"
    true: 1;
endrewards

rewards "num_failures"
    [fail] true: 1;
endrewards
```

3. PRISM 规约

为了分析 PRISM 中构建的概率模型,需要定义该工具可以评估的模型属性。PRISM 的属性规约语言将一些著名的概率时序逻辑归入其中,PCTL 可以用来规约 DTMC 和 MDP,CSL 用来规约 CTMC。

下面是选取的几个例子,每个例子都给出了 PRISM 语法描述的规约和一个自然语言的解释①:

```
p>=1 [ F "terminate"]
```

该属性用来判断"该算法最后会以概率 1 成功结束"。

① 在 PRISM 中,操作符 P、S、R 没有下标表示形式,如 $p_{\geq 1}$ 只能表示为 $p\geq 1$。

```
p<0.1 [ F<=100 num_errors>5 ]
```

该属性用来判断“在第一个 100 个时间单元内超过 5 个错误发生的概率低于 0.1”。

```
s<0.01 [ num_sensors<min_sensors ]
```

该属性用来判断“在长时间的运行下，运行的传感器不足的概率小于 0.01”。

注意，上面的属性全是断言，即这些属性可以得到一个“对”或“错”的答案，因为和概率相关的上限和下限可以被检测是对的还是错的。在 PRISM 中也可以规约一个需要被计算的属性。例如：

```
p=? [ !proc2_terminate U proc1_terminate ]
```

该属性用来求“进程 1 在进程 2 之前结束的概率”。

```
Pmax=? [ F<=T messages_lost>10 ]
```

该属性用来求“在时间 T 内已经丢失了超过 10 个信息的最大概率”。

```
S=? [ queue_size / max_size>0.75 ]
```

该属性用来求“在长时间运行下，队列已经超过总体 75%的概率”。

当规约一个模型的属性时，需要定义模型的状态集合或种类。例如，对于验证属性“该算法最终会以概率 1 成功结束”，首先需要定义“该算法已经成功结束”的情况对应的模型状态。

在 PRISM 中，一组状态的确定通过写一个 PRISM 语言的表达式（该式的值是一个布尔值）简单地得到。该表达式通常包含模型中与它相关的变量（和常量），表达式对应的状态集合就是使表达式值为 true 的变量，称在这些状态中表达式是被满足的。

例如，对于上面的属性：

```
p<0.1 [ F<=100 num_errors>5 ]
```

表达式 num_errors $>$ 5 用来定义模型中已经超过 5 个错误发生的状态。一般还会使用标记来定义状态，如下面例子中的 terminate：

```
p>=1 [ F "terminate"]
```

在 PRISM 属性规约语言中最重要的操作符之一是 P 操作符，该操作符用来推出事件的发生概率。该操作符源自于 PCTL 逻辑，在 PRISM 支持的其他逻辑中也很重要，如 CSL。P 操作符可以用在 PRISM 支持的所有模型中。

```
P bound [ pathprop ]
```

上式表示如果从状态 s 出发的路径满足路径属性 pathprop 的概率在范围 bound 之内，那么在状态 s 中该属性就为 true。一个典型的例子是：

```
P>0.98 [ pathprop ]
```

该式表示：判断从状态 s 出发的路径满足路径属性 pathprop 的概率大于 0.98。更准确地说，范围可以是 $\geqslant p$、$>p$、$\leqslant p$ 或 $<p$ 中的任意一个，其中 p 是 PRISM 语言表达式计算出的一个范围在 $[0,1]$ 中的双精度值。

通常还会在概率模型检测中使用量化方法，来计算出关注的一些模型行为的真实概率，而不是只验证该概率是大于或小于某个给定范围。因此，PRISM中的 P 操作符可以是以下形式：

```
P=?[ pathprop ]
```

该属性返回一个数值，而不是一个布尔值，之后提到的 S 和 R 操作符也可以类似的方式使用。

如上面提到的，对于非确定模型(MDP)来说，无论是最大概率还是最小概率都是可以计算出来的。因此在这种情况下，概率有两种可能的形式：

```
Pmin=?[ pathprop ]
Pmax=?[ pathprop ]
```

这两个式子分别返回最小概率和最大概率。

PRISM 支持用 P 操作符表示的各种不同的路径属性。一个路径属性是在模型的单独路径下值 true 或 false 的一个公式。在 P 操作符中用不同类型的基础路径属性如下。

X：下一个；

U：等待；

F：最终(有时叫作将来)；

G：总是(有时叫作全局)；

W：弱等待；

R：释放。

下面介绍这些时序操作符，然后讨论这些操作符时序范围的部分使用。

(1) Next 路径属性：对于属性 X prop 来说，如果在下一个状态中 prop 为真，那么 X prop 为真，例如：

```
P<0.01[ X y=1 ]
```

如果在一个状态的下一个状态中，表达式 $y=1$ 为真的概率小于 0.01，那么在该状态中，上面的属性为真。

(2) Until 路径属性：对一个路径来说，如果在该路径的一些状态中 $prop_2$ 为真，并且在此之前的所有状态中 $prop_1$ 为真，那么属性 $prop_1$ U $prop_2$ 为真，例如：

```
P>0.5[ z<2 U z=2 ]
```

如果 z 最终会等于 2，并且在此之前 z 保持小于 2 的概率大于 0.5，那么在该状态中，上面的属性为真。

(3) Eventually 路径属性：如果在路径中的某个点上，prop 最终会变为 true，那么该路径上属性 F prop 为真。F 操作符是 U 操作符的一个特殊情况(会经常看到 F prop 写成 true U prop)，例如：

```
P<0.1[ F z>2 ]
```

如果 z 最终大于 2 的概率小于 0.1，那么在该状态中，上面的属性为真。

(4) Globally 路径属性：F 操作符用来表示可达性的属性，而 G 表示不变性。如果 prop 在路径上的所有状态都保持为 true，那么该路径上属性 G prop 为真，例如：

```
P>=0.99 [ G z<10 ]
```

该式用来判断 z 从不大于 10 的概率至少为 0.99。

(5) Weak until 和 Release 路径属性：和 F 和 G 相同的是操作符 W 和 R 都可以由其他的操作符推导出来。Weak until(a W b)等同于(a U b) | G a，该式要求在 b 变为真之前 a 保持为真，但不要求 b 肯定会变为真(即 a 可以永远为真)，例如：

```
P>0.5 [ z<2 W z=2 ]
```

该式用来判断 z 总是小于 2 或在 z 等于 2 之前都小于 2 的概率和大于 0.5。

Release(a R b)等同于!(!a U!b)，也就是 b 为 true 直到 a 变为 true 为止或者 b 一直为 true。

路径属性存在“有界”变式，上述的时序操作符中，除了 X 以外，都有“有界”变式，其中属性需要额外满足一个时间界限。一般情况会加一个时间上限，即加上形如 $\leqslant t$ 和 $< t$ 的式子，其中 t 是一个 PRISM 表达式，该式可以计算出一个非负常量值。例如，对于一个有界的 until 属性 $prop_1$ $U \leqslant t$ $prop_2$，如果在 t 步内 $prop_2$ 变为真，并且在此之前的所有状态中 $prop_1$ 为真，那么在该路径中 $prop_1$ $U \leqslant t$ $prop_2$ 是满足的。一个经典例子如下：

```
P>=0.98 [ y<4 U<=7 y=4 ]
```

如果在 7 个时间单元内，y 第一次超过 3 的概率大于或等于 0.98，那么在该状态中，上面的属性为真。类似地，

```
P>=0.98 [ F<=7 y=4 ]
```

如果在 7 个时间单元内，y 将等于 4 的概率大于或等于 0.98，那么在该状态中，上面的属性为真。又如

```
P>=0.98 [ G<=7 y=4 ]
```

如果在 7 个时间单元内，y 都一直等于 4 的概率大于或等于 0.98，那么在该状态中，上面的属性为真。时间界限可以是一个任意的(常量)表达式，但是要用括号把它括起来，例如：

```
P>=0.98 [ G<=(2*k+1) y=4 ]
```

对于 CTMC 来说，时间界限就更加灵活。首先时间界限可以是任意数值，对于其他模型必须是整型；然后使用时间下界(即 $\geqslant t$ 或 $> t$)和时间间隔 $[t_1, t_2]$，其中 t、t_1 和 t_2 是一个 PRISM 表达式，该式可以计算出一个非负双精度值，并且 t_1 不大于 t_2。例如：

```
P>=0.25 [ y<=1 U<=6.5 y>1 ]
```

该式用来判断在 6.5 个时间单元内，y 将会大于 1 并且在此之前保持小于或等于 1 的概率大于或等于 0.25。

```
P<0.4 [ F>=5.5 y>1 ]
```

该式用来判断在 5.5 时间单元时或之后，y 会大于 1 的概率小于 0.4。

```
P>0 [ G[5.5,6.5] y>1 ]
```

该式用来判断在[5.5,6.5]的整个时间段内，y 大于 1 的概率大于 0。

对于瞬时概率,还可以使用界限 F 操作符来表示一个时刻,例如:

```
P = ? [ F[10,10] y = 6 ]
```

该式等同于

```
P = ? [ F = 10 y = 6 ]
```

两个式子都表示求在时刻 10 时,y 等于 6 的概率。

S 操作符用来推出一个模型的稳定状态行为,即它长期运行的行为。虽然原则上该操作符可以用在任意模型中,但目前 PRISM 只支持在 DTMC 和 CTMC 中使用。例如:

```
S bound [ prop ]
```

上式表示如果从状态 s 开始的一个状态中满足 PRISM 属性 prop 的稳定状态概率在范围 bound 之内,那么在状态 s 中该属性就为 true。

```
S < 0.05 [ queue_size / max_size > 0.75 ]
```

该式用来判断队列超过总容量 75%的稳定状态概率小于 0.05。和 P 操作符类似,S 操作符也可以用作量化形式,来返回一个真实概率值。例如:

```
S = ? [ queue_size / max_size > 0.75 ]
```

PRISM 可以扩展关于回报(等同于成本)的信息,该工具可以分析和回报的期望值相关的属性。这通过 R 操作符实现,R 操作符的使用方式与 P 操作符和 S 操作符类似。R 操作符可以用在布尔值的式子中,例如:

```
R bound [ rewardprop ]
```

其中 bound 的形式可以是 $<r$、$\leqslant r$、$>r$ 或者 $\geqslant r$,r 是一个值为双精度非负数的表达式。R 操作符可以用在真实数值的式子中,例如:

```
R query [ rewardprop ]
```

其中 query 的形式是=?、min=? 或 max=?。

一般地,如果从某个状态开始,和模型的 rewardprop 相关的预期回报在范围 bound 之内,那么在该状态中 R bound [rewardprop]就为 true,而 R query [rewardprop]返回真实的预期回报值。有以下 4 种不同类型的回报属性。

(1)"可达性回报":F prop。

(2)"累积回报":$C<=t$。

(3)"瞬时回报":$I=t$。

(4)"稳定状态回报":S。

下面依次考虑上述类型。

"可达性回报"属性将一个模型的每条路径与回报关联起来,更具体地说就是在到达路径上的某个点之前,与这些属性相关的回报值会在这条路径上逐渐积累。回报累加的方式和模型的类型是有关的。对于 DTMC 和 MDP 来说,路径上总的回报是路径上所有状态的回报和加上这些状态之间所有迁移的回报和。对于 CTMC 来说,除了模型中每个状态的回报值被叫作速率,其他都类似,即如果状态回报为 r 的状态花费了 t 个时间单元,那么该状态累积的回报是 $r\times t$。因此,在 CTMC 中一条路径总的回报是该路径上所有状态的这些乘积的和加上这些状态之间所有迁移的回报和。

回报属性 F prop 指的是在到达满足属性 prop 的状态之前，该路径上累积的回报值，其中的回报按上述方式累积。在这些累积的值中不包括满足 prop 的状态回报。如果到达一个满足 prop 的状态的概率小于 1，那么回报的值等于无穷大。

这种类型的属性一般用在和时间相关的模型中，例如：

```
R<=9.5 [ F z=2 ]
```

如果从状态 s 到 $z=2$ 的状态的预期时间小于或等于 9.5，那么在状态 s 中，该式为真。

"累积回报"属性也是将一个模型的每条路径与回报关联起来，但是只在一个给定的时间范围内。属性 $C\leqslant t$ 指的是在 t 个时间单元中，该路径上积累的回报值。对于 DTMC 和 MDP 来说，范围 t 必须是一个整数；而对于 CTMC 来说，t 可以是一个双精度数值。状态和迁移的回报按之前的方式累积。该类型的属性的一个经典应用是作为一个磁盘驱动的控制器模型，该控制器包含一个传入的磁盘需求队列。如果因为队列已满传入需求丢失，给模型中的每个迁移的回报赋值为 1，那么属性就是：

```
R=? [ C<=15.5 ]
```

对该模型的一个给定状态，该式会返回在 15.5 时间单元内预期丢失的需求数量。

"瞬时回报"属性指的是在某个时刻，模型的回报值。属性 $I=t$ 指的是在 t 时刻，该路径上某个状态的回报。同样，对于 DTMC 和 MDP 来说，范围 t 必须是一个整数；而对于 CTMC 来说，t 可以是一个双精度数值。再以磁盘控制器为例，模型的每个状态的回报值是该状态下队列的大小，那么属性就是：

```
R<4.4 [ I=100 ]
```

如果从状态 s 开始，在 100 个时间单元时，预期的队列大小小于 4.4，那么在状态 s 时，该式为真。注意，对于此类型的回报属性，CTMC 状态回报不一定是速率，也可以表示一个状态的瞬时利益量度。

与前面三种类型的属性不同，"稳定状态回报"属性与路径无关，只表示长期运行中的回报。该类型的属性常用来表示能量消耗的模型中的回报，例如：

```
R<=0.7 [ S ]
```

如果从状态 s 开始，在长时间的运行中平均能量消耗少于 0.7，那么在状态 s 时，该式为真。

当一个 PRISM 模型有多个回报结构，就需要详细说明具体所指的回报结构。这时可以把信息放在 R 操作符后面的括号中，在括号里可以使用名称，也可以使用索引(其中 1 表示 PRISM 模型文件中的第一个回报结构，2 表示第二个回报结构，以此类推)。例如：

```
R{"num_failures"}=? [ C<=10.0 ]
R{"time"}=? [ F step=final ]
R{2}=? [ F step=final ]
```

注意，当使用索引规约回报结构时，实际上可以放一个表达式，该表达式的值是一个整数。这样就可以写出一个形如 $R\{c\}=?$ [⋯]的属性，其中 c 是一个未定义的整型常量，可以在实验中给 c 不同的值，再计算几个不同回报结构的值。如果不对 R 操作符规约一个回报结构,那么会默认使用模型文件中的第一个。

对于一些非概率属性,PRISM 也支持时序逻辑 CTL 的大部分操作符,概率逻辑 PCTL 和 CSL 就是 CTL 的扩展。CTL 使用 A(所有)和 E(存在)操作符代替概率操作符 P,来验证是否所有(或存在一些)路径满足路径公式。例如:

```
E [ F "goal" ]
A [ F "goal" ]
```

两个式子分别表示"存在一个路径到达目标状态"和"所有路径都可以到达目标状态"。类似地:

```
E [ G "inv" ]
A [ G "inv" ]
```

这两个式子表示存在路径(或所有路径)满足 G "inv",G "inv"又表示路径上的每个状态都满足 inv。

PRISM 属性规约语言包含多种概率时序逻辑,除了 PCTL、CSL,还可以使用 LTL、PCTL* 和 CTL。一般地,语法可以归纳如下:一个属性可以是任意符合规则的 PRISM 表达式,这也包含之前提到的概率操作符(P、S 和 R)和非概率操作符(A 和 E)。下面的操作符都可以使用。

-:负号;

*、/:乘号、除号;

+、-:加号、减号;

<、≥、≤、>:关系符号;

=、!=:等于号、不等号;

!:逻辑非;

&:逻辑与;

|:逻辑或;

<=>:当且仅当;

=>:蕴含;

?:条件取值(条件? a:b 表示如果条件为真执行 a,否则执行 b);

P:概率操作符;

S:稳定状态操作符;

R:回报操作符;

A:所有路径操作符;

E:存在路径操作符。

通过 PRISM 属性规约语言的语法,可以构造任意可表达的属性。例如,CSL 允许将 P 操作符和 S 操作符嵌套使用:

```
P=? [ F>2 S>0.9[ num_servers >= 5 ] ]
```

上面这个式子用来计算"花费超过两小时到达一个状态,并且从该状态开始,在之后的长期运行中至少有 5 个服务器在运行的概率大于 0.9"的概率。

还可以使用不同的算术表达式，例如：

```
1 - P = ? [ F[3600,7200] oper ]
```

上式指的是“求在第二小时的时间内，系统处于非运行状态的概率”。

```
R{"oper"} = ? [ C<=t ] / t
```

上式指的是“求在时间区间$[0,t]$内，系统可以使用的预期时间部分”。

```
P = ? [ F fail_A ] / P = ? [ F any_fail ]
```

上式指的是“求在假定至少有组件失效的情况下，组件 A 最终失效的概率”。

针对 PRISM 语义要说明几点。一个属性的求值是对于模型的一个特定状态而言的。由于属性的类型不同，这个值可能是布尔值，也可能是整型数值或双精度数值。在模型检测时，PRISM 需要计算模型所有状态下的该属性的值，但是为了简洁，在默认情况下只呈现一个值。一般地，这个值是模型初始状态下该属性的值。例如下面的属性：

```
P = ? [ F "error" ]
```

该式会呈现从该模型的初始状态到达一个“错误”状态的概率。

```
P>0.5 [ F "error" ]
```

当且仅当从初始状态到达一个“错误”状态的概率大于 0.5，该式才会返回 true。

当模型中有多个初始状态时，需要进行稍微地改变。在这种情况下，这两个属性会分别返回：

(1) 从所有初始状态到达错误状态的概率值的范围。

(2) 当且仅当从所有初始状态开始，这些概率都大于 0.5，就返回 true。

11.3.2 应用举例

下面是一个用 PRISM 模型建模的实例，在该实例中通过一个公平硬币模拟一个六面的骰子。模拟的过程如图 11-13 所示，初始状态是 0，在之后的每一步中，硬币的两种可能选择的概率都是 0.5。在到达图中骰子的 6 种可能情况之一时，该过程结束。

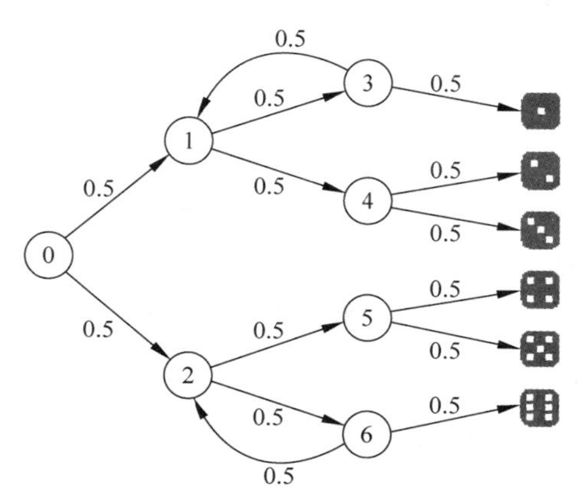

图 11-13 公平硬币模拟六面骰子的过程

通过 PRISM 语言对该 DTMC 的建模如下：

```
dtmc
module die
    //本地状态
    s : [0..7] init 0;
    //die 的值
    d : [0..6] init 0;
    []s = 0 → 0.5: (s' = 1)  +  0.5: (s' = 2);
    []s = 1 → 0.5: (s' = 3)  +  0.5: (s' = 4);
    []s = 2 → 0.5: (s' = 5)  +  0.5: (s' = 6);
    []s = 3 → 0.5: (s' = 1)  +  0.5: (s' = 7) & (d' = 1);
    []s = 4 → 0.5: (s' = 7) & (d' = 2)  +  0.5:(s' = 7) & (d' = 3);
    []s = 5 → 0.5: (s' = 7) & (d' = 4)  +  0.5:(s' = 7) & (d' = 5);
    []s = 6 → 0.5: (s' = 2)  +  0.5: (s' = 7) & (d' = 6);
    []s = 7 → (s' = 7);
endmodule

rewards "coin_flips"
    [] s < 7: 1;
endrewards
```

图 11-14 是在 PRISM 中建立的模型(图中左下角是状态数、初始状态数和迁移数)：

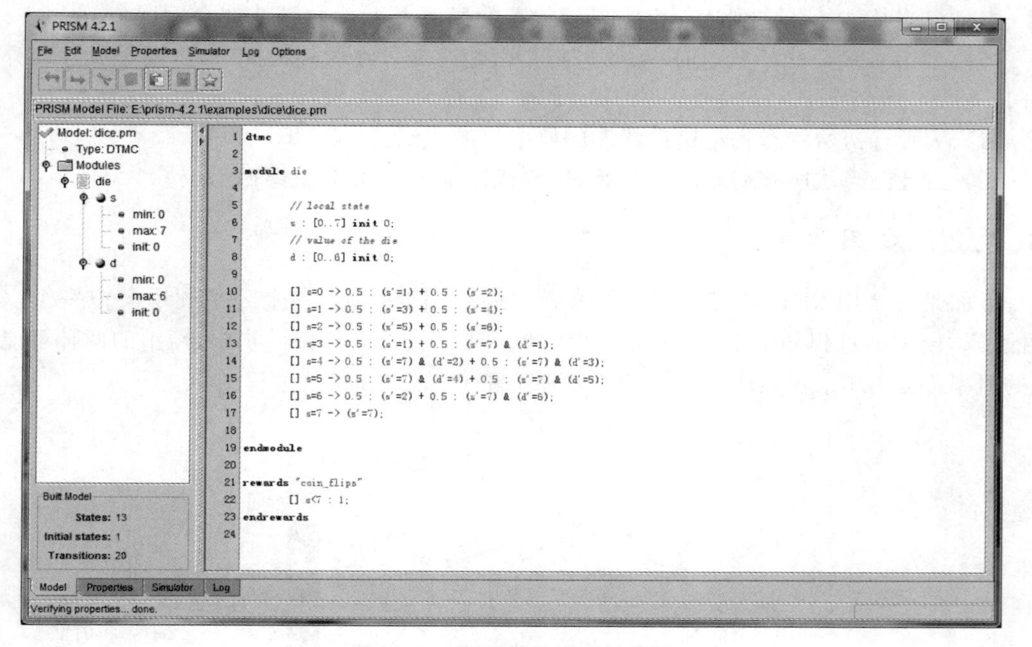

图 11-14　硬币模拟骰子的建模

对该 DTMC 给出以下规约：

(1) $P>0.1[\ F\ s=7\&d=x\ ]$表示掷出 x 的概率大于 0.1(x 是骰子的点数，验证时可自行添加)。

(2) $P=?[\ F\ s=7\&d=6\ ]$用来求掷出 6 点的概率。

(3) $P=?[\ F\ s=7\&d=x\ ]$用来求掷出 x 点的概率。

(4) $R=?[\ F\ s=7\ ]$用来求完成此过程的预期投掷硬币的次数。

图 11-15 是在 PRISM 中模型的规约：

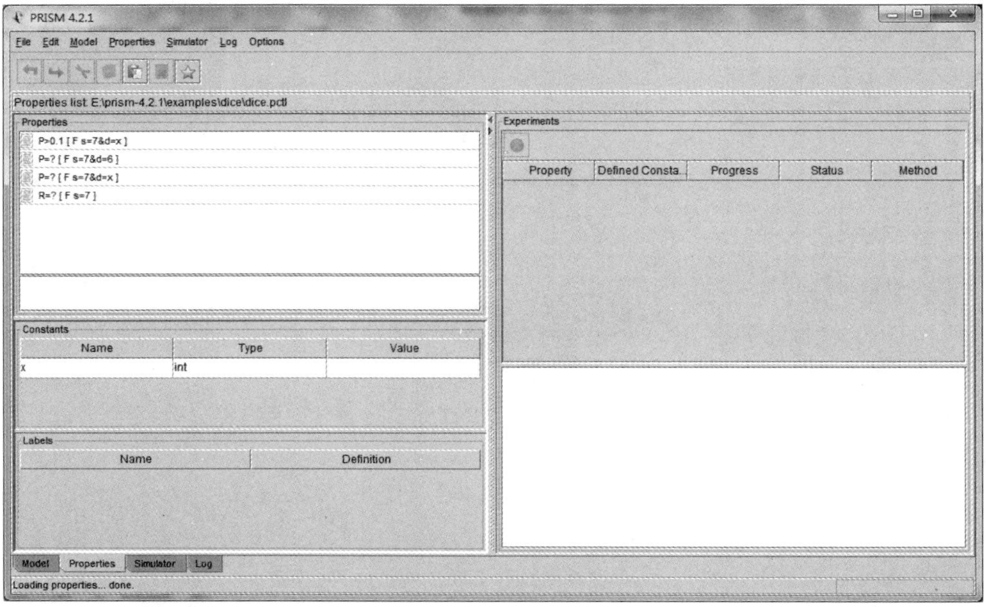

图 11-15　硬币模拟骰子的规约

对属性(1)中 x 赋值为 3 的验证结果为 true，如图 11-16 所示。

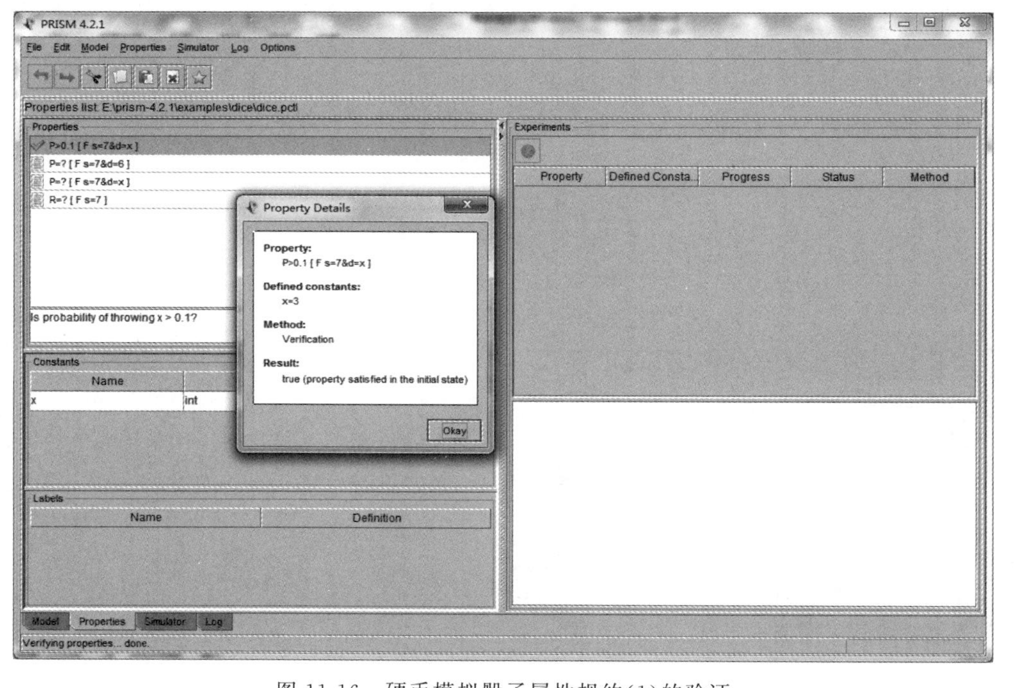

图 11-16　硬币模拟骰子属性规约(1)的验证

对属性(2)验证结果为 0.166 666 507 720 947 27,如图 11-17 所示。

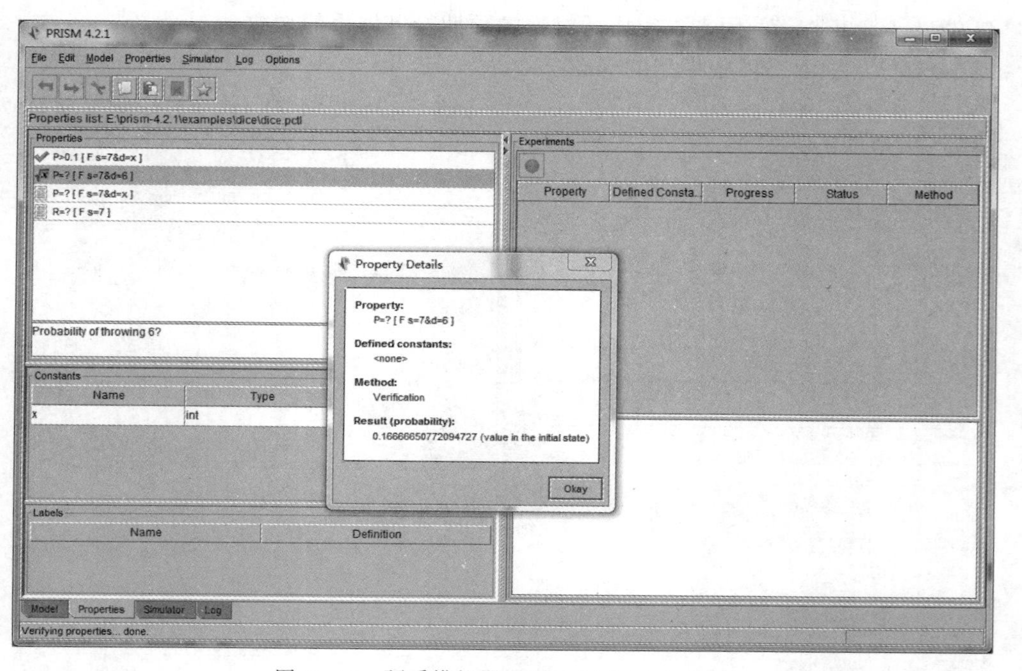

图 11-17 硬币模拟骰子属性规约(2)的验证

属性(2)是属性(3)的一个特例,属性(3)的验证略去。对属性(4)的验证结果为 3.666 665 077 209 472 7,如图 11-18 所示。

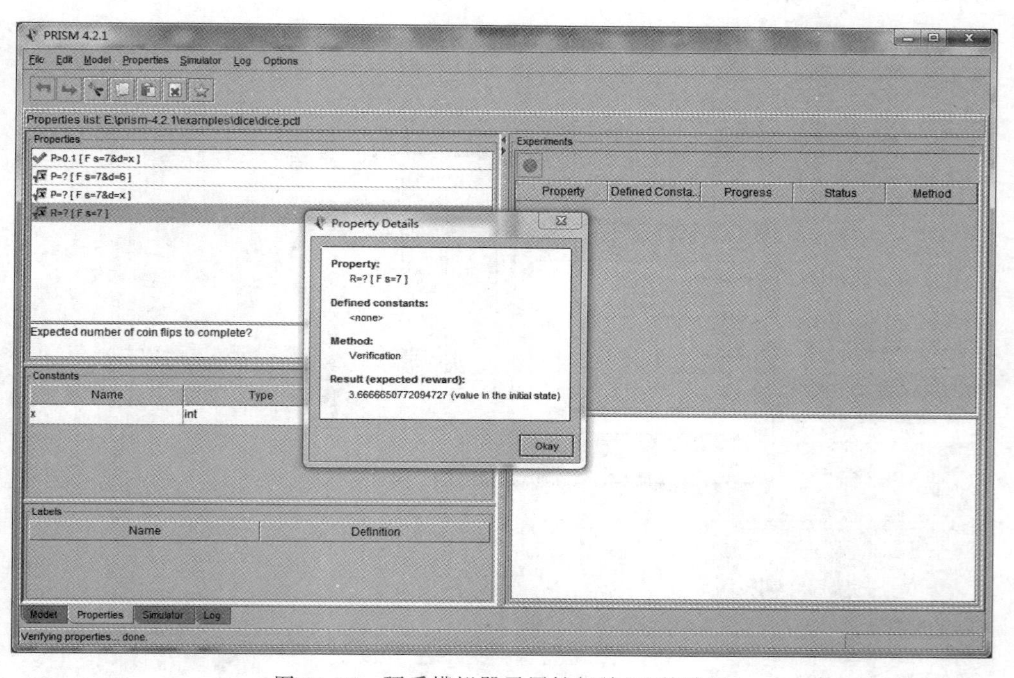

图 11-18 硬币模拟骰子属性规约(4)的验证

对于该模型的路径，随机生成了一条路径，如图 11-19 所示。

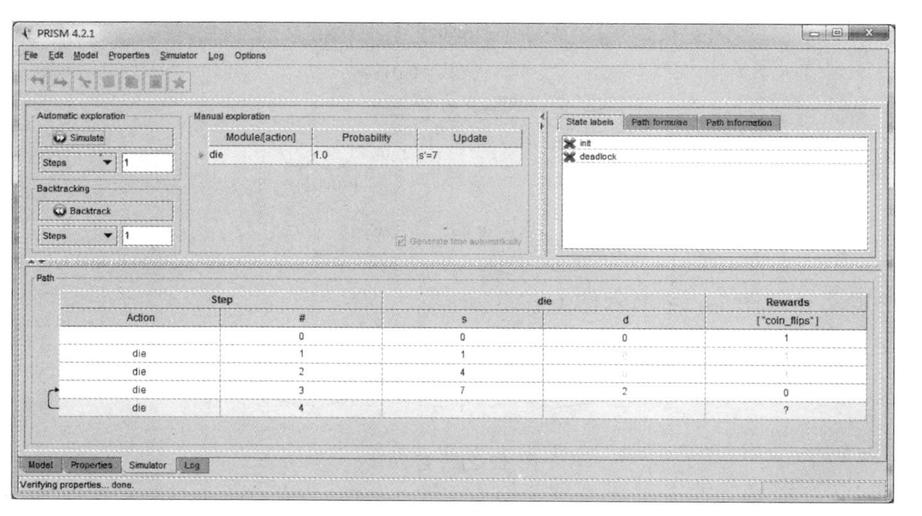

图 11-19　硬币模拟骰子的一条随机路径

11.4　本章小结

实际系统中存在不确定性，这在信息物理融合系统(CPS)中是固有的，如系统中物理部件的信息感知不稳定、传输丢失等。在这些系统模型的描述中，通过引入概率或者随机元素表达系统的不确定性，并在设计策略中，通过容错、容变机制获得期望的量化性质。这类系统量化性质的模型检验主要有概率和统计两种途径。

概率模型检测是计算某个系统在执行期间某个事件发生可能性的技术。概率模型检测结合了概率分析和通用模型检测技术，是硬件和协议验证的主要技术，如分析容错系统的不可靠和不可预知行为、通信协议和计算机网络的组件故障及网络中的数据包丢失等问题。本章讲述三种现在比较常用的概率模型和它们对应的规约逻辑，最后介绍了现在常用的并且支持这三种模型的概率验证工具 PRISM。关于 PRISM 使用的详细情况可以参考网站 http://www.prismmodelchecker.org/上的有关内容。

概率模型检测是基于数值分析的方法，还有一种基于统计分析的方法，称为统计模型检测。这两种方法统称为随机模型检测，限于篇幅，本章不再介绍统计模型检测，具体内容可参阅相关文献。

习　题　11

1. 用定义表示图 11-20 所示的 DTMC。

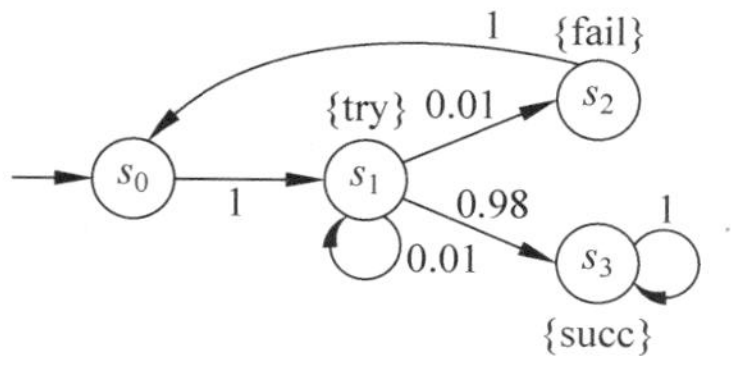

图 11-20　DTMC

2. 用定义表示图 11-21 所示的 MDP。

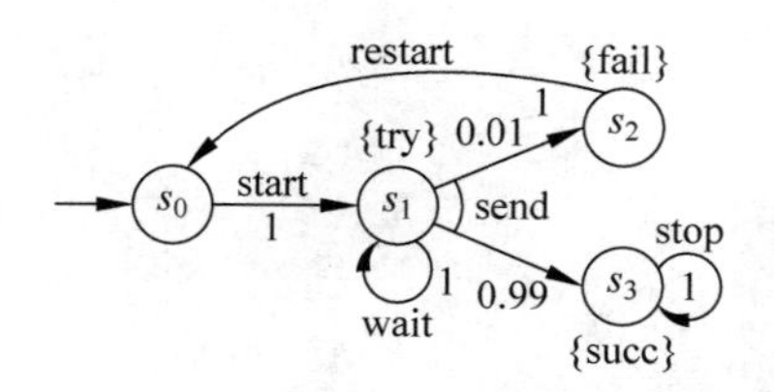

图 11-21　MDP

3. 用定义表示图 11-22 所示的 CTMC。

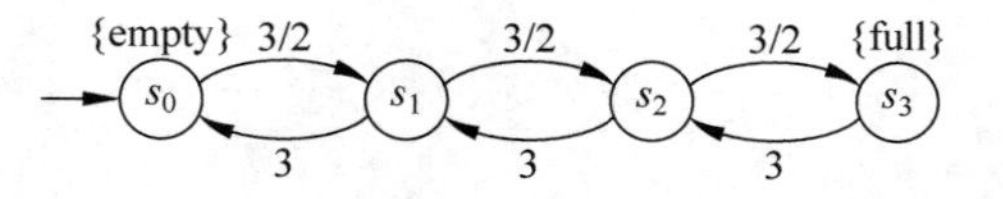

图 11-22　CTMC

4. 对上面的三个模型用 PRISM 语言进行建模。

第12章 实时与混成系统验证

本章学习目标

（1）掌握实时系统的时间自动机建模方法。

（2）了解时间计算树逻辑和度量区间时序逻辑。

（3）掌握实时系统模型检测工具 UPPAAL 的使用。

（4）了解混成系统验证的基本思想和基本方法。

实时系统（real-time system）是一种在限定时间内对来自外界的事件（请求、输入等）做出响应的计算机系统，如控制系统、监测系统、通信系统等。这类系统的正确性不仅依赖于计算的逻辑结果，还依赖于结果产生的时间。实时系统具有的主要特性包括：实时性，即规定动作进行和完成的时间；并发性，即多个部件的并发；反应性，即运行通常不终止；嵌入式，即常常嵌入在一个较大系统之中。

混成系统（hybrid system）是一类特殊的实时系统，如自动导航系统、机器人等，这类系统既包含离散量又包含连续量，需要与其外部连续变化的物理环境不断交互，其特点是既随时间连续变化，又受离散突发事件的驱动。

20 世纪 90 年代以来，随着实时与混成系统在工业及国防等领域得到越来越广泛的应用，对系统的安全性和可靠性都提出了严格要求，尤其在一些如航空航天、核电站、军事指挥及铁路交通等安全关键（safety-critical）领域，要求绝对可靠和安全。系统设计上的微小错误都可能导致灾难性的后果。这类系统的可靠性成为人们关注的焦点，目前普遍认为形式化方法是保障这类系统可靠性的一条重要途径。

12.1 时间自动机

时间因素对实时系统的行为建模起关键的甚至决定性的作用，通常是在非实时系统的建模方法基础上扩充时间因素，如时间自动机（timed automata）、时间/时钟迁移系统、时间 Petri 网及扩充了时间的进程代数（TCSP，TCCS，…）等，其中以 R. Alur 和 D. L. Dill 于 20 世纪 90 年代初提出的时间自动机的影响和应用最为广泛。它是一种增加了时钟变量的 ω-有穷自动机，是时间 Büchi 自动机的一个特殊子集。下面给出时间自动机的语法和语义。

12.1.1 语法

定义 12.1 时间自动机用一个六元组 $A=(\mathrm{Loc}, l_0, \Sigma, X, I, E)$ 表示，其中：

$\mathrm{Loc}=\{l_0, l_1, l_2, \cdots\}$ 是位置的有穷集；

$l_0 \in \mathrm{Loc}$ 是初始位置；

$\Sigma=\{a,b,\cdots\}$ 是标号的有穷集；

$X=\{x_1,x_2,\cdots\}$ 是时钟的有穷集；对于 X 中的所有时钟 x，时间流逝的速度是相同的。

I：$\mathrm{Loc} \to C(X)$ 是一个映射，它为 Loc 中的每一个位置 l 指定 $C(X)$ 中的某一个时钟约束作为 l 的不变式；$C(X)$ 为定义 X 上的时钟约束 φ 的集合，其语法为：$\varphi ::= x \sim c \mid \varphi_1 \wedge \varphi_2 \mid \mathrm{True}$，其中 x 是一个时钟，c 是一个非负整数，$\sim \in \{<, >, \geqslant, \leqslant\}$。

$E \subseteq \mathrm{Loc} \times \Sigma \times C(X) \times 2^X \times \mathrm{Loc}$ 是一个迁移集合。一个五元组 $<l, a, \varphi, \lambda, l'> \in E$ 表示一个标号为 a，从位置 l 到 l' 的迁移。φ 是定义在时钟集 X 上的一个时钟约束，在迁移发生时必须被满足。λ 表示迁移发生时被重置的所有时钟组成的集合，且 $\lambda \subseteq X$。

图 12-1 中给出了一个简单的带有两个时钟 x、y 和若干时钟约束的时间自动机 A_1。

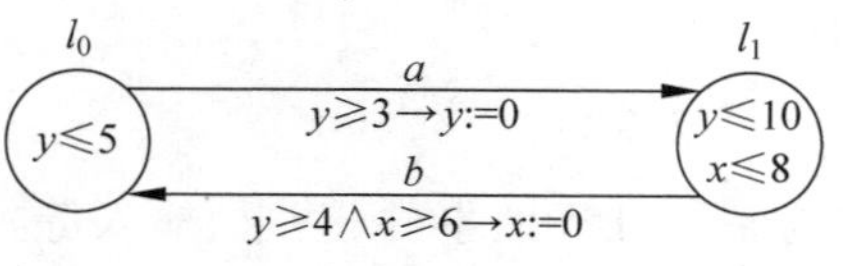

图 12-1　一个简单的时间自动机 A_1

当一个时钟约束与迁移相关联时，称为卫式(guard)。只有当时钟的当前值满足卫式时，迁移才能发生。例如图 12-1 的迁移 a，$y \geqslant 3$ 是 a 的卫式。当 y 的值大于或等于 3 时，迁移 a 发生，从位置 l_0 迁移到 l_1，并且 y 被重置为 0。当一个时钟约束与一个位置相关联时，称其为不变式。只要时钟的值一直满足某个位置的不变式，就可以停留在这个位置。例如图 12-1 的位置 l_0，其不变式为 $y \leqslant 5$，只要 y 的值小于或等于 5，那么自动机就可以停留在位置 l_0。

12.1.2　语义

根据时钟变量的取值不同，时间自动机对应不同的语义。常见的两种语义为离散语义与连续语义。在离散语义中，时钟变量的取值均为非负整数，而在连续语义中，时钟变量的取值为非负实数，此处仅考虑连续语义。

定义 12.2　时间自动机 $A=\left(\mathrm{Loc}, l_0, \Sigma, X, I, E\right)$ 的语义模型是一个时间迁移系统 $T_A = <S, s_0, \Sigma \cup \mathbf{R}^{\geqslant 0}, \to>$。其中：

$S \subseteq \mathrm{Loc} \times \mu_X$ 是状态集合，$\mu_X: X \to \mathbf{R}^{\geqslant 0}$ 表示 X 上的时钟赋值集合，S 中的每一状态由一个位置 l 和一个时钟赋值 μ 组成，记为 (l, μ)；

$s_0=(l_0, \mu_0) \in S$ 是初始状态；

$\Sigma \cup \mathbf{R}^{\geqslant 0}$ 是 T_A 中迁移的标号集合；

$\to$ 是迁移关系，有延迟迁移和离散迁移两种形式。延迟迁移：$(l, \mu) \xrightarrow{t} (l, \mu+t)$ 表示存在 $t \in \mathbf{R}^{\geqslant 0}$，当满足 $\mu \vDash I(l)$，$\mu+t \vDash I(l)$ 时，状态 (l, μ) 可以迁移到状态 $(l, \mu+t)$，其中 $\mu \vDash I(l)$ 表示时钟变量赋值 μ 满足结点不变式约束 $I(l)$；离散迁移：$(l, \mu) \xrightarrow{a} (l', \mu')$ 表示存在一个迁移 $<l, a, \varphi, \lambda, l'> \in E$，$a \in \Sigma$，使 $\mu \vDash \varphi$，$\mu'=\mu[\lambda := 0]$，$\mu' \vDash I(l')$，其中 $\lambda(\lambda \subseteq X)$ 是需要重置的时钟集合，φ 是这个迁移上的时钟约束，只有当 $\mu \vDash \varphi$ 时，迁移才能发生。另外，离散迁移是瞬间发生的，不消耗时间。

对于所有的时钟变量 $x \in X$，在初始状态 s_0 中 $\mu_0(x)=0$。如果有 $t \in \mathbf{R}^{\geqslant 0}$，时钟赋值

$\mu+t$ 表示对所有的时钟变量 $x\in X$，$\mu(x+t)=\mu(x)+t$。对于时钟集合 $\lambda\subseteq X$，时钟赋值 $\mu[\lambda:=0]$表示对所有的时钟变量 $x\in\lambda$，$\mu(x)=0$，X 中其他时钟变量保持不变。若在给定的 μ 的时钟赋值下，时钟约束 φ 为真，则称时钟赋值 μ 满足时间约束 φ，记为 $\mu\models\varphi$。

考虑图 12-1 中的时间自动机 A_1，假设 A_1 当前处于状态$(l_0, x=0, y=0)$，那么从该状态出发存在一个延时迁移$(l_0, x=0, y=0)\xrightarrow{4}(l_0, x=4, y=4)$，显然$(x=4, y=4)$满足不变式 $y\leqslant 5$。假设自动机 A_1 当前处于状态$(l_0, x=4, y=4)$，那么从该状态出发存在一个离散迁移$(l_0, x=4, y=4)\xrightarrow{a}(l_1, x=4, y=0)$。其中$(x=4, y=4)$满足卫式 $y\geqslant 3$，y 在经过离散迁移后被重置为 0，并且$(x=4, y=0)$满足 l_1 的不变式。

例 12.1 一个控制灯开关的时间自动机模型如图 12-2 所示。当灯不亮时，可以按下开关点亮灯。当灯被点亮后，至少持续 1 分钟。当灯亮的持续时间超过 2 分钟灯会自动熄灭。时钟 x 用来记录灯亮的持续时间。这里不区分灯自主熄灭和人为熄灭的区别。

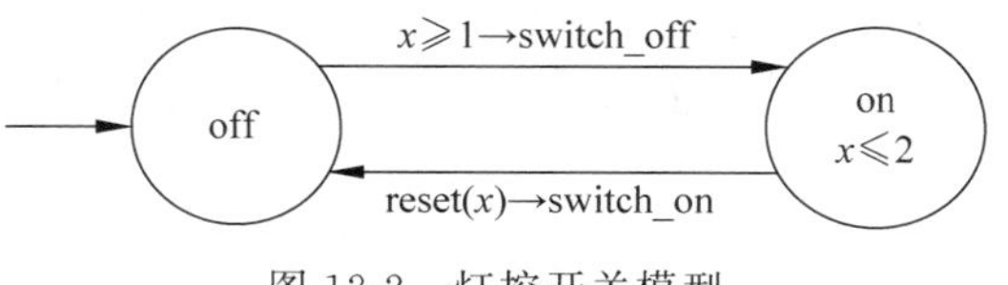

图 12-2 灯控开关模型

用时间迁移系统 T_A 表示图 12-2 中的时间自动机的语义模型。

T_A 的状态集合 $S=\{<\mathrm{off}, t>\mid t\in\mathbf{R}^+\}\cup\{<\mathrm{on}, t>\mid t\in\mathbf{R}^{\geqslant 0}\}$，在这个时间自动机中只有一个时钟 x，这里 t 是时钟赋值的简写，表示 $\mu(x)=t$。由于时间是连续的，t 可以取任何非负实数，因此从初始状态(off,0)出发有无数个迁移。T_A 中所有的迁移可表示如下：

$\forall t,d\in\mathbf{R}^{\geqslant 0}$，$<\mathrm{off}, t>\xrightarrow{d}<\mathrm{off}, t+d>$；

$\forall t\in\mathbf{R}^{\geqslant 0}$，$<\mathrm{off}, t>\xrightarrow{\text{switch-on}}<\mathrm{on}, t>$；

$\forall t,d\in\mathbf{R}^{\geqslant 0}$，并且 $t+d\leqslant 2$，$<\mathrm{on}, t>\xrightarrow{d}<\mathrm{on}, t+d>$；

$\forall 1\leqslant t\leqslant 2$，$<\mathrm{on}, t>\xrightarrow{\text{switch-off}}<\mathrm{off}, t>$。

从初始状态$<\mathrm{off}, 0>$出发可到达的状态集合为

$$S=\{<\mathrm{off}, t>\mid t\in\mathbf{R}^{\geqslant 0}\}\cup\{<\mathrm{on}, t>\mid 0\leqslant t\leqslant 2\}$$

下面给出 T_A 中的一个迁移序列的例子：

$$<\mathrm{off}, 0>\xrightarrow{0.57}<\mathrm{off}, 0.57>\xrightarrow{\text{switch-on}}<\mathrm{on}, 0>\xrightarrow{\sqrt{2}}<\mathrm{on}, \sqrt{2}>\xrightarrow{0.2}<\mathrm{on}, \sqrt{2}+0.2>$$
$$\xrightarrow{\text{switch-off}}<\mathrm{off}, \sqrt{2}+0.2>\xrightarrow{\text{switch-on}}<\mathrm{on}, 0>\xrightarrow{1.7}<\mathrm{on}, 1.7>\cdots$$

注意：在时间自动机的语义模型中，状态迁移序列是无穷的。

12.2 实时逻辑

由于基本的时序逻辑如 LTL、CTL 等不能满足描述实时系统时间属性的需求，必须对基本的时序逻辑扩充时间表达能力，如时间计算树逻辑(timed computation tree logic，TCTL)、度量区间时序逻辑(metric interval temporal logic，MITL)、时间命题时序逻辑

(timed propositional temporal logic,TPTL)、时段演算(duration calculus,DC)[①]等。这些能描述时间属性的时序逻辑统称为实时逻辑。限于篇幅,这里仅介绍 TCTL 和 MITL。

12.2.1 时间计算树逻辑

TCTL 在计算树逻辑 CTL 的基础上引入了时间的概念,可以用来表示时间自动机的属性。在 TCTL 中,直到算子 U^J 是在 U 上附加了一个表示时间的区间,J 是一个时间区间。$\phi U^J \psi$ 表示将会在 $t \in J$ 时间内到达满足 ψ 的状态且在到达满足 ψ 的状态之前仅访问那些满足 ϕ 的状态。TCTL 公式能够充分表达实时系统的一些重要属性。

1. 语法

定义 12.3 TCTL 公式为状态公式或者路径公式。TCTL 状态公式由原子命题集 AP 和时钟集 C 的以下形式构成:

$$\phi ::= \text{true} \mid a \mid g \mid \phi \wedge \phi \mid \neg \phi \mid E\varphi \mid A\varphi$$

其中,$a \in \text{AP}$,$g \in C(X)$,且 φ 是路径公式,φ 定义为 $\phi U^J \phi$,$J \subseteq \mathbf{R}^{\geqslant 0}$ 是一个上下界为非负实数的区间。

逻辑联结词 $\wedge$、$\neg$ 等在 TCTL 中的含义不变,直到算子扩展为 U^J。与 CTL 一样,路径量词 A 表示所有路径,路径量词 E 表示存在一条路径。对时序算子 $\Diamond$ 和 $\Box$ 附加表示时间的区间后,当 TCTL 公式中出现 $\Diamond^J \phi$ 时可以用 True $U^J \phi$ 替换,公式的含义保持不变。并且存在关系 $E\Box^J\phi = \neg A\Diamond^J \neg\phi$,$A\Box^J\phi = \neg E\Diamond^J \neg\phi$,在 TCTL 中并没有与时序算子 $\bigcirc$ 对应的算子,因为在 TCTL 中,时间是连续的,而不是离散的,$\bigcirc$ 即"下一时刻"是没有意义的。

J 可以是以下形式的区间:$[n, m]$、$(n, m]$、$[n, m)$、(n, m),其中 n、m 是非负实数,$n \leqslant m$ 并且 m 可以是 ∞。当 $J = [0, \infty)$ 时是一种特殊情况,这时候时间要求总是满足的,那么有 $\phi U^{[0,\infty)} \psi = \phi U \psi$,$\Diamond^{[0,\infty)} \phi = \Diamond \phi$,$\Box^{[0,\infty)} \phi = \Box \phi$。

定义 12.4 设 A 是一个时间自动机。函数 ExecTime: $\Sigma \cup \mathbf{R}^{\geqslant 0} \to \mathbf{R}^{\geqslant 0}$ 定义如下:

$$\text{ExecTime}(\tau) = \begin{cases} 0, & \tau \in \Sigma \\ d, & \tau = d \in \mathbf{R}^{\geqslant 0} \end{cases}$$

设 $\rho = s_0 \xrightarrow{\tau_1} s_1 \xrightarrow{\tau_2} s_2 \cdots$ 是 A 的迁移系统语义模型 T_A 中的一个无穷迁移序列,其中 $\tau_i \in \Sigma \cup \mathbf{R}^{\geqslant 0}$。令 $\text{ExecTime}(\rho) = \sum_{i=0}^{\infty} \text{ExecTime}(\tau_i)$。路径序列 $\pi = s_0 s_1 s_2 \cdots$ 由迁移序列 ρ 得到,并且 $\text{ExecTime}(\pi) = \text{ExecTime}(\rho)$。

定义 12.5 无穷路径序列 π 是时间发散的当且仅当 $\text{ExecTime}(\pi) = \infty$,否则 π 是时间收敛的。

例 12.2 考虑例 12.1 中的灯控开关。假设存在两条无穷路径:$\pi = \langle \text{off}, 0\rangle\langle \text{off}, 1\rangle\langle \text{on}, 0\rangle\langle \text{on}, 1\rangle\langle \text{off}, 1\rangle\langle \text{off}, 2\rangle\cdots$,$\pi' = \langle \text{off}, 0\rangle\langle \text{off}, 1/2\rangle\langle \text{off}, 3/4\rangle$

---

① 时段演算是中国科学院软件研究所周巢尘院士和 C. A. R. Hoare、A. P. Raun 共同提出的一种基于区间时序逻辑的实时系统形式化方法。

$<\mathrm{off}, 7/8>\cdots$，$\pi$ 中相邻两个状态之间的时间差为 1。显然这条路径是时间发散的，因为 $\mathrm{ExecTime}(\pi)=1+1+1+\cdots=\infty$。而 π' 中，相邻两个状态之间的时间差为 $(1/2)^{i+1}$，显然 π' 是时间收敛的，因为 $\mathrm{ExecTime}(\pi')=\sum_{i=0}^{\infty}(1/2)^{i+1}=1<\infty$。

定义 12.6 对于 T_A 中的状态 s，令 $\mathrm{Paths}_{\mathrm{div}}(s)=\{\pi \mid \pi\in \mathrm{Paths}(s), \pi$ 是时间发散的$\}$。

$\mathrm{Paths}_{\mathrm{div}}(s)$ 即 T_A 中所有从 s 出发的时间发散路径的集合。在现实中，时间是不停流逝的，所以时间收敛路径没有现实意义，虽然不能回避它的存在，但是在对时间自动机进行分析时，通常会选择忽略时间收敛路径。

2. 语义

在给出 TCTL 的语义之前，先将定义 12.2 的时间自动机 A 扩充为 A'。

定义 12.7 扩展的时间自动机 $A'=(\mathrm{Loc}, l_0, \Sigma, X, I, E, \mathrm{AP}, L)$，其中 Loc、$l_0$、$\Sigma$、$X$、$I$、$E$ 的含义均不变，AP 表示一个原子命题集合，L 是一个标签函数 L：$\mathrm{Loc}\to 2^{\mathrm{AP}}$。

定义 12.8 时间自动机 $A'=(\mathrm{Loc}, l_0, \Sigma, X, I, E, \mathrm{AP}, L)$ 的语义模型是一个时间迁移系统 $T_{A'}$，设 $a\in \mathrm{AP}$，$g\in C(X)$，$s=<l, \mu>$ 是 $T_{A'}$ 中的一个状态，ϕ 和 ψ 是 TCTL 状态公式，φ 是一个 TCTL 路径公式。TCTL 状态公式的语义为

(1) $s\vDash a$ iff $a\in L(l)$；

(2) $s\vDash g$ iff $\mu\vDash g$；

(3) $s\vDash\neg\phi$ iff $\neg(s\vDash\phi)$；

(4) $s\vDash\phi\wedge\psi$ iff $(s\vDash\phi)\wedge(s\vDash\psi)$；

(5) $s\vDash E\varphi$ iff $\exists\pi\in \mathrm{Paths}_{\mathrm{div}}(s), \pi\vDash\varphi$；

(6) $s\vDash A\varphi$ iff $\forall\pi\in \mathrm{Paths}_{\mathrm{div}}(s), \pi\vDash\varphi$。

对于一个时间发散路径 $\pi\in s_0\overset{d_0}{\Rightarrow}s_1\overset{d_1}{\Rightarrow}\cdots$，TCTL 的路径公式的语义为

$$\pi\vDash\phi U^J\psi \quad \text{iff} \quad \exists d\in[0, d_i], \sum_{k=0}^{i-1}d_k+d\in J, \exists i\geqslant 0, s_i+d\vDash\psi。$$

$$\forall d'\in[0,d_j], \sum_{k=0}^{j-1}d_k+d'\leqslant\sum_{k=0}^{i-1}d_k+d, \forall j\leqslant i, s_i+d'\vDash\phi\vee\psi。$$

其中，$s_i=<l_i, \mu_i>$，$d\geqslant 0$，$s_i+d=<l_i, \mu_i+d>$。

状态公式 $E\varphi$ 在状态 s 上为真当且仅当存在一些从 s 出发的时间发散的路径满足 φ。前面已经提到过，通常会忽略时间收敛路径，所以路径量词只对时间发散的路径有效。对于一个时间发散路径 $\pi\in s_0\overset{d_0}{\Rightarrow}s_1\overset{d_1}{\Rightarrow}\cdots$，当某个时刻 $t(t\in J)$，到达一个满足 ψ 的状态，而且在这时刻前的任何时刻 $\phi\vee\psi$ 成立，那么路径 π 满足 $\phi U^J\psi$。

另外从 TCTL 的语义以及前面对 $\Diamond^J\phi$ 和 $\Box^J\phi$ 的描述可知，对于一个时间发散路径 $\pi\in s_0\overset{d_0}{\Rightarrow}s_1\overset{d_1}{\Rightarrow}\cdots$，有

$$\pi\vDash\Diamond^J\phi \quad \text{iff} \quad \exists d\in[0, d_i], \sum_{k=0}^{i-1}d_k+d\in J, \exists i\geqslant 0, s_i+d\vDash\phi。$$

$$\pi\vDash\Box^J\phi \quad \text{iff} \quad \forall d\in[0, d_i], \sum_{k=0}^{i-1}d_k+d\in J, \forall i\geqslant 0, s_i+d\vDash\phi。$$

用 TCTL 可以表示实时系统中的一些典型的时间需求。

(1) 及时性需求：指明一个事件发生和收到响应之间的最大时间延迟。例如消息 m 每次传递后需要在 5 个时间单元之内收到反馈，用 TCTL 公式表示为 $A\Box[\text{send}(m)\rightarrow A\Diamond^{<5}\text{receive}(rm)]$。

(2) 严守时间需求：指明了事件之间的精确延时，例如一个消息 m 和收到其回应之间的延时是 11 个时间单元，用 TCTL 公式表示为 $E\Box[\text{send}(m)\rightarrow A\Diamond^{=11}\text{receive}(rm)]$。

(3) 最小延时需求：指明事件之间的最小时间延迟。例如为了确保铁路系统的安全性，两列火车在横道上的时间间隔至少为 180 个时间单元。令 tac 为一个原子命题，当有火车在横道上的时候 tac 成立，则最小延时需求可用 TCTL 公式表示为 $A\Box[\text{tac}\rightarrow\neg\text{tac}U^{\geqslant 180}\text{tac}]$。

(4) 间隔延时需求：指明事件要按一定的时间间隔发生。例如为了提高铁路系统的吞吐量，要求火车要满足最大距离不超过 900 个时间单元，且火车系统的安全性必须保留。用 TCTL 公式可表示为 $A\Box[\text{tac}\rightarrow(\neg\text{tac}U^{\geqslant 180}\text{tac}\wedge\neg\text{tac}U^{\leqslant 900}\text{tac})]$。

12.2.2 度量区间时序逻辑

度量区间时序逻辑 MITL 由 R. Alur、T. Feder 和 T. A. Henzinger 于 1991 年首次提出。MITL 以时间状态序列作为分析对象，在时间状态序列上解释其真值。MITL 可以直接表示实时系统常用的时间属性，如最小时间延迟和节制期限等。由于其在描述时间属性上具有较强的表达能力且是可判定的，因此，MITL 成为最适合于描述和分析实时系统属性的时序逻辑之一。

1. 区间

定义 12.9 区间是非负实数集 $\mathbf{R}^{\geqslant 0}$ 的一个凸子集。

MITL 中的区间可以是开区间、闭区间或者半开半闭区间，并且区间的右边界可以是 ∞。区间可以是以下几种形式：$[a,b]$、$[a,b)$、$(a,b]$、(a,b)、(a,∞)、$[a,\infty)$，其中 $a\leqslant b$，a、$b\in\mathbf{R}^{\geqslant 0}$。设 I 表示一个区间，令 $l(I)$ 表示 I 的左边界值，$r(I)$ 表示 I 的右边界值。

定义 12.10 两个区间 I 和 I' 是相邻(adjacent)的，当且仅当满足下列条件：

(1) I 是右开的且 I' 是左闭的，或者 I 是右闭的且 I' 是左开的。

(2) $r(I)=l(I')$。

例如，(1,2]和(2,2.5)是一个区间相邻的例子。

定义 12.11 一个区间序列 $\tau=I_0I_1I_2I_3\cdots$(τ 可以有穷或无穷)完整地划分非负实数集 $\mathbf{R}^{\geqslant 0}$，当且仅当满足下列条件：

(1) 对于区间序列 τ 中的任意 I_i 和 I_{i+1}，它们是相邻的。

(2) 对于所有的实数 $t\in\mathbf{R}^{\geqslant 0}$，$\tau$ 中都有一个区间 I_i 使得 $t\in I_i$。

其中，I_0 一定是左闭的，并且 $l(I_0)=0$；如果 τ 是一个有穷序列，那么 τ 中的最后一个区间的上界为 ∞。

使用算术表达式代替区间形式显得更加直观。例如，用表达式 $\leqslant b$ 表示区间 $[0,b]$，使用 $>a$ 表示 (a,∞)，类似地，$<I$ 表示区间 $\{t'|0\leqslant t'<t$，对任意的 $t\in I\}$；表达式 $t+I$ 表示区间 $\{t+t'|t'\in I\}$；$I-t$ 表示区间 $\{t'-t|\ t'\in I$ 且 $t'\geqslant t\}$；表达式 $t*I$ 表示区间 $\{t*t'|t'\in I\}$。

2. 时间状态序列

令 P 是一个有穷的原子命题集合。假设任意时刻,有穷状态系统的全局状态可以通过对 P 中的原子命题赋予其真值来建模。因此可以通过 P 的子集区分状态 s,即 $s \vDash p$ 当且仅当 $p \in s$,其中 $p \in P$。

离散时间系统的行为可以通过一个有穷或者无穷序列 ρ 来建模,ρ: $(s_0, I_0) \to (s_1, I_1) \to (s_2, I_2) \to (s_3, I_3) \to \cdots$。其中状态 $s_i \in 2^P$,$I_i \subseteq \mathbf{R}^{\geqslant 0}$。

定义 12.12 一个时间状态序列 $\rho=(\sigma,\tau)$由长度相同的两个序列组成,其中:

(1) σ 是一个状态序列: $s_0\ s_1\ s_2 \cdots$。

(2) τ 是一个区间序列: $I_0\ I_1\ I_2 \cdots$。

一个时间状态序列 $\rho=(\sigma,\tau)$可以看作从时间域 $\mathbf{R}^{\geqslant 0}$ 到状态域 2^P 的一个映射ρ^*(如果 $t \in I_i$,那么 $\rho^*(t)=s_i$)。一个时间状态序列提供了在每一时刻系统的全局状态的信息:在时刻 $t \in I_i$,系统处于状态 $\rho^*(t)=s_i$。此外时间状态序列还遵循这样一个规则:在任意两个时间点之间,其状态变化是有穷次的。

定义 12.13 对于一个时间状态序列 $\rho=(\sigma,\tau)$和 $t \in I_i$,令时间状态序列 $\rho^t=(\sigma^i,\tau^t)$的状态部分 σ^i: $s_i s_{i+1} s_{i+2} \cdots$,时间部分 τ^t: $(I_i - t)\ (I_{i+1} - t)\ (I_{i+2} - t) \cdots$。后缀操作定义为:对所有的 $t' \in \mathbf{R}^{\geqslant 0}$,$(\rho^t) * (t') = \rho * (t+t')$。

给定一个时间状态序列(σ,τ),第 i 个迁移时间点t_i 为区间I_i 的左边界$l(I_i)$。如果区间 I_i 是左开的,那么在时刻 t_i 系统处于 s_{i-1};如果是左闭的,那么在时刻 t_i 系统处于 s_i。在 MITL 中允许存在瞬时(transient)状态,它在某个时刻瞬间发生,即对一个区间 $I_i = [t_i, t_i]$,时间状态序列(σ,τ)将区间 I_i 映射到一个瞬间状态s_i。在 t_i 时刻之前,系统处于 s_{i-1};在 t_i 时刻之后,系统处于 s_{i+1},但 s_{i-1} 和 s_{i+1} 不能是瞬间状态。即时事件是指只在某个孤立的时间点成立的事件(即时事件是瞬间发生的),瞬间状态可以用来模拟即时事件。

3. 语法

定义 12.14 MITL 公式可递归定义如下:

$$\phi ::= p \mid \phi \wedge \phi \mid \neg \phi \mid \phi U_I \phi$$

其中 p 是一个原子命题,I 是一个区间。

这里要强调的是,I 不能是,$[t, t]$$(t \in \mathbf{R}^{\geqslant 0})$形式的区间,但是 I 的右边界可以是∞。公式 $\phi\ U_I \psi$ 在一个时间状态序列上的 $t(t \in \mathbf{R}^{\geqslant 0})$时刻成立,当且仅当存在 t 时刻之后的某一时刻 $t' \in t+I$ 使 ψ 在 t'时刻成立且 ϕ 在区间(t, t')上一直成立。

4. 语义

定义 12.15 对于给定的 MITL 公式 ϕ、ψ 和一个时间状态序列 $\rho=(\sigma,\tau)$,MITL 公式的语义可归纳如下:

(1) $\rho \vDash p$ iff $p \in s_0$;

(2) $\rho \vDash \neg \phi$ iff $\rho \nvDash \phi$;

(3) $\rho \vDash \phi \wedge \psi$ iff $\rho \vDash \phi$ 并且 $\rho \vDash \psi$;

(4) $\rho \vDash \phi U_I \psi$ iff $\exists t \in I, \rho^t \vDash \psi$ 并且 $\forall t' \in (0,t), \rho^{t'} \vDash \phi$。

对于一个 MITL 公式 ϕ,ϕ 是可满足的当且仅当存在时间状态序列 ρ 使 $\rho \vDash \phi$。MITL 的满足关系具有一个良好的性质,即沿着一个时间状态序列,任何 MITL 公式的真值不会改变超过 ω 次。因此在任意两个时间点之间,其状态变化是有穷次的。

MITL 中的时序算子$\Diamond_I$ 和$\Box_I$ 可通过等价关系:$\Diamond_I \phi = \text{True}\ U_I \phi$,$\Box_I \phi = \neg \Diamond_I \neg \phi$ 得到。对于一个时间状态序列,$\Diamond_I \phi$ 在 t 时刻成立当且仅当 ϕ 在区间 $t+I$ 内某些时刻成立。$\Box_I \phi$ 在 t 时刻成立当且仅当 ϕ 在 $t+I$ 区间内的所有时刻均成立。由 MITL 公式的语义可知:公式 $\phi\ U_I \psi$ 在当前时刻成立,那么 ϕ 必须在当前时刻成立。然而这种定义对于区间 I 是左边界为 0 的左开区间是不成立的。

12.3 实时系统模型检测

在离散语义下,时间自动机模型的状态空间非常庞大,使用符号化方法和抽象技术可以对状态空间进行约简。本节主要介绍时间自动机基于时钟带(clock zone)的符号化语义和抽象、时钟差值界矩阵(DBM)的形式与操作和可达性分析。最后介绍实时系统模型检测工具 UPPAAL。

12.3.1 基本方法

1. 时钟带

在介绍时钟带之前有必要对区域等价(region equivalence)和时钟区域(clock region)作简单介绍。

定义 12.16 区域等价$\cong$是定义在时钟赋值集合上的等价关系,对于两个时钟赋值 μ 和 μ', $\mu \cong \mu'$当且仅当下列条件成立:

(1) 对所有的 $x \in X$,或者 $\text{int}(\mu(x))$ 和 $\text{int}(\mu'(x))$ 相等,或者两者都大于其时钟限制上界 c_x。

(2) 对所有的 $x, y \in X$ 且 $\mu(x) \leqslant c_x$、$\mu(y) \leqslant c_y$,$\text{fr}(\mu(x)) \leqslant \text{fr}(\mu(y))$ 当且仅当 $\text{fr}(\mu'(x)) \leqslant \text{fr}(\mu'(y))$。

(3) 对所有的 $x \in X$ 且 $\mu(x) \leqslant c_x$,$\text{fr}(\mu(x))=0$ 当且仅当 $\text{fr}(\mu'(x))=0$。

其中 c_x 是出现在时间自动机中所有形如 $x \leqslant c$,$x \geqslant c$ 时钟约束中的最大整数。$\text{int}(k)$表示 k 的整数部分,$\text{fr}(k)$表示 k 的小数部分。

时钟区域是由区域等价关系诱导出的所有时钟赋值集合的等价类,由此可以看出利用区域等价关系$\cong$就可以将无穷的时钟赋值集合划分为有限个等价类,从而将系统的无穷状态空间转化为有穷。将时钟区域进一步合并,可以得到时钟带。

定义 12.17 假设 X 为时钟变量的有限集合,定义 $C^+(X)$为 X 上扩展的时钟约束的集合,其语法为

$$\varphi ::= x \sim c \mid x - y \sim c \mid \varphi_1 \wedge \varphi_2 \mid \text{True}$$

其中 $x, y \in X$,$\sim \in \{<, \leqslant, ==, >, \geqslant\}$,$c$ 是一个非负整数。时钟赋值 μ 满足扩展的时钟约束 g,当且仅当 g 在赋值μ 下为真。时钟集合 X 上的一个时钟带 D 是满足扩展的时钟约束 $\varphi \in C^+(X)$的时钟赋值集合,即 $D=\{\mu \mid \mu \vDash \varphi\}$。

时间自动机中出现的所有时钟约束如不变式、卫式都可以看作一个时钟带。基于这一点，时钟带可以作为很多基于时间自动机的可达性分析算法的基础。这些算法通常建立在时钟带的三个基本操作上：相交、重置、延时，分别定义为 $D_1 \wedge D_2=\{\mu \mid \mu \in D_1, \mu \in D_2\}$，$\lambda(D)=\{\mu[\lambda:=0] \mid \mu \in D\}$，$D\uparrow=\{\mu+d \mid \mu \in D, d \in \mathbf{R}^{\geqslant 0}\}$。时钟带经过相交、重置和延时操作后仍然是一个时钟带。

考虑一个时间自动机 $A=\left(\mathrm{Loc}, l_0, \Sigma, X, I, E\right)$，它的语义模型是一个时间迁移系统 T_A。假设 A 中有一个迁移 $e=<l, a, \varphi, \lambda, l'>$，设 D 是一个时钟带，表示位置 l 满足的时钟赋值集合。令 $\mathrm{succ}(D, e)$ 表示时钟赋值 μ' 的集合，μ' 满足：对于一些 $\mu \in D$，状态 (l', μ') 可以从状态 (l, μ) 出发经过延迟迁移和离散迁移达到。显然，$\mathrm{succ}(D, e)$ 是一个时钟带，它可以通过以下步骤得到：

(1) 将 D 与位置 l 的不变式求交，从而得到当前位置满足的时钟赋值的集合 $D \wedge I(l)$。

(2) 用 $(D \wedge I(l))\uparrow$ 表示时间在位置 l 上流逝。

(3) 将 $(D \wedge I(l))\uparrow$ 与 l 的不变式求交，从而得到满足不变式的时钟赋值的集合。

(4) 与迁移 e 上的时钟约束 φ 求交，从而得到满足迁移的时钟约束的时钟赋值的集合。

(5) 将 λ 中出现的所有时钟重置为 0。

综合上述步骤，可以得到 $\mathrm{succ}(D, e)=((D \wedge I(l))\uparrow \wedge I(l) \wedge \varphi)[\lambda:=0]$。

假设 D 表示一个时钟带，λ 是重置时钟的集合，φ 是一个时钟约束，$\mathrm{Zone}(X)$ 表示 X 上时钟带的集合，那么基于时钟带的时间自动机符号化语义可以定义如下：

定义 12.18 时间自动机 $A=\left(\mathrm{Loc}, l_0, \Sigma, X, I, E\right)$ 的符号化语义模型是一个符号迁移系统 $T_A=<S, s_0, \Sigma, \Rightarrow>$，其中：

$S \subseteq \mathrm{Loc} \times \mathrm{Zone}(X)$ 是符号化状态的集合；

$s_0=(l_0, D_0)$ 是初始状态，其中 l_0 是初始位置，$D_0=D_{\mathrm{init}}\uparrow \wedge I(l_0)$，$D_{\mathrm{init}}$ 表示时钟值均为 0 的时钟带；

Σ 是标号的有限集合。

$(l, D) \overset{a}{\Rightarrow} (l', D') \in \Rightarrow$，如果有 $<l, a, \varphi, \lambda, l'> \in E$，并且 $D'=((D \wedge I(l))\uparrow \wedge I(l) \wedge \varphi)[\lambda:=0]$，$D'$ 不为空。

例 12.3 考虑如图 12-3 所示的时间自动机，其在符号化语义下的一个可能迁移序列为

$<\mathrm{start}, x \geqslant 0 \wedge y \geqslant 0 \wedge x-y==0> \Rightarrow <\mathrm{loop}, 0 \leqslant x \leqslant 10 \wedge 0 \leqslant y \leqslant 10 \wedge y-x==0> \Rightarrow <\mathrm{loop}, 0 \leqslant x \leqslant 10 \wedge 10 \leqslant y \leqslant 20 \wedge y-x==10> \Rightarrow <\mathrm{loop}, 0 \leqslant x \leqslant 10 \wedge 20 \leqslant y \leqslant 30 \wedge y-x==20> \Rightarrow <\mathrm{loop}, 0 \leqslant x \leqslant 10 \wedge 30 \leqslant y \leqslant 40 \wedge y-x==30> \Rightarrow \cdots$。

根据所有可能的迁移序列可以画出其 zone 图，如图 12-3 所示。在 zone 图中，用结点和时钟带表示符号化状态，实际上 zone 图提供了一种表示状态空间的简捷方法。图 12-3 中的 zone 图是一个无穷 zone 图。

2. 时钟差值界矩阵 DBM

DBM(difference bound matrices)是表示时钟带的数据结构，它是一个矩阵，并且引入了一个绝对时钟（基准时钟）x_0 表示值一直为 0 的时钟。绝对时钟的最大值和上下界都被定义为

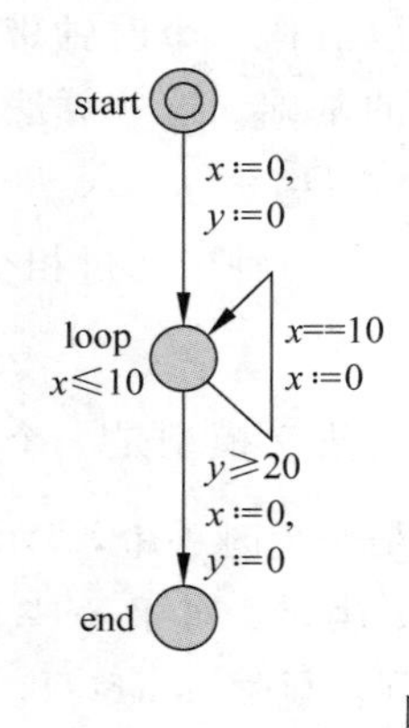

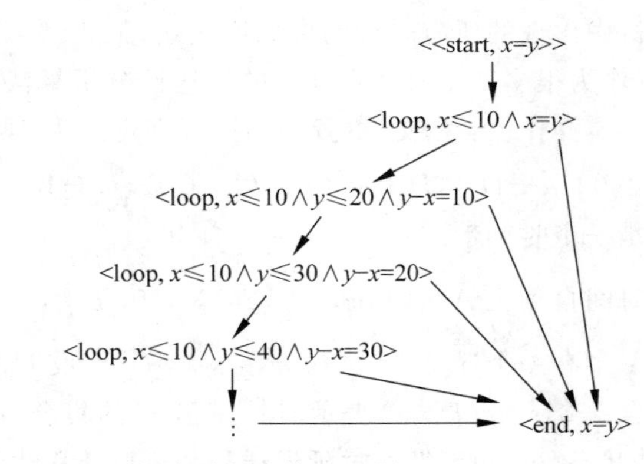

图 12-3　时间自动机及其 zone 图

0。矩阵 $\boldsymbol{D}$ 中的每一个元素 $\boldsymbol{D}_{i,j}$ 具有$(d_{i,j},\prec_{i,j})$的形式，表示一个不等式 $x_i-x_j\prec_{i,j}d_{i,j}$，其中$\prec_{i,j}\in\{<,\leqslant\}$。如果不知道 x_i-x_j 的范围，那么 $\boldsymbol{D}_{i,j}=(\infty,<)$。DBM 通过所有时钟(包括绝对时钟)的差值表示时钟带，如果要表示含有 n 个时钟的时钟带，那么需要 $n+1$ 阶矩阵才能表示任意两个时钟的差值。

为了说明如何使用 DBM，考虑一个时钟带：$x_1-x_2<2\wedge 0<x_2\leqslant 2\wedge 1\leqslant x_1$，可以得到它的 DBM $\boldsymbol{D}$：

	0	1	2
0	$(0,\leqslant)$	$(-1,\leqslant)$	$(0,<)$
1	$(\infty,<)$	$(0,\leqslant)$	$(2,<)$
2	$(2,\leqslant)$	$(\infty,<)$	$(0,\leqslant)$

一个时钟带的 DBM 表示形式并不是唯一的。在上面的例子中，有一些隐含的约束并没有反映在矩阵 $\boldsymbol{D}$ 中。例如，$x_1-x_2<2$ 和 $x_2-x_0\leqslant 2$，两式相加得到 $x_1-x_0<4$，即隐含了 $x_1<4$。将 $\boldsymbol{D}_{1,0}$ 改为$(4,<)$，从而得到 DBM $\boldsymbol{D}'$：

	0	1	2
0	$(0,\leqslant)$	$(-1,\leqslant)$	$(0,<)$
1	$(4,<)$	$(0,\leqslant)$	$(2,<)$
2	$(2,\leqslant)$	$(\infty,<)$	$(0,\leqslant)$

显然，$\boldsymbol{D}'$与 $\boldsymbol{D}$ 表示的是相同的时钟带。

一般来说，时钟差值 x_i-x_j 和 x_j-x_k 的上界之和是时钟差值 x_i-x_k 的上界。可以利用这个特点紧缩(tighten)DBM。如果有 $x_i-x_j\prec_{i,j}d_{i,j}$ 和 $x_j-x_k\prec_{j,k}d_{j,k}$，那么可以得到 $x_i-x_k\prec'_{i,k}d'_{i,k}$，其中：

$$d'_{i,k}=d_{i,j}+d_{j,k},\ \prec'_{i,k}=\begin{cases}\leqslant & \prec_{i,j}=\leqslant\text{ 且 }\prec_{j,k}=\leqslant\\ < & \text{其他}\end{cases}$$

如果 $d_{i,k}>d'_{i,k}$，那么用$(d'_{i,k},\prec'_{i,k})$代替$(d_{i,k},\prec_{i,k})$将会得到一个更优的矩阵。这个操作称为紧缩。可以对 DBM 一直进行紧缩操作，直到 DBM 再也不会变化为止，由此得到的结果矩阵称为时钟带的标准 DBM。对上面的例子中的 DBM 进行紧缩操作，可以得到一个标准 DBM：

	0	1	2
0	$(0,\leqslant)$	$(-1,\leqslant)$	$(0,<)$
1	$(4,<)$	$(0,\leqslant)$	$(2,<)$
2	$(2,\leqslant)$	$(1,\leqslant)$	$(0,\leqslant)$

对于任意的 i,j 和 k,标准 DBM 满足不等式 $d_{i,k} \prec_{i,k} d_{i,j}+d_{j,k}$。

前面已经定义过,时钟带是一些时钟赋值的集合。当一个 DBM 转化为标准形式后,可以通过检查主对角线上的元素判断时钟带是否为空集。如果时钟带是非空的,那么对于描述该时钟带的标准 DBM 的主对角线上的所有元素均为$(0, \leqslant)$。

在 12.2 节中,定义过时钟带上的三个操作:相交、重置和延时。下面介绍如何在 DBM 上实现这些操作。

相交(Intersection):设 $\boldsymbol{D}=\boldsymbol{D}^1 \wedge \boldsymbol{D}^2$ 是 $\boldsymbol{D}^1$ 和 $\boldsymbol{D}^2$ 交集。令$\boldsymbol{D}^1_{i,j}=(c_1, \prec_1)$,$\boldsymbol{D}^2_{i,j}=(c_2, \prec_2)$,那么 $\boldsymbol{D}_{i,j}=(\min(c_1,c_2,),\prec)$,其中$\prec$定义如下:

(1) 如果 $c_1 < c_2$,那么$\prec=\prec_1$。

(2) 如果 $c_2 < c_1$,那么$\prec=\prec_2$。

(3) 如果 $c_2 = c_1$ 且$\prec_1=\prec_2$,那么$\prec=\prec_1$。

(4) 如果 $c_2 = c_1$ 且$\prec_1\neq\prec_2$,那么$\prec= <$。

重置(Clock Reset):设 $\boldsymbol{D}'=\boldsymbol{D}[\lambda :=0]$,$\lambda\subseteq X$,有

(1) 如果 $x_i,x_j\in\lambda$,那么$\boldsymbol{D}'_{i,j}=(0, \leqslant)$。

(2) 如果 $x_i\in\lambda, x_j\notin\lambda$,那么 $\boldsymbol{D}'_{i,j}=\boldsymbol{D}_{0,j}$。

(3) 如果 $x_j\in\lambda, x_i\notin\lambda$,那么 $\boldsymbol{D}'_{i,j}=\boldsymbol{D}_{i,0}$。

(4) 如果 $x_i,x_j\notin\lambda$,那么 $\boldsymbol{D}'_{i,j}=\boldsymbol{D}_{i,j}$。

延时(Elapsing of Time):设 $\boldsymbol{D}'=\boldsymbol{D}\uparrow$,有

(1) 对于任意的 $i(i\neq 0)$,$\boldsymbol{D}'_{i,0}=(\infty,<)$。

(2) 如果 $i=0$ 或者 $j\neq 0$,那么 $\boldsymbol{D}'_{i,j}=\boldsymbol{D}_{i,j}$。

这里需要说明的是,如果一个时钟带是一个凸集,那么用 DBM 表示的时钟带保持了它的凸(convex)属性,并且在 DBM 上的操作不会改变其凹凸性。

例 12.4 考虑图 12-1 中的时间自动机,它的符号化初始状态为(l_0, Z_0),D_0 是时钟带 Z_0 的 DBM 形式:

	0	x	y
0	$(0, \leqslant)$	$(0, \leqslant)$	$(0, \leqslant)$
x	$(0, \leqslant)$	$(0, \leqslant)$	$(0, \leqslant)$
y	$(0, \leqslant)$	$(0, \leqslant)$	$(0, \leqslant)$

按照前面给出的求 $\mathrm{succ}(D, e)$的 5 个步骤,给出符号化初始状态(l_0, Z_0)的后继状态(l_1, Z_1)。下面给出的 DBM 都是紧缩后的标准矩阵。

(1) 不变式 $I(l_0)$为 $0\leqslant x \wedge 0\leqslant y\leqslant 5$,其 DBM 形式为

	0	x	y
0	$(0, \leqslant)$	$(0, \leqslant)$	$(0, \leqslant)$
x	$(\infty, <)$	$(0, \leqslant)$	$(\infty, <)$
y	$(5, \leqslant)$	$(5, \leqslant)$	$(0, \leqslant)$

将 $\boldsymbol{D}_0$ 与 $I(l_0)$ 相交,得到的依然是一个零矩阵。

(2) 用 $(\boldsymbol{D}_0 \wedge I(l_0))\uparrow$ 表示时间在位置 l_0 上流逝。$(\boldsymbol{D}_0 \wedge I(l_0))\uparrow$ 的 DBM 形式为

	0	x	y
0	$(0, \leqslant)$	$(0, \leqslant)$	$(0, \leqslant)$
x	$(\infty, <)$	$(0, \leqslant)$	$(0, \leqslant)$
y	$(\infty, <)$	$(0, \leqslant)$	$(0, \leqslant)$

(3) 与 l_0 的不变式求交,从而得到仍然满足不变式的时钟赋值的集合 $(\boldsymbol{D}_0 \wedge I_0(l_0))\uparrow \wedge I(l_0)$,其 DBM 形式如下:

	0	x	y
0	$(0, \leqslant)$	$(0, \leqslant)$	$(0, \leqslant)$
x	$(5, \leqslant)$	$(0, \leqslant)$	$(0, \leqslant)$
y	$(5, \leqslant)$	$(0, \leqslant)$	$(0, \leqslant)$

(4) 从 l_0 到 l_1 的迁移上的时钟约束 φ 的 DBM 形式为

	0	x	y
0	$(0, \leqslant)$	$(0, \leqslant)$	$(-3, \leqslant)$
x	$(\infty, <)$	$(0, \leqslant)$	$(\infty, <)$
y	$(\infty, <)$	$(\infty, <)$	$(0, \leqslant)$

然后 $(\boldsymbol{D}_0 \wedge I_0(l_0))\uparrow \wedge I(l_0)$ 与时钟约束 φ 求交得到 $(\boldsymbol{D}_0 \wedge I_0(l_0))\uparrow \wedge I(l_0) \wedge \varphi$,其 DBM 形式为

	0	x	y
0	$(0, \leqslant)$	$(-3, \leqslant)$	$(-3, \leqslant)$
x	$(5, \leqslant)$	$(0, \leqslant)$	$(0, \leqslant)$
y	$(5, \leqslant)$	$(0, \leqslant)$	$(0, \leqslant)$

(5) 最后重置时钟 y,得到矩阵 $\boldsymbol{D}_1$:

	0	x	y
0	$(0, \leqslant)$	$(-3, \leqslant)$	$(0, \leqslant)$
x	$(5, \leqslant)$	$(0, \leqslant)$	$(5, \leqslant)$
y	$(0, \leqslant)$	$(-3, \leqslant)$	$(0, \leqslant)$

$\boldsymbol{D}_1$ 表示时钟带 Z_1: $3 \leqslant x \leqslant 5 \wedge 3 \leqslant x-y \leqslant 5 \wedge y=0$。即迁移 a 发生后 (l_0, Z_0) 的后继状态为 $(l_0, 3 \leqslant x \leqslant 5 \wedge 3 \leqslant x-y \leqslant 5 \wedge y=0)$。

3. 最大值抽象

在 12.3.1 节中定义过一个时间自动机 A 的符号化语义模型为一个符号化迁移系统 T_A,T_A 可能有无穷多个状态。可以通过使用某种抽象,将无穷迁移系统转化为一个有穷迁移系统,从而实现对时间自动机 T_A 的模型检测。

如图 12-4 所示的时间自动机,它只有一个初始状态 a,它的符号化迁移序列为 $<a, x=0 \wedge y=0 \wedge x-y=0> \Rightarrow <a, 1 \leqslant x \leqslant 2 \wedge 0 \leqslant y \leqslant 1 \wedge x-y=1> \Rightarrow <a, 2 \leqslant x \leqslant 3 \wedge 0 \leqslant y \leqslant 1 \wedge x-y=2> \Rightarrow <a, 3 \leqslant x \leqslant 4 \wedge 0 \leqslant y \leqslant 1 \wedge x-y=3> \cdots$。每过去 1 个单位时间,循环就会发生一次,$y$ 会被重置为 0,同时 x 在不停地增长,从而导致了一个可数的但无穷的状态空间。

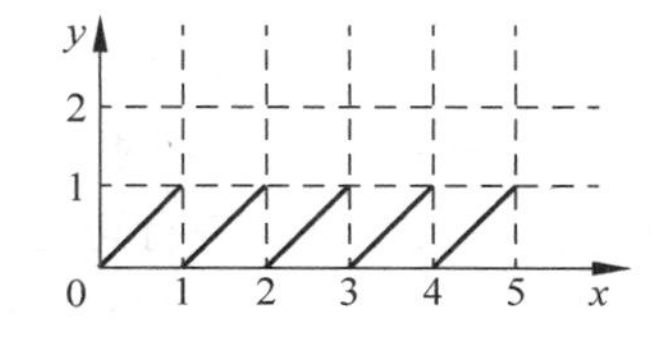

图 12-4 简单的时间自动机和它的状态空间

时间自动机的符号化语义可能引发一个无穷的符号迁移系统。设 W 是时间自动机的一个符号化状态(l,W)中的时钟带。为了得到一个有穷可达图,使用一些抽象 α: $P(R^{\geqslant 0}) \hookrightarrow P(R^{\geqslant 0})$,使得 $W \subseteq \alpha(W)$。$P(X)$表示集合 X 的幂集。抽象的迁移系统$\Rightarrow_\alpha$ 可以通过以下的规则得到:

$$\frac{(l,W)\Rightarrow(l',W')}{(l,W)\Rightarrow_\alpha(l',\alpha(W'))} \quad 如果\ W=\alpha(W)$$

若集合$\{\alpha(W) \mid W$ 是任意的时钟带$\}$是有穷的,那么 α 即被称为一个有穷抽象。另外当满足以下两个条件时,称$\Rightarrow_\alpha$ 是可靠(sound)的和完备(complete)的。

可靠:如果$(l_0,\{\mu_0\})\Rightarrow_\alpha^*(l, W)$,那么$\exists \mu \in W$:$(l_0, \mu_0)\rightarrow^*(l, \mu)$。

完备:如果$(l_0, \mu_0)\rightarrow^*(l, \mu)$,那么$\exists W$:$\mu \in W \wedge (l_0,\{\mu_0\})\Rightarrow_\alpha^*(l, W)$。

从抽象的定义看,其完备性是显然成立的。如果 α 和 β 是两个抽象并且对于任意的时钟赋值集合 W 都有 $\alpha(W)\subseteq\beta(W)$,那么将会选择 β 抽象。因为使用 β 抽象将使可达图规模更小。希望得到一个有穷的并且会产生一个安全的抽象迁移系统的抽象,并且这个抽象能够被高效地计算。

抽象的方法很多,在这里只介绍最大值抽象。目前在模型检测工具里面实现的最大值抽象都是基于这样一个想法,即时间自动机只对那些时钟值小于一个特定的常数的时钟变化是敏感的。也就是说,每个时钟均存在一个最大值并且一旦某个时钟的值超过了它的最大值,那么该时钟就变为不相关(irrelevant)的。不相关的含义是指:对于该时钟,只要它的值超过了其最大值,那么对该时钟的时钟赋值均属于同一个时钟带,对于该时钟带中的时钟赋值不予区分。可以通过对 DBM 的转化体现最大值抽象方法,这种转化通常被称为外推(extrapolation)。

定义 12.19 给定一个时钟集合$\{x_i \mid 1\leqslant i\leqslant n\}$,最大值 k_i(k_i 是时钟 x_i 的最大值),DBM $M=(d_{i,j},\prec_{i,j})_{0\leqslant i,j\leqslant n}$,那么 M 的外推 $M'=(d'_{i,j},\prec'_{i,j})_{0\leqslant i,j\leqslant n}$ 满足:

$$(d'_{i,j},\prec'_{i,j})=\begin{cases}(\infty,<), & d_{i,j}>k_i \\ (-k_j,<), & d_{i,j}<-k_j \\ (d_{i,j},\prec_{i,j}), & 其他\end{cases}$$

令Λ_κ 表示外推操作,其中 $\kappa=(k_1,k_2,\cdots,k_n)$。可以将$\Lambda_\kappa$ 看作一个抽象函数。

一个时钟 x 其最大值k 是出现在自动机中所有的卫式、不变式和时钟重置上与 x 比较的最大常数。对于时间自动机的简单子类 A,假设 A 中对时钟差值没有约束并且时钟重置都是将一个时钟重置为 0(不与其他时钟相关联),那么对于 A 中的所有时钟 x,其最大值就是在卫式和不变式中与 x 比较的最大常量。由抽象迁移关系$\Rightarrow_{\Lambda_\kappa}$ 产生的可达图是有穷的并且是可实现的,同时它的安全性也已经被证明。

4. 可达性分析

模型检测主要关注系统的两类属性：安全性和活性。检测活性的基础算法是循环检测算法，需要付出昂贵的计算代价。目前对实时系统的验证研究主要集中在安全性方面。可以通过遍历时间自动机的状态空间进行可达性分析来检测安全性。

可达性分析一般基于符号化语义和时钟带。因为时间自动机的状态空间是无穷的，利用基于时钟带的时间自动机符号化语义模型即符号化的迁移系统 T_A 对时间自动机 A 的状态空间进行约简。然后利用最大值抽象等抽象技术使迁移系统 T_A 转化为一个有穷的可达图。

利用可达性分析算法进行验证的过程如下：首先用时间自动机为系统建模，如果系统由若干子系统组成，则分别对各个子系统建模，求这些子系统的时间自动机模型的积自动机。然后利用可达性算法对积自动机进行可达性分析。可达性分析由两个基本步骤组成：计算时间自动机的状态空间，然后寻找满足或者不满足给定属性的状态。计算时间自动机的状态空间可以在搜索状态空间开始之前完成，也可以在搜索过程中按需即时(on-the-fly)完成。按需即时地计算状态空间相比于在搜索过程之前计算状态空间具有明显的优点。按需即时方法只生成验证给定属性所需要的那部分状态空间。但是，对于某些特定的属性来说，即使是使用按需即时方法依然要遍历整个状态空间。例如不变性，验证这类属性需要遍历状态空间保证所有的状态都满足该属性。

下面给出可达性分析的基本算法，如图12-5所示。

```
Passed = {};
Wait = {< s0, D0 >};
While (Wait ≠ϕ)
    < s, D> = Wait.GetHead();
        if D∉D' for all < s, D'> ∈Passed then
        Passed.Add(< s,D>);
        SuccSet := {< s', D'> |< s', D'>是< s, D>的
                    后继且 D'≠ϕ};
        For all < s', D'> ∈SuccSet do
        Wait.AddTail(< s', D'>).
```

图12-5 可达性分析算法

符号化状态的后继就是符号化状态迁移的目标状态。$(s, D)\overset{a}{\Rightarrow}(s', D')$是一个符号化状态迁移，那么$(s', D')$即为$(s, D)$的后继，且 $D' = ((D \wedge I(s)) \uparrow \wedge I(s) \wedge \varphi)[\lambda := 0]$，其中 $I(s)$是位置 s 的不变式，φ 是迁移 a 上的时钟约束，λ 是需要重置的时钟集合。算法中有两个核心的数据结构为 Wait 和 Passed。Wait 表示当前已经遍历到，但还未判定是否可达的状态集合，其被初始化为$\{<s_0, D_0>\}$，s_0 是自动机的初始状态，D_0 是初始时钟带，在 D_0 中系统的所有时钟值为0。状态$<s, D>$的后继通过积自动机从 s 出发的迁移和时钟带的后继操作来计算。算法的搜索过程可以采用广度优先或者深度优先搜索进行。Passed 是所有可达状态集合，初始为空集，算法搜索结束得到所有可达状态。

12.3.2 验证工具 UPPAAL

目前已有一些实时系统的自动验证工具如 UPPAAL、Kronos 等，其中 UPPAAL 较为

成熟并且应用广泛。它是由瑞典 Uppsala 大学的王义和丹麦 Aalborg 大学的 K. G. Larsen 等人于 1995 年联合开发的一种基于时间自动机的模型检测工具，可以有效地对实时系统建模和自动验证，特别适合对实时系统的安全性和有界活性进行自动验证。此外，它还可用于算法分析和协议验证。

UPPAAL 主要采用一组带有整型时钟变量的时间自动机对实时系统的行为进行建模，对它的属性进行验证。UPPAAL 采用的模型验证机制可以有效缓解状态空间爆炸问题，已经被广泛应用于算法分析和协议验证方面。一个实时系统模型包含一组带有有限控制结构和实数时钟值的进程，这些控制结构和时钟变量可以通过通道及共享全局变量进行相互通信。目前 UPPAAL 在实时系统和通信协议的建模和正确性的自动验证方面已经有许多成功的应用实例。

1. UPPAAL 简介

UPPAAL 工具由两个主要部分组成：图形用户界面（GUI）和引擎服务器（verification server），其基本结构如图 12-6 所示。此外还包含一个独立的命令行工具。图形用户界面基于 Java 语言编写，引擎服务器基于 C++语言编写，它们之间通过 TCP/IP 套接字进行通信。图形用户界面用来建模、符号化模拟（symbolic simulation）、具体模拟（concrete simulation）及验证。引擎服务器提供对模拟和验证功能的支持。命令行工具是一个独立的验证器，适合批处理验证。通过图形用户界面，用户可以方便地进行系统建模及验证，并不需要了解 UPPAAL 是如何实现的。下面简要介绍图形用户界面。

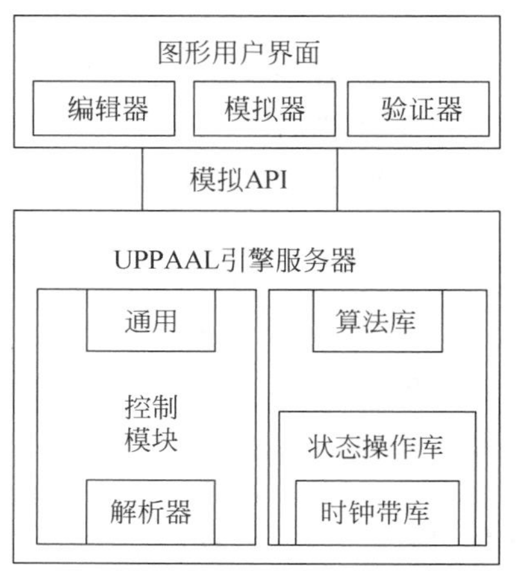

图 12-6　UPPAAL 基本结构

图形用户界面包含以下 4 部分。

（1）编辑器用来创建和编辑待分析的系统。系统描述由若干进程模板（可能包含局部声明）、全局声明和系统定义组成。

（2）符号化模拟器是一个校验工具。它使在早期建模阶段就能够对系统可能的自动执行序列进行检查，也就是说符号化模拟器提供了在模型验证之前进行错误检测的一种代价较低的方法。

（3）具体模拟器与符号化模拟器类似，它也能在早期建模阶段对系统可能的自动执行序列进行检查。区别在于它是基于具体的轨迹的，如可以选择一个特定的时刻引发迁移。利用这个模拟器可以知道一个迁移可以在何时发生。

（4）验证器使用 on-the-fly 的方法搜索系统的状态空间来检测安全性和活性。同时验证工具提供了一个需求规范编辑器指定和证明系统需求。

2. UPPAAL 使用

1）时间自动机建模

一个时间过程可以用带有时钟变量集合的有限状态自动机来表示。时间自动机中的位置结点表示时间过程的控制位置，且每一个位置都伴随时钟约束，用于表示处于此位置的时钟变量的取值范围；时间自动机的位置迁移表示时间过程中控制位置的改变。每一个位置迁移可能伴随一个时钟约束 φ、一个动作 a 和一个重置时钟变量集合 λ，或者是这三类标记的任意组合。如果发生位置迁移 $e(e \in E)$ 时伴随有动作 $a!$，表明需要进行双向通信，即存在另外一个时间过程在进行相应的位置迁移 $e'(e' \in E')$ 时必须执行一个互补的同步动作 $a?$；如果没有一个过程能发生与动作 a 同步的位置迁移 e'，那么迁移 e 就无法发生。注意，时间自动机只有在位置上才有时间流逝，位置迁移是瞬间发生的，即位置迁移过程不消耗时间。

除常规的控制位置外，UPPAAL 中的时间自动机模型比较常用的特殊控制位置有以下三种类型。

(1) 起始位置：表示一个系统的起始状态。

(2) 紧迫位置(urgent locations)：当系统处于紧迫位置时，不消耗时间；所有到达紧迫位置的迁移涉及的时钟变量 x 均被重置为零。此外，紧迫控制位置和常规的控制位置可以交替出现。

(3) 迁移发生位置(committed locations)：当系统处于迁移发生位置时，时间过程的执行不能被打断，而且执行过程也不消耗时间。也就是说，当系统中某一个时间过程处于迁移发生位置时，唯一可以发生的位置迁移就是从迁移发生位置发出的。

通道主要用于保证两个或多个进程模板的同步通信和相互操作，这可以通过在不同进程模板的位置迁移上标注互补的同步动作得以实现。例如，给定一个通道 a，那么 $a!$ 和 $a?$ 就是互补的同步动作，分别表示在通道上发送和接收同步信号。除了常规的通道外，通道还可以被声明为紧急通道(urgent channel)和广播通道(broadcast channel)两大类。

(1) 紧急通道：在紧急通道上触发一个同步动作信号时，该通道的源状态没有时间延迟，且与紧急通道进行同步通信的迁移不能拥有时钟约束。

(2) 广播通道：如果带有同步动作 $a!$ 的位置迁移在通道 a 上发送一个广播信号，那么其他进程模板中任何带有同步动作标记 $a?$ 的迁移将和该发送进程保持同步。也就是说，在广播通道 a 上发送同步动作信号的迁移总是能满足时钟约束，接收同步动作信号的迁移如果能满足时钟约束，就进行同步操作，否则保持不变。实际上，广播通道上接收同步信号的迁移不允许有时钟约束。发送信号的迁移首先执行重置操作，接收信号的迁移的重置操作按照系统定义中所给定的进程顺序从左到右依次执行。

在 UPPAAL 的系统编辑器中可以通过图形界面创建时间自动机模型，如图 12-7 所示。

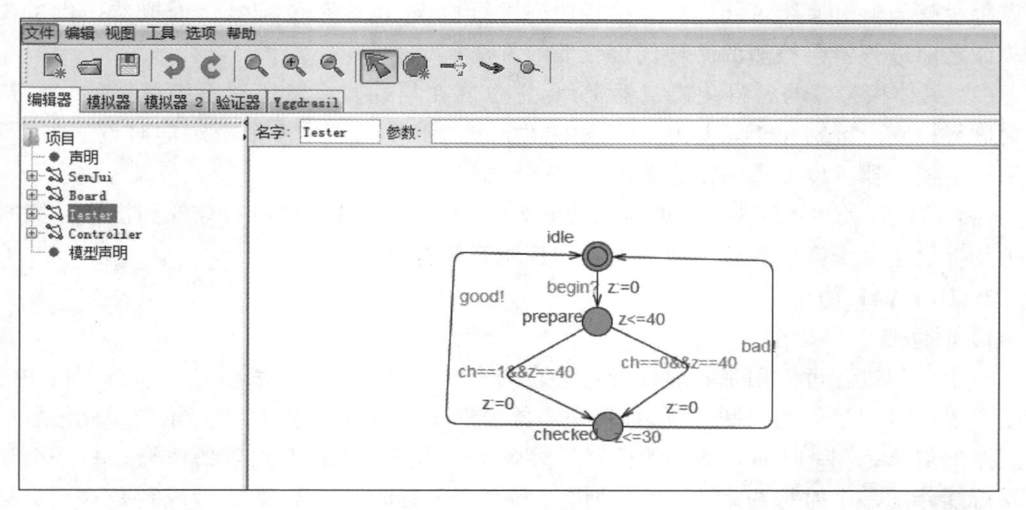

图 12-7　UPPAAL 编辑器界面

2）规约语言

UPPAAL 使用的规约语言形如：

```
Prop::= 'A□'Expression|'E◇' Expression|'E□'Expression|'A◇'Expression|
        Expression --> Expression
```

可以归纳为表 12-1（p 是一个状态属性）。

表 12-1　UPPAAL 规约语言

类　　型	属　　性	等 价 属 性
Possibly	$E\Diamond p$	
Invariantly	$A\Box p$	$\neg E\Diamond \neg p$
Potentially always	$E\Box p$	
Eventually	$A\Diamond p$	$\neg E\Box \neg p$
Leads to	$p\rightarrow q$	$A\Box(p\rightarrow A\Diamond q)$

$E\Diamond p$(Possibly)：$E\Diamond p$ 为真当且仅当在时间自动机中存在一个序列 $s_0\rightarrow s_1\rightarrow\cdots\rightarrow s_n$，使得 s_0 是起始状态，s_n 满足 p。

$A\Box p$(Invariantly)：等价于 $\neg E\Diamond\neg p$。

$E\Box p$(Potentially Always)：在时间自动机中，$E\Box p$ 为真当且仅当存在一个序列：$s_0\rightarrow s_1\rightarrow\cdots\rightarrow s_i\rightarrow\cdots$使得 p 在所有状态 s 中得以满足，并且这个序列是无穷的或者在状态 (l_n,μ_n)终止。

$A\Diamond p$(Eventually)：等价于 $\neg E\Box\neg p$。

$p\rightarrow q$(Lead to)：等价于 $A\Box\ (p\rightarrow A\Diamond q)$。

当建立了系统的自动机模型后，在验证器界面可以输入需要验证的属性，单击“开始验证”按钮，即会自动开始验证过程。验证器的界面如图 12-8 所示。

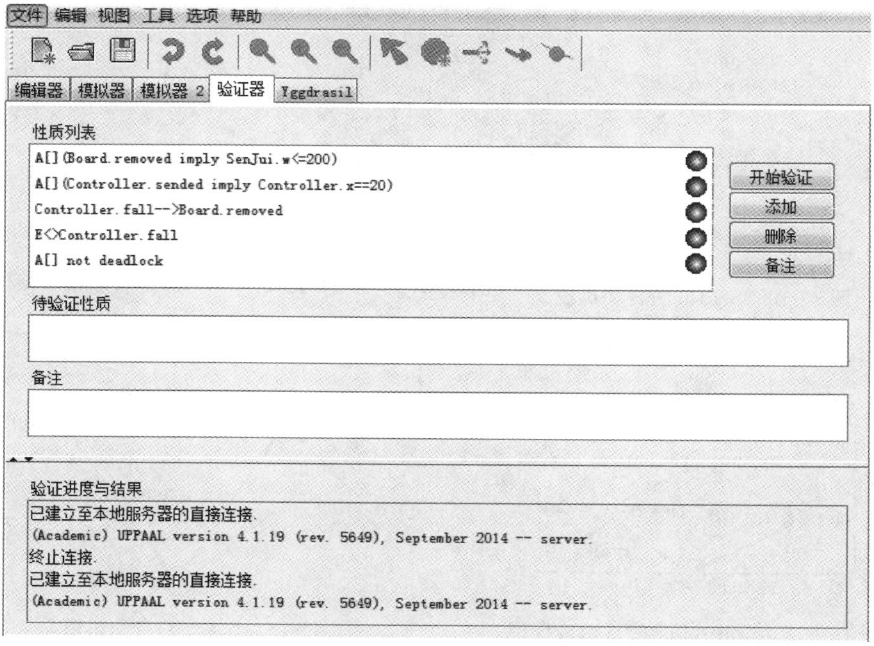

图 12-8　UPPAAL 的验证器界面

12.3.3 应用举例

在生产中,经常要对原材料或者产品进行质量检查,筛选出次品。例如在橙汁生产过程中,要先将不合格的橙子筛选掉,对灌装后的橙汁也要进行质检,其筛选机制如图 12-9 所示。

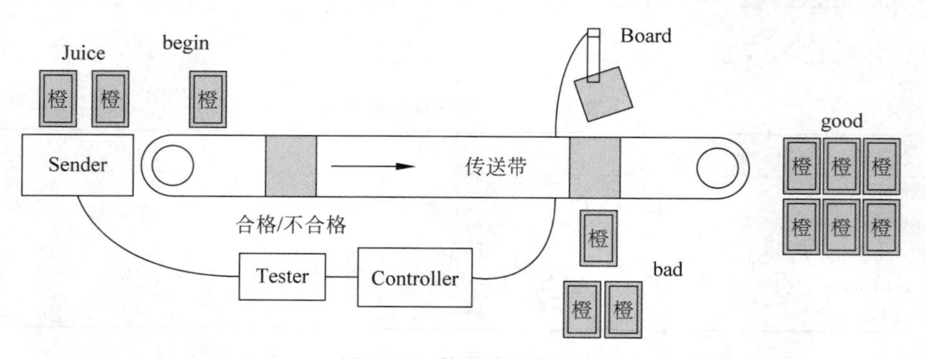

图 12-9 筛选器示意图

筛选器主要包括 4 部分:一个发送器(Sender)、一个检测器(Tester)、一个控制器(Controller)和一个活动板(Board)。工作过程为:待检的橙汁由发送器每隔至少 200ms 送入传送带的一端,40ms 到达检测区,检测器判断其是否合格。橙汁 50ms 可以通过检测区,经过 100ms 到达位于传送带另一端的活动板。物品合格时,活动板保持不动,物品可以通过;物品不合格时,控制器在收到不合格信息后 30ms 对活动板发出筛选信息,活动板将物品剔除,物品经过剔除区需要 50ms。

对系统进行建模时,在不影响结果的情况下,将橙汁和发送器联合考虑,用一个时间自动机描述,另外检测器、控制器和活动板分别用一个时间自动机描述。最终得到 4 个时间自动机,传送器+橙汁(SenJui)(见图 12-10)、检测器(Tester)(见图 12-11)、控制器(Controller)(见图 12-12)和活动板(Board)(见图 12-13),整个系统就是 SenJui ‖ Tester ‖ Controller ‖ Board。

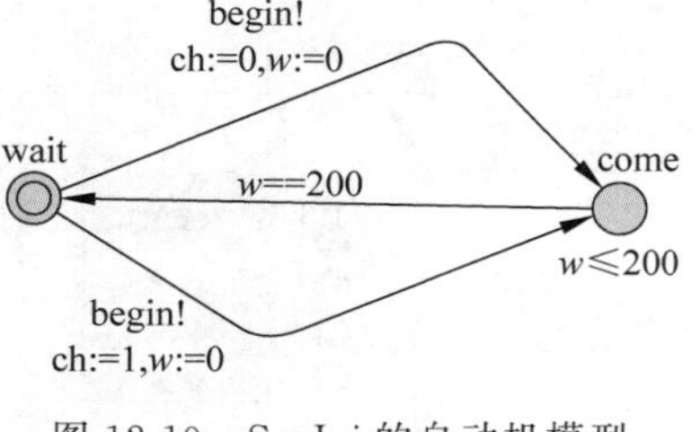

图 12-10 SenJui 的自动机模型

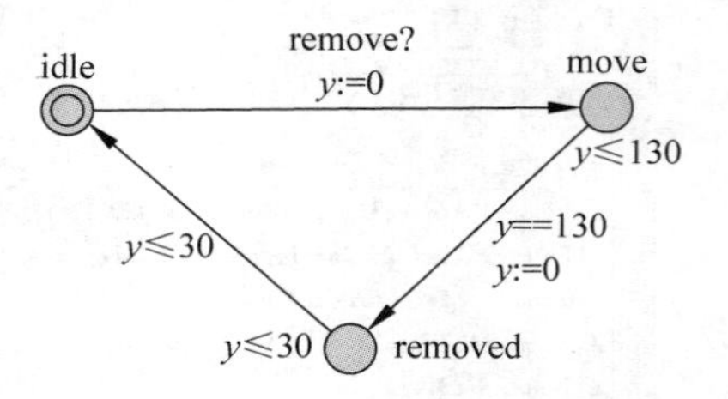

图 12-11 Tester 的自动机模型

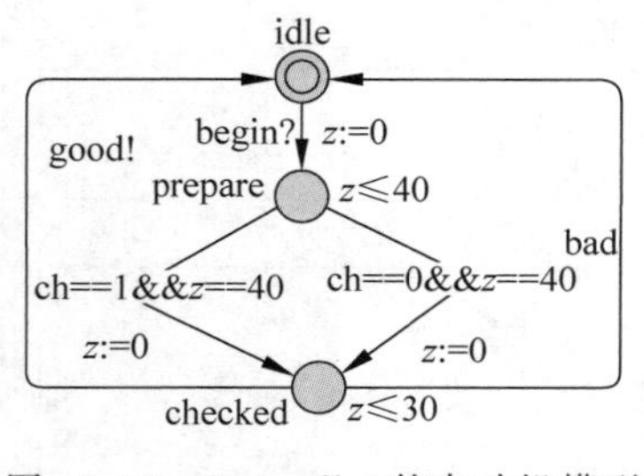

图 12-12 Controller 的自动机模型

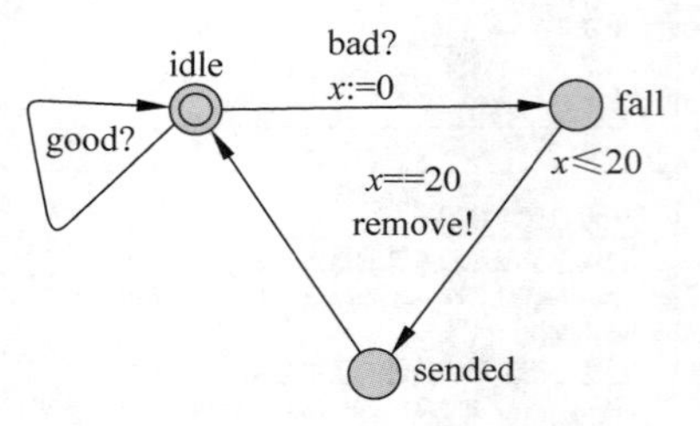

图 12-13 Board 的自动机模型

以下为模型中的全局声明，可以看到 good、bad 和 begin 为紧迫通道，remove 为普通通道，变量 ch 是一个表示橙汁的质量的全局变量。另外该系统中，位置 sended 为紧迫位置。

```
urgent chan good, bad, begin;
chan remove;
int[0,1]ch;
```

传送器将橙汁送上传送带，发送 begin 消息，同时全局变量 ch 表示橙汁是否合格，Tester 接收到 begin 消息后，判断橙汁的质量，给 Controller 发送 good 或者 bad 消息，Controller 收到 good 消息，保持在 idle 位置不变，收到 bad 消息，在 20ms 时给 Board 发送 remove 消息，Board 收到 remove 消息时，橙汁经过 100～120ms 到达剔除区，Board 在 130ms 后将次品推掉，30ms 后恢复。

图 12-14 是用 UPPAAL 的模拟器进行实验时，随机得到的一个各实体之间通过通道相互通信、控制的消息序列。经过观察，可以初步判定该模型符合系统要求，另外，可以在验证器中使用需求规范(BNF)语法对其进行进一步的验证。验证结果如图 12-15 所示。

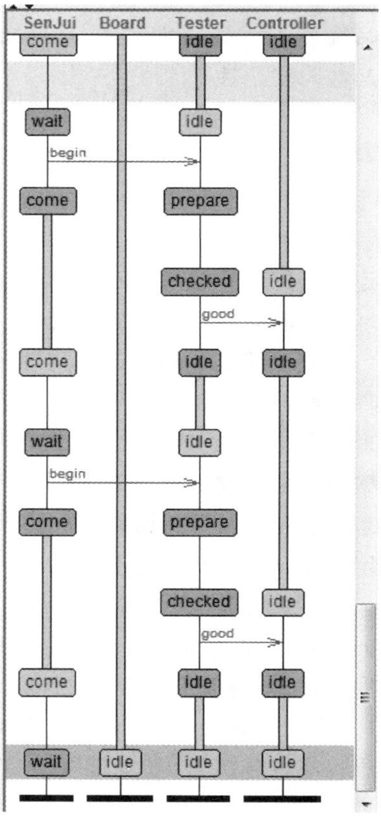

图 12-14　一个随机消息序列

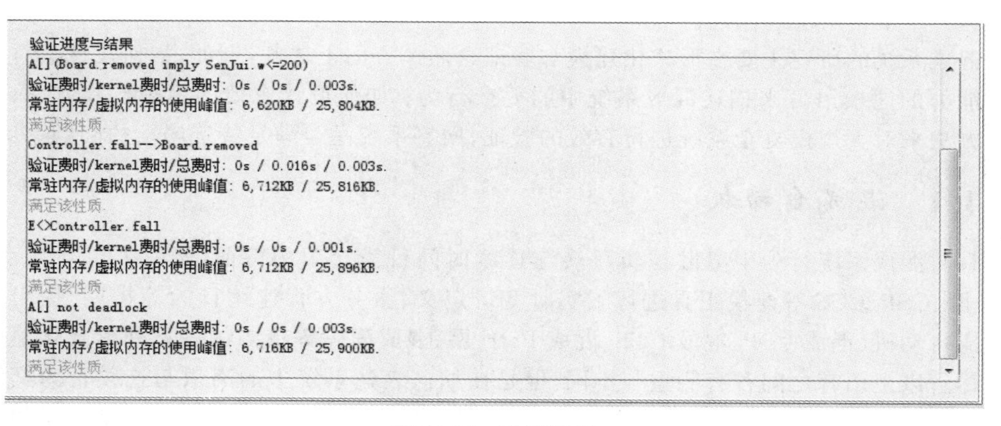
验证进度与结果
A[] (Board.removed imply SenJui.w<=200)
验证费时/kernel费时/总费时: 0s / 0s / 0.003s.
常驻内存/虚拟内存的使用峰值: 6,620KB / 25,804KB.
满足该性质.
Controller.fall-->Board.removed
验证费时/kernel费时/总费时: 0s / 0.016s / 0.003s.
常驻内存/虚拟内存的使用峰值: 6,712KB / 25,816KB.
满足该性质.
E<>Controller.fall
验证费时/kernel费时/总费时: 0s / 0s / 0.001s.
常驻内存/虚拟内存的使用峰值: 6,712KB / 25,896KB.
满足该性质.
A[] not deadlock
验证费时/kernel费时/总费时: 0s / 0s / 0.003s.
常驻内存/虚拟内存的使用峰值: 6,716KB / 25,900KB.
满足该性质.

图 12-15　验证结果

(1) A[] not deadlock：验证系统没有死锁。

(2) E<>Controller.fall：验证橙汁可能有次品存在。

(3) Controller.fall→Board.removed：验证次品一定会被筛选掉。

(4) A[](Controller.sended imply Controller.x== 20)：验证 Controller 接收到 bad 消息后 20ms 给 Board 发送 remove 消息。

(5) A[](Board.removed imply SenJui.w <= 200)：验证橙汁被送上传送带到可能

被筛选掉在200ms内完成,又可知两个橙汁之间的时间间隔至少为200ms,保证了系统的正确性与安全性。

12.4 混成系统验证简介

在实时嵌入式系统,特别是复杂的实时控制系统中,广泛存在着一类既包含离散量又包含连续量的计算系统,一般称为混成系统。数控系统、机器人等一些与其外部连续变化的物理环境不断交互的嵌入式系统是这类系统的典型例子。

混成系统是一种嵌入在物理环境下的实时系统,一般由离散组件和连续组件连接组成,组件之间的行为由计算模型进行控制。对于经典混成系统,其构成体现了计算机科学和控制理论的交叉,一般分为两个层面:离散层与连续层。在连续层,一般通过系统变量对时间的微分方程来描述系统的实际控制操作模型及系统中参数的演变规律;在离散层,则通过状态机、Petri网等高抽象层次的模型来描述系统的逻辑控制转换过程。在两层之间,通过一定的接口与规则将连续层的信号与离散层的控制模式进行关联与转换。

大多数复杂实时控制系统行为都包含了连续变化的物理层与离散变化的决策控制层之间的交互过程,因此,混成系统在工业控制和国防等领域大量存在,特别是安全关键系统,如交通运输、航空航天、医疗卫生、工业控制等。相应地,随着它们在人类生活中的应用面越来越广,重要性越来越高,对相应系统质量,特别是可信性的需求也快速提升,系统失效造成的灾难也越来越沉重,甚至难以接受。在日常生活方面,车载导航系统的小小失误可能造成交通事故,而飞机导航系统的失误则可能导致机毁人亡。如果扩展到国防军事领域,对软件系统的错误已经几乎进入了零容忍度的阶段。因此,如何对混成系统进行有效的可信性保障,已成为一个亟待解决的问题。

混成系统的研究主要在形式化建模与验证这两个方向上展开,例如,如何设计具有足够表达能力的建模语言来描述混成系统中的复杂行为;如何设计有效的模型检验方法、定理证明方法来对大规模复杂系统进行有效的验证,回答系统是否满足特定属性的问题。

12.4.1 混成自动机

针对混成系统行为中离散逻辑跳转与连续时间行为交织的特征,研究人员对自动机、Petri网、CSP、CCS等建模工具进行了实时变量定义、微分方程连续行为等扩展,提出了包括混成自动机、混成CSP、混成CCS、混成Petri网、混成程序等在内的一系列形式化建模语言。尽管以上语言之间各有侧重与不同,但是在如何表达系统中的离散与连续行为交织等特性方面,以上语言的扩展之间存在着大量的共通之处。在上述语言当中,混成自动机得到了广泛的认可与应用。下面就以混成自动机为例说明相关建模方法是如何针对混成系统的相关特性进行建模与描述的。

混成自动机最早是由美国的R. Alur、T. A. Hensinger和Z. Manna等在20世纪90年代提出的,它是在自动机的基础上进行实时连续变量扩展所构成的一种建模语言。

定义12.20 混成自动机为多元组$H=(X,\Sigma,V,E,V^0,\alpha,\beta,\gamma)$,其中:

X是实数值系统变量的有限集合,X中变量的个数也被称为自动机的维度。

Σ是事件名的有限集合。

V 是位置结点的有限集合。

E 是迁移关系的集合，E 中的元素 e 具有形式 $(v,\sigma,\varphi,\psi,v')$。其中，$v$、$v'$ 是 V 中的元素；$\sigma\in\Sigma$ 是迁移上的事件名；迁移卫式 φ 是一个将 E 中的转换 e 标注为一组约束的标注函数，表示当系统行为触发转换 e 时，相应变量的取值满足此约束；ψ 是形如 $x:=c$ 的重置动作集合，表示当系统行为触发此迁移后，相应变量 x 的取值会被重置为 c，以上 $c\in R$，$x\in X$。

$V^0\subseteq V$ 是初始位置的集合。

α 是一个标签函数，它将每个位置映射到一个结点不变式，表示系统行为停留在相关结点时，相应变量取值满足此约束。

β 是一个为 V 中每个位置结点添加流条件（微分方程）的标签函数，表示当系统行为停留在相关结点时，相应变量取值变化随着时间增长满足此条件。对任意 $x\in X$，有且仅有一个 x 的流条件属于 $\beta(v)$。

γ 是一个标签函数，它将初始位置 V^0 中每个位置映射到一组初始条件，初始条件具有形式 $x:=a(x\in X,a\in R)$。对任意位置 $v\in V^0$，对任意 $x\in X$，有且仅有一个 $x:=a\in\gamma(v)$。

图 12-16 是一个经典的自动温度控制器模型，用此模型对混成自动机及其各个组成部件进行一个简要的描述。此模型中，变量 x 描述的是系统中实时变化的温度数值。当系统驻留在控制模式 off 时，加热器被关闭，环境中的温度按照 off 结点上的流条件 $\dot{x}=-0.1x$ 下降（可理解为微分方程 $dx/dt=-0.1x$）；而当系统驻留在控制模式 on 时，加热器被打开，环境中的温度按照 on 结点上的流条件 $\dot{x}=5-0.1x$ 上升。系统的初始条件被设定为温度 20℃，控制模式为 off。转换卫式 $x<19$ 与 $x>21$ 表示当系统温度降低到 19℃以下时，控制模式就可以从 off 切换到 on，从而打开加热器；而当系统温度高于 21℃时，则正好相反，控制模式可以跳转到 off 模式，从而关闭加热器。最后，在此模型中分别存在两个不变式：$x\geqslant18$ 与 $x\leqslant22$，这表明了系统停留在控制模式 off 和 on 时，其实时变量 x 的合法取值范围。

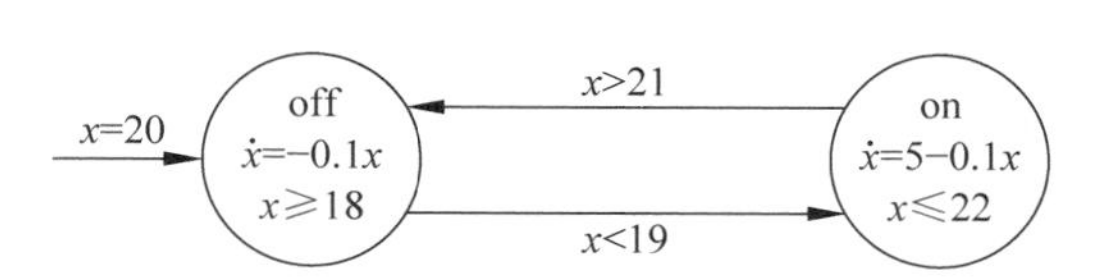

图 12-16　温度控制器混成自动机模型

显然，如果忽略变量 x 及相关的不变式、转换卫式、流条件等元素，这个混成自动机的结构就是一个基本的状态机图。通过将状态机图中的状态结点概念拓展到位置结点（可理解为控制模式），并在每个位置结点上添加相应的连续变量变化规则，可以描述系统在不同控制模式下的实时参数变化过程，从而描述混成系统的具体连续行为。

由于混成自动机中连续行为与离散行为共存的特质，混成自动机的行为非常复杂，难以控制与把握。因此，现在相关研究领域主要关注于其中一个比较特别的子类——线性混成自动机（linear hybrid automata）。给定一个变量集合 X，称表达式 $\sum_{i=0}^{l}c_ix_i\sim b$ 为线性表达式，其中 $c_i\in\mathbf{R}$，$x_i\in X$，$\sim\in\{>,<,=,\leqslant,\geqslant\}$，$b\in\mathbf{R}$。称一组线性表达式的布尔组合为

一个线性公式。

定义 12.21 混成自动机 H 满足下列条件时,称其为线性混成自动机:

(1) 在任意控制转换 $e\in E$ 上,转换卫式 φ 中任一约束均为线性公式。

(2) 对任意控制位置 $v\in V$,变量 x 在 $\alpha(v)$ 中的定义均为线性公式。

(3) 流条件是形如 $\dot{x}\in[a,b]$ 或者 $\dot{x}\sim a$ 的变化率集合,其中,$x\in X$,$a,b\in\mathbf{R}$,$a\leqslant b$,$\sim\in\{>,<,=,\leqslant,\geqslant\}$。

如果将图 12-16 中的温度控制器模型的流条件进行简单的转换,就可以获得一个线性混成自动机版本的温度控制器模型,如图 12-17 所示。

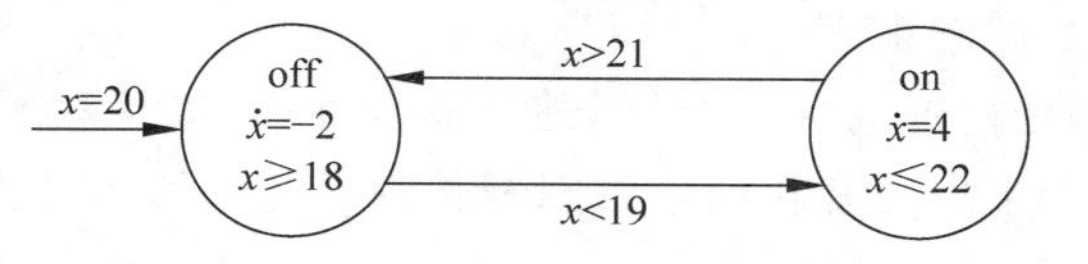

图 12-17 温度控制器线性混成自动机模型

线性混成自动机是混成自动机中的一种比较重要的子类。众所周知,线性系统的复杂度远低于非线性系统,并且现有数学技术在线性系统领域已经颇为成熟,可以处理相当大规模的问题空间;而在非线性系统上,现有的数学技术可以处理的问题空间非常有限,远远达不到实际应用的需求。因此,通过线性表达式描述流条件、不变式、跳转条件等部件,可以大幅度降低系统的复杂度,并且使设计者更容易把握系统的行为,保证系统的正确性。尽管实际应用中的主要系统大部分需要使用非线性控制,特别是流条件部分,无法直接应用线性混成自动机对系统建模或者描述,但是设计者可以通过抽象的方法拆分原系统的行为,使用一个包含更多控制结点的线性混成自动机模型来逼近非线性自动机的行为,并逐步逼近直到该线性混成自动机的精度可以在最大程度上拟合原非线性系统,从而通过对该线性混成自动机进行分析的方法达到分析原系统的目的。

事实上,通过在标准线性混成自动机的基础上进一步添加相应的约束与限制,可以将其转化成一些非常重要的子类乃至于读者相对更加熟悉的建模语言,如下所示:

(1) 如果对任意控制位置 $v\in V$,变量 x 在 $\beta(v)$ 的定义中均形如 $x=0$,即变量 x 在所有结点上的变化率均为 0,则称 x 为一个离散变量(discrete variable)。如果一个线性混成自动机中所有变量均为离散变量,则称此自动机为离散系统(discrete system)。

(2) 如果对任意控制转换 $e\in E$,离散变量 $x\in X$ 在 ψ 中均形如 $x:=0$ 或者 $x:=1$,即变量 x 在系统触发每个跳转之后的新取值必为 0 或者 1,则称此变量为一个命题(proposition)。如果一个线性混成自动机中所有变量均为命题,则称此自动机为一个有穷状态系统。

(3) 如果对任意控制位置 $v\in V$,变量 x 在 $\beta(v)$ 的定义中均形如 $x=1$,即变量 x 在所有结点上的变化率均为 1;并且如果对任意控制转换 $e\in E$,离散变量 $x\in X$ 在 ψ 中均形如 $x:=0$ 或者 $x:=x$,即系统触发每个跳转之后会将变量 x 的值赋值为 0 或者不变,则称变量 x 为一个时钟。如果一个线性混成自动机中所有变量均是命题或者时钟,并且系统内所有线性公式均为形如 $x\sim c$ 或者 $x-y\sim c$ 的线性表达式的布尔组合,其中,$x,y\in X$,$\sim\in\{>,<,=,\leqslant,\geqslant\}$,$c\in\mathbf{Z}^{\geqslant 0}$,则称此线性混成自动机为时间自动机。

(4) 如果存在非零整数 $k\in\mathbf{Z}$,并且对任意位置结点 $v\in V$,变量 x 在 $\beta(v)$ 的定义中均形

如 $x=k$，与上类似，如果对任意控制转换 $e\in E$，变量 $x\in X$ 在 ψ 中均形如 $x:=0$ 或者 $x:=x$，则称变量 x 为一个倾斜时钟(skewed clock)，即此变量在每个结点都按照一个不为 1 的固定变化率进行变化。如果一个线性混成自动机中每个变量均为命题或者倾斜时钟，则称此自动机为多级时间系统(multirate timed system)。如果一个多级时间系统中变量的变化率共有 n 种，则称此系统为 n 级时间系统(n-rate timed system)。

(5) 如果对任意位置 $v\in V$，变量 x 在 $\beta(v)$ 的定义中均形如 $x=0$ 或者 $x=1$，即变量 x 在所有结点上的变化率不是 0 就是 1；并且如果对任意控制转换 $e\in E$，变量 $x\in X$ 在 ψ 中均形如 $x:=0$ 或者 $x:=x$，则称 x 为一个积分器(integrator)。如果一个线性混成自动机中所有变量均为命题或者积分器，则称此自动机为积分器系统(integrator system)。

12.4.2 微分动态逻辑

描述混成系统属性的规范语言大多采用各种扩充时序逻辑，A. Platzer 提出以微分动态逻辑(differential dynamic logic，DDL)进行混成系统验证，采用组合验证的思想，在验证过程中通过推理规则对属性公式进行逐步分解，并保持了系统的特征及变迁结构。Platzer 已将 DDL 家族应用于实际的系统如飞机避撞系统、列车控制系统及车辆避撞系统等，本节将重点介绍 DDL 的相关内容。

DDL 是一阶动态逻辑的一种扩展，可以用来同时描述离散变迁和连续的动态行为特性，并且给出了推理规则，用于对行为特性进行推理验证。基于微分动态逻辑对混成系统进行验证的方法，是基于定理证明的形式化验证方法，其工作机理与状态空间的规模无关，避免了状态空间爆炸问题。DDL 将混成程序(HP)作为其操作模型。

DDL 家族包含微分动态逻辑、微分代数动态逻辑、微分时序动态逻辑、微分代数时序动态逻辑及量化微分动态逻辑，如图 12-18 所示。以下分别简要介绍各种逻辑的用途及之间的联系。DDL 家族的逻辑都是由一阶动态逻辑发展而来的，DDL 是 DDL 家族基本的逻辑，也是 DDL 家族最先被提出的逻辑，其他逻辑是在 DDL 概念的基础上根据不同应用情况及不同操作模型延伸得来的。DDL 用来验证所建模型的一般情况，即描述的模型中微分方程可解，理解 DDL 是分析和应用家族其他逻辑的必要条件。对于模型中描述连续动态行为的微分方程不可解的问题，在一阶动态逻辑基础上提出了微分代数动态逻辑(DAL)，DAL 引入 DAP(differential-algebraic program)作为其操作模型，并给出了 DAP 操作语义及其相应的推理规则与规则证明。为了验证系统中的时序属性，将 DDL 与时序逻辑结合产生了微分时序动态逻辑(dTL)，在 dTL 中重新解释了 HP 的语义，并在 DDL 推理规则的基础上新

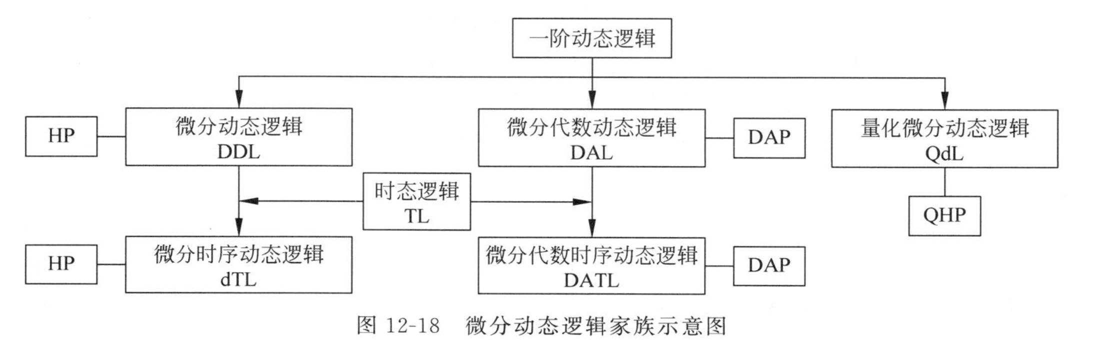

图 12-18　微分动态逻辑家族示意图

增了与时序属性验证相关的规则及规则证明。在DAL的基础上引入时序逻辑得到微分代数时序动态逻辑(DATL),以重新解释的DAP作为操作模型,将量化的微分方程和赋值表达式与动态逻辑结合得到的量化微分动态逻辑(QdL)用于处理分布式混成系统验证问题,QdL以QHP(quantified hybrid program)为操作模型。

综上可知,DDL实际上是带模态的一阶动态逻辑,使用HP作为操作模型对系统进行建模,系统的属性用DDL公式表示,Platzer给出了DDL的演算规则及规则的正确性证明,通过演算规则可以对属性公式进行推理验证。DDL包含实代数用来描述系统的状态空间,并且支持对微分方程及一些系统参数进行量词量化操作。

微分动态逻辑的基本语法包括项、HP以及DDL公式,以下将介绍DDL项和公式及操作模型HP。

1. DDL项

DDL中包含两类基本构造元素:逻辑变量集V与函数谓词符号集Σ。DDL中限定所有V中的变量都是基本实数并且Σ是实值函数与谓词符号的有限集合。每个函数或谓词符号都具有arity,它表示参数的数量,参数数量可以为0。例如,二元运算符+需要两个参数,其arity为2。Σ中函数符号与谓词符号都接受参数传值。不同的是,函数符号返回函数值,而谓词符号只返回真值,为True或False。

HP中的状态变量视为无参函数(arity为0)。这些变量在整个系统运行过程中随着时间而变化(flexible),还有一些符号在系统所有状态都保持不变(rigid),如数值或操作符。在DDL中并不需要区分连续变量和离散变量,变量分为两大类:逻辑变量和状态变量。逻辑变量在集合V中,可以被全称量词和存在量词量化,状态变量在集合Σ中,其值可以被模态里的离散跳集(discrete jump)和微分方程改变,两者在HP中也并不严格区别出来。符合语法规则的函数符号和谓词符号都可以称为项,项的具体定义如下。

定义12.22 $\mathrm{Trm}(\Sigma,V)$是所有项的集合,每个子集满足以下条件:

(1) 如果$x\in V$,则$x\in \mathrm{Trm}(\Sigma,V)$。

(2) 如果$f\in\Sigma$是arity为$n\geqslant 0$的符号函数,并且对于每个θ_i,$1\leqslant i\leqslant n$,满足$\theta_i\in \mathrm{Trm}(\Sigma,V)$,则$f(\theta_i,\cdots,\theta_n)\in \mathrm{Trm}(\Sigma,V)$,$n=1$时则$f$为状态变量同(1)。

现在总结DDL中符合语法规则的项的表达式类型:

(1) 逻辑变量,$x\in V$。

(2) 可能随着系统状态变化而变化的状态变量$x\in\Sigma$。

(3) 非线性实代数的多项式,如$a+2\cdot b(3\cdot c-4\cdot d)$,其中$a,b,c,d\in\Sigma$为状态变量,$2,3,4\in\Sigma$视为函数符号,如$y^2-\pi$不符合规则,因为$\pi$不在$\Sigma$里。

(4) 带整数次幂的实代数表达式,如$a^2+2\cdot b^3$,其中$a,b\in\Sigma$为状态变量,$2,3\in\Sigma$视为函数符号,如x^y这类指数为变量的表达式即是不符合规则的项。

(5) 包含斯科伦函数的表达式,如$a+2\cdot b\cdot s(X_1,X_2)$,其中$a,b\in\Sigma$为状态变量,$s$为arity=2的函数符号,$X_1,X_2\in V$为逻辑变量。

2. 混成程序

HP作为DDL验证方法的操作模型,利用Kleene代数方式的操作符组合了离散和连续变迁,以下是HP的完整定义。

定义12.23 定义集合$\mathrm{HP}(\Sigma,V)$为混成程序,α,β为其中最小的满足条件的集合,有

(1) 对于每个 x_i 和 θ_i，$1\leqslant i\leqslant n$，满足 $x_i\in\Sigma$，且 $\theta_i\in \mathrm{Trm}(\Sigma,V)$，则离散跳跃集 $(x_1:=\theta_1,\theta_2,\cdots,x_n:=\theta_n)\in \mathrm{HP}(\Sigma,V)$ 是一个混成程序，其中 $x_1,x_2,\cdots,x_n$ 是互不相同的状态变量。

(2) 对于每个 x_i 和 θ_i，$1\leqslant i\leqslant n$，满足 $x_i\in\Sigma$，且 $\theta_i\in \mathrm{Trm}(\Sigma,V)$，则微分方程组 $(x_1'=\theta_1,\theta_2,\cdots,x_n'=\theta_n\&\chi)\in \mathrm{HP}(\Sigma,V)$ 是一个混成程序，其中 $x_1,x_2,\cdots,x_n$ 是互不相同的状态变量，x_i' 表示变量 x_i 的导数，χ 是一阶逻辑公式。

(3) 如果 χ 是一阶逻辑公式，则 $(?\chi)\in \mathrm{HP}(\Sigma,V)$。

(4) 如果 $\alpha,\beta\in \mathrm{HP}(\Sigma,V)$，则 $\alpha\cup\beta\in \mathrm{HP}(\Sigma,V)$。

(5) 如果 $\alpha,\beta\in \mathrm{HP}(\Sigma,V)$，则 $\alpha;\beta\in \mathrm{HP}(\Sigma,V)$。

(6) 如果 $\alpha\in \mathrm{HP}(\Sigma,V)$，则 $(\alpha*)\in \mathrm{HP}(\Sigma,V)$。

HP 是离散与连续行为在控制结构组织下形成的，以下介绍 HP 描述变迁的两种方式以及 HP 的控制结构。

(1) 离散跳跃集。

混成系统中离散变迁表现为状态变量瞬时的离散赋值，表达式组中的各个表达式以逗号(,)分割，同时执行赋值动作，所以多个表达式使用变量则使用的是变量更新前的旧值。如表达式 $a:=a+1,A:=a$，表示状态变量 a 自增 1，与此同时变量 A 赋值为 a 自增前的值。

(2) 微分方程组。

HP 中用微分方程组描述系统动态行为中的连续变迁，微分方程组各个微分方程之间用逗号分隔，用符号 & 分隔微分方程限定的域，即微分方向必须在满足 & 后的表达式限定的范围内方才有效。如描述物体运动的表达式 $z'=v,v'=a\&v\leqslant N$，表示物体以加速度 a 运动并且速度 v 不超过 N，一旦速度 v 超过了 N，则物体结束当前运行状态。并不是只有当微分方程组不满足限定域表达式的条件才能结束当前连续状态，在限定域里可以因控制结构而离开当前状态。由于没有显示给出限定域的微分方程组，等价于其限定域为 True 的真值，如 $v'=a$ 等价于 $v'=a\&\mathrm{True}$。

(3) 控制结构。

离散变迁和连续变迁分别描述了系统的离散和连续行为，二者通过三种控制结构操作符(∪，*，;)结合成完整的 HP。非确定性选择符号∪表示不确定地选取其左右表达式组执行，实际模型中经常使用? 操作符控制选择的条件，执行满足条件的分支，对于非确定性选择操作符连接的两个变迁 α 和 β，如果选择了 α 则 β 就不会被执行；反之亦然。假设 χ 是一阶逻辑公式，$?\chi$ 用来定义语句执行的条件，如果 χ 为真，则当前不改变当前状态，如果 χ 不为真，说明 χ 不满足当前状态，则系统当前状态不能继续。循环操作符 * 表示其内的表达式组重复执行任意次，包括 0 次。顺序操作符;用来控制前后两个表达式组顺序执行，前一个表达式组执行完毕接着执行下一表达式组，$\alpha;\beta$ 表示在执行 α 完毕后开始执行 β，如果 α 执行不终止则 β 不能继续执行。

3. 微分动态逻辑公式

DDL 是在一阶动态逻辑实代数的基础上，结合了 HP 作为操作模型的逻辑，包含了如¬、∧、∨、→、↔的命题联结词及实数上如∀、∃的一阶逻辑中的量词，另外还包括模态量词。若 ϕ 是 DDL 公式，α 是 HP，则 $[\alpha]\phi$、$<\alpha>\phi$ 也是 DDL 公式，以下是 DDL 公式的定义：

定义 12.24 $\mathrm{Fml}(\Sigma,V)$是DDL公式的集合，ϕ、φ为其中最小的满足条件的集合，有

(1) 如果p是arity为$n\geqslant 0$的谓词符号，并且对于每个θ_i，$1\leqslant i\leqslant n$，$\theta_i\in \mathrm{Trm}(\Sigma,V)$，则$p(\theta_i,\cdots,\theta_n)\in \mathrm{Fml}(\Sigma,V)$。

(2) 如果$\phi,\varphi\in \mathrm{Fml}(\Sigma,V)$，则$\neg\phi,(\phi\wedge\varphi),(\phi\vee\varphi),(\phi\rightarrow\varphi)\in \mathrm{Fml}(\Sigma,V)$。

(3) 如果$\phi\in \mathrm{Fml}(\Sigma,V)$且$x\in V$，则$\forall x\phi,\exists x\varphi\in \mathrm{Fml}(\Sigma,V)$。

(4) 如果$\phi\in \mathrm{Fml}(\Sigma,V)$且$x\in \mathrm{HP}(\Sigma,V)$，则$[\alpha]\phi,\langle\alpha\rangle\phi\in \mathrm{Fml}(\Sigma,V)$。

下面解释DDL公式定义中各个操作符的含义。p是谓词符号，$p(\theta_i,\cdots,\theta_n)$是DDL中的原子公式；$\neg$是取反操作，当$\phi$为假时，$\neg\phi$公式的真值为真；$\wedge$是与操作符，当$\phi$和$\varphi$同时为真值时公式$\phi\wedge\varphi$才为真；$\vee$是或操作符，至少有一个为真值时公式$\phi\vee\varphi$为真；$\rightarrow$是蕴含操作符号，当$\phi$为假或$\varphi$为真时公式$\phi\rightarrow\varphi$为真；$\leftrightarrow$是双向蕴含操作符，$\phi\leftrightarrow\varphi$等价于$(\phi\rightarrow\varphi)\wedge(\varphi\rightarrow\phi)$，当$\phi$和$\varphi$同时为真或$\phi$和$\varphi$同时为假时$\phi\leftrightarrow\varphi$才为真；$\forall$是全称量词，当且仅当对$x$的所有取值$\phi$都为真值时公式$\forall x\phi$才为真；$\exists$是存在量词，只要$x$有一个值使得$\phi$为真则$\exists x\phi$为真；$[\,]$是模态操作符，$[\alpha]\phi$为真当且仅当$\phi$在$\mathrm{HP}\alpha$的所有状态均为真；$\langle\,\rangle$是模态操作符，只要$\phi$在$\mathrm{HP}\alpha$的执行中有一个状态为真，则$\langle\alpha\rangle\phi$为真。

12.4.3 混成系统模型检测

如上文所述，混成自动机是混成系统最主流的建模语言。目前，对混成自动机模型检测研究主要集中在混成自动机的安全性验证上。由于混成自动机的运行既包含状态的离散变化，又包含状态的连续变化，其相应的模型检测问题十分困难。因此，目前对混成自动机的模型检测主要集中在安全性的一个子集——可达性问题上。

对于混成自动机H，它的可达性规约由H中的一个位置结点v和一个变量约束集ϕ组成，通过符号$R(v,\phi)$表示。H满足$R(v,\varphi)$可定义为：H存在一个具体的实时行为可进入结点v，并且当系统停留在结点v中一段时间后，系统中实时变量x的取值可满足φ中的所有变量约束。

由于混成自动机中连续行为的存在，混成自动机拥有极为庞大的无限状态空间，所以不能像一般模型检测方法一样通过直接枚举遍历的方法计算出整个可达集，而是必须通过符号化的方法来计算。目前，主流方法是通过一定的约束集描述系统初始状态集合，并称其为系统初始可达空间。然后，基于系统的流条件、不变式、转换卫式等元素定义相应自动机上的Post操作，以计算系统在当前状态集下后续可达状态集区间。将计算得到的状态集并入已有可达状态集空间并重复上述过程，直到系统可达状态空间集收敛，即从当前所有可达状态空间上基于系统规定的连续/离散演变规则不再能抵达新的状态。此时，称所计算得到的状态空间为系统完整可达状态空间集，并进行判断计算所得系统完整可达状态空间集中是否有状态满足规约$R(v,\varphi)$：如有，则称系统满足相应的可达性规约；否则称系统不满足相应规约。

上述方法的可行性、有效性等，与能否在任意的系统状态集上针对给定的微分方程等元素进行数值计算与推演从而生成后续可达状态集密切相关。众所周知，在任意形态数值状

态域上进行任意形式的非线性微分方程计算复杂度极高，目前，数学领域还没有有效的方法解决相应的大规模问题。因此，针对一般混成自动机，目前可达集计算的主流方法为将系统的状态域用一种特定的数学形态来过抽象(over-approximation)。目前常用的数学形态包括凸多面体(convex polyhedra)、分段仿射系统(piecewise affine system)、椭圆体(ellipsoidal)等。在使用以上数学形态对可达域进行标识之后，使用相关领域的成熟数学计算方法求取从当前形态开始后继形态的演变范围及过程。但是，这类方法仍然存在很多问题：首先，过抽象带来的问题是状态域的表达不够精确；其次，此过程无法保证收敛，很可能一直循环而无法停止；最后，以上过抽象方法中数学计算复杂度很高，对系统资源消耗极大，从而无法对高维度复杂系统进行分析。实际上，即使是针对混成自动机中相对简单的子类(线性混成自动机)，其可达性问题也已被证明是不可判定的。

由于以上原因，相关方法在一般性非线性混成自动机上的表现不如人意。特别是由于非线性计算的高度复杂度，目前已有相关工具可验证非线性混成自动机模型的规模非常有限，现有工具很难验证超过5个变量的系统。由于线性数值域计算方法远成熟于非线性计算，复杂度也能得到较好的控制，因此基于上述理念，相关研究人员以多面体作为线性混成自动机基本状态域的数值表现形式，开发了一系列线性混成自动机模型检验工具，如HyTech、PHAVer等，并成功地验证了空中防撞系统等典型混成自动机案例。

值得注意的是，上述线性混成自动机特指12.4.1节中描述的流条件形如 $x\in[a,b]$ 的自动机形式，称其为线性混成自动机是因为相应流条件积分展开后可以得到变量 x 的取值是与时间 t 相关的线性函数。在相关研究中，存在另一类类似的混成自动机被称为线性混成系统，其流条件形如 $x=Ax+b$，相关研究者(特别是控制领域)普遍称其为线性混成系统是因为其流条件表现为 x 的线性方程，但是其积分展开后会成为包含 e^t 的非线性方程，所以其并不是线性混成自动机。针对相应的自动机，也有大量相关工具被开发出来，其中较著名的包括来自美国卡耐基梅隆大学的Checkmate、来自法国Verimag实验室的d/dt 等。

目前，研究人员在非线性混成自动机模型检验上投入了大量的精力并取得了一定的进展，特别是泰勒模型(Taylor model)、Support Function等数学模型被应用到了混成系统状态域的表达与计算当中，近年出现的工具flow* 就是一个成功应用泰勒模型对非线性混成系统进行验证的示例。flow* 要求混成自动机的流条件必须由多项式微分方程描述。用户给定初始区间与一个固定的基本时间步之后，可利用泰勒模型分析其可达区间。事实上，泰勒模型很适合连续状态的计算，但是当进行离散跳转时，需要和迁移卫式做相交操作，而这个操作的复杂度很高。与flow* 不同，SpaceEx可处理的系统是对线性混成系统，即流条件为 $x=Ax+b$，进行一定放宽后的非线性自动机。SpaceEx允许系统中的不变式、迁移卫式等元素为凸函数。同样地，在给定一个基本时间步之后，可以利用Support Function计算在此时间步之后的系统状态域。相关工具目前已经在部分非线性系统上进行了验证，但如何扩展可验证系统种类与规模，仍然是一项值得关注的问题。

12.5 本章小结

形式化方法是实时系统和混成系统的一种重要的质量保障技术，目前，在实时与混成系统形式化验证方面，已经取得了大量重要成果并且在很多实际系统中得到了应用。随着计算机和网络通信技术的迅速发展,实时与混成系统的应用范围将更加广泛和普及,在实际中越来越重要,如近年来的信息-物理融合系统(cyber physical system, CPS)的概念就是在混成系统的基础上演化产生的。

CPS是由分布式的异构子系统融合而成的复杂系统,不同异构组件的组合使CPS的行为极为复杂。与单个混成系统相比,CPS更强调成员之间的通信、合作与协同。从本质上看,CPS的验证问题是一个多成员交互的组合混成系统验证问题。由于系统状态空间随着成员的组合急剧增长,从而引起状态空间爆炸问题。长期以来,组合验证一直是形式化验证的难点。因此,如何扩展已有的混成系统形式化验证技术,设计新的形式化方法分析和验证CPS是目前的一个研究热点。

随着物联网、云计算、大数据、移动通信、区块链、人工智能等新一代信息技术的不断发展与涌现,目前,CPS已从信息、物理二元空间自然延伸和发展为人、信息、物理三元空间的人机物融合系统(human-cyber-physical system,HCPS)。人、信息、物理三元融合强调的是人类社会、信息空间和物理世界的有机融合,物理世界分别与信息空间、人类社会源源不断地进行信息交互,而信息空间与人类社会进行着计算属性和认知属性的智能融合。2021年5月28日,习近平总书记在中国科学院第二十次院士大会、中国工程院第十五次院士大会、中国科学技术协会第十次全国代表大会上指出,以信息技术、人工智能为代表的新兴科技快速发展,大大拓展了时间、空间和人们认知范围,人类正在进入一个"人机物"三元融合的万物智能互联时代。目前,人机物三元空间的深度融合已引起世界各国的高度关注。

形式化方法发展的一条重要线索是从串行程序(系统)到并发程序(系统)、实时与混成系统、信息物理融合系统乃至人机物融合系统,而人机物融合社会中混成系统对形式化方法的基础、方法、技术和工具都形成了全面的挑战。

习　题　12

1. 试用时间自动机建模一个简单的交通灯控制系统。要求初始时"绿灯亮",但"绿灯亮"的持续时间不能超过3个时间单元,在"绿灯亮"持续2个时间单元后可转为"红灯亮";"红灯亮"的持续时间不能超过2个时间单元,在"红灯亮"持续1个时间单元后可转为"绿灯亮"。用UPPAAL的规约语言表示上述属性,并且验证建立的时间自动机模型是否满足这些属性。

2. 用混成自动机建模一个水面监控系统。要求监控系统不断监测水箱中的水面高度,并将水泵打开或关闭。当水泵关闭时,水面高度(记为y)每秒下降2英寸;当水泵打开时,水面高度每秒上升1英寸。开始时,水面高度为1英寸且水泵是打开的。当水面高度超过9英寸时($y>9$),监控器就可以发出关闭水泵的信号,但此信号最晚也不能在水面高度达到10英寸之后才发出,也就是说最晚必须在$y=10$时发出关闭水泵的信号;类似地,当水面高度低于6英寸时,监控器也就可以发出打开水泵的信号,但打开水泵信号最晚可在水面高度降到5英寸时才可以发出,即不能晚于$y=5$时发出。可是,从监控器发出"打开水泵"或"关闭水泵"的信号到水泵真正"打开"或"关闭"水泵有一个2s的延迟期。在延迟期,水泵仍保持原来的开或关状态。

参考文献

[1] MANNA Z, PNUELI A. The Temporal Logic of Reactive and Concurrent Systems: Specifications[M]. Dordrecht: Springer Science & Business Media, 1992.

[2] MANNA Z, PNUELI A. A Temporal Proof Methodology for Reactive Systems[M]. Berlin: Springer Berlin Heidelberg, 1993.

[3] MANNA Z, PNUELI A. Temporal Verification of Reactive Systems: Safety[M]. Dordrecht: Springer Science & Business Media, 1995.

[4] MANNA Z, PNUELI A. Temporal Verification of Reactive Systems: Progress[M]. New York: Springer-Verlag New York Inc., 1996.

[5] CLARKE E M, GRUMBERG O, PELED A. Model Checking[M]. Cambridge: MIT Press, 1999.

[6] MCMILLAN K L. Symbolic Model Checking[M]. New York: Springer US, 1993.

[7] BAIER C, KATOEN L P. Principles of Model Checking[M]. Cambridge: MIT Press, 2008.

[8] INAN K M, KURSHAN R P. Verification of Digital and Hybrid Systems[M]. Berlin: Springer-Verlag, 2000.

[9] BEATRICE, BERARD, et al. Systems and Software Verification[M]. Berlin: Springer-Verlag, 1999.

[10] FRANCEZ N. Program Verification[M]. New Jersey: Addison-Wesley Publishing Company, 1992.

[11] JENSEN K. Coloured Petri Nets[M]. Berlin: Springer Berlin Heidelberg, 1987.

[12] MANNA Z, PNUELI A. Temporal Verification Diagrams[C]//Proceedings of International Symposium on Theoretical Aspects of Computer Software. Sendai, Japan: Springer Berlin Heidelberg, 1994: 726-765.

[13] BJORNER N, MANNA Z, SIPMA H, et al. Deductive Verification of Real-Time Systems Using STeP[C]//4th International AMAST Workshop on Real-Time Systems and Concurrent and Distributed Software(ARTS '97). Palma de Mallorca, Spain: Springer-Verlag, 1997: 22-43.

[14] MANNA Z, the STeP group. STeP: The Stanford Temporal Prover (Educational Release) User's Manual[C]//Proceedings of the 6th International Conference CAAP/FASE. Aarhus, Denmark: Springer-Verlag, 1995: 793-794.

[15] BURCH J, CLARKE E M, LONG D E. Symbolic Model Checking with Partitioned Transition Relations[C]//5th International Conference VLSI 91. IFIP TC10/WG 10. Edinburgh, UK, 1992: 49-58.

[16] CLARKE E M, GRUMBERG O, LONG D E. Model Checking and Abstraction[J]. ACM Transactions on Programming Languages and Systems (TOPLAS), 1994, 16(5): 1512-1542.

[17] CLARKE E M, GRUMBERG O, HAMAGUCHI K. Another Look at LTL Model Checking[C]//Computer Aided Verification. Stanford, CA, USA: Springer Berlin Heidelberg, 1994: 415-427.

[18] BRYANT R E. Graph-Based Algorithms for Boolean Function Manipulation[J]. IEEE Transactions on Computers, 1986, 100(8): 677-691.

[19] PNUELI A, LIN H. Logic and Software Engineering[M]. Singapore: World Scientific, 1996.

[20] BENSALEM S, BOZGA M, LEGAY A, et al. Component-based Verification Using Incremental Design and Invariants[J]. Softw. Syst. Model. 2016, 15(2): 427-451.

[21] HOPCROFT J E, ULLMAN J D. Introduction to Automata Theory, Languages, and Computation[M]. New Jersey: Addison-Wesley Publishing Company, 1979.

[22] PELED D. 软件可靠性方法[M]. 王林章，卜磊，陈鑫，等译. 北京：机械工业出版社，2012.

[23] ELAIN R. Automata, Computability and Complexity: Theory and Applications[M]. Upper Saddle River: Pearson Prentice Hall, 2008.

[24] MICHAEL H, RYAN M. 面向计算机科学的数理逻辑：系统建模与推理[M]. 何伟，樊磊，译. 北京：机械工业出版社，2007.

[25] HOARE C A R. 通信顺序进程[M]. 周巢尘，译. 北京：北京大学出版社，1990.

[26] 张效祥. 计算机科学技术百科全书[M]. 2版. 北京：清华大学出版社，2005.

[27] 唐稚松. 时序逻辑程序设计与软件工程(上、下册)[M]. 北京：科学出版社，2002.

[28] 陆汝钤. 计算系统的形式语义(上、下册)[M]. 北京：清华大学出版社，2017.

[29] 陈火旺，罗朝辉，马庆鸣. 程序设计方法学基础[M]. 长沙：湖南科学技术出版社，1987.

[30] 周巢尘，詹乃军. 形式语义学引论[M]. 2版. 北京：科学出版社，2017.

[31] 童頫，沈一栋. 知识工程[M]. 北京：科学出版社，1992.

[32] 袁崇义. Petri网原理与应用[M]. 北京：电子工业出版社，2005.

[33] 张健. 逻辑公式的可满足性判定——方法、工具及应用[M]. 北京：科学出版社，2000.

[34] 林惠民. 相对完备性与抽象数据类型的描述[J]. 中国科学(A辑)，1998，18(6)：658-664.

[35] 林惠民，张文辉. 模型检测：理论，方法与应用[J]. 电子学报，2002，30(12)：1907-1912.

[36] 何积丰. Cyber-physical Systems[J]. 中国计算机学会通讯，2010，6(1)：25-29.

[37] 周巢尘. 时段演算概述[J]. 中国计算机学会通讯，2006，2(2)：62-63.

[38] 苏锦祥. 关于ω-语言的正则性[J]. 计算机学报，1984，05：399-400.

[39] 王戟，李宣东. 形式化方法与工具专刊[J]. 软件学报，2011，22(6)：1121-1122.

[40] 李广元，唐稚松. 带有时钟变量的线性时序逻辑与实时系统验证[J]. 软件学报，2002，13(01)：33-41.

[41] 卜磊，解定宝. 混成系统形式化验证[J]. 软件学报，2014，25(2)：219-233.

[42] CCF形式化方法专业委员会. 形式化方法的研究进展与趋势. 2017—2018中国计算机科学技术发展报告[R]. 北京：机械工业出版社，2018：1-68.

[43] 王戟，詹乃军，冯新宇，等. 形式化方法概貌[J]. 软件学报，2019，30(1)：33-61.

[44] 江南，李清安，汪吕蒙，等. 机械化定理证明研究综述[J]. 软件学报，2020，31(1)：82-112.

[45] 金继伟，马菲菲，张健. SMT求解技术简述[J]. 计算机科学与探索，2015，9(7)：769-780.

[46] 郭莹，张长胜，张斌. 求解SAT问题的算法的研究进展[J]. 计算机科学，2016，43(3)：8-17.